普通高等学校“十四五”规划药学类专业特色教材

供药学、药物制剂、临床药学、制药工程、中药学、医药营销及相关专业使用

生物技术制药

主　编　李校堃　黄　昆

副主编　崔慧斐　蔡　琳　朱俊铭　顾取良

编　者　（按姓氏笔画排序）

朱俊铭　华中科技大学

刘欣然　华中科技大学

孙要军　山西医科大学

李校堃　温州医科大学

张　烨　内蒙古医科大学

岳　鑫　内蒙古医科大学

赵　卓　陆军军医大学

顾取良　广东药科大学

黄　昆　华中科技大学

崔慧斐　山东大学

蔡　琳　温州医科大学

華中科技大學出版社

http://www.hustp.com

中国·武汉

内容简介

本教材为普通高等学校“十四五”规划药学类专业特色教材。

本教材共分为九章，包括绪论，重组蛋白药物，治疗性抗体药物及其制备，核酸类药物，新型疫苗，细胞工程产品及其制备，组织工程产品及其制备，血液制品及其制备，生物技术药物的质量控制、药理毒理研究与注册。

本教材可供药学、药物制剂、临床药学、制药工程、中药学、医药营销及相关专业使用。

图书在版编目(CIP)数据

生物技术制药/李校堃，黄昆主编. —武汉：华中科技大学出版社，2021.1(2024.9 重印)
ISBN 978-7-5680-6518-4

Ⅰ.①生… Ⅱ.①李… ②黄… Ⅲ.①生物制品 Ⅳ.①TQ464

中国版本图书馆 CIP 数据核字(2020)第 149653 号

生物技术制药　　李校堃　黄　昆　主编
Shengwu Jishu Zhiyao

策划编辑：居　颖
责任编辑：曾奇峰　丁　平
封面设计：原色设计
责任校对：刘　竣
责任监印：徐　露
出版发行：华中科技大学出版社(中国·武汉)　电话：(027)81321913
武汉市东湖新技术开发区华工科技园　邮编：430223
录　　排：华中科技大学惠友文印中心
印　　刷：武汉邮科印务有限公司
开　　本：889mm×1194mm　1/16
印　　张：18
字　　数：502 千字
版　　次：2024 年 9 月第 1 版第 4 次印刷
定　　价：59.80 元

普通高等学校“十四五”规划药学类专业特色教材 编委会

网络增值服务使用说明

欢迎使用华中科技大学出版社医学资源网yixue.hustp.com

1.教师使用流程

（1）登录网址：http://yixue.hustp.com（注册时请选择教师用户）

注册 → 登录 → 完善个人信息 → 等待审核

（2）审核通过后，您可以在网站使用以下功能：

2.学员使用流程

建议学员在PC端完成注册、登录、完善个人信息的操作。

（1）PC端学员操作步骤

①登录网址：http://yixue.hustp.com（注册时请选择普通用户）

注册 → 登录 → 完善个人信息

②查看课程资源

如有学习码，请在个人中心-学习码验证中先验证，再进行操作。

（2）手机端扫码操作步骤

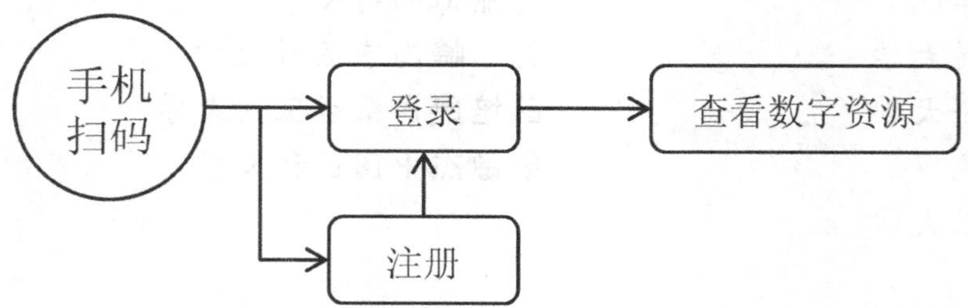

总序

Zongxu

教育部《关于加快建设高水平本科教育 全面提高人才培养能力的意见》("新时代高教 40 条")文件强调要深化教学改革,坚持以学生发展为中心,通过教学改革促进学习革命,构建线上线下相结合的教学模式,对我国高等药学教育和药学专业人才的培养提出了更高的目标和要求。我国高等药学类专业教育进入了一个新的时期,对教学、产业、技术融合发展的要求越来越高,强调进一步推动人才培养,实现面向世界、面向未来的创新型人才培养。

为了更好地适应新形势下人才培养的需求,按照《中国教育现代化 2035》《中医药发展战略规划纲要(2016—2030 年)》以及党的十九大报告等文件精神要求,进一步出版高质量教材,加强教材建设,充分发挥教材在提高人才培养质量中的基础性作用,培养合格的药学专业人才和具有可持续发展能力的高素质技能型复合人才。在充分调研和分析论证的基础上,我们组织了全国 70 余所高等医药院校的近 300 位老师编写了这套教材,并得到了参编院校的大力支持。

本套教材充分反映了各院校的教学改革成果和研究成果,教材编写体例和内容均有所创新,在编写过程中重点突出以下特点。

(1) 服务教学,明确学习目标,标识内容重难点。进一步熟悉教材相关专业培养目标和人才规格,明晰课程教学目标及要求,规避教与学中无法抓住重要知识点的弊端。

(2) 案例引导,强调理论与实际相结合,增强学生自主学习和深入思考的能力。进一步了解本课程学习领域的典型工作任务,科学设置章节,实现案例引导,增强自主学习和深入思考的能力。

(3) 强调实用,适应就业、执业药师资格考试以及考研的需求。进一步转变教育观念,在教学内容上追求与时俱进,理论和实践紧密结合。

(4) 纸数融合,激发兴趣,提高学习效率。建立"互联网+"思维的教材编写理念,构建信息量丰富、学习手段灵活、学习方式多元的立体化教材,通过纸数融合提高学生个性化学习的效率和课堂的利用率。

(5) 定位准确,与时俱进。与国际接轨,紧跟药学类专业人才培养,体现当代教育。

(6) 版式精美,品质优良。

本套教材得到了专家和领导的大力支持与高度关注,适应当下药学专业学生的文化基础和学习特点,具有趣味性、可读性和简约性。我们衷心希望这套教材能在相关课程的教学中发挥积极作用,并得到读者的青睐;我们也相信这套教材在使用过程中,通过教学实践的检验和实际问题的解决,能不断得到改进、完善和提高。

普通高等学校"十四五"规划药学类专业特色教材

编写委员会

前言

Qianyan

生物技术药物简称生物药，包括重组蛋白药物或重组多肽药物、重组 DNA 药、干细胞治疗药、疫苗等。从药物发展的趋势来看，生物技术药物在药物中将占据越来越重要的地位。以生物技术药物为核心产品代表的生物制药领域是生物医药产业中增长最快的子行业。如在 2018 年全球十大畅销药中，生物技术药物占 7 种，销售总额超过 600 亿美元。我国目前生物技术药物占比低于全球平均水平，但是国家高度重视发展生物产业，在“十二五”规划、“十三五”规划、“健康中国 2030”战略规划、《“十三五”国家战略性新兴产业发展规划》等重要规划中都提出，要把生物产业作为战略性新兴产业，培育发展成为我国先导性和支柱性产业，以满足不断增长的国民健康保障需求，并推动生物技术药物新产品、新工艺的开发和产业化，以增强我国生物产业竞争力。受国家政策和越来越多生物技术药物上市的驱动，我国生物技术药物市场增速快，潜力巨大。而作为推动我国生物技术制药发展的关键推动力，具有生物医学背景的药学专业人才无疑将具有广阔的发展空间！

随着我国高等教育改革的不断深入，药学类专业办学规模不断扩大，办学形式、专业种类、教学方式亦呈多样化发展，我国药学高等教育进入了发展新时期。为适应新时期我国高等药学专业教育改革和发展的要求，我们组织了全国药学类专业富有经验的从事生物技术药物本科教学和科研的一线教师编写了本教材。各编者紧紧围绕高等学校药学类专业本科教育和人才培养目标要求，突出药学类专业特色，结合自身教学和科研工作经验，按照相关部门及行业用人要求精心编写，使得本教材契合新时代药学类专业人才培养的目标和需求，提升了《生物技术制药》教材的整体质量和水平。

本教材共分为九章，其中第一章由温州医科大学李校堃、蔡琳编写，第二章由华中科技大学朱俊铭编写，第三章由广州医科大学顾取良编写，第四章由华中科技大学刘欣然编写，第五章由陆军军医大学赵卓编写，第六章由山东大学崔慧斐编写，第七章由山西医科大学孙要军编写，第八章由内蒙古医科大学张烨、岳鑫编写，第九章由华中科技大学黄昆编写。本教材加入了目前新兴生物技术在制药中的应用以及最新的研究进展等拓展内容，旨在使学生全面掌握生物技术制药的原理及最新应用。除此以外，教材在每章学习内容中加入多个反映该领域相关内容的知识链接，进行知识扩展，介绍相关领域的科研成果，帮助学生了解和掌握相关研究的动态，提高学生的学习兴趣。

本教材在编写过程中得到各参编院校的大力支持与帮助，在此表示感谢。由于编者学术水平及编写能力有限，本教材难免会有疏漏、不当甚至错误之处，敬请读者批评指正。

编　者

目录

Mulu

第一章　绪　　论

学习目标

1. 掌握：生物技术的种类及联系，生物技术药物的分类及特点。
2. 熟悉：生物技术制药的应用及研究进展。
3. 了解：生物技术制药的研究任务及发展前景。

本章 PPT

第一节　生物技术

一、生物技术的概念

生物技术(biotechnology)是应用自然科学及工程学的原理，依靠生物体(微生物、动物、植物)作为反应器将物料进行加工以提供产品为社会服务的技术。

二、生物技术的种类

生物技术主要包括基因工程、细胞工程、酶工程、蛋白质工程和发酵工程。其中，基因工程是生物技术的核心和关键，细胞工程是生物技术的基础，酶工程是生物技术的条件，蛋白质工程被称为第二代基因工程，发酵工程是生物技术获得最终产品的手段。随着现代生物技术的迅猛发展，生物技术的技术范畴也得到了相当程度的延伸，如抗体工程、糖链工程、海洋生物技术、生物转化技术等都属于生物技术的重要内容。这些生物技术并不是各自独立的，它们之间是相互联系、相互渗透的。

(一) 基因工程

基因工程(gene engineering)又称为 DNA 重组技术，是指根据人们的科研或生产需要，在分子水平上，用人工方法提取或合成不同生物的遗传物质(DNA 片段)，在体外切割、拼接形成重组 DNA，然后将重组 DNA 与载体的遗传物质重新组合，再将其引入没有该 DNA 的受体细胞中，进行复制和表达，生产出符合人类需要的产品或创造出生物的新性状，并使之稳定地遗传给下一代。在制药中，基因工程通过将目的基因转入工程菌中，使之产生有医疗价值的生物分泌物或包涵体，简化了一些复杂药物的生产过程，且药物一般纯度较高，提高了药物的质量。

基因工程的主要内容：①基因重组、克隆和表达的设计与构建；②基因工程菌的大规模培养；③外源基因表达产物的分离纯化。

(二) 细胞工程

细胞工程(cell engineering)是指应用现代细胞生物学、发育生物学、遗传学和分子生物学的理论与方法，按照人们的需要和设计，在细胞水平上重组细胞结构和内含物，以改变生物的结构和功能，即通过细胞融合、核质移植、染色体或基因移植以及组织和细胞培养等方法，快速

NOTE

繁殖和培养出人们所需要的新物种，或获得某种有用的物质的过程。如利用细胞工程将骨髓瘤细胞与B细胞进行细胞融合来产生单克隆抗体，对肿瘤进行针对性杀伤，从而在疾病的治疗中发挥重要作用。此外，细胞工程还可用于生产抗生素和研发疫苗等。

细胞工程的主要内容：①动植物细胞与组织培养；②细胞融合与单克隆抗体技术；③细胞核移植；④染色体工程；⑤胚胎工程；⑥干细胞与组织工程；⑦转基因生物与生物反应器等。

（三）酶工程

酶工程(enzyme engineering)是指将酶或微生物细胞、动植物细胞、细胞器等置于一定的生物反应装置中，利用酶所具有的生物催化功能，借助工程手段将相应的原料转化成有用物质的技术。在当前的生物技术制药行业中，酶工程技术的应用能够大幅提高生产效率，降低生产成本，满足生产需求。

酶工程的主要内容：①酶制剂的制备；②酶、细胞和原生质体的固定化；③酶的修饰与改造；④酶反应的设计；⑤酶的非水相催化等。

（四）蛋白质工程

蛋白质工程(protein engineering)是指以蛋白质分子的结构规律及其生物功能的关系为基础，通过化学、物理和分子生物学的手段进行基因修饰或基因合成，对现有蛋白质进行修饰、改造、拼接，或创造全新的蛋白质，以满足人们对生产和生活的需求的技术。

蛋白质工程的主要内容：①蛋白质的结构分析；②蛋白质结构、功能的设计及预测；③改造蛋白质；④创造全新的蛋白质等。

（五）发酵工程

发酵工程(fermentation engineering)又称微生物工程，是指采用现代工程技术手段，利用微生物的某些特定功能，为人类生产有用的产品，或直接把微生物应用于工业生产过程的技术。现代发酵工程能够与计算机信息技术有效结合，与实时控制系统共同组成监测系统，能够实时把控微生物发酵过程，进一步优化生物制药工序。信息技术的应用提高了发酵工程的精密程度，从而提高了药物质量和生产效率。发酵工程在制药行业的引入，使生物制药的产业化得以实现，促进了生物制药行业的发展。

发酵工程的主要内容：①菌种的选育；②培养基的配制、灭菌；③菌种的扩大培养和接种；④发酵过程和产品的分离、提纯等。

（六）抗体工程

抗体工程(antibody engineering)是指利用DNA重组技术和蛋白质工程，对抗体的基因进行加工改造和重新装配，经转染至适当的受体细胞后表达抗体分子，或用细胞融合、化学修饰等方法改造抗体分子的一项技术。

（七）糖链工程

糖链工程(glycotechnology)是指在深入研究糖蛋白中糖链结构与功能关系的基础上，通过人为操作增加、删除或调整蛋白质上的寡聚链，使之产生合适的糖型，从而有目的地改变糖蛋白的生物学功能的一项技术。

（八）海洋生物技术

海洋生物技术(marine biotechnology)是指运用海洋生物学与工程学的原理和方法，利用海洋生物或其生物代谢过程生产有用的生物制品或定向改良海洋生物遗传特性的综合性科学技术。海洋生态系统中微生物的种类及数目繁多，被认为是微生物的巨大来源，有望成为生产生物技术药物的有前景的另一平台。

（九）生物转化

生物转化(biotransformation)又称生物催化(biocatalysis)，是指利用酶或有机体(如细胞、细胞器)作为催化剂实现化学转化的过程，其本质就是用微生物自身产生的酶对外源性底物进行结构性修饰，从而将一种物质转化为另一种物质。

三、生物技术的发展历史

生物技术的发展可以划分为三个不同的阶段：传统生物技术、近代生物技术、现代生物技术。

（一）传统生物技术

从广义角度看，传统生物技术历史悠久，与食品相关的种植和畜牧技术是目前所知的人类最早掌握的生物技术，其技术特征是酿造技术。历史上，人类利用发酵技术获得新的食物，如酿酒、造醋、制作奶酪和面包等。1675 年，荷兰人 Avon ven Leeuwenhoek 制成了能放大近 300 倍的显微镜并首先观察到了微生物。1796 年，英国医生 Edward Jenner 通过接种牛痘来预防天花，这标志着疫苗技术的诞生。1875 年，法国科学家 Louis Pasteur 发现发酵是由微生物引起的，酵母可以将糖转化为乙醇，从而奠定了工业微生物学和医学微生物学的基础。1897 年，德国化学家 Eduard Buchner 进一步研究发现，发酵的本质是由微生物体内的酶引起的催化反应。到了 20 世纪 20 年代，工业生产中开始采用大规模的纯种培养技术发酵化工原料，如丙酮、丁醇等。

从狭义角度看，传统生物技术是指 19 世纪末到 20 世纪 30 年代，以发酵产品为主干的工业微生物技术体系。这一时期的生物技术主要是通过微生物的初级发酵来生产食品，其应用仅局限在化学工程和微生物工程的领域，通过对粗材料进行加工、发酵和转化来生产及纯化人们需要的产品，如乳酸、酒精、面包酵母、柠檬酸和蛋白酶等。

（二）近代生物技术

近代生物技术是以 20 世纪 40 年代的抗生素提取，50 年代的氨基酸发酵到 60 年代的酶制剂工程为主线，以微生物发酵技术为技术特征的。1944 年，在 Florey 等人的领导下，青霉素的工业化生产得以实现。青霉素是人类历史上发现的第一种抗生素，其发现和应用具有划时代的意义，挽救了无数生命，其高效性和巨大的经济价值使抗生素工业经久不衰。1957 年，木下祝郎等分离得到一株 L-谷氨酸产生菌，并用发酵方法工业生产 L-谷氨酸，并相继研究出发酵技术，从此开启了氨基酸发酵的历史。这一时期，抗生素工业、氨基酸发酵和酶制剂工程相继得到发展，细胞工程相关技术日臻完善，但从技术特征上看还不具备高新技术的诸要素，因此只能被视为近代生物技术。

（三）现代生物技术

现代生物技术以 20 世纪 70 年代 DNA 重组技术的建立为标志，以 1976 年世界上第一家生物技术公司——Genentech 的诞生为开端。此后，越来越多的科学家投身于分子生物学研究领域，并取得了许多重大的研究进展(表 1-1)。至此，以基因工程为核心的技术上的革命带动了现代发酵工程、酶工程、细胞工程以及蛋白质工程的发展，形成了具有划时代意义和战略价值的现代生物技术。

NOTE

表 1-1　现代生物技术的主要发现和成果

年代	主要发现和成果
1953 年	提出了 DNA 双螺旋结构模型
1956 年	提出了遗传信息是通过 DNA 碱基对的排列顺序来传递的理论
1958 年	论证了 DNA 的复制过程包括双螺旋互补链的分离
1958 年	分离得到 DNA 聚合酶 Ⅰ,用它在试管内制得人工 DNA
1960 年	发现 mRNA,并证明 mRNA 传递信息并指导蛋白质的合成
1966 年	破译了全部遗传密码
1967 年	发现 DNA 连接酶
1969 年	成功分离出第一个基因
1970 年	发现第一种限制性核酸内切酶,发现逆转录现象
1971 年	用限制性核酸内切酶酶切产生 DNA 片段,用 DNA 连接酶得到第一个重组 DNA 分子
1972 年	合成了完整的 tRNA
1973 年	体外 DNA 重组技术建立
1975 年	单克隆抗体技术建立
1975 年	DNA 测序技术诞生
1978 年	在大肠杆菌中表达出人胰岛素
1981 年	第一个单克隆抗体诊断试剂盒在美国被批准使用
1982 年	用 DNA 重组技术生产的第一个动物疫苗在欧洲获得批准
1983 年	基因工程 Ti 质粒被用于植物转化
1986 年	采用杂交瘤技术生产的鼠源单抗 OKT3(Muromonab)成为首个上市的治疗性单抗
1988 年	PCR 仪问世
1990 年	美国批准了世界上首个基因治疗方案
1996 年	英国培育出第一只克隆羊多莉
1998 年	美国批准艾滋病疫苗进行人体试验
2001 年	人类基因组草图完成
2003 年	中国研制的重组人 p53 腺病毒注射液成为世界上第一个正式批准的基因治疗药物
2008 年	用于治疗恶性肿瘤的功能性单抗药物尼妥珠单抗(Nimotuzumab)注射液在我国获准上市
2010 年	美国批准首个癌症治疗疫苗 Provenge 用于晚期前列腺癌的治疗

知识链接 1-1

第二节　生物技术药物

一、生物技术药物及其相关概念

生物药物(biological drug)是指运用微生物学、生物学、医学、化学、生物化学、生物技术、药物学等学科的原理和方法,利用生物体、组织、细胞、体液等制造的一类用于预防、治疗和诊

断疾病的制品。

生物技术药物(biotechnological drug)是指采用DNA重组技术或其他生物技术生产的用于预防、治疗和诊断疾病的药物，主要是重组蛋白和核酸类药物，如细胞因子、纤溶酶原激活剂、重组血浆因子、生长因子、融合蛋白、受体、疫苗、单克隆抗体、反义核酸、小干扰RNA等。生物技术药物已广泛应用于临床治疗，如用于肿瘤、心血管疾病、传染病、糖尿病、贫血、自身免疫性疾病、基因缺陷病和许多遗传性疾病的治疗，解决了许多曾经难以攻克的重大疾病问题，为制药工业带来了革命性变化。

生物技术药物与天然生化药物、微生物药物、海洋药物和生物制品一起被归为生物药物。

生物技术药物与合成药物(synthetic drug)在许多方面都有所不同。从来源上看，生物技术药物是在活细胞中生产的，而合成药物则是化学过程的产物；从相对分子质量上看，大多数合成药物是小分子，如乙酰水杨酸分子由21个原子组成，而生物技术药物的活性药物成分可含有2000～25000个原子；从药物结构上看，由于聚合物链的结构变化很大，生物技术药物在结构上比合成药物复杂得多；从产品组成的可变性上看，各种来源的高纯度化学物质，包括由异构体混合物组成的化学物质，在实际应用中通常被认为是相似甚至相同的，而生物技术药物由于表达系统与制造工艺之间的差异，即使在同一产品的不同批次之间也可能出现一定程度的变异。此外，生物技术药物与合成药物在稳定性、作用机制、免疫原性等方面也存在很大差异。

生物类似药和改良型生物药都属于生物技术药物的范畴，它们是建立在原研生物技术药物基础上的衍生概念。

生物类似药在质量、安全性和有效性方面与已获准注册的原研药(innovator drug)具有相似性，尽管如此，生物类似药也无法完全复制原研药，由于所用表达系统、制造工艺和纯化过程等的不同，两者之间存在一些差异，如生物类似药和原研药在活性成分的糖基化模式或电位上可能有所不同，药代动力学和药效学特性也可能不同。

改良型生物药是基于原研药，通过改变结构和(或)功能以改善或表现不同的临床性能的生物技术药物。改良型生物药代表了生物技术药物开发的下一个阶段，在这一阶段可以对蛋白质进行有目的的改造，从而成为现有生物技术药物的优化替代品。引入的变化旨在改善蛋白质以获得更强的临床效果，减少给药频率，实现更好的靶向性或获得更好的耐受性等。

二、生物技术药物的分类

(一) 按用途分类

1. 治疗药物 治疗疾病是生物技术药物的主要功能，可用于肿瘤治疗或其辅助治疗、内分泌疾病的治疗、心血管疾病的治疗、血液和造血系统疾病的治疗、病毒感染的治疗等。代表药物如天冬酰胺酶、胰岛素、生长激素、血管舒缓素、凝血酶、组织型纤溶酶原激活剂、干扰素等。

2. 预防药物 预防药物主要是疫苗，目前用于人类疾病预防的疫苗有多种，如乙肝疫苗、卡介苗、伤寒疫苗等。

3. 诊断药物 疾病的临床诊断也是生物技术药物的重要用途之一，用于诊断的生物技术药物具有速度快、灵敏度高、特异性强的特点。常见的诊断试剂包括免疫诊断试剂、酶联免疫诊断试剂、器官功能诊断药物、放射性核素诊断药物、诊断用单克隆抗体、诊断用DNA芯片等。

(二) 按作用类型分类

生物技术药物按作用类型分类可分为细胞因子、酶、激素、单克隆抗体等(表1-2)。

NOTE

表 1-2　按作用类型分类的一些生物技术药物

类别	药物举例
细胞因子	干扰素(α-2a,α-2b) 白介素(白介素-2) 粒细胞集落刺激因子(G-CSF) 粒细胞巨噬细胞集落刺激因子(GM-CSF)
酶	阿替普酶(Alteplase) 阿法链道酶(Dornase Alfa) 伊米苷酶(Imiglucerase)
激素	赖脯胰岛素(Lispro) 表皮蛋白 α 重组人生长激素
凝血因子	抗血友病因子 凝血因子Ⅸ
疫苗	乙肝疫苗 埃博拉病毒疫苗 霍乱灭活疫苗 脊髓灰质炎灭活疫苗 流感疫苗
单克隆抗体	莫罗莫那-CD3(Muromonab-CD3) 英夫利昔单抗(Infliximab) 利妥昔单抗(Rituximab) 曲妥珠单抗(Trastuzumab) 贝伐珠单抗(Bevacizumab)
酶抑制剂	克拉维酸 血管紧张素转化酶抑制剂 曲线链丝菌素 链黑菌素 洛伐他汀
免疫抑制剂	环孢素 雷帕霉素
多聚氨基酸	Epsilon-多聚赖氨酸 多聚谷氨酸 藻青素
基因药物	重组人 p53 腺病毒注射液(今又生/Gendicine) CAR-T 疗法药(Kymriah)

知识链接 1-2

（三）按生化特性分类

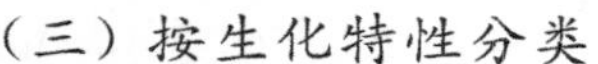

1. 多肽类或蛋白质类药物　随着生物技术的高速发展，多肽、蛋白质类药物不断涌现。如胸腺肽 α1、降钙素、催产素、肿瘤坏死因子、胃膜素、人血清白蛋白等。

2. 核酸类药物 核酸类药物是具有药用价值的核酸、核苷酸、核苷或者碱基的统称，主要在基因水平发挥作用。如三磷酸腺苷(ATP)、辅酶A、脱氧核苷酸、阿糖腺苷等。

3. 聚乙二醇化多肽或蛋白质类药物 聚乙二醇化技术是一种将聚乙二醇(PEG)活化后连接到药物分子或药物表面的技术。如PEG-天冬酰胺酶、PEG-α干扰素、PEG-腺苷酸脱氢酶等。

三、生物技术药物的特点

(一) 相对分子质量大且结构复杂

生物技术药物的分子一般为多肽、蛋白质、核酸或它们的衍生物，相对分子质量大，一般在几千至几万，甚至几十万，如人胰岛素的相对分子质量为5734。蛋白质和核酸均为生物大分子，具有复杂的空间结构，且多以多聚体形式存在。

(二) 稳定性差

多肽、蛋白质类药物稳定性差，极易受温度、pH、化学试剂、光照、空气氧化等因素的影响而变性失活，也易被微生物污染或被酶降解破坏。

(三) 有种属特异性

许多生物技术药物的药理活性与动物种属及组织特异性有关，如某些人源基因编码的多肽或蛋白质类药物，其与动物相应多肽或蛋白质的同源性相差较大，因此对一些动物无药理活性或不敏感。

(四) 作用针对性强、疗效高

多肽、蛋白质、核酸类药物在生物体内均参与特定的生理生化过程，有其特定的作用靶点，使得治疗针对性强。而且生物技术药物仅需极少量就会产生显著效应。

(五) 毒性相对较低

生物技术药物本身是机体内天然存在的物质或是它们的衍生物，而不是体内原先不存在的，机体对这些药物具有相容性，且这类药物被机体分解代谢后的代谢产物还可被机体利用。所以，相对来说这类药物的不良反应较少，毒性较低，安全性较高。

(六) 体内半衰期短

多肽、蛋白质、核酸类药物在体内可被相应酶降解，相对分子质量较大的还可被免疫系统清除，因此生物技术药物一般在体内半衰期短，降解迅速。

(七) 可产生免疫原性

许多来源于人的生物技术药物，在动物中有免疫原性，所以在动物中重复给药将产生抗体。有些人源蛋白质在体内也能产生血清抗体，可能是重组蛋白药物在结构上与人类天然蛋白质有所不同所致。

(八) 多效性和网络效应

许多生物技术药物可作用于多种组织或细胞，并且在体内可形成互相诱导、调节及彼此协同或拮抗的网络效应，具有多种功能，发挥多种药理作用。

(九) 生产制备特性

药物分子在原料中含量低，要求对原料进行高度浓缩，从而使成本增大。生物技术药物一般为多肽或蛋白质类物质，极易受原料中一些杂质(如酶)的作用而发生降解，因此，需要采取有效的分离纯化方法以除去影响目标产物稳定性的杂质。此外，欲分离的药物组分通常稳定性并不好，遇热、极端pH、有机溶剂会失活或分解。这就需要制备工艺条件足够温和，以保证

能够维持生物技术药物的生物活性。

（十）质量控制的特殊性

生物技术药物质量控制是针对生产全过程，采用化学、物理和生物学等手段而进行全程、实时的质量控制。生物技术药物的质量标准如基本要求、制造、检定等内容，将在本教材第九章进行介绍。

第三节　生物技术制药

一、生物技术制药的概念和特点

（一）生物技术制药的概念

生物技术制药是以生物体、组织、细胞等为原料，运用微生物学、生物学、医学、生物化学等的研究成果，综合利用微生物学、化学、生物化学、生物技术、药学等学科的原理和方法，来研究、开发和生产用于预防、治疗、诊断疾病的药物的技术(图 1-1)。

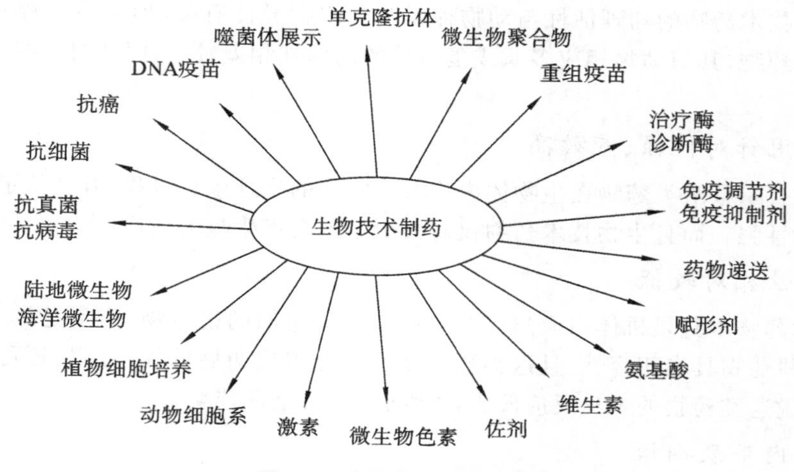

图 1-1　生物技术制药概观

（二）生物技术制药的特点

1. 高技术　生物技术制药需要高知识层次的人才和高新的技术手段。生物技术制药是将基因组、蛋白质组、生物芯片、转基因动物、生物信息学等与药物研究结合。一个基因工程药物的完整的生产过程包括上游(工程菌的构建)和下游生产过程。上游技术包括目的基因的合成、纯化、测序，基因的克隆、导入，工程菌的培养和筛选；下游技术则包括目标蛋白的纯化和工艺放大，产品质量的检测和保证。哺乳动物细胞规模化培养是一件非常复杂的系统工程，为了达到生产要求，需要扩大细胞培养的体积及提高细胞培养密度。细胞规模化培养技术是在pH、温度、培养基成分等条件可控下，运用生产设备培养细胞使之达到较高密度而用于生产相应生物制品的技术，如一个完整的全自动动物细胞培养体系，需要控制的节点就有数百个，整个体系的严谨和规范化程度可想而知。

2. 高投入　生物技术制药从新药研发立项到产品成熟，需要投入大量的资金用于研发设备、研发人员、研发材料及药品效果测试等。生物医药产业需要的除研发外的固定资本投入也非常高，如一般一个抗体产品的生产需要至少 3 亿美元的投资，每克抗体生产成本为 2000～

NOTE

5000美元。据不完全统计，每个上市药品的平均研发投资约为14亿美元，新药开发难度增加也会使研发投资增加。所以，生物药品的成功开发离不开雄厚的资金支持。

3. 长周期 生物技术制药从开始研制到最终转化为产品需要经历一段很长的时期，这是新药的开发与生产过程的复杂性所造成的，也是生物制药产业最典型的特征之一。其主要包括以下几个阶段：实验室研究阶段、中试研究阶段、临床试验阶段（Ⅰ期、Ⅱ期、Ⅲ期）、规模化生产阶段、市场商品化阶段。由于监督每个阶段有严格、复杂的药政审批程序，并且生物技术制药产品的培养和市场开发也并不容易，所以研发时间可达8～10年，甚至10年以上。

4. 高风险 生物技术制药风险包括产品开发风险和市场竞争风险。当今生物技术制药研发的相关体系还不够成熟，因此，在实际的研发过程中存在一定的技术性风险，这些风险潜伏于生物技术制药研发的每一个环节中，进而会对整个研发机制造成一定的破坏性影响。此外，市场竞争的风险也不容小觑，研发的新药若被他人抢先拿到药证或投入市场，就会前功尽弃。

5. 高收益 高风险的背后也往往伴随着高利润，生物药物的投资回报在所有行业中确实非常高。一种新生物药物一般在其上市2～3年内即可以收回所有投资，拥有垄断技术优势的企业利润回报率可高达10倍以上。全球的生物药物近几年来的销售额增长速度很快，远超同期的全球药品市场增长率和全球GDP增长水平。全球生物技术制药企业也越来越多，生物药物销售额在全球药品市场中占据着相当可观的份额，并且仍在持续增加。

二、生物技术制药的主要内容

生物技术制药的主要内容包括两个方面，即生物技术制药的研究开发与应用和利用生物技术研究开发和生产药物。

（一）生物技术制药的研究开发与应用

生物技术制药的研究开发与应用主要包括下面两方面内容。

首先，就是要不断地研究、改进和完善基因工程、细胞工程、发酵工程、酶工程、蛋白质工程等生物技术。以动物细胞工程制药为例，哺乳动物表达系统生产药品是21世纪生物制药工程的主要发展方向。随着生物制药业的迅猛发展，动物细胞培养技术逐渐完善，但与大肠杆菌生产系统相比，哺乳动物细胞工程制药的表达水平仍较低。目前动物细胞工程制药技术主要研究和改进的方向包括以下几个方面：改进表达载体、改进工程细胞和其培养工艺、提高细胞培养技术抑制细胞凋亡、改进翻译后修饰、转基因动物的研究。再如酶工程制药，随着现代科学技术的发展，酶工程制药的内容也不断地扩大和充实，主要的新研究进展涉及非水介质中酶的催化反应、核酶和脱氧核酶，以及抗体酶等。

其次，就是需要把生物技术内各项技术与其他学科的先进技术融合在一起，创造和发展新的生物技术。如细胞工程与生物传感器技术、微电子技术、自动控制技术相结合研制出的哺乳动物的糖链工程，再如基因工程、细胞工程、蛋白质工程与质谱技术相结合产生的抗体工程。

（二）利用生物技术研究开发和生产药物

（1）现代生物技术在中药现代化中的应用。中药现代化就是将中医药的优势和特色与现代科学技术相结合，把中药推向国际化。首先，生物技术在高质量天然药物原料的研究生产及中药材资源的可持续利用中应用广泛。就中药材栽培而言，GAP的实施已成为业内共识。基因技术在这方面正发挥着重要作用，如中药材优良品种选育、道地药材遗传特征分析、抗性基因的转基因药用植物研究等。此外，细胞工程技术为中药人工资源的开发提供了有效途径，酶工程有望成为中药活性成分生产的最佳手段。生物技术也为提高中药品质评价水平提供了新

的实验方法。基因分子标记技术在中药品质评价中的应用,使中药材鉴定的方法从传统的形态表征分析推进到对生物遗传物质的分析。另外,生物技术为中药和天然药物研究与开发提供了新的工具。

(2) 应用生物技术改造传统制药工艺。传统制药大多通过化学反应工艺来获得所需的药品,化工制药工艺中存在的主要问题包括设备落后问题、管理缺失问题、操作不当问题等,往往存在产率低、设备条件要求高等缺点。生物技术在制药工艺方面的应用能够较好地克服这些缺点。利用酶转化法,尤其是应用固定化生物反应器改进制药工艺,已在有机酸、氨基酸、核苷酸、抗生素、维生素和甾体激素等领域取得了显著成效。

(3) 应用蛋白质工程设计新的药物。许多天然蛋白质类药物存在一些缺点,可用突变技术更换活性蛋白质的关键氨基酸残基来克服。也可运用蛋白质工程增加、删除或调整分子上的某些肽段、结构域来改变蛋白质活性,以产生新的生物功能。如应用固定化微生物细胞生产抗生素,在土霉素、青霉素、柔红霉素、赤霉素等品种中取得了一定的进展。还可以用功能互补的两种基因工程药物在基因水平上融合,这种嵌合性药物不仅是原有药物的加和,还可能出现新的药理作用。

(4) 酶工程在食品、药品中的应用。酶工程可参与到食品加工的多个环节,各种酶类可发挥不同的关键作用,在当前众多食品加工中均离不开酶的有效支持。就酶工程在食品生产方面的应用而言,一些酶可直接应用于食品生产,且对提升食品生产效率可起到十分有效的作用。如在干酪生产中,需要应用凝乳酶,通常应用的是皱胃酶。该种酶主要源自牛犊的第四胃,因而应用成本较高,再加上原料相对稀有,无法实现大规模的工业应用,因而技术人员研发出可代替皱胃酶的酶产品。现阶段,诸多皱胃酶替代品在干酪生产中得到推广,如胃蛋白酶、木瓜蛋白酶等。

随着科学技术的进步,人们发现许多疾病与酶有密切关系,酶在疾病的诊断、治疗等方面发挥着越来越重要的作用。但天然来源的药用酶在应用上存在许多缺点,如稳定性差、有抗原性、体内半衰期短等,对酶分子进行化学修饰,可使这些性质得到改善。例如,治疗白血病的有效药物天冬酰胺酶往往带有抗原性,利用聚乙二醇修饰此酶的两个氨基,可消除其抗原性,避免了再度使用可能会引发的免疫反应,再如牛血铜锌-超氧化物歧化酶(Cu,Zn-SOD)用β-环糊精修饰之后,其抗炎活性增加,抗原性大大降低,稳定性提高。

三、生物技术药物的生产系统

与合成药物不同,生物技术药物中的活性药物成分主要是重组蛋白和核酸。目前,绝大多数商品化的生物技术药物以重组蛋白作为其活性药物成分。这些蛋白质可以在原核系统(如大肠杆菌)中产生,也可以在基于真菌(如酿酒酵母、巴斯德毕赤酵母)、哺乳动物细胞、昆虫细胞的真核系统中产生。此外,还研究了使用无细胞表达系统(体外系统)来生产药物,这极大地改变了合成条件。

上述的每个系统用于生物制药都有各自的优缺点。因此,需要根据重组蛋白的特性使用合适的表达系统。

(一) 哺乳动物表达系统

哺乳动物表达系统通常是制造生物技术药物的优选平台(表1-3)。近年来,人们对蛋白质分子的生产越来越感兴趣,推动了哺乳动物表达系统的使用。蛋白质需要特异性的翻译后修饰(尤其是糖基化),而这种修饰只发生在哺乳动物表达系统中。另外,在哺乳动物细胞中,大多数重组蛋白可以分泌表达,因此省去了通过裂解细胞来提取蛋白质产物的环节。

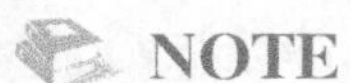

表 1-3 由哺乳动物表达系统生产的一些药物及其应用

药物	来源	应用
干扰素 α	人类淋巴母细胞	艾滋病相关的 Kaposi 肉瘤、多发性骨髓瘤、非霍奇金淋巴瘤
Orthoclone OKT3	杂交瘤细胞系	逆转急性肾移植排斥反应
阿替普酶	CHO 细胞	急性心肌梗死
阿法依泊汀	CHO 细胞	贫血
曲妥珠单抗生物类似物	CHO 细胞	乳腺癌和胃癌
促甲状腺素 α	CHO 细胞	甲状腺癌
达依泊汀 α	CHO 细胞	红细胞生成
依泊汀 α	CHO 细胞	刺激红细胞产生

然而，在哺乳动物细胞中产生的蛋白质可能会被动物病毒污染而导致潜在的安全问题。此外，哺乳动物表达系统也有不足之处，如营养需求复杂、生长缓慢、操作技术要求高、产率低、生产成本较高等。目前可用的哺乳动物表达系统包括中国仓鼠卵巢(CHO)细胞、啮齿类动物细胞系(如 NS0、BHK 和 Sp2/0)和人细胞系(如 HEK293、PER. C6、HT-1080 和 CAP)。其中，中国仓鼠卵巢细胞是重组蛋白生产的主要选择。2016 年，前 10 种畅销的生物技术药物中有 7 种是在中国仓鼠卵巢细胞中生产的。总的来说，在哺乳动物表达系统中生产且被批准用作人类药物的重组蛋白产品的数量在 2010—2014 年间增加至生物技术药物的约 60%。

（二）细菌表达系统

虽然哺乳动物表达系统在蛋白质的起始信号、加工、分泌、糖基化方面具有独特优势，但是细菌仍然是生产重组蛋白最常用的表达系统。根据 BioProcess Technology Consultants 提供的数据，2010 年，作为生物技术药物中活性药物成分的纯蛋白质总产量为 26.4 t，其中，68% 在细菌表达系统中产生，32% 在哺乳动物表达系统中产生。在细菌表达系统中产生的主要蛋白质包括胰岛素，在哺乳动物表达系统中产生的蛋白质绝大多数是单克隆抗体。

表达异源蛋白质常选择大肠杆菌表达系统，大肠杆菌表达系统的优点在于遗传背景清楚、繁殖快、成本低、表达量高、表达产物容易纯化、稳定性好、抗污染能力强以及适用范围广等。然而，该表达系统也存在一些局限性：不存在哺乳动物的翻译后修饰，例如糖基化、磷酸化和蛋白质水解加工。因此，在生物技术工业中，大肠杆菌表达系统被选择用于大规模生产不需要翻译后修饰的小重组蛋白。此外，在大肠杆菌表达系统中蛋白质不能形成正确的二硫键，且存在溶解度和内毒素(脂多糖)等问题的限制。目前，已有几种策略被应用以改善蛋白质表达，例如使用突变的大肠杆菌菌株来促进蛋白质二硫键的形成。

大肠杆菌表达系统除了可以用于生产重组蛋白以外，还能生产一些其他类型的化合物作为药物(表 1-4)。

表 1-4 由大肠杆菌表达系统生产的一些药物及其应用

药物	应用
胰岛素	糖尿病
罗莞愫	毛状细胞白血病，尖锐湿疣和肝炎
干扰素 α-2a	Kaposi's 肉瘤、滤泡性淋巴瘤、皮肤 T 细胞淋巴瘤、黑色素瘤、慢性粒细胞白血病、肾癌

NOTE

续表

药物	应用
干扰素 α-2b	胰腺黑色素瘤、非霍奇金淋巴瘤、白血病、毛状细胞白血病、肾细胞癌、多发性骨髓瘤、滤泡性淋巴瘤
干扰素 α-1b	肾细胞癌，毛状细胞白血病
干扰素 γ-1a	肾癌
他索纳明(Tasonermin)	软组织肉瘤
莫拉司亭(Molgramostim)	骨髓增生异常综合征
那托司亭(Nartograstim)	实体瘤
非尔司亭(Filgrastin)	刺激造血功能，治疗神经节细胞减少症
重组人生长激素	人生长激素缺乏症
地尼白介素-2	皮肤 T 细胞淋巴瘤
青蒿素	疟疾
紫杉醇	肿瘤
红霉素及埃博霉素 C 和埃博霉素 D	癌症
芳香细菌聚酮化合物	几种抗肿瘤聚酮类化合物的前体

（三）酵母表达系统

真核微生物也是有利的微生物重组蛋白生产系统，如酿酒酵母和巴斯德毕赤酵母。这两种宿主都能够产生具有适当折叠和翻译后修饰的重组蛋白。因此，对于需要翻译后修饰的靶蛋白来说，它们被认为是比原核生物更好的宿主。

酿酒酵母表达系统经常被使用，因为它们能够在无蛋白质培养基中快速生长并且能够分泌细胞外产物。然而，细胞内发生的翻译后修饰常常会产生非预期的高甘露糖基化，从而改变蛋白质的结合活性，并可能在治疗应用中产生可变的免疫应答。

在巴斯德毕赤酵母中，寡糖具有更短的链长，据报道该菌株会产生复杂的、末端唾液酸化或“人源化”的糖蛋白。巴斯德毕赤酵母可进行高密度发酵，具有强且严格调节的启动子，每升培养物可以产生克量的重组蛋白(胞内蛋白或分泌蛋白)，因此，巴斯德毕赤酵母表达系统得到了很高的肯定。然而，在某些情况下，尤其是表达异源寡聚体、膜附着的或容易发生蛋白质水解而降解的复合蛋白时，蛋白质产量会显著降低。

虽然在酵母表达系统中表达的蛋白质具有糖基化修饰，但是其糖链的结构和组成与天然蛋白质差异较大，因此，对于那些糖链结构会极大地影响生物活性的蛋白质(如 EPO、治疗性抗体等)，仍然无法用酵母表达系统来表达。

（四）昆虫细胞表达系统

昆虫细胞表达系统又称杆状病毒表达系统，是一类应用广泛的真核表达系统，它介于细菌和哺乳动物表达系统之间。昆虫细胞表达系统具有许多优点：①具有糖基化作用、乙酰化作用、磷酸化作用等一系列蛋白质翻译加工修饰系统；②正确的蛋白质折叠、二硫键形成，使重组蛋白在结构和功能上更接近天然蛋白质，有利于表达产物形成天然的高级结构；③具有对重组蛋白进行定位的功能，如将核蛋白转送到细胞核上，膜蛋白则定位在膜上，分泌蛋白则可分泌到细胞外等；④昆虫细胞悬浮生长，容易放大培养，有利于大规模表达重组蛋白，蛋白质最高表达量可达昆虫细胞蛋白质总量的 50%；⑤可表达非常大的外源性基因(相对分子质量约为 200000)而不至于影响本身的增殖；⑥具有在同一个感染昆虫细胞内同时表达多个基因的能

NOTE

力；⑦通用性广，能用于表达来自病毒、细菌、真菌、植物和动物的几乎所有的蛋白质，并且能表达带有内含子的外源基因；⑧对脊椎动物是安全的，杆状病毒属于昆虫病毒，有高度特异的宿主范围，对脊椎动物和植物均无致病性，而且经重组后的病毒因失去多角体保护而在自然界的生存能力很弱，被认为是安全的载体。

（五）转基因动物

利用转基因动物生产重组蛋白的原理是将编码活性蛋白的基因导入动物的受精卵或早期胚胎内，以制备转基因动物，并使外源基因在动物体内（乳汁、血液等）进行高效表达，然后提取目的产物。转基因动物生产系统具有产量高、成本低、产物更接近人类蛋白质等优点。然而，动物的转基因技术也存在一些不足，如相对低效而且耗时。由于转基因的整合随机性和有限的转基因拷贝数，科学家虽然尝试了各种方法以改善转基因，但是获得成功的却很有限。

ATryn（α-antithrombin）是一种生物技术药物，于2006年在欧盟上市，2009年在美国上市。它是一种抗凝血药，用于治疗罕见的遗传性抗凝血酶缺乏症，其活性药物成分——人类α-抗凝血酶，就是在转基因山羊的乳腺中产生的。

（六）植物表达系统

作为高附加值的重组蛋白生产平台，由于在成本和安全性方面的优势，植物表达系统已成为继哺乳动物、微生物等表达系统之后，获得广泛认同的极具潜力的蛋白质表达系统。植物表达系统主要包括转基因植株、叶绿体转化植物、瞬时表达系统和细胞悬浮培养。植物表达系统的主要优点：①植物属于真核生物，可以形成具有正确结构和构象的高活性重组蛋白；②植物与动物不一样，几乎不受动物病原菌感染，产品安全性高；③植物表达的总体生产成本仅为微生物的2%～10%、动物的0.1%左右；④植物表达产品的分离纯化成本相对较低，可食性药物还可省去下游加工；⑤便于储存，植物蛋白质可以储存在特定的器官，如种子、果实等部位。

以整株植物作为生物反应器来生产重组蛋白，生产周期较长，因此不适于快速生产药物以对抗新出现的疾病。此外，现有的植物生物技术对于植物中的转基因表达水平不能一贯地精确控制。因此，作为替代方案，植物细胞培养物（如胡萝卜悬浮培养物和烟草BY-2细胞）得到了更广泛的使用。2012年，在胡萝卜根细胞中产生的蛋白质——重组人葡萄糖脑苷脂酶被允许进入药物市场。它是美国FDA批准用于临床的第一种由植物生产的生物技术药物，用于治疗罕见的遗传性疾病——戈谢病。用孤儿药治疗这种疾病费用非常昂贵（每位患者每年约花费200000美元），而使用胡萝卜根细胞生产系统将每位患者的花费降低到每年150000美元。

（七）体外表达系统

体外表达系统，又称无细胞蛋白质合成系统，是以外源DNA或mRNA为模板，在细胞抽提物的酶系中补充底物和能量来合成蛋白质的体外系统。

最初，一些障碍限制了体外表达系统应用于蛋白质的生产，如蛋白质产率低、试剂成本高、反应规模小、正确折叠含有多个二硫键的蛋白质的能力有限等。目前，由于在自动化和优化反应条件方面取得了重大进展，体外表达系统成为极具吸引力的蛋白质生产平台。与其他表达系统相比，体外表达系统的主要优势：①反应体系为细胞提取物而不是活细胞，不需要细胞壁或稳态条件来维持细胞活力；②可以控制翻译环境、反应组分和反应条件；③可以生产在其他系统中难以表达的蛋白质，如膜蛋白、毒性蛋白及易受蛋白酶水解的蛋白质；④不需要基因转染、细胞培养或蛋白质纯化等步骤，也不需要任何宿主菌，操作简便；⑤可以直接以PCR产物作为模板同时平行合成多种蛋白质，生产效率高。

STRO-001是一种抗体-药物偶联物，靶向在B细胞恶性肿瘤中高表达的CD47。2018年10月，美国FDA授予了STRO-001用于治疗多发性骨髓瘤（MM）的孤儿药资格。自此，STRO-001成为第一个在体外表达系统中生产的生物技术药物，显示了无细胞蛋白质合成技

NOTE

术的商业可行性。

四、生物技术制药的应用及其研究进展

生物技术制药应用广泛，可以生产出多种生物技术药物以治疗肿瘤、心血管疾病、糖尿病、免疫性疾病、神经退行性疾病等许多传统药物难以治疗的疑难病症，为人类健康事业的发展开辟了新道路。现就近几年生物技术制药的几个热点应用及其研究进展进行阐述。

（一）基因治疗药物

基因治疗(gene therapy)是指将外源正常基因导入靶细胞，以纠正或补偿缺陷和异常基因引起的疾病，以达到治疗目的。基因治疗按照治疗方式，主要分为两大类。

1. 体内基因治疗　直接向血液或者目标器官中注射携带所需基因的载体。

2. 体外基因治疗　把患者的细胞从体内移出，在体外对细胞进行基因改造，然后重新输入患者体内。例如：体外对造血干细胞的基因改造，如用于治疗镰状细胞贫血的基因治疗产品；对免疫 T 细胞的基因改造，包括 CAR-T、TCR-T 免疫疗法等。

近年来，基因治疗逐渐成为许多国家的科研人员的研究热点，越来越多的基因治疗药物获批上市(表 1-5)。

表 1-5　近年来上市的一些基因治疗药物

药品名	上市时间	上市国家/地区	适应证
今又生(Gendicine)	2004 年	中国	头颈部鳞状细胞癌
安柯瑞(Oncorine)	2005 年	中国	鼻咽癌、头颈癌
Rexin-G	2007 年	菲律宾	实体瘤
Neovasculgen	2012 年	俄罗斯	末梢血管病、肢体缺血症
Glybera	2015 年	德国	脂蛋白脂酶缺乏症
Imlygic	2015 年	美国	黑色素瘤
Strimvelis	2016 年	欧洲	重症联合免疫缺陷症
Kymriah	2017 年	美国	急性淋巴细胞白血病
Yescarta	2017 年	美国	B 细胞淋巴瘤
Luxturna	2017 年	美国	遗传性视网膜变性
Invossa	2017 年	韩国	膝关节炎

在 1989 年至 2017 年 4 月期间，已完成、正在进行或已获得全球批准的基因治疗临床试验有 2463 项，其中有 64.4%是针对癌症治疗。

2017 年 7 月，美国 FDA 顾问小组建议批准 Tisagenlecleucel(Kymriah)用于治疗儿童和年轻成人(2～25 岁)的急性淋巴细胞白血病。Tisagenlecleucel 是一种嵌合抗原受体 T 细胞(chimeric antigen receptor T-cell，CAR-T)免疫疗法，被美国 FDA 于 2017 年 8 月 30 日批准上市，是全球首个获批的 CAR-T 免疫疗法，也是美国市场的第一个基因治疗产品，具有里程碑式的意义。

虽然大多数基因治疗临床试验都涉及癌症，但也有大量基因治疗试验针对的是罕见的遗传性单基因疾病(占所有基因治疗试验的 10.5%)。单基因疾病是由已知的单基因缺陷引起的疾病，有望通过在宿主细胞中插入并表达突变基因(或缺失基因)的单个正确拷贝而治愈。遗传性出血性疾病——血友病 B，就是一种单基因疾病，2017 年 12 月，《新英格兰医学杂志》(*The New England Journal of Medicine*)报道称，基因疗法首次在血友病 B 患者身上取得成功。

NOTE

截至 2017 年，超过 77%的基因治疗临床试验处于Ⅰ期或Ⅰ/Ⅱ期，有 93 项基因治疗临床试验处于Ⅲ期。预计到 2020 年，将有 5～10 种基因疗法可被应用，第一批基因疗法可能用于治疗先天性黑蒙症、镰状细胞贫血、β-地中海贫血以及一系列癌症和罕见的遗传性疾病。基因治疗必将开启一个靶向的、个性化的治疗时代。

除基因治疗药物外，基因编辑技术的突破也在一定程度上推动了基因治疗的发展。其中，人工核酸内切酶介导的基因编辑技术主要包括三种：ZFNs 技术、TALENs 技术和 CRISPR/Cas9 技术。与传统基因工程中的病毒载体相比，基因编辑技术提供了一个精准的“手术刀”进行基因的增减及修改。CRISPR(clustered regularly interspaced short palindromic repeats，成簇规律间隔短回文重复序列)作为一种新的、革命性的基因编辑工具，已成功用于体外基因编辑，以纠正有缺陷的基因型，此外，一些研究还表明 CRISPR 技术可以在体内成功实施。针对癌症靶向治疗，目前已有多项涉及 CRISPR/Cas9 技术的临床试验在中国和美国获得批准。

2016 年，我国肿瘤学家卢铀领导的一个科研团队开始进行全球首例人类 CRISPR 临床试验。研究人员从晚期肺癌患者体内提取免疫细胞，然后利用 CRISPR/Cas9 技术删除免疫细胞中的 PD-1 基因，之后研究人员在实验室中扩增这些基因编辑的细胞，再将它们重新注入患者血液中。正常情况下，PD-1 蛋白能检查 T 细胞启动免疫反应的能力，但当肿瘤细胞上的 PD-L1 蛋白与其结合后，便提供了抑制性信号，诱导 T 细胞的凋亡，抑制 T 细胞的活化和增殖，使肿瘤细胞逃脱免疫细胞的攻击。

知识链接 1-3

近年来，CRISPR 疗法已经取得巨大进展，该工具有望大力推动基因治疗的发展。

（二）单克隆抗体药物

伴随着抗体技术的不断发展以及新型抗体的不断出现，单克隆抗体药物已成为制药行业发展最快的领域之一，目前正在研究的生物技术药物中有四分之一都是单克隆抗体药物。作为最大类的生物技术药物，其在癌症、炎症性疾病、心血管疾病、器官移植、感染、呼吸系统疾病和眼科疾病中皆有应用。单克隆抗体药物包括单克隆抗体(mAbs)和各种单克隆抗体衍生物，例如双特异性抗体(BsAbs)、抗体-药物偶联物(ADC)、放射免疫偶联物、抗原结合片段 Fab 和 Fc 融合蛋白等。

于 1986 年注册的莫罗莫那-CD3(商品名 Orthoclone OKT3)，是第一种单克隆抗体药，可用于逆转急性器官(包括心脏、肾脏和肝脏)移植排斥反应。然而，抗体市场的动态发展始于 20 世纪 90 年代末期，当时第一个嵌合单克隆抗体被注册。2002 年，美国 FDA 批准了第一个完全人源化单克隆抗体——阿达木单抗。截至 2017 年 3 月，在欧盟和美国，共注册了 71 种单克隆抗体药物。

双特异性抗体是含有两种特异性抗原结合位点的人工抗体，能在靶细胞和功能分子(细胞)之间架起桥梁，从而激发具有导向性的免疫反应。截至 2017 年 11 月，美国 FDA 共批准了三种双特异性抗体，分别是卡妥索单抗(Catumaxomab)、博纳吐单抗(Blinatumomab)、重组艾米希组单抗(Emicizumab)。2017 年 6 月，脑肿瘤治疗药物 Burtomab 获得美国 FDA 突破性疗法认定。目前，仍有大量双特异性抗体药物处于研究阶段，许多临床试验正在进行。

抗体-药物偶联物和放射免疫偶联物都可以对癌细胞进行特异性破坏。抗体-药物偶联物包含单抗、连接子和药物三部分，而放射免疫偶联物包含单抗、连接子和放射性核素三部分。抗体-药物偶联物的代表有 Brentuximab vedotin 和 Ado-trastuzumab emtansine，前者用于治疗霍奇金淋巴瘤和系统性间变性大细胞淋巴瘤，后者用于治疗 HER2 阳性乳腺癌。2017 年 8 月，美国 FDA 批准将 Inotuzumab ozogamicin 用于治疗成人复发性或难治性前体 B 细胞急性淋巴细胞白血病。至于放射免疫偶联物，已有两种该类药物被注册用于治疗非霍奇金淋巴瘤，分别是^{131}-托西莫单抗(^{131}I-tositumomab)和替伊莫单抗(ibritumomab tiuxetan)。

NOTE

此外，由于全球销售排名靠前的多种单抗药物将在近期专利到期，单抗的生物类似药已逐渐成为医药界的研究热点。与原研生物技术药物相比，生物类似药的开发所需的时间和成本大大降低。

（三）疫苗

疫苗开发是生物技术药物研究的另一个重要领域。任何在开发过程中使用了分子生物学方法的疫苗都可以被归类为生物技术药物。例如减毒活疫苗使用了 DNA 重组技术来改变病原体的基因组，基因工程亚单位疫苗是特异性高、高度纯化的重组蛋白抗原。

许多新型疫苗正处在研究阶段或临床试验阶段，如 HIV 疫苗、疟疾疫苗、万能流感疫苗和治疗性癌症疫苗等。

知识链接 1-4

HVTN 702 和 Ad26 是目前仅有的两种在人体试验中显示出有效性的 HIV 疫苗。HVTN 702 疫苗由两种疫苗组成，一种是基于金丝雀痘载体的疫苗（ALVAC-HIV），另一种是含有 MF59 佐剂的双组分 120 HIV 糖蛋白亚单位疫苗，其临床试验预计在 2020 年末可以产生结果。Ad26 疫苗旨在针对引起艾滋病的各种 HIV 亚型来诱导免疫应答。该疫苗使用一种腺病毒血清型 26 菌株作为载体，为 HIV 变异基因和含有磷酸铝的 Clade C 140 HIV 糖蛋白提供三种或四种嵌合抗原。

在过去的十多年中，疟疾疫苗的开发取得了实质性的进展。2015 年，基于重组蛋白的疟疾疫苗 RTS,S 获得了欧洲药品管理局（EMA）的批准，成为世界上首个获得许可的疟疾疫苗。2018 年，疟疾疫苗 RTS,S 在非洲三国（加纳、肯尼亚和马拉维）首次投入应用，为在全球更大范围内推广疟疾疫苗铺设道路。

生物技术制药的发展也促进了万能流感疫苗的开发。与目前使用的疫苗相比，万能流感疫苗能够提供持久而广泛的抗流感作用。从流感病毒 H1 血细胞凝集素纯免疫原的结构开发中获得了一些有希望的结果：在小鼠和雪貂中接种该免疫原后，诱导出了广泛的交叉反应抗体，可完全保护小鼠并部分保护雪貂免受致死性异源亚型 H5N1 流感病毒的攻击。更多结果表明，该疫苗诱导的血凝素特异性抗体可以预防多种 1 型流感毒株。

近年来，随着人类寿命的延长，癌症逐渐成为主要的疾病死亡原因。而治疗性癌症疫苗可在癌症早期阶段就介入疾病管理过程。Sipuleucel-T 是一种自体细胞来源的免疫治疗药，用于治疗去势抵抗性前列腺癌。2010 年，Sipuleucel-T 由美国 FDA 批准上市，成为首个获批用于治疗癌症的疫苗，为更广泛地使用癌症疫苗免疫疗法带来可能。

新技术的出现是生物技术药物开发的一个重要课题。反向疫苗学、结构疫苗学和合成疫苗等新技术有望为疫苗领域带来巨大的改变。

反向疫苗学使用生物信息学工具来筛选病原体的整个基因组，以鉴定可以编码具有良好疫苗靶标属性的蛋白质的基因。目前的反向疫苗学方法包括多个基因组序列的比较计算机分析，实现了异质病原体群体中保守抗原的鉴定，并可以鉴定存在于病原性菌株而非共生菌株中的抗原。此外，转录组学和蛋白质组数据集被整合到选择过程中，加速了受试动物模型中疫苗靶标的鉴定。反向疫苗学已成功应用于抗血清群 B 脑膜炎球菌。该技术还用于具有抗生素抗性的病原体的高级临床前和临床疫苗研究。

结构疫苗学可鉴定免疫蛋白结构域并以重组形式进行表达。该结构域含有可诱导保护性免疫应答的表位，而不含有无关的免疫蛋白区域，可以作为有效的免疫原。一项研究表明，利用呼吸道合胞病毒的表位，结构疫苗学能够产生小的、具有热稳定性和构象稳定性的蛋白质支架，它能够准确地模拟病毒表位结构并诱导中和抗体的产生。

合成疫苗技术可以从序列数据中快速生成疫苗病毒，其研究主要是为了应对未来的世界大流行疾病，如流行性感冒。2013 年，Dormitzer 等人利用由化学合成的寡核苷酸组装的酶和

NOTE

经过改进的体外错误校正，从而快速、准确地合成两种主要的流感病毒表面糖蛋白（血细胞凝集素和神经氨酸酶）。这种合成方法能够在几天内开发疫苗种子，而传统技术常常需要2～3个月。

（四）来源于微生物和微藻的药物

微生物（如细菌、真菌）和微藻是生物药物的巨大来源，生物药物可以通过发酵过程或从植物生物质中直接提取来生产。来源于微生物和微藻的药物在生物技术制药领域扮演着举足轻重的角色。

1. 胞外聚合物 胞外聚合物（extracellular polymeric substance，EPS）是在一定环境条件下，由微生物（主要是细菌）合成并分泌至胞外的生物聚合物，如多糖、蛋白质和核酸等。对微生物而言，EPS的主要功能是保护其免受周围环境的影响，还可以将环境中的营养成分富集，通过胞外酶降解成小分子后吸收到细胞内。而在医药方面，已有研究发现，EPS具有抗肿瘤、抗动脉粥样硬化、免疫调节等重要作用。例如，结冷胶可以作为口服、眼部和鼻腔给药的药物配方，也能作为组织工程材料的成分；黄原胶因其具有缓释药物的能力而在药物递送中得到了广泛应用，其形式有脂质体、水凝胶、类脂囊泡、纳米颗粒、微球等；磷酸化的凝胶多糖微凝胶被应用于体外药物释放，显示出优异的生物相容性；细菌纤维素因其良好的保水能力、适宜的孔隙率、有效的阻隔性能且为纳米纤维材料，被认为是伤口敷料材料的最佳替代品，同时还可以作为赋形剂和药物缓释材料（图1-2）。

图1-2 木醋杆菌（*Gluconacetobacter xylinus*）产生的细菌纤维素

2. 微藻类药物 自20世纪60年代以来，科学家提出了“向海洋要药”的口号，掀起了海洋药物研究的高潮。微藻在海洋中含量丰富，是海洋药物的重要来源，它们能产生许多具有医学应用价值的化合物，如色素、蛋白质、糖类和含有重要脂肪酸的脂质等（表1-6）。

（1）色素：微藻色素毒性低、生物活性好，且具有抗氧化和抗炎活性，可用于预防急性和慢性冠状动脉综合征、动脉粥样硬化、类风湿性关节炎、肌营养不良、白内障和神经障碍等疾病。研究发现，大多数微藻色素对试验大鼠的小脑神经元具有保护作用，并且对体外生长的肝细胞具有保护作用。

（2）蛋白质：微藻蛋白质含量很高，且为优质蛋白质，含有人体所需的全部必需氨基酸，已有研究发现在从螺旋藻中分离得到的别藻蓝蛋白和藻蓝蛋白具有抗病毒和抗真菌活性。

（3）糖类：从微藻中提取的硫酸化多糖被发现具有抗氧化、抗凝血、抗炎、抗病毒、抗菌、抗肿瘤、免疫调节和防辐射等作用。

表 1-6　一些来源于微藻的生物活性化合物及其应用

生物活性化合物		来源微藻名	应用
色素	叶黄素	*Green microalgae* *Chlorella protothecoides* *Botryococcus braunii*	治疗年龄相关性白内障，抗黄斑变性，抗结肠癌
	玉米黄素	*Botryococcus braunii* *Dunaliella salina* *Nannochloropsis oculata*	抗结肠癌，预防黄斑变性
	虾青素	*Haematococcus pluvialis*	抗结肠癌，抗氧化作用
	藻红蛋白	*Cyanobacteria* *Porphyridium*	免疫荧光技术，标记抗体、受体和其他生物分子
氨基酸/蛋白质	氨基酸	*Diatom*	皮肤病学应用，药妆
	类菌胞素氨基酸	*Microalgae*	防晒霜，活性氧簇清除剂
	藻蓝蛋白	*Cyanobacteria*	抗肿瘤，抗过敏，免疫荧光技术
糖类	多糖	*Red microalgae*	抗病毒
	β-1,3-葡聚糖	*Chlorella*	免疫刺激剂，降低血液胆固醇
	硫酸化胞外多糖	*Spirulina sp.* *Dunaliella salina* *Porphyridiumcruentum*	抗病毒，抗肿瘤，免疫调节
多不饱和脂肪酸	二十碳五烯酸	*Isochrysis galbana* *Nannochloropsis oculata* *Porphyridium purpureum*	营养补充剂，降血压，降低血浆胆固醇和其他脂质，抗血栓，抗关节硬化
	二十二碳六烯酸	*Crypthecodinium cohnii* *Pavlova lutheri* *Schizochytrium limacinum*	帮助胎儿和儿童的大脑、眼睛发育，预防成人心血管疾病、癌症
	γ-亚麻酸	*Spiriulina sp.*	抗肿瘤，降血脂，降血糖
	花生四烯酸	*Porphyridium sp.*	预防心血管疾病、糖尿病和肿瘤

（4）脂质：微藻中的总脂质占比达干重的30%～70%，其重要成分有ω-3族脂肪酸和ω-6族脂肪酸，这两族脂肪酸都属于多不饱和脂肪酸（PUFA），含有人体的必需脂肪酸，必须从食物中获取。ω-3族脂肪酸主要有亚麻酸、二十碳五烯酸（EPA）和二十二碳六烯酸（DHA），摄入EPA和DHA补充剂已被证明可预防心血管、神经系统和炎症性疾病，对于胎儿大脑的健康发育也至关重要。ω-6族脂肪酸主要有亚油酸（LA）和花生四烯酸（ARA），具有抑制和刺激人体细胞免疫反应的作用，可以改善脂质代谢，降低血糖，预防动脉硬化，减少人体脂肪，增强免疫功能。

五、生物技术制药的发展前景

（一）国际生物技术制药市场及前景

1. 国际生物技术制药市场　目前，由生物技术药物的开发、制造和营销组成的行业是一个价值数十亿美元的行业。其中，疫苗研究费用持续增长，这种增长的主要因素是最先进的疫苗开发技术的使用。但另一方面，疫苗存在隐含的价格上限，这就使制药行业普遍认为疫苗不是最有利可图的市场。然而，这种对疫苗市场的看法正在发生变化。

2015 年，全球疫苗接种市场总额为 276 亿美元，预计到 2022 年将达到约 390 亿美元。导致疫苗市场预期增长的主要因素包括疾病流行率高，政府和非政府疫苗开发资金不断增加，以及对免疫计划的关注日益增加。

例如，到 2022 年，预计针对带状疱疹疫苗的市场将增加一倍以上。目前，Zostavax 减毒活疫苗占据该市场的主导地位。然而，Shingrix（一种重组亚单位疫苗，正在接受美国和欧洲监管机构的审查）可能在今后为老年患者提供更好的保护。

全球疫苗市场根据技术、类型、疾病指示、最终用户和区域进行细分。基于公司投资的增加，结合疫苗领域的增长率将会达到疫苗市场的最高，针对肺炎链球菌的两种结合疫苗 Penavnar 和 Prevnar 13 已经成功实现了标记。2015 年，这些疫苗的总销售额约为 63 亿美元，这使其占据最畅销疫苗名单的首位（图 1-3）。

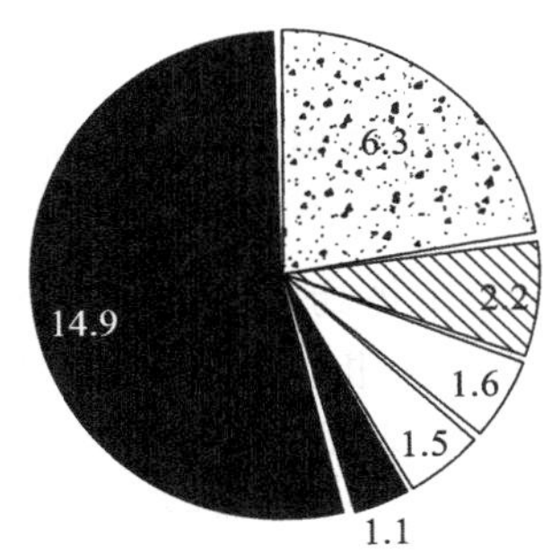

图 1-3　2015 年几种最畅销疫苗的销售额（单位：10 亿美元）

注：根据 EvaluatePharma 于 2016 发布的数据编辑。

自 1995 年以来，每 4 年大约有 50 种生物技术药物注册。到 2014 年底，共有 212 种生物药物在美国和欧盟注册和批准使用。2016 年，生物技术药物销售额（不包括疫苗）达到 1630 亿美元，与 2015 年相比增长了 5.8%，与 2008 年相比增长了 102%。据分析，生物技术制药市场具有巨大的潜力，能够进一步地动态增长。根据“2020 年全球蛋白质治疗市场展望”的报告，可以估计到 2020 年底，该市场销售额可能达到 2080 亿美元。

（1）治疗性抗体：目前，大多数已注册的单克隆抗体药物是用于治疗癌症和自身免疫性疾病的。据世界卫生组织（World Health Organization，WHO）估计，由于老年人数量的增加，2030 年新型癌症病例的数量将增加到 2700 万人，由此预计抗癌药物将在所有注册药物中占据领先地位。

这一预测从进入临床试验的单克隆抗体的数量也可见一斑。在 2014—2016 年期间，一些制药公司发起了首次人体内研究，平均每年约有 80 个单克隆抗体治疗药物用于该研究，其中超过 60%的单克隆抗体药物是为治疗癌症而设计的。2016 年，用于治疗癌症的抗体约占所有临床渠道中的治疗性抗体的 55%。2017 年，进入临床渠道的抗癌单克隆抗体有 CX-072 和 KN035（两者均靶向 PD-L1）、CBT-501（靶向 PD-1）和 FLYSYN（靶向 FMS 样酪氨酸激酶）。2018 年进入晚期临床研究的 5 种单克隆抗体中，有 3 种（Utomilumab，Isatuximab 和 SHR-1210）被评估为癌症治疗方法，另外 2 种单克隆抗体（Crizanlizumab 和 Olokizumab）分别在患有镰状细胞贫血和类风湿性关节炎的患者中进行研究。

针对哮喘、白血病、非小细胞肺癌和多发性硬化症相关分子靶标的改进抗体也逐渐成为研究和开发的热点。在不久的将来，下一代的改进抗体（如抗体-药物偶联物和双特异性抗体）预计将作为生物改良抗体治疗药物得到普及。

另外，已用于治疗的单克隆抗体的生物类似药正处在研究开发中，越来越多的高特异性单克隆抗体被用于临床治疗和诊断。截至 2016 年 12 月，超过 50 个单克隆抗体候选药物正在进

行后期临床研究评估，由此预测，短期内每年有 6～9 个单克隆抗体药物将获得首次上市批准。

单克隆抗体在被广泛研究的同时，其销售市场也显示出蓬勃生机。自 1986 年第一批单克隆抗体注册以来，单克隆抗体的销售额逐年增长。2016 年，单克隆抗体销售额达到了 1069 亿美元，占生物技术药物总销售额（不包括疫苗）的 65.6%（图 1-4）。

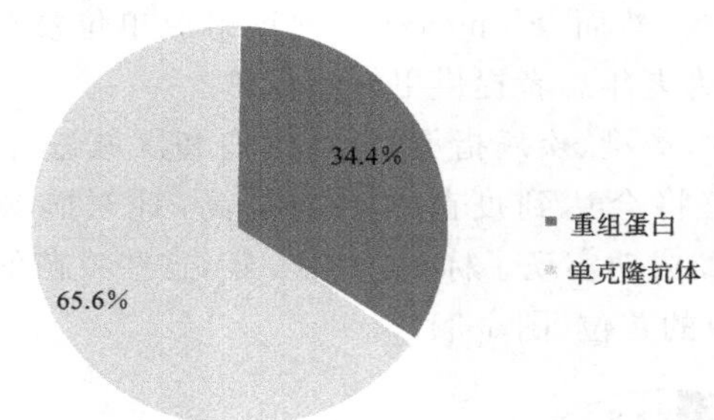

图 1-4　2016 年全球治疗性蛋白市场中重组蛋白和单克隆抗体的销售额占比

注：根据 La Merie 于 2017 年发布的数据编辑。

2016 年最畅销的 10 个生物技术药物中就有 8 个是抗体药物，其中，6 个是单克隆抗体，2 个是 Fc 融合蛋白（图 1-5）。用于治疗类风湿性关节炎及相关疾病的阿达木单抗（商品名 Humira）在该名单中位列第一，产生了 164.86 亿美元的收入。

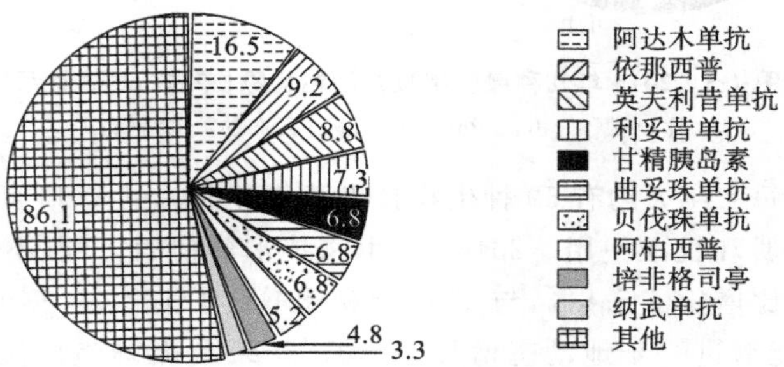

图 1-5　2016 年生物技术药物的销售额（单位：10 亿美元）

注：根据 La Merie 于 2017 年发布的数据编辑。

（2）生物类似药：生物技术药物的治疗成本很高。例如，在 2009 年，美国使用曲妥珠单抗进行乳腺癌治疗的年费用约为 37000 美元，而使用伊米苷酶进行的戈谢病治疗费用为 200000 美元。与原研生物技术药物相比，生物类似药的开发减少了所需的时间和成本（图 1-6）。引入生物类似药的好处主要包括降低了治疗成本，增加了治疗可用性，从而实现了更均衡的医疗保健支出。

参考生物制药的开发

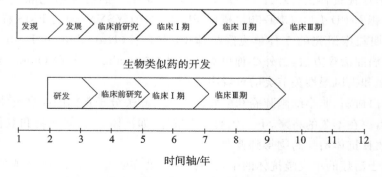

发现 → 发展 → 临床前研究 → 临床Ⅰ期 → 临床Ⅱ期 → 临床Ⅲ期

生物类似药的开发

研发 → 临床前研究 → 临床Ⅰ期 → 临床Ⅲ期

1　2　3　4　5　6　7　8　9　10　11　12

时间轴/年

图 1-6　参考生物制药和生物类似药的开发时间表

然而，由生物类似药使用所产生的总节省量不会像用普通药物替代原始合成药物那样显著。这是因为生物类似药的制造和引入也需要相当大的支出。据估计，开发符合其批准的正式要求的生物类似药的总成本，包括制造成本(可达 75～250 亿美元)，整个过程可能需要 7～8 年。这些都是市场上引入生物类似药的障碍。尽管存在这些问题，但根据欧洲药品管理局的数据可知，2009 年生物类似药在欧盟国家节省了大约 14 亿欧元。

根据联合市场研究的数据，世界生物类似药市场的收入将从 2014 年的 25.5 亿美元增加到 2020 年的 265.5 亿美元，从 2015 年到 2020 年的复合年增长率为 49.1%。市场价值的增加将受到生物类似药销售的影响，这种销售可能会在目前带来最高利润的原研药物的专利期满后发生，同时也可能会受到其他因素的影响。

2. 生物技术药物的发展前景 近年来，国际生物技术药物市场的发展速度超过了所有药物的市场。调查显示，生物技术药物销售的稳定增长与许多因素有关，主要包括以下几个方面：老年人口的增长以及随之而来的慢性病患者数量的增加，糖尿病患者和癌症患者人数的增加，以及自身免疫性疾病发病率的增高。

生物技术药物被广泛认可的功效也促进了新生物制药行业的发展。生物技术药物最为突出的优点就是它们提供的是靶向治疗而不是对症治疗。这也为之前无法治愈的疾病的治疗提供了新的研究方向。

生物技术药物市场的增长率可能受到分子生物学方法及其自动化的发展的影响，还会随着人们对蛋白质表达系统的进一步了解以及对与重组蛋白生产规模扩大相关的操作过程和技术因素的进一步理解会有显著的提升。生物技术药物广阔的市场前景与其突破性的创新息息相关，如免疫疗法，抗体-药物偶联物和基因疗法等的发展，而阻碍该市场发展的因素主要是开发生物技术药物需要较高的成本。

在新型生物制药领域，许多活性药物成分趋向于增强天然发现的治疗功效。另外，根据目前在临床试验中测试的制剂数据，我们可以预期新注册的单克隆抗体数量将会稳步增加，同时它们在生物制药市场的主导地位也将逐步确定。由于许多最畅销的生物药品的专利保护即将到期(图 1-7)，因此关于将有大量生物类似药引入的预测也是合乎常理的，这些仿制药则是畅销药物的同等替代物。

(二) 我国生物技术制药的发展前景和改革路径

1. 我国生物技术制药的发展前景 我国的生物技术发展一直借鉴国外一些先进的医学技术，虽然生物制药技术的专业人员在不断增加，但是综合性技术人才仍然大量匮乏。因此正确认识我国在生物制药技术领域中存在的问题，保持继续借鉴其他国家的先进技术，是探索出一条适合我国生物制药技术发展道路的有效途径。目前我国生物制药技术已经取得了显著成就，基础药物的研发也取得了稳步增长，在重点难题如遗传物质基因上有了明显的进步，随着对问题以及对疾病原理的深入研究，生物制药技术的发展趋势也愈加明确，其价值也在社会各界充分彰显。

随着社会经济的不断发展，人们对健康的要求也在提高，对生物技术制药的要求也越来越高。生物学的革命要根据更多不同行业的技术去发展，而不是仅仅依靠生物科学技术本身的发展。新的科学技术的产生对生物技术制药研发新药都具有一定的推动作用。如通过计算机模拟和分子图像处理技术显著提高了设计特定分子的能力，它是药物研究的最佳辅助工具。如美国食品药品监督管理局曾经在研发心脏药物的试验中利用虚拟心脏模拟系统得出了全新的成果，此成果为以后研究类似大脑等复杂系统的药物临床试验起到促进作用。

目前我国在进行药物研发方面的成本已经越来越高，这就迫使医药工业为了持续长久的生存而对技术继续投入巨大的资金，现在还在综合利用一些已经成型的技术进行转型开发，这

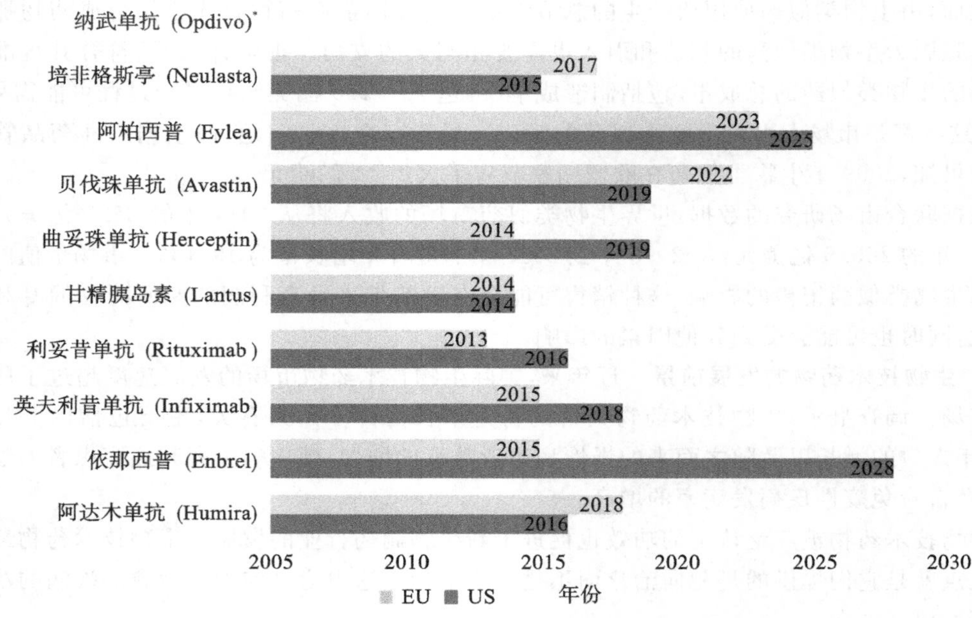

图 1-7 2016 年十大畅销生物药品的专利有效期

注：* 代表数据不可用。

种技术如果开发成功了将会大大降低失败率和降低试验成本。这项技术的成功将对制药工业产生巨大的影响。

2. 我国生物技术制药的改革路径

(1) 提高自主创新能力，进行产业结构的整合升级。在生物技术制药领域内强调科学技术自主创新能力的提升，不仅是为了争取在经济竞争上的主动权，更是为了加强安全保障。促进生物技术制药产业的发展是保护国家安全、维护国家利益的必要手段之一，需要围绕创新进行资源整合，以培养出更多的具有国际竞争力的技术性企业和人才。

(2) 强化对科研单位的支持，完善企业和人才培养制度，加快先进技术的研发进程，有效缩短生物技术药物的研发周期。就当前的社会现状来看，仅靠社会资本和规划来推动生物技术制药产业的发展壮大，发展前景不是很乐观，而且发展周期会很长。受市场经济短视取向的影响，很多企业家过于追求经济利益的最大化，将生物技术制药的发展重点放在了生产低端药品或者是仿制药上，造成了资源的分散和不必要的浪费，使得自主研发水平一直得不到提高。因此政府可以在资金投放上给予高校、研究所和企业更多的支持，并建立一套公平、公开、公正的监管制度使投放资金真正落到实处和发挥作用。

(3) 充分利用现代技术资源(信息化手段和互联网技术)加快产业的发展。这既可以促进生物技术制药产业的创新和商业化发展，又可以在产业知识的普及和大数据的管理上起到一定的支撑作用。

(4) 完善专业检测机构建设，建立健全相关法律体系。生物技术制药不同于传统制药，它的研究开发是成果和风险共存，在给人类产业带来巨大益处的同时也携带着难以想象的危害，因此，如果缺乏权威机构的专业监管和法律的限制，可能会给整个人类社会带来不可控制的危害，如新型病毒的研究和物种变异的研究等潜在威胁。因此建设专业的检测机构和完善立法不容忽视。

(5) 对生物技术制药产业进行标准化的管理。在国际贸易中，欧美等一些发达国家因其自身的经济优势和技术优势，在技术标准和技术认证上都设置了相对严格的制度，这对发展中国家的出口贸易有极大的限制，医药领域也是欧美国家频繁使用技术壁垒的领域之一。但是

我国国内企业在技术保护方面的意识淡薄，采用国际认证标准的企业数量也很少，基于这种情况，我国生物技术制药企业更应该进行标准化的管理，这是这些药物突破技术壁垒、增强产品竞争力和提高产品出口率的根本途径。

附

缩 略 表

英文全称	中文全称	英文缩写
adenosine triphosphate	腺苷三磷酸	ATP
antibody-drug conjugate	抗体-药物偶联物	ADC
arachidonic acid	花生四烯酸	ARA
bispecific monoclonal antibody	双特异性抗体	BsAb
chimeric antigen receptor T-cell	嵌合抗原受体 T 细胞	CAR-T
Chinese hamster ovary	中国仓鼠卵巢	CHO
clustered regularly interspaced short palindromic repeats	成簇规律间隔短回文重复序列	CRISPR
deoxyribonucleic acid	脱氧核糖核酸	DNA
docosahexenoic acid	二十二碳六烯酸	DHA
erythropoietin	促红细胞生成素	EPO
European Medicines Agency	欧洲药品管理局	EMA
eicosapentaenoic acid	二十碳五烯酸	EPA
extracellular polymeric substance	胞外聚合物	EPS
Food and Drug Administration	食品药品监督管理局	FDA
granulocyte colony stimulating factor	粒细胞集落刺激因子	G-CSF
granulocyte-macrophage colony stimulating factor	粒细胞巨噬细胞集落刺激因子	GM-CSF
human immunodeficiency virus	人类免疫缺陷病毒	HIV
interferon	干扰素	IFN
interleukin	白介素	IL
linoleic acid	亚油酸	LA
monoclonal antibody	单克隆抗体	mAb
multiple myeloma	多发性骨髓瘤	MM
programmed death-1	程序性细胞死亡蛋白-1	PD-1
programmed death-ligand 1	程序性细胞死亡蛋白配体-1	PD-L1
polyethylene glycol	聚乙二醇	PEG
polymerase chain reaction	聚合酶链式反应	PCR
polyunsaturated fatty acid	多不饱和脂肪酸	PUFA
recombinant human growth hormone	重组人生长激素	rhGH
ribonucleic acid	核糖核酸	RNA
The New England Journal of Medicine	新英格兰医学杂志	NEJM
World Health Organization	世界卫生组织	WHO

本章小结

生物技术主要包括基因工程、细胞工程、酶工程、蛋白质工程和发酵工程。生物技术的发展可以划分为三个不同的阶段:传统生物技术、近代生物技术、现代生物技术。生物技术药物主要是重组蛋白和核酸类药物,如细胞因子、纤溶酶原激活剂、凝血因子、生长因子、融合蛋白、受体、疫苗、单克隆抗体、反义核酸、小干扰 RNA 等。生物技术药物可按用途、作用类型、生化特性等进一步分类。生物技术药物具有相对分子质量大且结构复杂、稳定性差、种属特异性、作用针对性强、多效性和网络性等特点。生物技术制药具有高技术、高投入、高风险、长周期、高收益等特点。生物技术药物的生产系统包括哺乳动物表达系统、细菌表达系统、酵母表达系统等。

能力检测

(1) 生物技术的种类及相互联系是什么?

(2) 生物技术药物的分类及特点是什么?

(3) 简述生物技术制药的应用及研究进展。

参考文献

[1] 夏焕章.生物技术制药[M].3 版.北京:高等教育出版社,2016.

[2] 王凤山.生物技术制药[M].2 版.北京:人民卫生出版社,2015.

[3] 诸葛怡,来奕刚.现代生物技术在中药现代化中的应用进展[J].浙江中医药大学学报,2007,31(6):782-783.

[4] 张雯雯,王艳晓.酶工程在食品加工中的作用[J].化工设计通讯,2018,44(7):199.

[5] 别立亮.生物制药技术在制药工艺中的应用及发展前景分析[J].当代化工研究,2018,(2):154-155.

[6] 桑筱筱,操燕明.我国生物制药产业发展现状及其改革路径[J].科技经济市场,2017,(7):110-111.

[7] Kesik-Brodacka M. Progress in biopharmaceutical development[J]. Biotechnol Appl Biochem,2017,65(3):306-322.

[8] Ramana K V,Xavier J R,Sharma R K. Recent trends in pharmaceutical biotechnology[J]. Pharm Biotechnol Curr Res,2017,1:1.

(李校堃　蔡　琳)

第二章　重组蛋白药物

学习目标

本章 PPT

1. 掌握：重组蛋白药物有关的基本概念和重组蛋白药物制备的基本流程。
2. 熟悉：重组蛋白药物制备的有关技术、要求与标准。
3. 了解：已上市典型重组蛋白药物的制备要点和应用情况。

第一节　概　　述

重组蛋白药物(recombinant protein drug)也称为重组 DNA 蛋白药物、基因重组蛋白药物或基因工程蛋白药物，是指采用 DNA 重组技术，对编码目的蛋白的基因进行优化修饰，利用一定载体将目的基因导入适当的宿主细胞中，表达目的蛋白，并经提取和纯化等技术制备的具有生物活性的蛋白制品，用于疾病的预防、诊断和治疗。

一、DNA 重组技术与重组蛋白药物的发展历程

（一）分子生物学理论的建立

1953 年 4 月，在剑桥大学卡文迪许实验室工作的 James Watson(詹姆斯·沃森)和 Francis Crick(弗朗西斯·克里克)合作在 *Nature* 杂志上发表了论文“Molecular Structure of Nucleic Acids:A Structure for Deoxyribose Nucleic Acid”，发现了 DNA 的双螺旋结构。同期杂志刊登了 Rosalind Franklin(罗莎琳德·富兰克林)和 Maurice Wilkins(莫里斯·威尔金斯)的两篇论文，证明了 DNA 的结构模型，共同开启了分子生物学时代。Watson、Crick 和 Wilkins 因此分享了 1962 年诺贝尔生理学或医学奖。

1958 年，在英国实验生物学第 12 届讨论会上，Francis Crick 提出了分子生物学中心法则(Central dogma of molecular biology)，成果发表在讨论会会议录(Symp. Soc. Exp. Biol. 12)上。

1965 年 1 月和 4 月，Marshall Nirenberg(马歇尔·尼伦伯格)分别在 *Science* 和 *PNAS* 杂志上发表了“RNA Codewords and Protein Synthesis”相关论文，破译了核苷酸遗传密码，并因此成就于 1968 年与 Har Gobind Khorana、Robert W. Holley 分享诺贝尔生理学或医学奖。

（二）多种工具酶的发现

1956 年，华盛顿大学的 Arthur Kornberg(阿瑟·科恩伯格)分离获得 DNA 聚合酶，并与 Severo Ochoa(塞韦罗·奥乔亚，研究核糖核酸合成)共享 1959 年诺贝尔生理学或医学奖。

1967 年，Gellert(盖勒特)、Lehman(雷曼)、Richardson(理查德森)和 Hurwitz(胡维茨)等实验室几乎同时发现了 DNA 连接酶。

1970 年 7 月，约翰斯·霍普金斯大学的 Hamilton Smith(汉密尔顿·史密斯)在 *Journal*

NOTE

of Molecular Biology 上发表论文“A restriction enzyme from *Hemophilus influenzae*：Ⅰ. Purification and general properties”，确认限制性内切酶，并因此成就与 Werner Arber（维恩 · 阿尔伯）和 Daniel Nathans（丹尼尔 · 内森斯）共同获得 1978 年诺贝尔生理学或医学奖。

（三）DNA 重组技术的建立

1972 年，斯坦福大学的 Paul Berg（保罗 · 伯格）在 *PNAS* 杂志上发表论文“Biochemical Method for Inserting New Genetic Information into DNA of Simian Virus 40：Circular SV40 DNA Molecules Containing Lambda Phage Genes and the Galactose Operon of *Escherichia coli*”，首次实现了 DNA 分子的体外重组，并与 Fredrick Sanger（弗雷德里克 · 桑格）、Walter Gilbert（沃尔特 · 吉尔伯特）共享 1980 年诺贝尔化学奖。

1973 年 11 月，斯坦福大学的 Stanley Cohen（斯坦利 · 科恩）和加州大学旧金山分校的 Herbert Boyer（赫伯特 · 伯耶）等合作在 *PNAS* 杂志上发表了论文“Construction of Biologically Functional Bacterial Plasmids *In Vitro*”，宣告 DNA 重组技术的诞生和基因工程时代的到来。

（四）重组蛋白药物问世

1978 年 8 月，基因泰克公司（Genentech）的 David Goeddel（戴维 · 哥德尔）等利用大肠杆菌表达并合成获得全球第一个基因重组人胰岛素。

1982 年 5 月，礼来公司（Eli Lilly）向美国食品药品监督管理局（Food and Drug Administration，FDA）提交了全球第一个重组蛋白药物——人胰岛素的上市申请。1982 年 10 月 28 日，美国 FDA 批准该药物（Humulin®，中文名优泌林®）上市。2017 年，该系列产品仍然以 13.4 亿美元的年销售额排名全球糖尿病治疗药物的第 9 名。

1992 年，中国预防医学科学院病毒学研究所与上海生物制品研究所联合研发的注射用重组人干扰素 α-1b 完成中试研究，并获得国家一类新药证书。这是中国第一个获得国家认可的重组蛋白药物。

二、重组蛋白药物制备的表达系统与基本过程

重组蛋白药物制备的表达系统（图 2-1）主要有原核表达系统与真核表达系统。原核表达系统主要是利用原核细胞（prokaryocyte）表达外源蛋白，如细菌（bacteria）。真核表达系统比较复杂，有真核细胞（eukaryocyte），主要包括酵母细胞（yeast cell）、杆状病毒-昆虫细胞（baculovirus-insect cell）、哺乳动物细胞（mammalian cell）、植物细胞（plant cell）等；还有转基因动、植物生物反应器（transgenic animal or plant bioreactors）。

与大部分药物研发过程一样，重组蛋白药物研发主要包括药学研究、药理毒理研究和临床研究三个部分。然而，与传统小分子药物不同，即便已经确立了药物的制备工艺流程，重组蛋白药物的制备过程仍然会在很大程度上影响药物的质量，并直接影响药物的安全性和有效性。因此，从重组蛋白药物的研发流程（图 2-2）来分析讨论，有助于更好地了解其制备过程。

重组蛋白药物的药学研究主要包括实验室研究与中试研究两个阶段，其中实验室研究一般主要划分为重组工程细胞（包括动、植物生物反应器）构建、细胞培养与蛋白表达、目的蛋白分离纯化、蛋白药物制剂分装，以及贯穿其间的质量研究与质量控制等模块。中试研究主要包括中试工艺放大、质量标准确立和稳定性试验等模块。药理毒理研究主要包括主要药效学、药物代谢动力学和安全评价等模块。

当目的蛋白经分离纯化获得一定纯度的蛋白原液，确定初步配方制备出药物制剂后，或在实验室基本确定药物制备流程并生产出来至少一批经初步检验合格的样品（小试）后，应及时开展该目的蛋白及其制剂的稳定性研究，该研究数据可以作为稳定性试验的重要依据和内容；

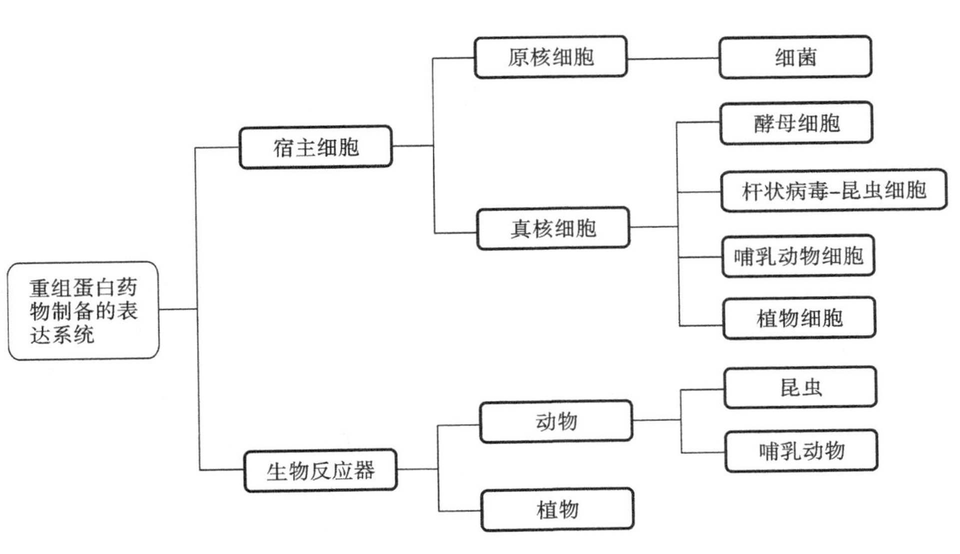

图 2-1 重组蛋白药物制备的表达系统

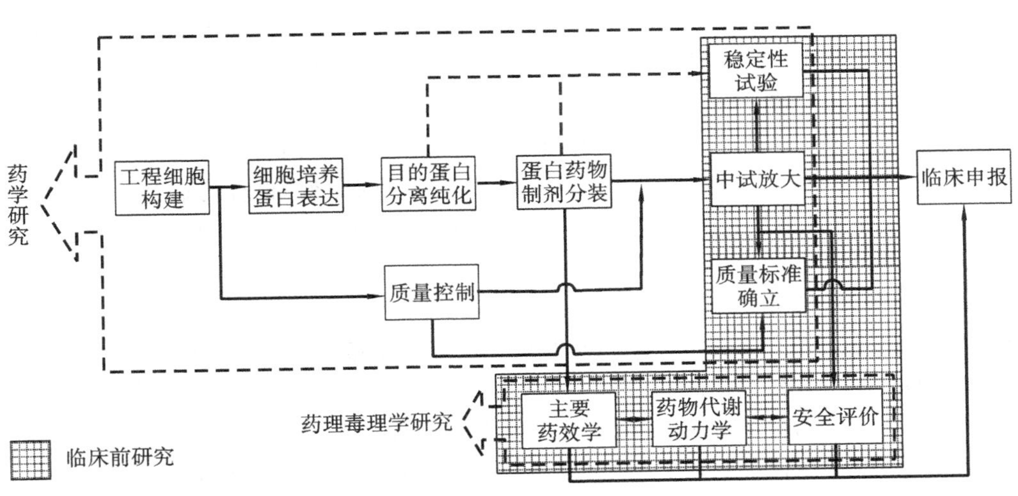

图 2-2 重组蛋白药物的研发流程

但在申报临床的材料中，必须有中试放大工艺下完成的连续三批试制样品中至少一批样品连续 6 个月的稳定性数据。质量控制的有关指标、方法和要求，需要参照《人用重组 DNA 制品质量控制技术指导原则》，与国家指定的质量标准机构合作进行药品质量检定分析方法验证，才能作为本产品的质量标准。

实验室小试制备样品可以用来开展主要药效学、药物代谢动力学研究，而安全评价研究的样品原则上要采用中试规模制备的样品，一则更能反映实际生产产品的安全性，二则只有中试规模制备的样品才能满足试验所需样品量。

当药物研发进入药学中试研究和药理毒理研究阶段，可以称为进入临床前研究阶段。在实验室药学研究阶段，或仅开展了初步的药效学或药物代谢动力学试验，尚不能称为临床前研究阶段。

本章仅介绍实验室研究与小试有关技术原理和规范要求，中试研究与药理毒理研究内容请见第九章“生物技术药物的质量控制、药理毒理研究与注册”。

NOTE

第二节　重组蛋白药物的制备

一、表达工程细胞的构建

重组蛋白药物从其蛋白获得的过程来看，属于基因工程制药(genetic engineering pharmacy)；如果采用原核细胞或真核生物中的酵母细胞作为宿主进行蛋白的表达，这个技术属于发酵工程；如果采用哺乳动物细胞或其他动、植物细胞培养表达，则可归纳到细胞工程制药范畴；如果制备的重组蛋白是一种酶类物质，又可以划归到酶工程；如果制备的重组蛋白为抗体，可划归为抗体工程，等等。尽管重组蛋白药物有上述不同的分类方式，但其核心都是经过基因重组、工程细胞构建，目标产物的化学本质均为蛋白质，所以都统一称为重组蛋白药物。其基础是基因重组技术，其关键要素是基因、载体与宿主细胞。

（一）工程细胞构建的关键要素

1. 基因　基因(gene)是一段可以编码具有生物学功能分子的 DNA 或 RNA 序列。在基因表达过程中，DNA 首先被转录为 RNA(具体为 mRNA)，mRNA 可以直接或作为中间模板翻译成功能大分子——蛋白质。

目的基因有原核基因和真核基因。哺乳动物的基因一般由内含子和外显子间隔组成，其中外显子是功能蛋白的结构基因，是出现在成熟 RNA 中的序列，也称为表达序列；而内含子是基因中不具有表达功能的部分，一般出现在前体 mRNA 中，随后在剪接为成熟 mRNA 过程中被切掉。

2. 载体　在细胞生物学中，一组具有共同祖先的同种细胞称为克隆(clone)；在遗传学上，生物的遗传信息与其亲本的遗传信息相同的现象也称为克隆；在分子生物学中，分子克隆指特定分子发生的复制、扩增的过程或方法。

基因必须在一定的宿主细胞内实现表达，其首先必须与某种载体(vector)重组，才能导入宿主细胞，以实现克隆、保存和表达，这种载体是携带外源基因进入宿主细胞的重要工具，一般具有如下特点：①可以在宿主细胞中独立复制，并不影响宿主细胞的正常生理活动；②有一定的选择标记，便于识别和筛选；③可以插入一段相对分子质量较大的外源 DNA 序列，不影响其自身的复制；④有合适的限制性酶切位点，便于外源基因的插入。

根据上述特点，人们从自然界获得一些天然载体，并采用 DNA 重组技术予以优化重组，构建了很多具有特定性质的载体。在分子克隆发展过程中，曾出现如质粒(plasmid)、λ 噬菌体(λ phage)、丝状噬菌体(filamentous phage)、噬粒(phagemid 或 phasmid)、黏粒(cosmid)、卡隆粒(charomid)、酵母细胞克隆载体、植物细胞克隆载体和动物细胞克隆载体等多种类型的载体。有些质粒在原核细胞、真核细胞中均可以表达蛋白质，常称为穿梭质粒(shuttle plasmid)。这些载体大小不同，从 1～100 kb 不等。质粒有严紧型和松弛型两类，严紧型一般只能在细胞内产生几个拷贝，相对分子质量较大，其复制常伴随细胞染色体复制；松弛型可能产生数十个拷贝，其他性质与严紧型相反。载体存在不相容性，同一个宿主细胞内，往往不能有多种载体同时存在，即便有两种以上的载体存在，经过一段时间，其中一种载体必定会竞争获得优势，其他载体逐渐消失。只有不处于同一个不相容组的载体才能共存于一个宿主细胞中。

在基因重组过程中，根据载体的主要作用，常常将载体分为克隆载体(cloning vector)和表达载体(expressing vector)。克隆载体主要用于基因的保存、克隆或构建基因库；表达载体则

主要用于在宿主细胞内表达目的蛋白，或构建表达基因库。大部分载体兼具克隆载体与表达载体的双重功能。质粒载体结构如图 2-3 所示。

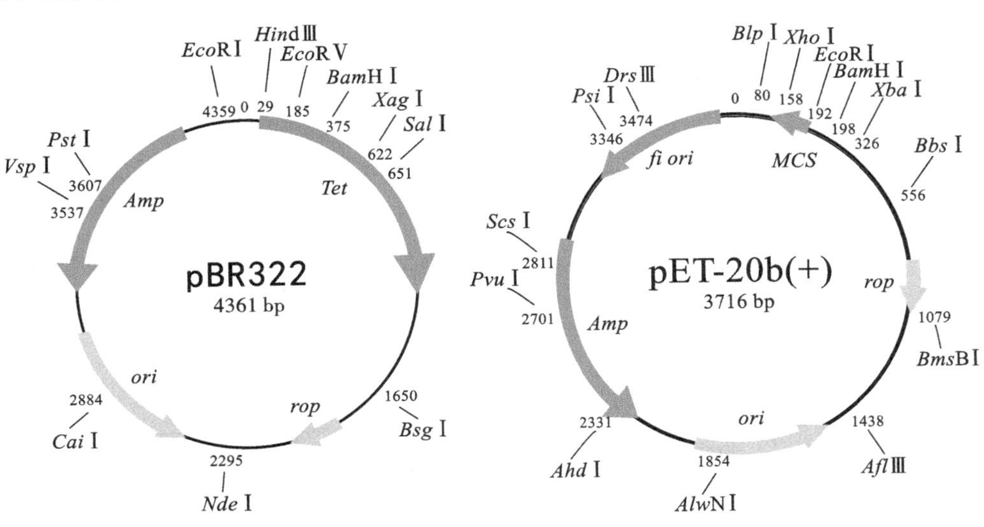

图 2-3 质粒载体结构图

作为重组蛋白基因表达的载体，一般均具备启动子(promoter)、多克隆位点(multiple clone site，MCS)、抗生素抗性基因、基因表达终止子(terminator)、标记分子，以及其他诸如调控因子、增强子、有助于可溶性表达的结构等。对于原核细胞表达载体，通过改变温度，改变培养基中部分离子浓度，或者给予特殊诱导剂，即可以激活启动子，或解除对启动子的抑制，启动目的蛋白的表达过程。

启动子中使用最广泛的是 *Lac* 启动子，它是 DNA 分子上一段乳糖操纵子(*Lac* operon)中的核苷酸序列。乳糖操纵子由阻遏蛋白基因(*LacI*)、启动子、操纵元件(operator)3 个基因，以及编码 3 个与乳糖利用有关的酶的基因(*LacZ*、*LacY*、*LacA*)结构所组成。加入乳糖或其类似物如异丙基硫代半乳糖苷(isopropylthiogalactoside，IPTG)，将与阻遏蛋白结合，改变 *Lac* 启动子的构型，解除阻遏作用，启动转录(transcription)过程的发生(图 2-4)。还有其他常用的启动子，如 *T7* 启动子、*trp* 启动子、*Tac* 启动子、*IPL* 启动子等。对于真核细胞，其表达载体上还存在信号肽，用于 G418 筛选的抗 neo 基因等结构，可以通过瞬时表达，或者与染色体发生基因转移形成稳定表达的工程细胞。

3. 宿主细胞 如前所述，常用的宿主细胞有原核细胞和真核细胞两大类，两类宿主细胞的性质详见表 2-1。

表 2-1 作为宿主细胞的原核细胞与真核细胞性质对比

项目	原核细胞	真核细胞
培养难易度	易	难
培养成本	低	高
蛋白表达水平	较低	较高(如抗体)
蛋白折叠	不充分	正确
蛋白糖基化	非	是
分泌表达	较少	基本都是
污染病毒	不会	可能性大

NOTE

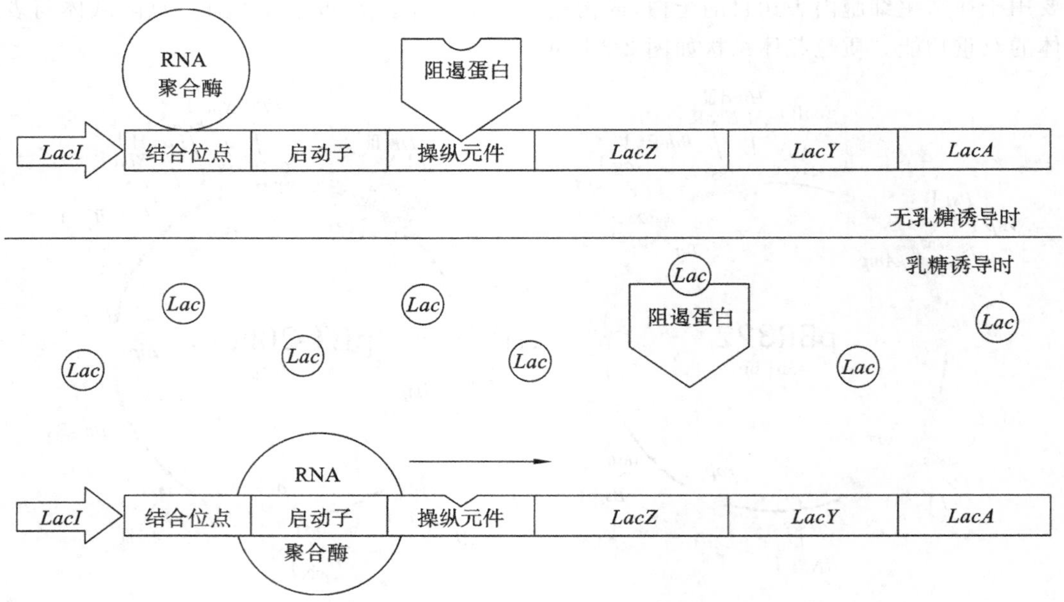

图 2-4　乳糖操纵子结构以及启动转录示意图

原核细胞一般采用细菌，应用比较普遍的是大肠杆菌（*Escherichia coli*）和枯草芽孢杆菌（*Bacillus subtilis*），其中大肠杆菌又是使用最广泛的。大肠杆菌最常用的表达菌株有 BL21（DE3）、DH5α、JM109 等。原核表达系统具有表达稳定、构建简单、成本低等优点，其最大问题在于外源蛋白转录翻译后缺乏糖基化和磷酸化修饰，而且无法形成复杂二硫键。

真核细胞主要有酵母细胞、昆虫细胞、哺乳动物细胞、植物细胞等。酵母细胞可以进行一定程度的糖基化修饰，但是其糖的类别与哺乳动物细胞有差别。另外在诱导表达过程中，存在表达稳定性的问题。昆虫细胞表达主要与昆虫杆状病毒载体对应，具有表达水平高的优点，然而由于昆虫杆状病毒潜在的安全性问题，目前还没有一种上市产品采用此表达体系。哺乳动物细胞是目前重组蛋白药物生产工艺中的主流表达系统，具有与人体天然蛋白最接近的结构与修饰特点。常用的哺乳动物细胞表达系统有中国仓鼠卵巢细胞（Chinese hamster ovary cell，CHO 细胞）、人胚肾细胞 293（human embryo kidney cell 293，HEK293）、乳仓鼠肾细胞（baby hamster kidney cell，BHK 细胞）和人纤维肉瘤细胞（HT-1080）等。植物细胞表达时间较短，目前还没有开发用于临床的产品。至于转基因动、植物制备重组蛋白药物的工艺技术，有一些成功的研发成果，或开发成功的药物，鉴于基因定位准确性和表达水平，还不能作为药物制备的主流技术。

（二）表达宿主细胞构建的技术方法

1. 目的基因获得

（1）引物合成技术。

引物是指核苷酸聚合作用起始时，可以和核酸模板互补共价结合并发挥复制延伸起点作用的一段单链 DNA 分子。引物的合成采用固相 DNA 合成技术，具体技术流程：①将连接在微孔玻璃小球 CPG（controlled pore glass）上的核苷酸与三氯乙酸反应，脱去保护基团 DMT（二甲氧基三苯甲基），获得游离的 5′-羟基端；②加入亚磷酸酰胺单体与四氮唑活化剂混合物，形成亚磷酸酰胺四唑活性中间体，与反应体系中核苷酸游离的 5′-羟基发生缩合反应，核苷酸链延长一个碱基；③加入乙酸酐和甲基咪唑终止后续反应，极少未参与缩合反应的 5′-羟基在最后纯化阶段除掉；④加入碘的四氢呋喃溶液使缩合反应中形成的亚磷酸酰胺转化成稳定的

NOTE

磷酸三酯。上述四个步骤完成一个脱氧核苷酸连接到原有的核苷酸链上。重复这个过程可以合成所需要的引物 DNA。

(2) 基因扩增技术。

基因扩增技术一般均指聚合酶链式反应(polymerase chain reaction,PCR),DNA 在 95 ℃时变性变成单链,60 ℃左右引物与模板 DNA 单链按碱基互补配对原则复性结合,72 ℃左右 DNA 聚合酶沿着磷酸到五碳糖(5′→3′)的方向延伸合成互补链,在变性、复性、延伸温度之间交替变化,DNA 链被不断复制扩增。现在 PCR 已经发展出巢式 PCR(nest PCR)、逆转录 PCR(reverse transcription PCR,RT-PCR)、原位 PCR(*in situ* PCR)、实时定量 PCR(quantitative real-time PCR,qRT-PCR)、数字 PCR 等衍生升级技术。还有环介导等温扩增检测(loop-mediated isothermal amplification,LAMP)、重组酶聚合酶扩增(recombinase polymerase amplification,RPA)等新的 DNA 扩增技术。

(3) 逆转录 PCR 获得目的蛋白基因。

早期目的基因的获得通常采用逆转录 PCR 方式获取,即从人或动物体获得组织样本,一般采用专用 mRNA 提取试剂盒提取组织样本中的信使 RNA(message RNA,mRNA),这样其基因序列中不包含真核细胞基因的内含子。然后以 mRNA 为模板,在适当引物的存在下,由逆转录酶催化合成对应的 DNA 单链,称为 cDNA(complementary DNA),碱处理除去对应 RNA 后,以单链 cDNA 为模板,由 DNA 聚合酶催化合成双链 cDNA。在引物设计时,设定适当的酶切位点,以便后续与载体进行重组连接。在进行表达载体构建前,需将 cDNA 连接构建到克隆载体上,经过扩增,然后进行 DNA 测序,并根据宿主细胞的简并密码子的偏好,选择更利于表达的密码子替换进行序列优化。

(4) 全基因化学合成。

当前,随着人类基因组和其他生物基因测序逐步完成,越来越多的功能基因或结构基因序列明确。基因合成技术不断提高,合成时间缩短,成本下降,在此基础上,只需要按照最优基因序列通过化学合成方式即可获得目的蛋白的全长基因。

化学合成法即将待合成基因设计成若干较短(<100 bp)的基因片段,片段两侧设计合适的酶切位点;分别采用固相 DNA 合成技术合成全长引物,利用 PCR 扩增方法得到各片段双链 DNA;再通过 DNA 连接酶将这些片段分步连接,必要时采用亚克隆方法,最终获得完整的基因序列。每个亚克隆可分别鉴定,因此可减少顺序错误。全基因化学合成是目前获取重组目的蛋白基因准确率最高、速度最快的方法。

(5) 基因文库技术。

在分子生物学和遗传学中,基因组(genome)是指一种生物的全部遗传物质,一般指 DNA(RNA 病毒中指 RNA),包括基因、非编码 DNA、线粒体和叶绿体中的 DNA。

基因文库(gene library)是指某一种生物全部基因的集合。一般分为基因组文库和部分基因文库。基因组文库(genomic library)是将某种生物的全部基因组 DNA 通过重组连接到某种载体上,并转化受体细胞形成的克隆集合。部分基因文库是指将某种生物的部分基因 DNA 连接到载体并转化受体细胞形成的克隆集合,如 cDNA 文库。

根据文库的重组载体功能,其也可分为克隆文库和表达文库。常用的重组载体有质粒、噬菌体、黏粒和细菌人工染色体(bacterial artificial chromosome,BAC)等。

基因组文库构建的一般方法是首先提取基因组 DNA 并片段化,选择合适的载体并大量制备,将 DNA 片段与载体连接形成重组载体,将重组载体转染宿主细胞。cDNA 文库通常首先获得细胞的总 RNA,并分离提取 mRNA,通过逆转录 PCR 获得 cDNA,然后按照载体连接、转化宿主细胞来构建。DNA 重组及其转染细胞技术见后文。

基因文库通常采用核酸杂交法来筛选,即采用一段已知序列的多聚核苷酸通过标记形成

探针,在一定条件下,探针通过核苷酸配对杂交,可以与变性后转移到硝酸纤维素膜上的文库DNA序列结合,从而筛选到目的基因序列。对于表达文库,也可以采用抗体探针和免疫印迹方式来结合文库表达的目的蛋白,从而确定目的基因。还可以将噬菌体载体文库在96孔板中稀释,加入适当的PCR缓冲体系,通过PCR扩增文库基因,再采用标记DNA探针结合目的基因,多次重复稀释,最终筛选到目的基因。

2. DNA重组与克隆 分子克隆技术是一组复制DNA分子并构建具有相同DNA分子的细胞群的分子生物学实验方法。包括在体外将目的基因DNA分子片段插入克隆载体上,形成重组克隆载体,将其转化或转染到宿主细胞中,通过细胞的增殖培养,可从细胞中分离获得大量重组克隆载体,实现目的基因DNA分子片段的扩增。分子克隆技术是现代生物学和医学领域的核心技术。

(1) 重组表达载体构建。

重组表达载体构建过程如图2-5所示。必要时,选择重组克隆载体上两个合适的酶切位点,与表达载体上的酶切位点相同,且表达方向一致。在限制性内切酶作用下,目的基因DNA与表达载体分别被切成双链线性DNA。然后在DNA连接酶作用下连接成一个闭环双链DNA,称之为重组表达载体。

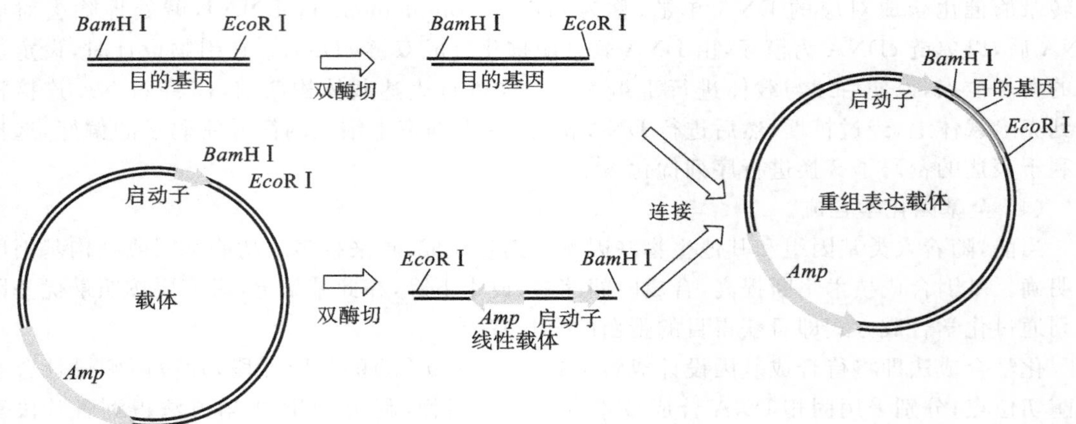

图2-5 重组表达载体构建示意图

有的限制性内切酶将DNA双链末端切为黏端,即一条链比其互补链长几个核苷酸,目的基因DNA易与载体DNA互补连接;部分酶切末端为平端,即双链一样长,这样不易连接或连接效率略差;尽量选择两端皆切为黏端的限制性内切酶,或至少一端为黏端。酶切位点的选择在重组克隆载体时也需要注意,合成的基因片段两端需要留足够的让限制性内切酶结合的长度。

(2) 基因转染技术。

重组载体转入宿主细胞的过程称为转染(transfection)。也有人将重组载体进入宿主细胞的过程根据载体、宿主细胞的不同分别定义为转化(transformation,重组质粒进入原核细胞)、转染(重组质粒进入真核细胞)、转导(transduction,重组病毒载体进入宿主细胞),以及感染(infection,重组病毒载体进入宿主细胞)等各种名词,在生物技术制药语境下,这些名词没有本质上的区别。

转染通常包括非病毒载体转染技术(电穿孔法、基因枪法、磷酸钙DNA共沉淀法、感受态细胞法、脂质体复合物法等)和病毒载体转染技术,这些基因转染技术的主要特点如表2-2所示。

NOTE

表 2-2 基因转染技术的特点

方法	原理	效率	对象	应用	特点
磷酸钙 DNA 共沉淀法	内吞作用	20%	真核细胞	瞬时转染 稳定转染	操作简便 重复性差
DEAE 法	内吞作用	20%~60% （与 DEAE 浓度相关）	真核细胞	瞬时转染	操作较简便 重复性好 对细胞有一定毒性
电穿孔法	高压使胞膜形成微孔	60%~80%	原核细胞 真核细胞	瞬时转染 稳定转染	需要特殊装备 细胞致死率高 DNA、细胞用量大
脂质体复合物法	脂膜融合内吞	40%~60%	原核细胞 真核细胞	瞬时转染 稳定转染	适用性广 稳定性好 转染效率与细胞有关
病毒介导法	侵染细胞整合染色体	100%	原核细胞 真核细胞 体内细胞	稳定转染	不同病毒对应不同宿主 转染效率极高 需要考虑安全因素
显微注射法	直接注射靶细胞核	50%~100%	真核细胞	稳定转染	需要特殊仪器 转染效率高 处理细胞数量少
基因枪法	重金属颗粒射入细胞	50%~70%	原核细胞 真核细胞	瞬时转染	需要特殊装备 成本较高 操作略复杂

电穿孔(electroporation)法是通过高强度的电场作用，瞬时提高细胞膜的通透性，从而使 DNA 透入细胞内，也叫电转染。基因枪(gene gun 或 biolistic)法一般指采用高压气体将包裹着 DNA 的球状金粉或钨粉颗粒直接送入细胞或组织，也被称为微粒轰击(particle bombardment)技术。磷酸钙 DNA 共沉淀(calcium phosphate DNA coprecipitation)法是将 DNA 与 $CaCl_2$ 混合，然后加入磷酸盐缓冲液(phosphate buffer saline，PBS)中慢慢形成 DNA 磷酸钙沉淀，再将含有沉淀的混悬液加到细胞上，通过细胞膜内吞作用摄入 DNA。另一种变通方法是将原核细胞(如大肠杆菌)置于 0 ℃低渗 $CaCl_2$ 溶液中，造成细胞膨胀，Ca^{2+} 使细胞膜磷脂双分子层形成液晶结构，促使细胞外膜与内膜间隙中的部分核酸酶解离，诱导细胞成为感受态细胞；细胞膜通透性发生变化，极易与外源 DNA 黏附并在细胞表面形成抗脱氧核糖核酸酶的羟基-磷酸钙复合物；将该体系转移到 42 ℃下做短暂的热刺激，细胞膜的液晶结构发生剧烈扰动，随机出现许多间隙，外源 DNA 可能被细胞吸收，这个方法也称为感受态细胞(competent cell)法。脂质体复合物(liposome complex)法也称为脂质体介导(liposome mediated)法，即表面带正电荷的阳离子脂质体可以与带负电荷的 DNA 通过静电作用形成复合体，被表面带负电荷的细胞膜吸附，再通过融合或细胞内吞作用，偶尔也可通过渗透作用，复合物被传递进入细胞形成包涵体或进入溶酶体，脂质体被溶解，DNA 被释放到细胞质，或者进入细胞核。

病毒载体通常由表达质粒和包装质粒组成，表达质粒包含包装、转染、稳定整合所需要的遗传信息，包装质粒提供从转录、包装到重组成假病毒载体所需的所有辅助蛋白。将表达质粒与包装质粒共同转染包装细胞，在细胞中完成病毒的包装，包装好的假病毒分泌到细胞外上清液中，经离心收集病毒颗粒，即可用于对宿主细胞的转染。常用的病毒载体有逆转录病毒载

NOTE

体、腺病毒载体、腺相关病毒载体、慢病毒载体和单纯疱疹病毒载体等。其中部分载体包装后会裂解包装细胞从而被释放。

宿主细胞被重组载体成功转染成为重组工程细胞。

(3) 基因表达技术。

重组工程细胞中的重组载体以两种形式存在(图 2-6),一种是以独立的重组载体存在于细胞质中,在细胞分裂增殖中,载体被均匀分配到分裂后的两个细胞,在传代过程中,存在重组载体丢失的可能;另一种是重组载体(至少包括目的基因和标记基因等)整合到宿主细胞的染色体上,在细胞增殖分裂时,目的基因和标记基因随染色体复制而存在于两个子代细胞的染色体上。

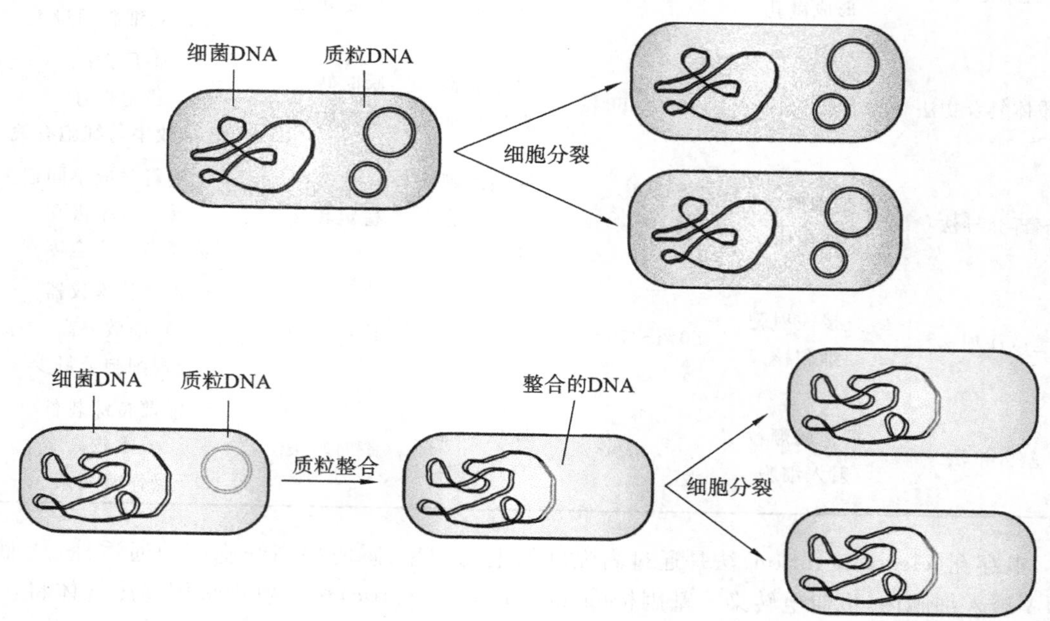

图 2-6 重组 DNA 载体转染宿主细胞后的两种存在方式

重组工程细胞可通过重组载体或细胞自身的蛋白表达系统,实现目的基因转录和翻译(translation)过程,表达目的蛋白。

作为原核细胞表达载体的重组大肠杆菌,主要通过培养条件改变诱导蛋白表达,有胞内包涵体(inclusion bodies)表达、胞内可溶性(soluble)表达和胞外分泌(secretion)表达三种形式。酵母细胞主要是诱导分泌表达目的蛋白的方式。哺乳动物细胞一般有诱导表达、瞬时表达和稳定表达等方式,通过重组载体或者细胞染色体中目的基因前端的启动子、增强子、信号肽、核糖体结合位点、转录起始信号、转录终止信号、翻译起始密码子、翻译终止密码子、拼接信号、多聚腺苷酸信号等各类调节基因,以及各类酶基因的共同作用下,实现目的基因的转录、翻译以及修饰等过程,最后在胞内表达并分泌到胞外。为了目的蛋白的稳定或易于后续分离筛选,常常构建融合蛋白基因来表达融合蛋白。作为重组蛋白药物,原则上要求最后将融合蛋白中的目的蛋白分离出来。

(4) 遗传稳定性与表达稳定性。

遗传稳定性与表达稳定性常常采用质粒丢失率检测方法来确定。对于重组表达载体独立存在于宿主细胞的情况,通常采用加压方式以保障重组工程细胞中的重组载体稳定存在,即在抗生素存在等条件下,只有保证一定数量重组质粒的工程细胞才能正常生长繁殖,而丢失重组质粒的工程细胞被破坏。但在生产过程中,培养基中一般不能含有抗生素,因此必须选择那些

NOTE

可以在无抗生素条件加压方式下传代足够代次而不丢失重组质粒的工程细胞作为生产的种子保存。例如，一种工程菌在生产过程中需要传代 60 代，将其在无抗生素条件下培养 20～30 代，然后将培养液点样到无抗生素固体培养基上培养，共 100 个点；待其长成合适菌落后，分别接种到含抗生素固体培养基上培养（图 2-7），如果有 100 个菌落长成，称质粒稳定率为 100%；重复 4～6 次，即工程菌在无抗性培养基中传代 90～120 代，如果质粒稳定率不低于 95%，该菌种可以作为生产用种子。否则，必须重新筛选，甚至重新克隆、转染构建新工程细胞。

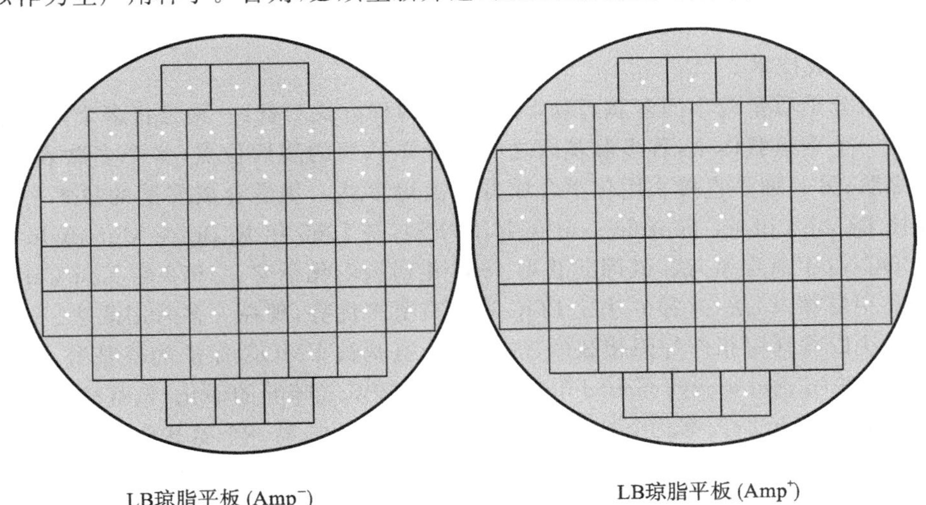

图 2-7 稳定性结果图（50 个总菌落，实测应各有 2 块 LB 琼脂平板）

质粒稳定率＝LB 琼脂平板（Amp$^+$）菌落数/LB 琼脂平板（Amp$^-$）菌落数

对于重组载体整合到宿主细胞染色体的情况，需要不断提高加压水平，以筛选出整合目的基因最高的工程细胞。如某重组表达载体上的遗传标记基因二氢叶酸还原酶基因（DHFR）具有抵抗甲氨蝶呤（MTX）的作用，当 DHFR 与目的基因一起被整合到宿主细胞染色体后，该工程细胞具有在含 MTX 的培养基中生长繁殖的能力；将培养基中 MTX 浓度从 0.05 μmol/L 逐步提高到 5 μmol/L，存活下来的工程细胞染色体上的 DHFR 基因拷贝数将比只能抵抗 0.05 μmol/L MTX 的工程细胞高 100 倍，即工程细胞染色体上的目的基因拷贝数提高了 100 倍，大部分拷贝数较低的细胞被破坏。存活下来的工程细胞拥有较高的目的蛋白表达水平，这样保证了生产过程中目的蛋白的表达量，而整合到染色体上的目的基因不容易丢失，在生产过程中不需要给予 MTX 来保证其遗传稳定性。

3. 其他相关技术

（1）基因测序。

基因测序的目的是确定基因中核苷酸的排列顺序。从 1975 年至今，已经发展了 3 代测序技术。

第一代测序技术也称为 Sanger 法测序，在合成反应体系（含聚合酶、引物、待测 DNA、4 种 dNTP）中，分别加入一定比例带标记的双脱氧核苷酸 ddNTP（ddATP、ddCTP、ddGTP、ddTTP），由于 ddNTP 两端都不含羟基，在 DNA 合成中不能形成磷酸二酯键，于是中断合成反应，形成不同长度的带标记的 DNA 片段，通过凝胶电泳和放射自显影，可根据电泳带的位置确定待测的 DNA 序列。

第二代测序技术是因应“人类基因组计划”的需要而出现，经过不断的技术开发和改进，以 Roche 公司的 454 测序技术，Illumina 公司的 Solexa 测序技术、Hiseq 测序技术，ABI 公司的 Solid 测序技术和 ThermoFisher 公司的 IonTorrent 技术为代表，核心是用不同颜色的荧光标记 4 种不同核苷酸碱基，主要通过对碱基出现的先后顺序来进行判断。与第一代测序技术相

比，第二代测序成本下降、时间缩短、通量提高、准确性提高，但测序长度较短。

第三代测序技术的发展思路为保持第二代测序技术的速度和通量优势，弥补读长较短的劣势。主要代表技术为 Oxford Nanopore 公司的纳米孔测序技术、PacBio 公司的 SMRT 技术、Helicos 公司的单分子荧光可逆终止技术。与前两代测序技术相比，其最大的特点是单分子测序，不需要进行 PCR 来扩增 DNA 片段。

也有人将 IonTorrent 技术归纳为第三代测序技术，还有人将纳米孔测序技术称为第四代测序技术。

（2）多肽合成技术。

对于相对分子质量较小的多肽药物，一般采用两种方式制备：一种是将多个多肽基因序列串联构建到一个重组载体中，各多肽基因之间设计多肽酶的酶切位点，多个多肽表达后，酶切获得单个多肽；另一种是直接采用化学合成方法获得多肽。化学合成多肽的技术一般指多肽固相合成技术（solid phase peptide synthesis，SPPS），是 1963 年 R. Brace Merrifield 设计发明的，称为 BOC（叔丁氧羰基）法，其因此获得 1984 年诺贝尔化学奖。1972 年 Lou Carpino 发明 FMOC（9-芴甲氧羰基）法，这种方法比 BOC 法具有更多优势，现在大多采用此法。

FMOC 法以羧基树脂作为固相载体，加入一个氨基被 FMOC 保护的氨基酸，经 N，N′-二环己基碳二亚胺（dicyclohexyl carbodiimide，DCC）或羧基二咪唑的活化，氨基酸与固相载体形成共酯得到固定；然后加入第二个被保护的氨基酸，经活化与第一个氨基酸的氨基反应形成肽键，固相载体上就生成了一个带有保护基的二肽。重复上述肽键形成反应，肽链从 C 端向 N 端生长，直至达到所需的肽链长度。最后脱去保护基，用三氟乙酸（trifluoroacetic acid，TFA）水解肽链和固相载体之间的酯键，得到合成好的多肽。经 HPLC 等方法分离纯化。

固相合成的优点主要在于最初的反应物和产物都连接在固相载体上，因此，可以在一个反应容器中完成全部反应，便于自动化操作，加入过量反应物可获得高产率的产物，同时产物很容易分离。现在常用多肽自动合成仪来实现多肽合成工作。

（3）转基因技术。

广义的转基因技术（transgenic technology）就是前述基因工程技术、基因重组技术，或遗传工程技术。当前一般将微生物转基因技术称为重组技术，而转基因技术特指动物、植物的基因重组技术。

将目的基因通过重组技术转染动物生殖细胞，如精子、卵细胞或受精卵，再通过生殖技术培育成可以表达目的蛋白或出现新生物性状的转基因动物，称为动物转基因技术。如表达人凝血因子Ⅷ的转基因乳牛、瘦肉型猪等。

将目的基因通过重组技术转染植物细胞，通过组织培育获得可以表达目的蛋白或新生物性状的转基因植物，称为植物转基因技术。如表达人血清白蛋白的水稻、抗病虫害的苏云金杆菌转基因棉花等。

（4）合成生物学技术。

合成生物学（synthetic biology）是一门新兴的生物学和工程学的交叉学科，各不同专业领域科学家对合成生物学的定义有较大差异，现在比较普遍认可的定义是为实用目标而设计和构建生物模块、生物系统、生物机器，或对现有生物系统重新设计的学科。

合成生物学技术是指采用基因工程、分子生物学、系统生物学、膜科学、生物物理学、电子工程、计算机工程、控制工程和进化生物学等理论和技术，有目的地重新设计、改造天然生物的基因、细胞器、细胞，或者设计构建新型人工基因组、人工生物元器件、人工细胞，乃至重新合成生命体的技术。合成生物学技术将广泛应用于生物制造、生物医药、农业、资源环境等领域。

(5) 蛋白质工程。

蛋白质工程是以蛋白质分子的结构规律、生物功能,以及两者关系为基础,通过化学、物理和分子生物学的技术方法进行基因合成或修饰,改造现有蛋白质或制造一种新的蛋白质的技术。广义概念中,蛋白质工程就是基因工程;狭义概念中,基因工程更强调前面的基因重组过程,蛋白质工程的重点是对现有蛋白质基因的改造并表达出来的过程。

4. 种子批(细胞库)管理 重组工程细胞构建完成,并经过遗传稳定性、表达稳定性检查等过程,初步确定该细胞株具有产业化开发的价值后,应立即着手建立重组工程细胞的种子批系统(seed lot system,细胞库系统),以保证后续生产过程与产品质量的一致性。种子批(细胞库)通常包括原始种子(original seed,细胞种子)、主种子批(master seed lot,主细胞库)和工作种子批(working seed lot,工作细胞库)三级。

原始种子指经适应性培养、传代,对重组工程细胞及其表达目的蛋白的生物学特性、免疫原性和遗传稳定性等性质研究鉴定,可用于生产的种子,原始种子用于主种子批的制备。由原始种子传代扩增至特定代次,并经一次制备获得同质和均一的悬液分装于容器制得主种子批,主种子批用于制备工作种子批。由主种子批传代扩增至特定代次,并经一次制备获得同质和均一的悬液并分装于容器制得工作种子批,工作种子批用于正式产品的生产。种子批扩增如图 2-8 所示。通常情况下,各级种子批中的任何一支种子使用后,不得返回重新制作本级或上级种子批。理论上,每一种种子批数量将在使用中逐步减少。

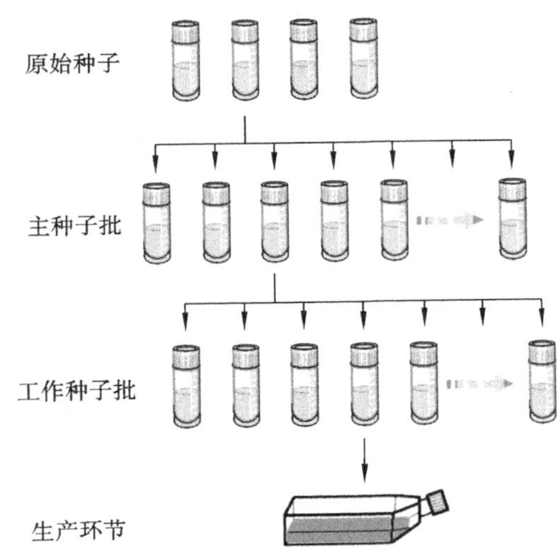

图 2-8 种子批扩增示意图

在研发过程中,可以只制备二级种子批。待中试放大研究完成,可以取出一支原始种子,按照种子批制备规范完成三级种子批的制备。依据产品特征、制备工艺和市场预计大小,每种种子批的数量可为 10～30 支不等。

二、细胞培养和目的蛋白表达

(一) 常见细胞

1. 原核细胞与真核细胞

(1) 原核细胞。

原核细胞指组成原核生物的细胞,其主要特征是细胞内没有以核膜为分界的细胞核,也没有核仁,只有拟核,即在一个无明确分界的低电子密度区内存在不与蛋白质结合的裸露环状 DNA 分子;细胞质内主要细胞器有 70S 型核糖体,无线粒体、高尔基体、内质网、中心粒等结

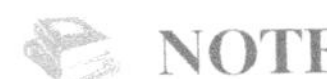

构；细胞膜外有细胞壁，部分还有鞭毛结构，细胞膜成分与真核细胞不同。转录和翻译同时进行，四周质膜内含有呼吸酶。

一般用于重组蛋白表达的原核细胞主要为大肠杆菌（也称大肠埃希氏菌）和枯草芽孢杆菌，也有人采用乳酸菌（*Lactobacillus*）作为宿主细胞构建重组工程细胞表达目的蛋白，但很少用作蛋白药物制备工艺并开展临床研究的项目。

（2）真核细胞。

真核细胞是指含有真细胞核（核膜包围的核）的细胞，为组成真核生物的基本结构。在其细胞核中，DNA 与组蛋白等共同组成染色体结构，核内可看到核仁。细胞质内膜系统很发达，主要存在内质网、高尔基体、线粒体、溶酶体和中心粒等细胞器，分别行使特定的生物学功能。细胞膜为以磷脂双分子层为骨架，内、外或其间镶嵌着具有各种生物学功能的蛋白质分子，共同实现细胞内、外物质和信息交换功能。绝大部分真核生物通过细胞有丝分裂进行有性繁殖。

用于重组蛋白表达的真核细胞主要有酵母细胞、昆虫细胞、植物细胞和哺乳动物细胞。其中，哺乳动物细胞表达系统是现代重组蛋白药物制备的主流技术方向。

2. 哺乳动物细胞的有关概念

（1）原代细胞（primary culture cell）。

原代细胞是指从机体取出细胞、组织或器官后，立即开始体外培养的细胞。也有人将体外培养的前 10 代细胞称为原代细胞。直接取出的细胞经过简单的分离即可以开展体外培养；而组织或器官则必须首先经过机械剪切，然后采用胰蛋白酶等消化、分散，使组织或器官中的细胞游离成单个的细胞，再进行培养。不同来源的原代细胞生长速度与培养难度不同，但都不能在体外长期传代培养。

原代细胞广泛应用于分子、细胞生物学和生物医学基础研究，也应用于药理毒理研究、精准诊疗等生物医药产业领域。

（2）传代细胞与细胞系（cell line）。

传代细胞指原代细胞培养物经首次传代成功后所繁殖的细胞，一般指来源于分离的肿瘤细胞或细胞传代过程中出现变异的细胞，这些细胞可以在体外持续传代培养，也有人称之为永生化细胞（immortalized cell）。细胞系是指可以在体外稳定传代的某一类细胞的群体，也可以称为传代细胞系。细胞系是重组蛋白表达的重要工具，也广泛应用于生物医学研究与生物医药产业的很多领域。

根据可传代培养的时间，细胞系可以分为有限细胞系（finite cell line）与无限细胞系（infinite cell line）。有限细胞系一般可以在体外持续传代 40～50 代，如二倍体细胞（diploid cell）；无限细胞系可以在体外无限繁殖传代培养，也称连续细胞系，这类细胞大多已发生异倍化，是已经发生转化的细胞系，进行异体接种时可能具有致瘤性。

由某一细胞系分离出来，并在性状上与原细胞系有差异的细胞系，称亚系（sub line）。

（3）细胞株（cell strain）。

在细胞生物学发展过程中，细胞株与细胞系的概念曾经一度混用。现在（具体指 2013 年之后），绝大多数行业内研究者基本认同以下观点：细胞系泛指一般的传代细胞；从原代培养物或经生物学鉴定的细胞系中，采用单细胞分离培养或通过筛选后增殖的方法（或称为克隆），获得具有特殊性质或标志的单一培养物，称为细胞株。细胞株的特殊性质或标志在整个培养期间必须始终存在，当描述一个细胞株时，必须说明它的特殊性质或标志。

与细胞系类似，根据传代代数，细胞株可分为有限细胞株（finite cell strain）和连续细胞株（continuous cell strain）。由原细胞株进一步分离培养的与原细胞株性状不同的细胞群，可称为亚株（sub strain）。

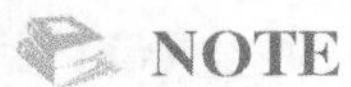

（4）细胞系的形成。

除血液细胞外，绝大多数正常的哺乳动物细胞均具有以下性质：①锚地依赖性（anchorage dependence，或称为贴壁依赖性）：细胞必须附着在固体上或固定的表面才能生长、分裂、增殖。②血清依赖性（serum dependence）：细胞必须摄入生长因子才能生长。③接触抑制性（contact inhibition）：细胞与细胞接触后，其生长会受到抑制。④形态依赖性（morphological dependence）：机体内的细胞大多呈扁平状或星形，并有长纤维网状结构。当细胞在体外培养时，这些条件会发生改变，导致细胞不能正常生长和增殖。

在原代细胞进行体外培养过程中，在人为干预下，细胞越过了生理临界点，出现了诸如染色体断裂变成异倍体等情况，失去正常细胞的特点，继续生长并获得无限增殖的能力，称为细胞转化，或细胞系形成。

通过改造细胞特性，如延长细胞周期、缩短细胞倍增时间、降低细胞对培养条件的要求、提高细胞遗传稳定性、添加合适的遗传标记、降低不安全成分的分泌等，以扩大细胞培养规模，提高工程细胞表达水平，实现药物产量的提高。

（5）细胞系的管理。

对于原代细胞，需要选择供体均一，取材部位与组织种类等条件稳定的组织或细胞，并对相关信息予以记录。

对于传代细胞，必须详细记录以下信息：①组织来源：包括细胞供体所属物种（如人体或者动物），个体性别、年龄，取材的器官或组织（如肿瘤组织及其临床诊断、病理特征等），已传代数。②细胞生物学性质：细胞的一般和特殊生物学性状，如一般形态、特异结构、核型、生长曲线、分裂指数、倍增时间、冻融后存活率、接种率等。③培养条件和方法：细胞系（或细胞株）适应的生存环境，如培养基、血清种类及其用量、冻存液、适宜的 pH 等。④其他信息：如无污染检测、物种检测、免疫检测，以及细胞建立者、检测者等。

世界上一些生物医药发达国家均设立了专门的细胞管理机构，各种传代细胞系或细胞株有特定的编号代码，并纳入专门的细胞库进行规范管理。美国设立了美国典型培养物保藏中心（American Type Culture Collection，ATCC），是世界最大的细胞库，也是美国国立卫生研究院（National Institute of Health，NIH）和美国国家癌症研究所（National Cancer Institute，NCI）的资源库，还是世界卫生组织（World Health Organization，WHO）的国际培养细胞文献中心。ATCC 接纳来自全球已经检定的细胞系，并向世界各国的科研人员或实验室免费提供研究用细胞。

中国也有专门的中国典型培养物保藏中心（China Center for Type Culture Collection，CCTCC），设在武汉大学内，是 1985 年国家知识产权局指定，经教育部批准建立的专利微生物保藏机构，受理国内外用于专利程序的微生物保藏。CCTCC 保藏细菌、放线菌、酵母菌、真菌、单细胞藻类、人和动物细胞系、转基因细胞、杂交瘤、原生动物、地衣、植物组织、植物种子、动植物病毒、噬菌体、质粒和基因文库等各类微生物（生物材料/菌种）。该中心下设专门的动物细胞库，负责各类动物细胞的鉴定、储藏、培养等，还可以为研究者提供传代历史、生物特性清晰的细胞系（细胞株）。

（二）原核细胞培养与表达

1. 大肠杆菌培养与表达基本情况 原核细胞表达系统是应用很广泛，相对最成熟，也是相对最简单的蛋白表达系统，其中大肠杆菌表达系统使用最多、最常见。主要适合于表达非糖基化蛋白质和（或）二级结构比较简单的蛋白质。

将构建好的重组工程菌经过培养，并在一定条件下进行诱导，即可表达目的蛋白。

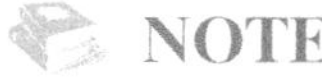

2. 大肠杆菌的培养方法与技术

(1) 大肠杆菌常用培养基。

在实验室里，大肠杆菌通常采用试管(culture tube)、摇瓶(flask)振荡培养和发酵罐(fermenter，或称为原核细胞生物反应器)培养。在一定条件下，利用微生物将原料(培养基)经过其特定的代谢途径转化为人类所需要的产物，这个过程常称为发酵。哺乳动物细胞培养过程一般不称为发酵。

大肠杆菌常用LB(lysogeny broth)液体培养基培养。LB培养基主要分为高盐和低盐两种。高盐LB培养基配方为10 g/L胰蛋白胨(tryptone)、5 g/L酵母提取物(yeast extract)和10 g/L氯化钠(NaCl)；低盐LB培养基配方为10 g/L胰蛋白胨、5 g/L酵母提取物和5 g/L氯化钠。这两种配方培养基都采用氢氧化钠(NaOH)调节pH到7.4，两种培养基的培养效果无明显差别，可在实验中根据不同的大肠杆菌的实际培养情况来选择。配制好LB培养基后，一般倒入三角瓶中，用海绵塞或棉塞封口，再覆以锡箔纸或牛皮纸用棉绳缠紧，在1 Bar(约为15 psi)高压下，或者121 ℃下，蒸汽灭菌20～30 min。接种大肠杆菌前，在培养基温度不高于40 ℃时，加入经过滤除菌的适量抗生素。

在进行大肠杆菌菌落观察或进行短暂时间(1～3天)保种时，也可以采用LB培养基进行接种。即在LB液体培养基中加入15～20 g的琼脂粉(agar)，经高压灭菌后，将培养基置于洁净工作台中，待培养基降温到40 ℃左右时，迅速加入过滤除菌的适量抗生素，并立即将培养基倒入培养皿中铺板。

(2) 大肠杆菌的保存。

重组大肠杆菌通常采用固体培养基平板划线、半固体培养基穿刺、甘油培养基或真空冻干等四种方法保存。

固体培养基保存：用上述方式配制LB固体培养基，将重组大肠杆菌在LB液体培养基中振荡培养至对数生长期(于紫外-可见分光光度计600 nm波长下检测吸光度A_{600}为0.6～1.0)，在洁净工作台中，用无菌接种针蘸取适量细菌悬液在固体培养基表面划线(图2-9)，这样可以将细菌稀释到合适浓度，便于单菌落的出现。然后盖上平皿上盖，颠倒平皿，使培养基朝上，置于37 ℃恒温培养箱中静置培养12～24 h。当固体培养基表面出现直径约1 mm灰白色半透明的单菌落时，可以将培养皿用牛皮纸包裹或装入密封塑料袋，置于2～8 ℃冰箱中，一般可保存1～3天。

半固体培养基保存：在LB液体培养基中加入7～10 g/L琼脂粉，高压灭菌后，在洁净工作台中，适当温度下加入适量抗生素。混匀后吸取1.2～1.5 mL培养基，加入经过高压灭菌的1.5 mL的EP管或2.0 mL的细胞冻存管中。用高压灭菌的牙签或其他细杆状物体，蘸满处于对数生长期的细菌悬液，插入EP管内的半固体培养基中1～1.5 cm深(图2-10)，然后取出。盖好EP管盖，用封口膜缠绕封口，置于37 ℃恒温培养箱中培养18～36 h，看到培养基中出现一条类似羽毛状的白色菌群，即可转入2～8 ℃冰箱中，一般可保存1～2个月。

甘油培养基保存：称取若干质量的甘油，经高压灭菌后，按照15%～40%的比例加入在LB液体培养基中培养至对数生长期的重组大肠杆菌悬液中，然后混匀。在洁净工作台中，吸取1.2～1.5 mL混匀后的菌液，加入经过高压灭菌的1.5 mL的EP管或2.0 mL的细胞冻存管中，用封口膜封口。置于−30～−20 ℃冰箱中冻存，一般可保存1～2年，可作为主种子批和工作种子批的保存方式。

真空冻干保存：将脱脂奶粉用纯净水配制10%的牛奶作为冻干保护剂，采用巴斯德间歇灭菌法灭菌。待牛奶降温到室温后，按照1∶1的比例加入对数生长期的细菌悬液中，混匀。吸取混匀后的菌液到灭菌后的专用菌种玻璃冻存管(图2-3)中，约占冻存管球体一半体积(图2-11)，置于−50 ℃冷冻过夜。然后，移至冷冻干燥机中冷冻干燥12～24 h。将冻存管口

NOTE

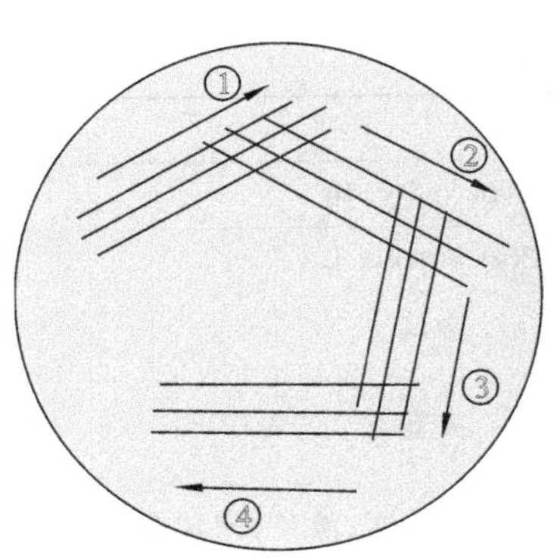

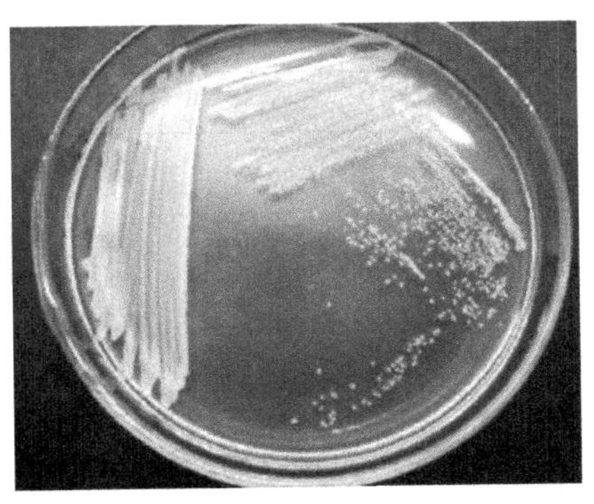

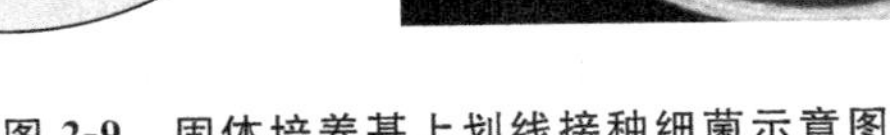

图 2-9 固体培养基上划线接种细菌示意图

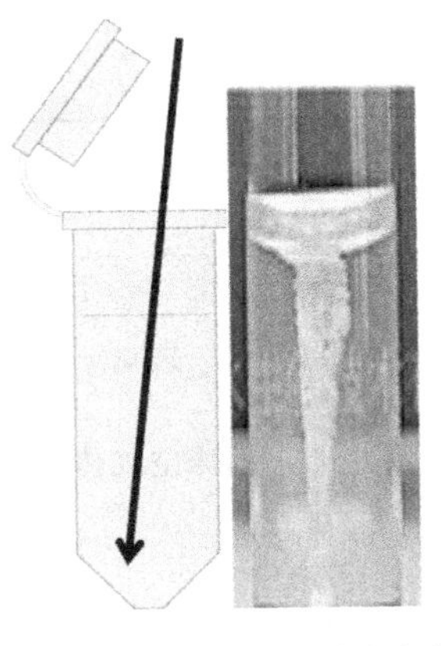

图 2-10 半固体培养基中穿刺接种细菌示意图

接上真空抽气机，当真空度低于 0.1 Pa 时，在喷气火焰灯下热熔封口，采用激光顶空法或高压放电法检测真空度合格后，置于 2～8 ℃冰箱中，一般可保存 5～10 年，可作为原始种子和主种子批的保存方式。也可在牛奶中加入适量蔗糖和(或)明胶，用作冻干保护剂。还可采用西林瓶代替专用菌种玻璃冻存管，菌液高度不要超过 5 mm。

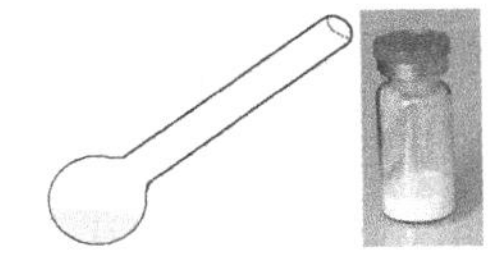

图 2-11 细菌菌种冷冻干燥冻存管装量示意图

(3) 大肠杆菌的培养与生长曲线检测。

在实验室条件下，重组大肠杆菌一般首先要进行菌种活化处理，即在洁净工作台中，从上述所列各类保存菌种中蘸取少量菌液，加入无菌 LB 液体培养基中，然后置于 37 ℃恒温摇床上，在 180～220 r/min 转速下振荡培养过夜。

采用试管培养，培养基高度不要超过试管高度的 1/3，试管最好倾斜一定角度放置；采用三角瓶培养，培养基高度不要超过三角瓶梯形部分的 1/3。

吸取活化后的细菌，按照 1‰～5%的稀释浓度接种到新鲜培养基中，接种后混匀细菌悬液并等体积分装至 8～12 个相同的试管或三角瓶，在 37 ℃恒温摇床中以 180～220 r/min 的转速振荡培养。在细菌培养期间，每隔 1 h 取 1 支试管或三角瓶，将其中的细菌悬液取出在紫外-可见分光光度计下检测吸光度 A_{600}。同时从管(瓶)中取 1.5 mL 混匀悬液加入 EP 管中，离心去上清液，以新鲜培养基洗涤后再度离心去上清液，开盖置于 60 ℃恒温干燥箱中；3 h 以后开始每隔 1 h 称量 1 次细菌质量，待前后两次称量值基本不变，即为该培养时间的细菌干重。将各不同时间的吸光度 A_{600} 对时间绘制曲线，即为细菌生长曲线。细菌死亡后易降解破碎，离心时绝大部分与上清液一起被弃去，故细菌干重对时间曲线可被看作活菌变化曲线。微生物学中常用的细菌镜检计数法、平板菌落计数法、滤膜检测法等不常用于重组大肠杆菌的一般培养过程。

根据细菌生长曲线，可以对细菌培养温度和振荡频率进行调整，以优化细菌培养工艺流程。当摇瓶培养工艺基本确定，可放大到发酵罐中培养。刚转移至发酵罐中培养时，仅按照摇瓶工艺参数进行培养，不宜立即调整工艺参数。

按照一定的稀释倍数，将细菌悬液接种于发酵罐。大部分发酵罐培养基起始体积为罐体容积的 25%～30%，培养基一般可在发酵罐中加温高压灭菌。在细菌培养过程中，可以每 1 h 利用取样针取出细菌悬液检测吸光度 A_{600} 或细菌干重。在发酵罐培养过程中，可以对细菌培养的温度、搅拌速度、pH、溶氧量，甚至在生化分析仪配套使用下，对细菌生长所需要的 C、N、P 等元素成分进行补充。一般补液后总体积不得超过发酵罐容积的 70%。

细菌培养常用设备的规模和性质如表 2-3 所示。

表 2-3　大肠杆菌摇瓶培养与发酵罐培养的对比

项目	摇瓶	发酵罐	
		实验室用	中试与生产用
容积	0.1～3 L	3～20 L	20～300000 L
材质	玻璃	玻璃或金属	金属
控温方式	摇床空气传导	电热棒、电热毯、盘管或夹套(较少)	夹套
控制指标	温度、转速	温度、搅拌转速、pH 及溶氧量	温度、压强、通气量、搅拌转速、液位、泡沫高度、冷却介质流量、培养基流加速度、培养基成分浓度、产物浓度，pH、溶氧量、CO_2浓度、黏度、细胞浓度等

3. 重组大肠杆菌表达目的蛋白

(1) 重组蛋白表达方式。

利用重组大肠杆菌表达目的蛋白一般有 4 种方式：胞内包涵体表达，胞内可溶性表达，胞内融合表达与胞外分泌表达。为提高蛋白质表达稳定性、生物活性，或便于后续分离纯化，常采用融合蛋白表达方式。各类表达方式的性质如表 2-4 所示。

表 2-4　原核细胞表达方式对比

项目	胞内包涵体表达	胞内可溶性表达	胞内融合表达	胞外分泌表达
蛋白表达水平	较高	较低	较高	很低
蛋白活性	极低	较好	较好	较好
纯化条件	较易	难	易，需增加步骤	较易

胞内包涵体表达：目的蛋白编码结构基因直接位于表达启动子与起始密码子 ATG 之后，自诱导启动表达开始，由于表达过程中出现的错配、聚集而形成包涵体，包涵体中的蛋白质因未能有效折叠成天然的三级、四级结构，因此不具备蛋白质的生物活性。

胞内可溶性表达：通过诱导条件的调整、优化，可以使目的蛋白不形成或少形成包涵体，目的蛋白在细胞内正常折叠形成天然空间结构，因此具备生物活性。但蛋白质易被酶降解，影响蛋白质表达水平和生物活性。

胞内融合表达：在目的蛋白编码结构基因的上游或下游连接某种原核结构基因，可以表达成融合蛋白。一般融合蛋白具有表达效率高、结构稳定、易鉴别、保持目的蛋白生物活性、易于后续分离纯化等优点。常用的融合蛋白表达体系有谷胱甘肽 S 转移酶(GST)、6-组氨酸(6-His)等。采用酶切方法可将融合蛋白中的目的蛋白分离出来。

胞外分泌表达：将目的蛋白编码结构基因连接到编码原核蛋白的信号肽序列下游，诱导表达后，信号肽和目的蛋白组成的融合蛋白跨过细胞内膜或外膜后，信号肽被酶切除，目的蛋白被分泌到细胞周质空间或细胞外的培养基中。分泌的表达蛋白通常具有生物活性。

一般情况下，胞内包涵体表达量最高，胞外分泌表达量最低。

(2) 重组蛋白的诱导表达。

采用 IPTG 诱导剂可以与 *Lac* 乳糖启动子结合，解除后者对转录的负调控作用，从而启动目的基因的表达。鉴于目的蛋白基因、载体、宿主细胞的不同，具体的诱导剂浓度及诱导时间不同，会出现前述各类不同表达方式。通常较低温度、较低诱导剂浓度，蛋白表达速度较慢，易出现胞内可溶性目的蛋白表达；反之，则蛋白表达快，易出现胞内包涵体表达。也有实验室采

用一些特殊的结构基因，与目的蛋白组成融合蛋白，按照自己的意图选择合适的表达方式。

IPTG是一种人工合成的半乳糖苷，具有极强的诱导表达能力，而且不被酶分解，是重组蛋白表达研究中最常用的诱导剂之一。然而，鉴于IPTG是人工合成物质，尚不了解其可能对人体产生的潜在危害，也不清楚其最低安全浓度。因此，在重组蛋白药物生产中，最好采用乳糖作为诱导剂，其安全性可以得到保障。但乳糖可能会被重组细菌作为营养物质吸收代谢，也可能被酶解，所以，需要研究乳糖利用情况，建立稳定的蛋白表达工艺。

采用低浓度磷酸盐培养基诱导表达时，工程菌仍在生长，需要磷来合成细胞壁，过低的磷含量会导致其细胞壁不能正常形成。在随后的分离纯化中，细菌可能聚集成团块，难以与上清液分离或不能有效破碎。因此，诱导表达与分离纯化的条件需要精细探索。采用高温诱导表达时，要注意温度可能对工程菌生长和表达的目的蛋白稳定性的影响。

（三）酵母细胞培养与表达

用于重组蛋白药物表达的常见酵母表达系统有酿酒酵母（*Saccharomyces cerevisiae*）、粟酒裂殖酵母（*Schizosaccharomyces pombe*）、乳酸克鲁维酵母（*Kluyveromyces lactis*）、汉逊酵母（*Hansenula polymorpha*）、博伊丁假丝酵母（*Candida boidinii*）和巴斯德毕赤酵母（*Pichia pastoris*）等，后三者属于甲醇酵母（methylotrophy yeast），是可以利用甲醇作为单一碳源来生长的酵母属。目前，药物开发使用较多的有巴斯德毕赤酵母、汉逊酵母和酿酒酵母。

以巴斯德毕赤酵母为例，整个培养诱导表达过程如下：将目的蛋白基因按照酵母偏好密码子进行优化，构建到具有自身信号肽的酵母染色体上；经酵母细胞大量培养，采用甲醇进行诱导，胞外分泌表达前蛋白质常被糖基化，主要是高甘露糖型的糖基化形式表达后可进行信号肽加工。酵母表达系统与原核细胞表达系统相比，具有表达量高、稳定性好、胞外分泌表达和翻译后修饰等优点。

表达载体均为穿梭质粒，可以选择胞内表达载体，如pPICZA、pPIC3.5K等，也可以选择胞外分泌载体，如pPICZαA、pPIC9K等。这些表达载体上都带有甲醇代谢关键酶——醇氧化酶基因-1（alcohol oxidase 1，AOX1）的启动子（*pAOX*1）和转录终止子（3′*AOX*1），外源目的基因一般构建到启动子*pAOX*1下游。各类载体可以以游离的方式在细胞内进行自我复制，也能以整合型方式存在于细胞中。所谓整合型表达载体，是通过限制性内切酶将载体线性化，采用电穿孔方式转染进入宿主细胞，可以单一交叉或双重交叉同源重组的方式整合到宿主细胞基因组的AOX1基因位置，参与酵母细胞的生长增殖过程。在采用电穿孔方式转染前，将酵母细胞置于1 mol/L冰冷山梨醇中处理成感受态细胞。

源于三磷酸甘油醛脱氢酶启动子（glyceraldehyde-3-phosphate dehydrogenase promoter，pGAP）的巴斯德毕赤酵母表达载体系统可以利用葡萄糖、甘油、油酸和甲醇等多种试剂作为唯一碳源。研究表明，甲醇作为唯一碳源时，外源目的蛋白表达量最低。一般摇瓶培养水平采用葡萄糖，而在高密度发酵水平采用甘油作为唯一碳源。采用pAO815、pPIC3.5、pPIC9等载体，可以使多个拷贝外源目的基因整合到宿主细胞的染色体，形成多表达单元，可形成高产菌株。

巴斯德毕赤酵母表达系统常用GS115、KM71、PMAD11、PMAD16和MC100-3等宿主菌。将目的基因整合到宿主细胞形成酵母工程细胞后，因染色体的多拷贝表达单元，必须采用大量培养基筛选（筛选范围甚至需要达到千株单菌落培养表达规模），以获得高产且稳定表达的生产用菌种，切不可采取原核细胞工程菌的方式，简单挑选单菌落即罢手。

酵母细胞常用培养基有LB培养基、YPD（yeast extract peptone dextrose，或称YEPD）培养基、BMGY/BMMY培养基、MGY/MM培养基、BMG/BMM培养基、RD/RDH培养基、MD/MDH培养基和SOC培养基。

酵母工程细胞培养周期长，尤其在发酵罐中进行高密度发酵时，常常需要加入纯氧以保障细胞的需氧量。酵母细胞培养过程中会产生大量的热量，因此要注意控制好温度。在环境温度超过 25 ℃时，发酵罐冷却循环水需要采用冰水。注意冰水循环过程中，进入控制器的水管接头处会形成冷凝水，从而影响控制器的正常读数。

在酵母工程细胞发酵培养到合适的密度时，以甲醇作为唯一碳源进行诱导表达。

（四）昆虫细胞培养与表达

昆虫细胞表达系统（insect cell expression system，ICES）也称为杆状病毒表达载体系统（baculovirus expression vector system，BEVS）或杆状病毒-昆虫细胞表达系统。将外源目的基因 cDNA 重组到杆状病毒基因组载体（bacmid）多角体蛋白启动子下游，替代非必需的野生型多角体基因。重组病毒载体可借助转染试剂转染昆虫细胞或通过基因枪方式感染昆虫幼虫（毛虫），多角体蛋白启动子可以转录极高水平的外源基因表达。杆状病毒-昆虫细胞表达系统是一般实验室中常用的真核表达系统，它具有真核表达系统的翻译后加工功能，如二硫键的形成、糖基化及磷酸化等，重组蛋白在结构和功能上十分接近天然蛋白。其最高表达量可达到昆虫细胞蛋白总量的 50%，还可以表达非常大的外源基因（≥200 kD）；具有在同一个昆虫细胞内同时表达多个外源基因的能力。但目前还没有采用该系统表达的人用重组蛋白药物上市。

常用的杆状病毒包括苜蓿银纹夜蛾（核壳体）核型多角体病毒（*Autographa californica* multicapsid nucleopolyhedrosis virus，AcMNPV）和家蚕核型多角体病毒（*Bombyx mori* nucleopolyhedrosis virus，BmNPV）；常用的宿主细胞有草地贪夜蛾（也称秋行军虫，*Spodoptera frugiperda*）Sf9 细胞、Sf21 细胞和粉纹夜蛾（也称甘蓝银纹夜蛾，*Cabbage looper*）Hi-5 细胞（或写作 Hi-five，High Five），这些细胞一般半贴壁培养，也可以悬浮培养；常用的细胞培养基有 Grace's Antheraea 培养基、SF-900 SFM 系列培养基和一些专用培养基。

杆状病毒-昆虫细胞表达系统的主要优点：①表达目的蛋白具有完整的生物学功能，如正确的蛋白折叠、二硫键搭配；②蛋白翻译后的加工修饰，接近天然蛋白结构；③表达水平高，可达到蛋白总量的 50%；④可容纳大分子（≥200 kD）的插入片段；⑤能同时表达多个基因。

主要缺点：外源蛋白表达处于极晚期病毒启动子的调控下，由于病毒感染时间较长，细胞已经开始死亡。

家蚕生物反应器：将特定的重组昆虫杆状病毒植入家蚕的蚕蛹体内，蚕蛹可以表达目的蛋白。例如，将人胶原蛋白的基因植入家蚕的细胞内，可培育出绢丝腺分泌人胶原蛋白的转基因蚕。将重组人白介素-12（hIL-12）基因的杆状病毒注射入银纹夜蛾幼虫体内，一周后，银纹夜蛾体内血淋巴中即可分泌表达 hIL-12。

（五）哺乳动物细胞培养与表达

哺乳动物细胞表达系统是目前重组蛋白药物研发和生产中采用最多的一种方式。

用于重组蛋白表达的哺乳动物细胞要求必须是可以在体外稳定传代培养的细胞株，根据细胞株对体外生长支持条件的要求，这些细胞株通常分为贴壁依赖性细胞（anchorage dependent cell，后文简称贴壁细胞）、非贴壁依赖性细胞（anchorage independent cell，后文简称悬浮细胞）和兼性贴壁细胞（anchorage compatible cell，后文简称半贴壁细胞）三种类型。

大多数动物细胞，如成纤维细胞、上皮细胞、神经细胞等都需要在一定的支持表面生长；来源于血液、淋巴或肿瘤组织的细胞可以不需要固体支持物而在培养液中悬浮生长；来源于动物生殖系统或泌尿组织的大多数细胞既可以贴壁生长，也可以在培养液中悬浮生长。

1. 细胞培养的一般要求　动物细胞在体外主要生长在培养液（培养基）中，其中主要考虑的因素有营养物质、培养温度、pH、渗透压、通氧量以及无污染环境。基础培养基的主要成分为氨基酸、维生素、碳水化合物和无机离子，在不同细胞培养中，往往会添加动物血清、激素和

NOTE

细胞因子等营养物质，在实际生产中，无血清、无蛋白培养基已成为标准条件。培养温度通常为哺乳动物的正常体温 37 ℃，或者略低，超过 37 ℃可能会引起细胞的损伤乃至死亡。合适的 pH 为 7.2～7.4，过低或过高的 pH 会对细胞生长不利。大多数细胞渗透压在 260～320 mOsm/L 范围。静置培养的细胞一般置于 CO_2 细胞培养箱中，通过 5% 的 CO_2 环境维持细胞的正常耗氧，而生物反应器中的细胞因密度很大，需要另外给予一定的空气补氧。细胞必须在无污染的环境中生长，外源微生物将会直接影响细胞的生长过程，实验室采用培养液除菌过滤及添加抗生素来抵抗外源微生物的感染；生物反应器则采取高温灭菌培养液以及半透膜正压环境维持无污染环境。需要特别指出的是，细胞污染支原体后，会影响细胞的生长过程和生物学性状，但不会导致细胞的直接快速死亡，因此支原体感染是细胞培养过程中的一个关键问题，后续章节中将具体介绍支原体的检测方法。

与微生物细胞相比，哺乳动物细胞个体大，无细胞壁，抗剪切力强度低，对环境适应能力差。另外，细胞生长相对缓慢，生长周期长，对培养条件要求高，对污染的抵抗能力弱。因此，在培养过程中需要比微生物细胞更加严格的环境条件和营养条件，培养成本比较高。

2. 细胞培养过程 关于原代细胞的制备，传代细胞的克隆、冻存和复苏的原理与技术方法，本书不详细介绍，但就用于重组蛋白表达的哺乳动物细胞培养的全过程予以描述。

将工作种子库中冻存的细胞株取出，快速在 37 ℃水浴中融化，经离心、洗涤后，更换无血清培养基。药品研发实验室阶段，主要使用 RPMI1640（Roswell Park Memorial Institute 1640）、DMEM（Dulbecco's modified Eagle's medium）、MEM（minimum Eagle's medium）等常用培养基。将细胞转入细胞培养皿或培养瓶中，置于 37 ℃的 CO_2 培养箱中培养。待细胞增殖到一定密度，集中多个细胞培养瓶细胞进行离心洗涤。如果是悬浮培养细胞，可直接转入生物反应器培养。如果是贴壁培养细胞，则需要将细胞重新用培养基悬浮后，转入铺设有足够数量微载体的生物反应器中；采用低速间歇搅拌转动的方式，让贴壁细胞逐步黏附到微载体上并形成单层细胞；逐渐延长搅拌时间和提升转速，使贴壁细胞的微载体始终处于搅拌悬浮状态。

3. 目的蛋白表达 如前文"基因表达技术"章节所述，哺乳动物细胞表达目的蛋白一般有诱导表达、瞬时表达和稳定表达等方式。常用的蛋白表达诱导剂有四环素（tetracycline）、蜕皮激素（ecdysterone）、他可莫斯（tacrolimus）、雷帕霉素（sirolimus）和美服培酮（mifepristone，俗称 RU486，一种黄体素拮抗剂）等。这些诱导剂在早期研究中较为常用，然而因其潜在的安全性问题，现在哺乳动物细胞表达重组蛋白药物时一般不采用诱导表达方式。瞬时表达是指重组表达载体存在于细胞质内即可以表达目的蛋白，不必进入细胞核并整合到染色体上。其具有简洁、易操作的优点，但存在表达时限短，实现有效表达要求较高的不足，常用于研究、开发阶段，较少用于药品生产过程。稳定表达是指重组表达载体进入细胞核内，并将目的蛋白基因整合到细胞的染色体上，可以随细胞正常的生物学周期稳定表达目的蛋白。其具有稳定、高效、长时间表达的优点，但前期基因插入、整合、筛选操作比较复杂，产品上市后的生产过程通常需要采取这种表达方式。

4. 细胞生物反应器 哺乳动物细胞培养与目的蛋白表达的生物反应器种类繁多。根据大小，一般培养体积在 5 L 以下的采用玻璃罐体，或一次性袋式培养器，或玻璃转瓶；5 L 以上的采用不锈钢罐体，最大的生产用生物反应器可达 30000 L。罐式生物反应器（后文或简称培养罐）通常设计成夹套式温度控制结构，袋式培养器与玻璃转瓶需要放置在恒温环境中振荡或旋转来控制培养温度。

采用培养罐进行细胞培养时，依据培养液补充方式可分为流加培养与灌流培养两种方式（表 2-5）。流加培养也被称为批次培养，即在细胞培养过程中，根据培养液的营养成分、pH 等不断补加一些营养物质或酸碱液，最终保证每一罐培养表达含目的蛋白的培养液为一批产品原料。而灌流培养则是在细胞培养表达过程中，不断放出含目的蛋白的培养液，同时不断补充

新鲜培养基，使细胞继续培养和表达的方式；可以将多次放出的培养液合并成一批产品原料，也可以采用其中放出的一次或数次培养液作为一批产品或亚批次产品原料。此两种培养方式的差别在于流加培养需要足够大的培养罐，设备制造成本高，但是单一批次产品均一性好，生产周期较短，污染机会减少。灌流培养所需要的培养罐相对较小，制造成本较低，但是多次放出的培养液质量会有一定差异，生产周期长，细胞可能会出现老化，也增加了培养过程受污染的机会。

表 2-5　流加培养与灌流培养方式的比较

项目	流加培养	灌流培养
含义	添加多种培养成分，培养结束一次性放出全部培养液	持续/间歇添加培养成分，分多个阶段放出培养液
规模（一般情况）	较大（生产≥2000 L，中试≥200 L）	较小（生产≤500 L，中试≤50 L）
培养周期	较短	较长
优点	批内质量均一，不易污染	①前期投入较小 ②维持较高细胞密度 ③培养营养条件稳定 ④表达产物及时回收
缺点	前期投入较大	批内质量均一性略差

依据细胞悬浮培养的方式，最常采用的是搅拌式培养罐，或者气升式培养罐。搅拌式培养罐即在细胞罐体中央有一根搅拌轴，轴上有一个或多个搅拌桨叶，通过搅拌轴转动，桨叶搅动培养液，使细胞在培养罐中旋转沉浮。搅拌式培养罐相对而言具有较大的操纵范围，能够提供良好的混合性和浓度平均性，使用更广泛。气升式培养罐是从罐体底部通入气体，使细胞在罐内升腾翻转，可以通过通入气体直接补充细胞培养需要的氧气。其产生的湍动温顺而平均，剪切力相对较小，罐内没有机械部件，细胞操纵性较低。两种方式均可以保证培养液中的营养成分均匀分布，以满足细胞生长的需要。

近年来，随着技术进步和产品的需要，一次性反应袋开始在一些哺乳动物细胞表达重组蛋白药物的生产中使用。即在原有的不锈钢罐外壳内，增加一个高分子材料制作的反应袋，该反应袋与外界可通过过滤装置实现物料进出，通过夹套式接口安装各类指标控制单元以保证正常的培养与表达条件。这种技术的优势在于减少了生产批次间的罐体清洗、零配件更换、培养体系验证等复杂过程，大大缩短了批次之间的间隔时间，提高了系统使用率和可靠性。

5. 细胞培养与表达过程中注意的问题　随着大规模哺乳动物细胞培养与重组蛋白表达技术的提高，重组蛋白的表达量从 1 g/L 提升到接近 10 g/L 的水平，生产用流加式生物反应器的最大规模已经逐步从 10000 L 左右下降到 2000 L。然而，由于哺乳动物细胞培养需要合适的细胞浓度才能处于一个相对稳定的生长循环状态，因此细胞接种放大的稀释比一般不超过 5 倍。细胞逐级放大培养的生长周期以及最合适表达细胞浓度的探索是一个关键问题。

在生产环节，细胞培养与蛋白表达原则上不得添加任何血清和动物源蛋白，因此细胞培养基需要进行定制和充分的细胞驯化试验。细胞培养与蛋白表达全程不得添加抗生素，如何保障细胞培养过程不被污染也是一个重要考验。细胞培养过程中，由于培养基中的大量营养物质可能会产生气泡，气泡破裂会损害细胞，选择合适的消泡剂也是需要考虑的因素。

配备自动生化分析仪的生物反应器可以依据其提供的各种检测数据实时自动补充相应的酸、碱、新鲜培养基，以及各类营养补充溶液，相关数据、指标的调控应逐个筛选确定，不要同时

改变多个数据，那样会适得其反，事倍功半。

（六）动物生物反应器表达

动物生物反应器是指将外源目的基因以一定方式导入动物细胞的基因组，构建转基因动物，通过动物的某种组织或体液表达目的蛋白，该转基因动物即为动物生物反应器。常见的动物生物反应器有昆虫生物反应器，哺乳动物血液、乳腺、膀胱生物反应器。昆虫生物反应器主要有家蚕生物反应器、银纹夜蛾生物反应器等，即转染基因后，家蚕、银纹夜蛾的淋巴中可以表达目的蛋白。这类生物反应器有关表达方式详见前述杆状病毒-昆虫细胞培养表达部分。哺乳动物血液生物反应器一般将外源目的基因转染到大型家畜的血细胞中，目的蛋白可以通过家畜的血清分离出来，或者分裂血细胞获得血细胞组分中的目的蛋白。哺乳动物膀胱生物反应器指从转基因动物尿液中获得目的蛋白，如将人的生长激素基因转染到小鼠的膀胱上皮细胞中，转基因小鼠可以合成人生长激素并分泌到尿液中。

目前应用最普遍的是哺乳动物乳腺生物反应器（mammary gland bioreactor）。利用乳腺特异性表达的乳蛋白基因调控序列构建含外源目的基因的重组表达载体，通过显微注射方式导入受精卵，发育成转基因动物个体，可以通过转基因动物乳腺特异性、高效率表达外源目的蛋白，并从分泌的乳汁中获得具有活性的目的蛋白。由于乳腺是专门的分泌腺体，乳汁中的目的蛋白易于分离纯化，生产成本低。目前已经有人胰岛素样生长因子（IGF）、人生长激素（hGH）、人促红细胞生成素（EPO）、人凝血因子等重组蛋白在乳腺中成功表达。

常用于制备乳腺生物反应器的动物主要有小鼠、兔、猪、绵羊、山羊和牛等。乳腺组织表达的重组蛋白在结构、功能上与天然蛋白极其相似甚至完全一致，这是其他生物反应器所无法比拟的优点。乳腺生物反应器还具有表达量非常高、生产设备投入低等优点。然而由于转基因效率低和基因随机整合等问题，乳腺生物反应器的常规化、大规模应用一直受到限制。基因编辑等技术的出现，有望在此领域出现突破。

（七）植物生物反应器表达

植物生物反应器即将外源目的基因导入植物细胞，经培育成转基因植物，该转基因植物就是转录表达目的蛋白的植物生物反应器。转基因植物最初的研究主要在于改进植物的性状和品质，以提高植物的经济价值；后来利用转基因植物表达原来植物不具有的新物质，于是大规模培育转基因植物用作植物生物反应器生产人用药物的工作广泛开展起来，目前应用最多的是利用植物生物反应器生产口腔黏膜接种的人用疫苗，以及各类抗体药物。

将外源目的基因构建到大肠杆菌质粒上，重组质粒转染农杆菌，通过同源重组方式整合到农杆菌中的 Ti 质粒上，通过农杆菌感染植物愈伤组织块，最终外源目的基因整合到植物细胞的基因组中。通过组织培育，植物苗可逐步提高规模培养或种植。也可以将外源目的基因的裸 DNA 直接导入植物细胞，但是转染效率较低。此外，还有原生质体融合或花粉管通道法转染。

常用作植物生物反应器的植物有烟草、水稻、大豆、玉米、马铃薯、番茄、胡萝卜、苜蓿等植物。目前开发比较成功的产品有转基因烟草生产的用于预防和治疗龋齿的抗 sIgA 抗体药物、转基因大豆生产的抗人单纯疱疹病毒-2（HSV-2）抗体药物、转基因胡萝卜生产的霍乱毒素 β 亚单位用作黏膜免疫的霍乱灭活疫苗。2017 年，采用转基因水稻表达的人血清白蛋白获得中国药监部门批准，正在开展临床试验。

三、表达产物的分离纯化

作为药物的目的蛋白必须达到相当的纯度才能使用，否则目的蛋白中的杂质可能会在体内发挥各种生物活性，导致严重的不良反应。

（一）蛋白质的性质与分离纯化策略

1. 重组蛋白原料的性质 首先，通过重组表达获得的原料，不论是大肠杆菌的裂解液，还是细胞培养上清液，抑或是动物乳汁或植物种子，其中目的蛋白表达量都很低，最高的也只占总蛋白的50%，甚至有的不到总蛋白的10%，因此，初始原料中含量低是重组蛋白分离纯化面临的第一个问题。

其次，原料的组成非常复杂，不仅有蛋白质，还有多肽、氨基酸、核酸、多糖、纤维素等较大分子物质，另外还有各类细胞代谢产生的小分子，如各类电解质、有机小分子等。特别是大分子物质在目的蛋白分离纯化过程中，因其性质与蛋白质相近，常常难以通过比较高效简洁的方法分离开来。

再者，蛋白质，尤其是重组蛋白，稳定性很差。重组蛋白即使一级结构与天然蛋白完全一致，空间结构、修饰水平仍然和天然蛋白结构有一定程度的差异，所以更容易受到外界环境如pH、温度、离子、剪切力、表面张力、酶等因素的影响，出现聚合或降解等情况。所以，必须在蛋白分离纯化过程中维持好蛋白质的稳定性，尽量采用比较温和的条件和方法，在尽量短的时间内完成整个分离纯化过程。

最后，目的蛋白作为药物，分别针对不同的适应证，给药方式有差别，临床应用剂量有较大差别，因此各类蛋白药物的质量要求不一，如蛋白纯度、含量、缓冲液条件、辅料与保护剂等均不同，所以，必须选择不同的分离纯化技术以及各种技术的组合。

2. 蛋白质的性质 蛋白质是由氨基酸组成的生物大分子物质，既具有氨基酸的性质，又具有生物大分子的独特性质。氨基酸因其分子两端的氨基与羧基基团，可以携带正电荷与负电荷，为两性电解质。作为氨基酸的聚合物，蛋白质也属于两性电解质。在某一pH溶液中，若蛋白质解离成正、负离子的趋势相等，这时溶液的pH即为该蛋白质的等电点。

蛋白质颗粒表面一般会形成水化膜并带一定的电荷，可以帮助蛋白质在水溶液中稳定存在，因而蛋白质具有胶体性质。

在一些理化因素的作用下，蛋白质正常的天然构象发生改变，即变性。变性后的蛋白质容易发生沉淀。例如，加热会引起蛋白质变性，出现凝固现象，此时，即使将该蛋白质置于强酸或强碱的水溶液中，也不会出现溶解状态。

另外，蛋白质在相对分子质量、带电性质、氨基酸的组成与结构等各方面均有差异，在水溶液中呈现不同的性状。针对其理化性质的差异，可以相应采取不同方法将目的蛋白与背景溶液中的其他物质分离。

3. 分离纯化的常用策略 蛋白质分离纯化常以生物化学的方法为主，也可以结合一些物理学技术、有机化学技术以达到分离纯化的目的。任何一种方法的采用，均需充分考虑目的蛋白与其他杂蛋白之间的主要特性差异，选择合适的分离技术，蛋白质的主要特性及分离因素如表2-6所示。

表2-6 蛋白质的主要特性及分离因素

特性	分离因素
等电点	离子交换种类与条件
相对分子质量	不同孔径介质
疏水性	疏水、反相介质结合能力
特异性	亲和配基
溶解性	分离体系与蛋白质浓度
稳定性	温度与时间

对于细胞内表达的蛋白质，必须优先采取超声或者高压均质的技术对细胞进行破碎处理，使细胞内的目的蛋白释放到水溶液中。

根据蛋白质相对分子质量大小的差别，一般可以采用离心、过滤、盐析、沉淀、透析，以及分子筛层析（凝胶过滤）的方法进行分离纯化。

根据蛋白质的等电点，或蛋白质表面电荷的性质，以及蛋白质质荷比，可以采取离子交换层析、电泳、吸附、沉淀等方法分离。

根据蛋白质分子表面基团的亲水性或疏水性，可以采取萃取、疏水层析或反相层析技术予以分离。

根据蛋白质分子的溶解性，可以采取变性与复性、盐析、沉淀、吸附、结晶、透析等技术进行分离。

还可通过适当加温或降温的方法，让部分蛋白质变性，从而和其他蛋白质分离。

针对蛋白质的特异性，可以采用亲和层析技术将目的蛋白与配基结合，从而与其他杂质进行分离。

（二）蛋白质分离纯化的基本流程和基本要求

在上述列举的各类蛋白质分离纯化技术中，离心、过滤、盐析、沉淀、透析等大多是物理学技术，相对比较温和而简便，一般来说耗时较短，对蛋白质结构和性状影响较小，甚至没有影响，因此可以根据需要多次应用，作为主要分离技术中间的过渡。

层析、变性和复性、电泳、吸附等大部分是生化技术、有机化学技术或生物学技术，分离效率高，但是操作相对复杂，一般分离时间较长，对蛋白质的结构或性状相对影响较大。因此，这类技术在整个蛋白质分离过程中往往作为分离纯化的主要技术，尽量只使用一次。不同分离原理的层析技术可以先后使用，同一分离原理的层析技术不要重复使用。

一般情况下，重组蛋白不能靠单一的分离纯化技术达到最终要求，通常需要多种技术组合使用。具体针对哪种目的蛋白采取何种技术组合方式，需要对目的蛋白的性质、表达方式、在原料中的状态，以及原料中其他杂质的性质综合判断。一般原则：首先采取成本最低，可以将大部分杂质分离，对目的蛋白影响最小，最大限度缩小原料体积的技术方法；然后在主要分离纯化步骤中尽量采用过滤与层析等高效率的分离技术；特殊情况下，采用成本最高的限速技术（如凝胶过滤、亲和层析等）作为精细纯化最后步骤，达到蛋白原液的纯度要求。

根据国家药品监督管理局药品审评中心出台的有关指导原则，当临床单剂量蛋白用量为微克或纳克级别，或者采用原核细胞表达的目的蛋白时，一般蛋白纯度不得低于95.0%；当临床单剂量蛋白用量为毫克级别，或者采用真核细胞表达时，重组蛋白纯度不得低于98.0%；对于一些临床使用剂量特别大的产品，如重组人血清白蛋白，临床单剂量可达10 g水平，可能其纯度要求不得低于99.9999%；对于一些临床剂量或表达方法不能按照上述原则确定的蛋白品种，需要与国家药品监督管理局药品审评中心进行沟通，确定具体纯度标准。目前，对于重组蛋白纯度的检测方法要求两种以上，一般采用非还原型十二烷基硫酸钠聚丙烯酰胺凝胶电泳（sodium dodecyl sulfate polyacrylamide gel electrophoresis，SDS-PAGE）和高效液相色谱（high-performance liquid chromatography，HPLC）。其中，HPLC技术要求以对目的蛋白纯度变化最敏感的色谱柱来检测。另外，考虑到蛋白药物有一定的效期，而蛋白质在存放效期内会出现一些纯度下降的情况。因此，需要考虑新分离纯化获得的蛋白纯度必须高于指导原则中的纯度要求，这样，才能保证有效期内的蛋白纯度不低于指导原则中的要求。

（三）常用蛋白分离纯化技术

常用的细胞破碎方法，如高速组织捣碎法、玻璃匀浆器匀浆、反复冻融法、化学试剂处理法等因效率低、破坏蛋白，一般不在重组蛋白表达细胞破碎中使用，而主要采用超声破碎与高压

均质的技术方法。

1. 超声破碎

超声波是在物理介质中的一种机械波，既是一种波动形式，也是一种能量形式。超声波对细胞的作用主要有机械效应、热效应和空化效应。机械效应是指超声波传播过程中介质出现压缩与伸张交替的压力变化，可能引起细胞损伤；热效应是指介质对超声波引起的分子振动产生摩擦力使部分能量转化为热能，引起细胞过热化；空化效应是指在超声作用下细胞内产生空泡，空泡的震动与破裂将产生机械剪切压力、振荡和瞬时高温高压，导致水蒸气热解离而产生OH 自由基和 H 原子，它们引起的氧化还原反应可使细胞发生损伤和蛋白质降解。

当外源目的蛋白采取细胞内表达方式时，为获得目的蛋白，必须首先破碎细胞。一般胞内表达主要存在于原核细胞（如大肠杆菌），因此采用超声波细胞破碎仪使细胞急剧振荡，将细胞壁破碎，细胞内物质释放到细胞外缓冲液中。如前所述，胞内表达主要有包涵体表达与可溶性表达两种形式。包涵体以固体颗粒形式堆积于细胞间质中，蛋白颗粒相对比较稳定，可以采用高破碎率的条件，使细胞碎片足够小，获得较高的收率。可溶性蛋白具有正常的空间结构和生物活性，对剪切力和温度都比较敏感，不能采用过于剧烈的超声条件。

一般的超声破碎条件：细菌悬浮于裂解液，然后置于冰水浴中，设定超声波细胞破碎仪功率为 200～400 W，超声 1～10 s、间歇 3～10 s，连续重复 50～120 次。根据细胞破碎情况来设定合适条件。一般裂解液采用加入少量的溶菌酶和 Triton X-100 的 Tris-HCl、EDTA、NaCl 混合溶液，也有采用加入溶菌酶和 Triton X-100 的 PBS 溶液。

超声破碎完全时，细菌裂解液从浑浊、黏稠变得透明、清澈、不粘连；也可以采用高速离心观察，没有明显的沉淀物；最可靠的方式为显微镜下观察。在超声破碎的过程中，注意超声波细胞破碎仪的探头要深入液面下 5 mm 或更深，防止出现无效操作；不要采用过高的功率或过长的时间，以防止出现温度过高致蛋白质变性；尽量少产生气泡，降低对蛋白质的剪切力。

单次超声破碎一般适用于体积不大于 500 mL 的细菌培养液，大量的细菌培养表达需要采用多次超声破碎来达到破碎细胞的目的。超声破碎细胞过程均在超声波细胞破碎仪上进行。

超声波细胞破碎仪的工作原理是将电能经换能器转换为声能，声能通过液体介质而产生大量密集的小气泡，小气泡迅速炸裂，产生机械剪切压力，从而实现破碎细胞等物质的作用。

超声波细胞破碎仪由钛合金超声探头、高能效换能器、微机控制器和隔音箱组成。其工作频率范围一般为 20～25 kHz，具有定时和计数、循环或不循环等工作模式。一般可以用于破碎组织、细菌、病毒、孢子及其他细胞结构，使用过程中会产生大量的热和噪声，因此需要置于隔音箱中冰浴操作。

2. 高压均质　所谓高压均质是指在超高压（最高可达 60000 psi）作用下，使悬浊液状态的物料通过特殊结构的容腔（高压均质腔），物料因挤压发生结构与理化性质的改变，最终达到均质（也称为匀浆，变成微粒化、分散化、均匀化的悬浮液或乳化液）的目的。通常采用高压均质机来实现。

高压均质机亦可称为高压微射流纳米分散仪，主要由高压均质腔和增压机构构成。通过增压机构的高压（≥20000 psi），液料高速流过均质腔的狭窄缝隙，受到强大的剪切力；压力转化为动能，撞击到前方的金属壁而产生强大撞击力；静压力突降和突升而产生空穴爆炸力。这个过程使液料同时受到高速剪切、高频振荡、空穴爆炸和对流撞击等机械力作用，并产生相应的热效应，由此引发的引起物料大分子的物理、化学及结构性质发生变化，最终达到均质的效果。高压均质腔是核心部件，其内部的特殊几何结构是决定均质效果的主要因素；而增压机构为液料高速提供压力，压力的高低和稳定性在一定程度上影响产品的质量。

高压均质过程中，细菌可采用与超声破碎相同的细胞裂解液。整个过程中细胞悬液应置

于冰水浴中，常常将细胞悬液通过金属盘管注入高压均质机，而金属盘管和高压均质机出料管都置入冰水浴以提高降温效率。需要采取显微镜检查细胞破碎效果来决定具体采取多少个循环均质过程。因高压均质机内腔管路较长，需要大量液料充实，否则均质效果不好，且无效腔中浪费过大。目前市场提供的最小型高压均质机一次性处理的液料量应不小于 1 L 细菌培养液。

注意不要混淆高压均质机与高剪切均质机，后者利用定转子之间的高速相对运动产生高剪切作用，并伴随较强的空穴作用对物料颗粒进行分散、细化、均质，适用于药物解聚、食料混匀、化妆品乳化、纤维材料粉碎等，但不适于细菌的破碎这类极细化的需要。另外，中压微射流微米分散机也不能满足细菌破碎的细化要求。

3. 过滤与超滤 过滤(filtration)即利用介质滤除流体中的杂质。更具体的定义：在一定的推动力或其他外力作用下悬浮液（或悬浮有固体颗粒的气体）中的液体（或气体）透过介质，超过一定大小的固体颗粒和其他物质被过滤介质截留，从而使不同大小的固体及其他物质与液体（或气体）分离的操作。

根据截留物质颗粒大小，过滤一般分为过滤、微滤、超滤、纳滤和反渗透等。具体划分不同概念的过滤精度范围略有差别，一般过滤精度超过 50 μm，直接称作过滤；过滤精度为0.1～50 μm 称作微滤；过滤精度为 1～100 nm 称作超滤；过滤精度为 0.1～1 nm 称作纳滤，过滤精度为 0.1 nm 以下，同时需要很高压力实现过滤的方式称作反渗透。一般情况下，对于过滤膜（半透膜），溶液中的溶质均从浓度高的一侧透膜进入浓度低的一侧，在极高压力（>100 MPa）下，溶质可以从浓度低的一侧穿过膜进入浓度高的一侧，这个过程称为反渗透。

常用的过滤介质形态有滤膜、滤板、滤布、滤芯、滤柱等。常用介质材料主要有三大类：一种是天然或合成的高分子纤维，或者金属丝编织或加工而成的滤膜、滤布等；另一种是多孔性固体，如石英砂、陶瓷、金属粉、塑料粉等烧结或黏接而成的滤板、滤芯等；还有一种是各类堆积的颗粒物质，如活性炭、硅酸盐砂、砾石、硅藻土、玻璃棉等非整体材料，在一定形状容器里分层堆积形成，如滤柱等。每一类过滤介质根据实际用途可能采用单种或多种不同材质制作。滤器结构及其外观种类繁多，有一次性针头式过滤器、漏斗滤器、筒式滤器、平板式滤器、膜包滤器、中空纤维滤器等，还有很多工业用途滤器，这里就不一一列出。

一般分离固体不溶性颗粒，如未彻底破碎或完全消化的细胞碎片、聚合的大分子物质等，可以采用过滤；对于截留一些微生物，如细菌、真菌、螺旋体等，以及一些大分子胶体物质（相对分子质量大于 50000），可以采用微滤，如常用的 0.22 μm、0.45 μm 除菌滤膜；对于分离不同相对分子质量的大分子物质（如蛋白质、胶体等），或者截留微生物（病毒、支原体、衣原体等），可以采用超滤；对于分离一些直链大分子（如多糖、色素、有机物等），或者部分脱盐，可以采用纳滤；对于更换蛋白溶液缓冲体系或者脱盐，采用反渗透膜及相关装置可达到目的。其中，微滤与超滤滤膜滤孔比例示意图如图 2-12 所示。

从宏观角度，滤膜可以看成一片滤膜上有很多小孔，孔壁是光滑平整的，其实放大后可以发现膜孔壁是凹凸不平的。微滤通常采用与膜介质平面垂直的压力，小分子物质将直接穿过介质上的微孔到介质的另一面，而较大分子的物质则被截留，达到分离效果。超滤时，膜孔径和滤膜厚度相近甚至小很多，膜孔实际变成了一条弯曲的管道。如果采用与膜介质平面垂直的压力，可能使部分与孔径尺寸大小相近的物质堵塞滤孔，各类物质积压在膜介质表面，导致过滤功能丧失。因此，常常采用切向（与膜介质平面平行）压力，让小分子物质在流过膜表面时自由穿过，其他大分子物质和没有穿过的小分子物质再次循环从介质表面流过，这样反复多次即可达到完全分离的效果。

为了提高超滤效果，增大超滤面积，常常将滤膜多层重叠，让混合液通过时向两侧同时滤过小分子。或者将超滤膜制成中空纤维管，混合液从管内流过，小分子物质通过管壁超滤到中

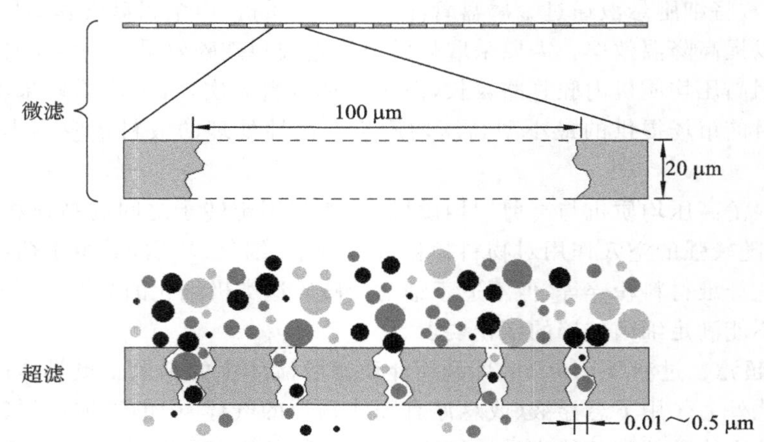

图 2-12　微滤与超滤滤膜滤孔比例示意图

空纤维间隙中，如图 2-13 所示。

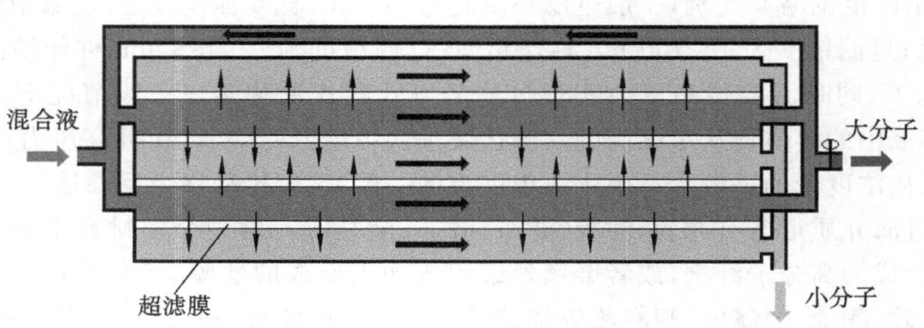

图 2-13　超滤滤膜包示意图

对于过滤精度比超滤更高的纳滤和反渗透，也采取与超滤同样的加压方式。而且随着过滤精度增高，施加的压力更大，对介质的垂直加压更容易造成介质的损坏。通常情况下，微滤时的膜压力为 0.05～0.5 MPa，超滤的膜压力为 0.1～0.7 MPa，纳滤的膜压力为 0.3～0.7 MPa，反渗透的膜压力为 1.4～10.5 MPa。

4. 离心　离心是一种在生物医药领域用途很广的技术，主要用于蛋白质、核酸、细胞及其组分的分离。离心技术是利用物体高速旋转产生的离心力，根据分离物颗粒的大小、形状、密度、介质的黏度和转子速度，将颗粒从溶液中分离出来。

离心一般用于分离两种混溶物质，混合物中密度较大的组分向远离轴心方向移动，密度较小的组分向轴心方向移动。通过改变转速和溶液介质，可以增加离心管上的有效重力，更快更完全地使沉淀物（颗粒）聚集在离心管底部或外侧。剩下的溶液可以移弃或收集起来。采用离心技术分离的悬浮颗粒往往是指以悬浮状态存在于液体中的细胞、细胞组分、病毒和蛋白质、核酸等生物大分子等。离心技术是上述成分分离的常用方法之一，也是蛋白质分离纯化最常用的方法，尤其是超速冷冻离心技术。离心对大分子物质的结构、性质几乎不产生影响，操作时间较短，可以在分离纯化各种技术方法中作为过渡步骤多次使用。

常用的离心技术包括沉淀离心、差速离心、密度梯度离心、分析超速离心、离心淘洗、区带离心及连续流离心等技术，其中沉淀离心、差速离心和密度梯度离心是实验室常用的离心技术。其余技术均需要特殊的离心机或转头。

根据采用的离心技术不同，常用的离心机有多种类型，一般低速离心机的最高转速不超过 6000 r/min，常用于细胞或细胞组分离心；高速离心机转速在 20000 r/min 以下，常用于蛋白

NOTE

质、核酸等大分子的离心；超速离心机的最高速度达 25000 r/min 以上，常用于病毒等分离纯化。大容量离心机，一般采用离心筒或吊篮来放置装有待分离样品的离心杯、离心瓶，最高一次分离溶液可达 6 L；对于一些容量较小的台式离心机，常采用角转头，其中放置离心管，一次至少分离几百微升的样品。

然而，对于数百升乃至上千升培养体积的生物反应器，如果采用离心杯、离心瓶，可能会因操作烦琐、时间过长而导致重组蛋白的降解。往往采用连续流离心机，用于生物大分子分离的常见连续流离心机有筒式(管式)离心机、碟式离心机。它们是通过样品液流经离心管或离心腔时，高速旋转产生的加速度使悬浮的颗粒在其中呈梯度排列，在不同梯度层面的出口分别流出，实现分离。特别适合于相对分子质量相差较大的物质，如细胞或细胞组分与培养上清液的分离，如图 2-14 所示。

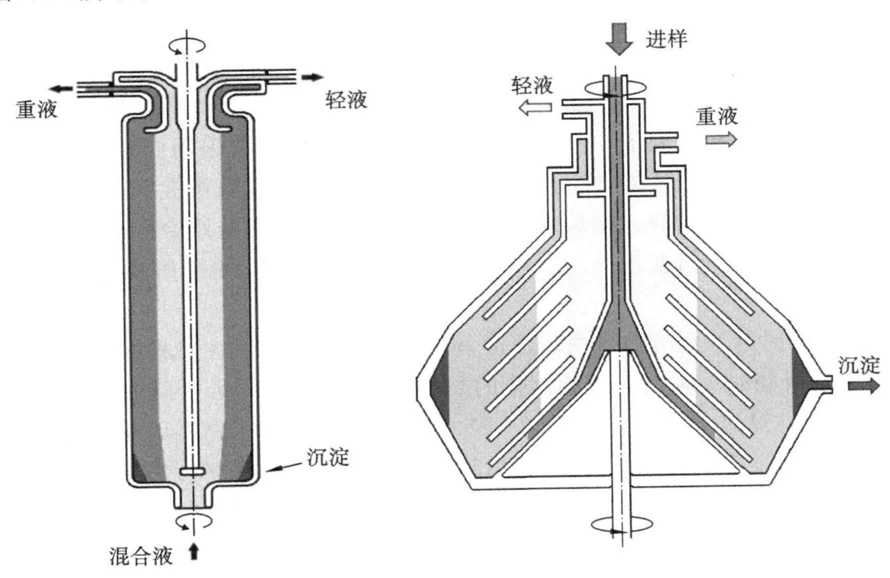

图 2-14 连续流筒式离心机与碟式离心机分离基本原理图

采用合适的分离介质也会提高离心技术的分离效果。如离心机转子高速旋转时，当悬浮颗粒密度大于周围介质的密度时，颗粒向离开轴心的方向移动，发生沉降；当颗粒密度低于周围介质的密度时，则颗粒朝向轴心方向移动而发生漂浮。针对不同相对分子质量、不同结构的目的蛋白，可以选择合适的离心介质，如腺病毒采用 CsCl 超速离心分离技术。

5. 盐析 在蛋白质水溶液中加入无机盐溶液，随着盐浓度的增大，蛋白质溶解度下降，逐渐沉淀下来，这个过程称为盐析(salting out)。蛋白质是亲水性大分子，在水溶液中有双电层结构，因此在水溶液中处于稳定溶解状态。当盐离子浓度较大时，离子对水分子的亲和力和电离作用影响蛋白质分子周围的水化膜，中和蛋白质表面的电荷，使蛋白质溶解度降低，于是发生蛋白质分子之间的聚集并沉淀。一般采用中性盐，如硫酸铵、氯化钠或硫酸钠等，蛋白质不会出现失活，当盐浓度下降时，蛋白质会重新溶解，所以盐析方法在蛋白质分离纯化、浓缩或储存时常被应用。

如果向蛋白质溶液中加入某些重金属盐，或者加入某些酸性盐、碱性盐，可能引起蛋白质化学性质的改变，出现蛋白质凝聚并从溶液中沉淀析出，难以复原，这种作用叫变性。

盐析时，注意蛋白质的浓度和中性盐溶液的浓度均对蛋白质沉淀效果有影响。当蛋白质浓度高时，只需要较低的盐饱和度即可引起蛋白质沉淀，会出现各类蛋白质共沉淀的现象，影响蛋白质的分离效果；当盐浓度(离子强度)较低时，溶解度较低、亲水性较差的蛋白质容易析出，如血清中球蛋白较白蛋白更容易沉淀析出；而盐浓度较高时，可以沉淀大部分蛋白质，所以

采取不同饱和度盐溶液分段盐析，可以达到分离目的蛋白的目的。

在重组蛋白分离纯化过程中，盐析最常采用的中性盐是硫酸铵，不仅可以作为分离的手段，也常作为在分离纯化过程中蛋白质稳定保存过渡的一种方法。针对不同稳定性蛋白质，可在不同温度下使用盐析，稳定性较差的蛋白质需要在低温下盐析。盐析后蛋白质重新复溶可采用透析方法。

6. 沉淀 使蛋白质沉淀的方法有盐析、等电点沉淀、有机溶剂沉淀，以及其他沉淀等。

盐析方法如前所述。

等电点沉淀是指将蛋白质溶液的 pH 调整到其等电点，蛋白质溶解度下降出现沉淀的方法。通过不同蛋白质等电点不同的性质，可以采用分段 pH 调节方法，将不同蛋白质分离开来。

有机溶剂沉淀是指采用一些与水互溶的有机溶剂（如甲醇、乙醇、丙酮等），将其加入蛋白质水溶液中，水溶液的介电常数降低，增加了相反电荷基团之间的吸引力，从而促进蛋白质分子聚集并沉淀，此过程中，有机溶剂影响蛋白质分子表面的水化膜也是重要原因，这个方法称为有机溶剂沉淀法。注意常温下，有机溶剂易使蛋白质变性，故常采用低温沉淀法。

除以上最常用的沉淀方法外，在蛋白质溶液中加入一些生物碱沉淀剂（如苦味酸、鞣酸、钨酸等）或者某些酸（如三氯乙酸、磺酸、水杨酸、硝酸等），可与蛋白质结合生成沉淀，要使该沉淀能够复溶，需要控制浓度、温度条件。加入一些非离子型聚合物、聚电解质等，如聚乙二醇，可以帮助蛋白质沉淀。

加热或多价金属离子也可使蛋白质沉淀，但常常会引起变性，注意根据需要选择。

7. 透析 透析袋是一种由半透膜制作的袋子，将需要分离的蛋白质溶液或沉淀置于透析袋中，然后将透析袋浸泡于透析液中（图 2-15），透析袋内的小分子物质可通过被动扩散自透析袋进入透析外液，通过多次更换透析液，最后达到透析袋内外溶液离子强度基本平衡，这个过程或方法叫做透析。透析可以起到分离蛋白质、复溶蛋白质、浓缩蛋白质或脱盐等作用。

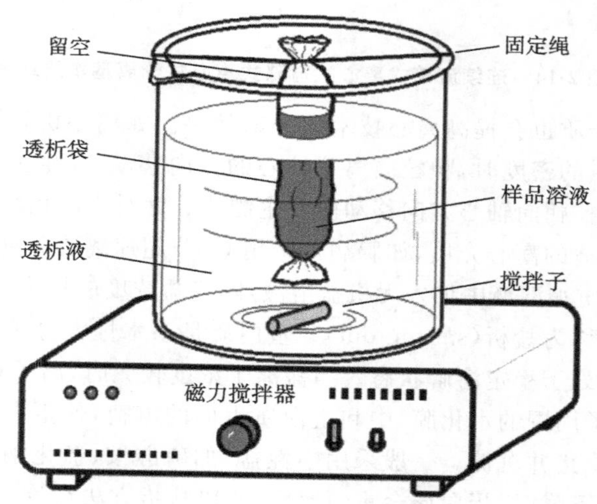

图 2-15　透析示意图

当透析液的渗透压高于透析袋中的溶液时，透析袋中的水会渗出去，从而使蛋白质溶液体积减小达到浓缩蛋白质的作用。其他情况下，均采用比蛋白质溶液浓度低的溶液作为透析液，起到小分子杂质蛋白质渗出，蛋白质沉淀复溶、脱盐的作用。

透析过程中，为保证蛋白质溶解环境不出现剧烈变化，一般尽量降低透析袋内外的离子强度差；对于不稳定蛋白质，尽量采用低温透析；为提高透析效率，要让透析液转动，同时固定透析袋，不要使透析袋随透析液旋转，提高透析液在透析袋表面更新的机会；为防止透析袋因溶

剂大量渗入而破裂，透析袋容积应为透析袋中的蛋白质溶液体积的2～3倍。

8. 吸附 蛋白质由氨基酸组成，因其具有两性电解质的性质，故当其处于pH不同的溶液中时，会带不同的电荷。蛋白质分子之间或与其他物质之间常因静电、氢键或疏水作用而出现吸附现象。当氢离子参与其中并与电负性强的原子静电吸引时，于是产生氢键。当两个极性基团之间，或极性基团与水分子之间发生静电吸引，引起非极性基团因避水而被迫接近，于是出现了疏水吸附作用。实际上，氢键与疏水作用本质都是静电作用，均属于非共价作用。

蛋白质的肽链常按照一定的有序结构形成不同的亲水区和疏水区，在和一些带有表面电荷的物质接触中，会产生非共价吸附作用，如表面活性剂、壳聚糖、硅藻土、磷脂包覆颗粒物质，或纤维素膜等均可以作为蛋白质吸附分离的介质。吸附作用强弱和吸附过程与蛋白质溶液的电离强度、pH有关；解除吸附作用可通过调节其溶液的离子强度和pH来实现。

除非共价作用吸附以外，蛋白质也可采用亲和吸附方式来分离，这个问题留待亲和层析部分来描述。

9. 电泳 在外电场作用下，带电的颗粒向着与其电性相反的电极移动，这个现象称为电泳。电泳技术可用于氨基酸、多肽、蛋白质和核苷酸等生物分子的分析、分离和制备。蛋白质在非等电点的溶液中是带电的，在电场中能向电场的正极或负极移动。根据支撑物不同，有薄膜电泳、凝胶电泳等。大多数情况下，蛋白质带负电荷，从负极向正极移动。

薄膜电泳是将一片浸润了缓冲液的纤维素膜或滤纸水平铺在固体表面，两端接上电极，形成一个电场，将带电荷的生物大分子样品加在一端或中央，开始通电，进行电泳。凝胶电泳是用缓冲液配制成凝胶，或水平铺放在固体表面，或垂直夹在两块固体平面间，形成一个矩形凝胶区域，在其两端连接电极，在一端加上待分离样品，通电后可进行电泳。凝胶电泳最常用的介质材料为琼脂糖、聚丙烯酰胺。琼脂糖水平凝胶电泳一般用来分离DNA，聚丙烯酰胺凝胶电泳一般用来分离蛋白质。

聚丙烯酰胺凝胶电泳一般在凝胶与缓冲液中加入SDS，简称为SDS-PAGE（图2-16）。SDS与蛋白质结合可以解离蛋白质间氢键，消除蛋白质分子内疏水作用，SDS与蛋白质所形成的复合物带有的电荷远大于蛋白质原有的电荷，所以电泳过程中蛋白质移动的快慢主要与蛋白质相对分子质量有关。如果同时加入二硫苏糖醇（DTT）或β-巯基乙醇（β-ME），可以断裂蛋白质分子间的二硫键，蛋白质被还原成椭圆形单体，在SDS-PAGE中准确体现单体的相对分子质量大小，称为还原性SDS-PAGE。如果不加入DTT和β-ME，则称为非还原性SDS-PAGE，可以保持一定的蛋白质空间结构，蛋白质电泳位置不仅与相对分子质量有关，还与蛋白质的多聚体结构有关。如果PAGE中不加SDS，则称为非变性PAGE，或天然PAGE，电泳过程中可以保持蛋白质的天然完整性，可以回收分离后的蛋白质。

PAGE凝胶一般由浓缩胶和分离胶两部分组成，其浓度、缓冲液组分和离子强度、pH，以及电场强度都不同，也被称为不连续凝胶电泳，目的是可以让分离样品在通过浓缩胶电泳后被压缩成一条浓缩带，有助于在分离胶中更好地将不同蛋白质分离成一条条聚集的条带，提高分离效果，便于分辨。所以，SDS-PAGE具有三种物理效应：一般电泳分离的电荷效应，样品的浓缩效应和凝胶对分离分子的筛选效应。

利用两性电解质，如两性元素氧化物的水合物、氨基酸等，或专用的商品试剂，加入PAGE凝胶中，在电场作用下，两性电解质使凝胶介质形成一个由正极到负极逐渐增加的pH梯度，带一定电荷的蛋白质在其中泳动时，到达各自等电点的pH位置就停止，形成一个个很窄的条带，这个就称为等电聚焦电泳（isoelectric focusing electrophoresis，IFE）。如果多种等电点相近的蛋白质还不能很好地分离，将凝胶旋转90°，使电极调换到另两边，形成与原来电场方向垂直的外电场，成为一个SDS-PAGE，再次电泳，可以将蛋白质进一步分离开，这个过程称为双向电泳（图2-17）。

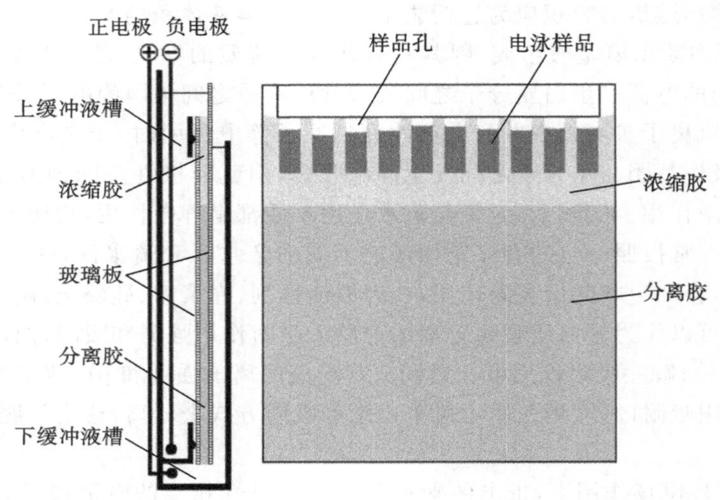

图 2-16 SDS-PAGE 结构原理示意图与电泳胶局部图

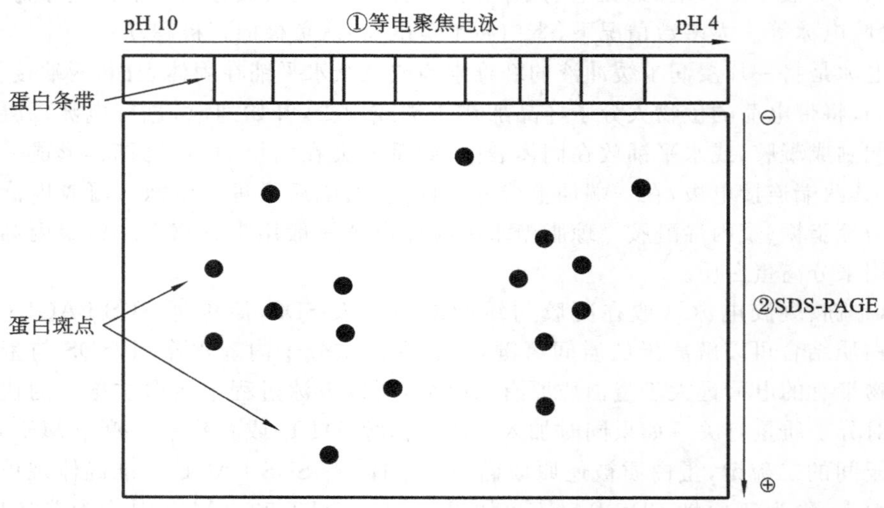

图 2-17 双向电泳平面示意图

毛细管电泳是指一类以毛细管作为分离通道，其间充满缓冲液或填充凝胶介质，在高压直流电场作用下，生物大分子得以分离的技术。毛细管电泳包含电泳、色谱或其交叉的有关性质，可以极大地提高分离分析的精度。

毛细管常用材质为石英，内有特殊涂层，因毛细管形状、毛细管数量、缓冲液、凝胶的不同，可以实现多种不同目标的分离分析功能。于是出现诸如毛细管区带电泳、毛细管等速电泳、毛细管等电聚焦、毛细管凝胶电泳、陈列毛细管电泳、填充毛细管电色谱等数十种类型。可用于分离与分析氨基酸、多肽、蛋白质、DNA 片段、核酸以及多种小分子，也可以用于手性化合物的分离。毛细管可以提高热散作用，减少了由于热效应引起的很多问题，如样品扩散对流，区带变宽等，因此不需要加入稳定介质即可进行自由流动电泳。

毛细管管壁上牢固结合的定域电荷，在轴向直流电场作用下可吸引溶液中的电荷分子与电泳方向反向迁移，形成电渗作用。电渗作用使溶液向负极流动，其速率比一般样品电泳速率大。因此所有的正、负离子和中性分子都一起朝一个方向产生差速迁移，在一次毛细管电泳中同时完成正、负离子的分离测定。由于电渗作用可以影响毛细管电泳的分离效率、分离度和选择性，因此，通过改变管壁内涂层性质，改变缓冲液的成分、浓度、pH，加入添加剂，调整管径、电场、温度等,都可以改变电渗作用,从而改变毛细管电泳的分离效果。

毛细管电泳采用毛细管电泳仪进行检测,被分离的分子接近负极,都将通过毛细管电泳仪的紫外检测器并传递信号到记录仪,所得结果是被分离组分的紫外吸收对时间的峰谱。

10. 变性与复性 包涵体是原核细胞胞内表达蛋白凝集成高密度、不溶性的固体颗粒,其中50%以上为无生物活性的重组蛋白,其他为核糖体、核酸、外膜蛋白、脂多糖等原核细胞物质。通常一个细胞中只有一个包涵体,包涵体大小一般为0.2~1.5 μm,密度为1.1~1.3 mg/mL,大小和密度与表达的重组蛋白、表达条件均有一定关系。

重组工程菌表达产率过高,表达产物累积,没有足够时间进行蛋白质折叠,蛋白质间产生非特异性结合而凝集成包涵体,这是最主要的原因。含硫氨基酸比例较高,发酵温度高,胞内pH接近蛋白质等电点,蛋白质本身的溶解度,蛋白质分子间的各种键能作用,以及细菌细胞内缺乏蛋白质折叠的各种酶类或辅助因子等物质,这些都是出现包涵体的重要因素。

为了使包涵体恢复成有生物活性的目的蛋白,最常用的方法就是蛋白质的变性与复性。

这里说的变性是指可以恢复的蛋白质变性,一般主要改变蛋白质的三级结构,尽量不改变其二级结构。常采用尿素、盐酸胍等变性剂,打断包涵体蛋白质分子间和分子内的各种作用力,使多肽舒展开。首先采用溶解于TE缓冲液的低浓度变性剂,或者去垢剂(如SDS、Triton X-100等)除去包涵体表面的膜蛋白、核酸等杂质碎片。然后采用较高浓度(6~8 mol/L)尿素或盐酸胍,或者其他去垢剂溶解包涵体。如果包涵体中的蛋白质形成链间二硫键或者链内非活性二硫键,还需要加入低浓度的β-ME或DTT等还原剂,增强溶解效果。

经过变性的蛋白质难以在胞外自动恢复成具有活性的蛋白质,因此必须采用合适的复性方法使目的蛋白从完全伸展状态恢复到正常的或天然的折叠结构,有的需要去还原剂重新形成正确的二硫键。通常的复性方法有稀释、透析、超滤、层析(疏水层析或凝胶过滤层析)、吸附等多种方法。当通过这些方法使变性剂浓度逐步降低,如尿素降至2 mol/L,盐酸胍降至1.5 mol/L时,蛋白质复性过程基本完成。较大规模的蛋白质复性一般采用超滤和层析方法,回收率高,速度快,易于放大到生产规模。

复性过程比较复杂,除个别蛋白质外,大部分蛋白质的复性效率很低,一般不超过30%。为提高复性效率,通常采用调整蛋白质浓度、复性温度、pH,以及加入L-Arg、Tris等低分子化合物,采用GSH/GSSG(谷胱甘肽/谷胱甘肽二硫醚)、DTT/GSSG等氧化还原转换系统,加入折叠酶或分子伴侣,改用非离子型去垢剂或表面活性剂等方法。对于蛋白质复性的效果一般采用凝胶电泳(如非变性PAGE、非还原SDS-PAGE)、色谱法(离子交换、反向、毛细管电泳色谱等)、光谱学方法(紫外差光谱、荧光光谱、圆二色光谱等)、黏度或浊度法,以及生物活性检测、免疫学检测等方法来测定,其中生物活性检测、免疫学检测是蛋白质复性效果的最重要的检测。

11. 层析与色谱 层析技术也称为色谱技术(chromatography technology),是指含混合物的流动相流经固定相,依据混合物中组分与固定相结合力的差别从而实现组分分离的技术。

1900年,意大利出生的植物学家Mikhail Tswett在俄罗斯利用色谱技术分离植物色素,该技术因叶绿素、胡萝卜素、叶黄素等带颜色的物质分离而得名。有趣的是俄文Tswett含有颜色的意思。Tswett提交与发表俄文论文的时间分别是1903年和1905年,因此,很多文献说他于1905年前后发明此技术。1952年,Martin和Synge因提出比较完整的色谱理论和方法,并推动色谱技术取得重大进步,从而获得当年的诺贝尔化学奖。

根据承载固定相支持物的结构,层析技术分为平面层析(纸层析、薄膜层析)和柱层析。用于蛋白质分离纯化的主要是柱层析,平面层析更多应用于样品分析。根据流动相的性质,主要有液相色谱和气相色谱。气相色谱主要用于微量样品的分析,而液相色谱主要用作样品的分离纯化。根据蛋白质分子的不同性质,常用的层析技术主要有吸附层析(也称为正相色谱)、反

相层析、疏水层析、离子交换层析(阴离子交换层析、阳离子交换层析)、聚焦层析、凝胶过滤层析(也称为排阻色谱)、分配层析与亲和层析等。其中反相层析与分配层析常在流动相中加入各类有机溶剂,这些有机溶剂可能引起蛋白质样品的变性;而聚焦层析因其载荷不高,主要用于实验室蛋白质的分离。在蛋白质药物的分离纯化工艺中最常采用的是疏水层析、离子交换层析、凝胶过滤层析、亲和层析与吸附层析(表 2-7)。

表 2-7 主要层析类别及其作用

产物特性	层析类别	作用
相对分子质量	凝胶过滤层析	不同孔径介质
等电点	离子交换层析	离子交换种类与条件
疏水性	疏水层析、反相层析	疏水、反相介质结合能力
特异性	亲和层析、吸附层析	亲和配基、吸附能力

层析技术具有分离效率高、分析速度快、灵敏度高和应用范围广等优点,是重组蛋白分离纯化的最常用技术。

(1) 离子交换层析。

知识链接 2-1

离子交换层析(ion-exchange chromatography,IEC)是利用各类分子的解离度、离子净电荷和表面电荷分布差异来进行分离的一种分离纯化生物大分子的技术方法,其固定相采用固体离子交换剂,依据流动相中各组分离子与固定相上的平衡离子产生可逆性交换时结合力大小差别来达到分离的目的。

离子交换剂由不溶于水的高分子聚合物基质(如纤维素、树脂、葡聚糖凝胶等)通过一定化学反应结合上电荷基团(强酸性、弱酸性、强碱性、弱碱性等)而形成,平衡离子是缓冲液中结合在电荷基团上并与电荷基团电性相反的离子,它可以和流动相中的其他离子基团发生可逆交换反应。当平衡离子带正电荷时,可以与正电荷离子基团发生交换作用,称为阳离子交换剂,这种层析称作阳离子交换层析;当平衡离子带负电荷时,可以与负电荷离子基团发生交换作用,称作阴离子交换剂,这种层析称作阴离子交换层析。在选择离子交换层析类别时,需要分离纯化的目的蛋白的等电点与固定相中的 pH 必须相差至少一个单位。

蛋白质作为两性电解质,随溶液 pH 不同带不同电荷。为防止 pH 过高或过低影响蛋白质的结构与活性,尽量采用中性缓冲液。当目的蛋白等电点 pI 在酸性范围内时,采用阴离子交换层析技术和 pH 大于目的蛋白等电点的缓冲液,目的蛋白带负电荷,被阴离子交换剂吸附,正电荷分子与中性分子不吸附,然后通过改变负电荷洗脱液的离子强度和 pH 依次洗脱解离度不同的蛋白质分子,达到分离目的。相反,当目的蛋白等电点在碱性范围内时,采用阳离子交换层析和 pH 小于目的蛋白的等电点的缓冲液,目的蛋白带正电荷,被阳离子交换剂吸附,负电荷分子与中性分子不吸附,然后采用不同离子强度、不同 pH 的正电荷洗脱液依次洗脱解离度不同的正电荷蛋白质分子,实现分离纯化蛋白的目的。

离子交换剂具有开放性支架、多孔性、亲水性和吸附力弱等特性,因此,离子交换层析具有吸附容量大、交换容量大、条件温和、回收率高的优点。然而正因为其根据电荷量和解离度差异的原理来分离,一些带电性接近的蛋白质分子的分离峰易出现重叠,分离纯度不高。基于其优缺点,离子交换层析往往用作蛋白质的初步纯化,可快速高效获得相对较高纯度的蛋白质样品,便于后续进一步纯化。

(2) 疏水层析。

疏水层析(hydrophobic chromatography)又称疏水作用下层析(hydrophobic interaction chromatography,HIC),是基于蛋白质的疏水性质的差异,利用固定相载体上偶联的疏水性配

基与流动相中的疏水分子发生可逆性结合，从而实现蛋白质分离的技术。在高盐溶液中，疏水性较强的蛋白质形成很强的疏水键，并与疏水性配基结合，其他蛋白质流出或被洗涤掉，然后逐步降低洗脱液盐浓度，结合到疏水性配基上的蛋白质因疏水性强弱不同，被先后洗脱下来。从分离的作用机制来看，疏水层析属于吸附层析，并且与反相色谱（reversed phase chromatography）理论依据相同。

其由于上样时盐浓度高，可以用作盐析后的分离步骤。影响疏水层析的因素主要包括盐浓度、pH、溶液温度、表面活性剂和有机溶剂等，在分离应用上刚好与离子交换层析的应用互补，因此，两种层析配合应用，可以达到良好的分离效果。疏水层析常用于重组蛋白的初步分离纯化阶段。

（3）凝胶过滤层析。

凝胶过滤层析（gel filtration chromatography）又称为分子筛层析（molecular sieve chromatography）或分子排阻层析（molecular-exclusion chromatography），是利用具有多孔网状结构的颗粒来分离不同相对分子质量的组分。常用的多孔网状结构颗粒是交联的惰性多聚糖凝胶，如葡聚糖或琼脂糖等。当流动相大分子溶液流经凝胶柱时，小分子物质能进入凝胶的多孔网状结构内部，而大分子物质却被排除在网状结构外部，于是大分子物质从颗粒之间的间隙中快速流出，小分子物质则在网状结构中流经更长的路程，将比大分子物质较晚流出固定相，于是样品中的各组分按照相对分子质量大小差异被分离。凝胶过滤（分子筛）层析原理如图 2-18 所示。

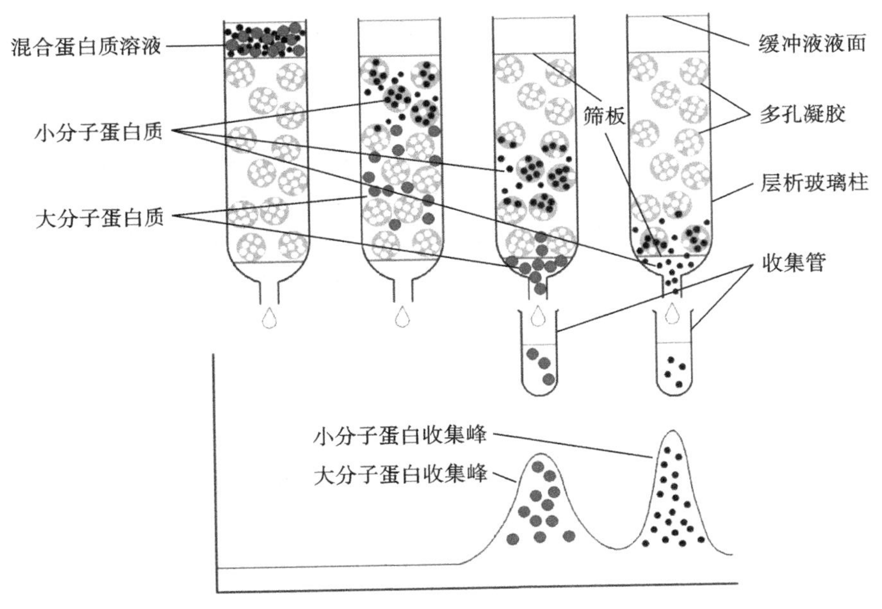

图 2-18 凝胶过滤（分子筛）层析原理示意图

凝胶过滤层析的突出优点是分离用凝胶为惰性载体，不带电荷，吸附力弱，操作条件温和，可以在相当广的温度与 pH 范围内操作，不需要使用有机溶剂，对分离成分的理化性质不会产生不良影响。由于层析过程主要依靠组分流经路程长短来分离，层析玻璃柱的柱长与直径之比一般不低于 10，不宜采用高压驱动，因此相对分离速度较慢，分离容量较小，常常成为分离纯化的限速步骤。凝胶过滤层析的用途：①分离纯化：在蛋白质、酶、氨基酸、激素、多糖、生物碱等物质的分离提纯中广泛应用，也利用凝胶对热原有较强的吸附力，从而去除水中的热原。②脱盐和浓缩：大分子溶液中的低相对分子质量杂质和电解质通过凝胶过滤层析法除去的过

NOTE

程称为脱盐，水分与小分子物质在网孔尺寸合适的凝胶中被截留，快速流出的大分子物质则得以浓缩。③相对分子质量测定：用已知相对分子质量的标准品系列作为对照，与待测样品在同一条件下层析，可在标准品制作的相对分子质量标准曲线上准确测量待测样品的相对分子质量。

(4) 亲和层析。

亲和层析是基于抗原-抗体、酶-底物、激素-受体、生物素-亲和素等特异性结合反应的一种分离方式，每对特异性反应物之间都有较强的亲和力。将待分离的一种反应物(后文称作样品)溶解在流动相中，其对应的反应物(后文称作配体)固定在固定相上，当溶液流经固定相时，样品与固定相上的配体结合，其他物质流出或被洗涤掉，然后采用洗脱液将样品洗脱下来，获得分离纯化的样品。

通常情况下，亲和层析是将配体以共价键的方式结合固定到含有活化基团的基质上，制成亲和吸附剂或固相载体"基质-配体"。将固相载体装入层析柱中，当样品溶液通过该亲和柱时，样品借助静电引力、范德瓦耳斯力，或结构互补效应等作用吸附到固相载体，形成"基质-配体-样品"的结构，无亲和力或非特异性吸附的其他物质直接流出或被缓冲液洗涤出来，形成了第一个杂质层析峰。然后，通过适当地改变缓冲液的 pH、离子强度或加入抑制剂等方法，可将样品从固相载体上解离下来，并形成第二个层析峰。如果待分离溶液中存在两个以上与固相载体具有亲和力的样品(亲和力有差异)时，采用选择性缓冲液洗脱，可以将其分开。固相载体经再生处理后可重复使用。

除了上述特异性配体亲和层析法外，还有通用性配体亲和层析法，通用性配体亲和层析法往往是一些特殊的配体，可以分离一些结构大致相同的样品。这些配体主要是简单的小分子物质，如金属、染料、氨基酸等，相对而言，易于大量制备，因此成本较低；同时这些配体一般具有较高吸附容量，可以通过改善吸附和脱附条件来提高层析分辨率，如 6-His 与镍金属亲和层析，GST 与谷胱甘肽亲和层析，可以通过在样品中设计一段含 6-His 或 GST 结构的融合蛋白，以便采用亲和层析来快速高效分离。另有一些通用性配体，如葡萄球菌 A 蛋白(staphylococcal protein A，简称 protein A)和重组链球菌 G 蛋白(recombinant streptococcal protein G，简称 protein G)，在中性或碱性条件下，它们可与多种哺乳类动物 IgG 分子的 Fc 段特异性结合。因此，葡萄球菌 A 蛋白或重组链球菌 G 蛋白亲和层析是很多抗体分离纯化的首选方法。

(5) 聚焦层析。

聚焦层析(focusing chromatography)是一种柱层析，其流动相为多缓冲剂(poly-buffer)，是相对分子质量不同的多羧基多氨基化合物配制成的两性电解质性缓冲液；固定相为多缓冲交换剂(poly-buffer exchanger)，是带有梯度电荷基团的两性基质，从柱的上端往下形成 pH 梯度，如 pH 6～9。溶解在多缓冲液中的蛋白质溶液加入层析柱，当 pH 低于蛋白质的 pI 时，蛋白质带正电荷，不与交换剂结合，随着洗脱剂向下移动。固定相的 pH 随着淋洗时间延长而变化，当蛋白质移动至高于其 pI 的 pH 梯度带时，蛋白质开始带负电荷，并与交换剂结合。随着洗脱剂流过，当蛋白质所处环境 pH 再次低于 pI 时，它又带正电荷，并从交换剂上解析下来，随洗脱液移向柱底。反复进行上述过程，于是各种蛋白质在各自等电点段被洗脱下来，从而达到分离的目的。相同 pI 的蛋白质被聚集在一条很窄的区带，实现聚焦目的，而且分离的灵敏度很高。但由于蛋白质在 pH 梯度固定相中是一个流动—结合—洗脱的过程，真正能结合的是一段很短的区带，并且是一个反复的过程，再加上与蛋白质混合在一起的多缓冲液在后续处理中才能与蛋白质分离，因此，相对载荷不高，效率较低，增加了处理步骤，在实际生产制备中不太常用。

(6) 高效液相色谱。

高效液相色谱(HPLC)又称高压液相色谱、高速液相色谱、高分离液相色谱和近代柱色谱

等，是一种分离、鉴定和量化混合物中各组分的分析技术。HPLC采用输液泵使样品混合物液体加压流过填充有固体吸附材料的不锈钢柱，样品中的各组分依据与吸附材料的不同相互作用而导致流速不同，从而获得分离，进入检测器进行检测，实现对样品的分析。已被广泛应用于制造、司法、科研和医疗等领域。

HPLC必须采用高效液相色谱仪来实现其分析检测的功能，HPLC常常也被用于指代高效液相色谱仪。高效液相色谱仪一般由高压输液泵、色谱柱、进样器、检测器、收集器，以及数据获取与处理系统组成(图2-19)。高压输液泵是驱动流动相(有机溶剂、水或缓冲液)和样品通过色谱分离柱和检测系统的部件，一般能够耐受较高压力(30～60 MPa)；色谱柱是分离样品混合物各组分的关键部件，可反复使用，通常采用长10～30 cm、内径2～5 mm的内壁抛光不锈钢管柱，依据填充的吸附材料不同可将HPLC分成吸附色谱(adsorption chromatography)、分配色谱(partition chromatography)、离子色谱(ion chromatography)、分子排阻色谱/凝胶色谱(size exclusion chromatography)、键合相色谱(bonded-phase chromatography)和亲和色谱(affinity chromatography)等不同类型；进样器是将待分析样品引入色谱系统的部件，一般与注射器配合使用，或者采用自动进样器便于重复进样操作；检测器是将样品中被分离各组分在柱流出液中浓度的变化转化为光学或电学信号的部件，一般采用一种或多种不同的检测器来实现，常用的有紫外-可见分光光度检测器、二极管阵列紫外检测器、示差折光化学检测器、荧光检测器和电化学检测器等；收集器主要用于将分离的组分做其他分析鉴定，一般色谱分析不必使用；数据获取与处理系统的功能是将检测器检测到的信号以数据或波形的方式显示出来。

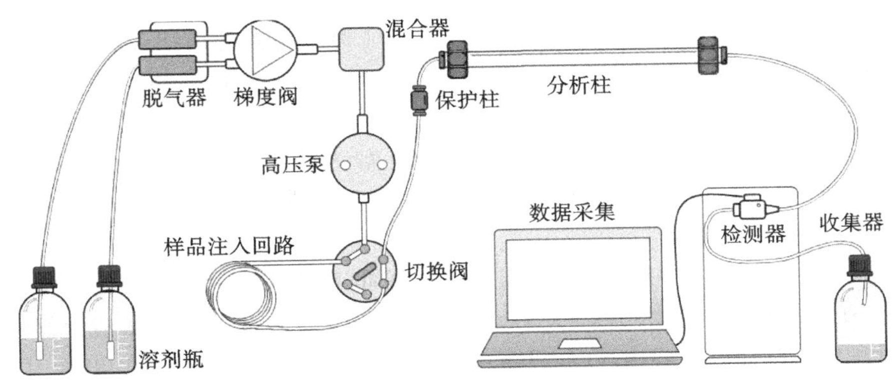

图2-19 高效液相色谱结构原理示意图

(7) 气相色谱。

气相色谱(gas chromatography，GC)是分析化学中对那些可被气化而不分解的化合物进行分析或分离的通用色谱技术。GC主要用于特定物质的纯度分析和混合物中不同组分的分离，还可用于化合物的鉴定，或从混合物中制备某种纯品。GC的流动相为气体(常用惰性气体He或不活泼气体N_2等)，固定相可为固体(如活性炭、硅胶等)或液体(涂覆在惰性固体支持物表面的液体薄层或聚合物薄层，如角鲨烯等)。根据固定相的不同，GC分为气固色谱和气液色谱。气固色谱是德国物理化学家Erika Cremer于1947年与奥地利研究生Fritz Prior一起研究出来的。气液色谱是Archer Martin于1950年发明，他在1941年和1947年发明的液相色谱和纸层析为气相色谱的发展奠定了重要的基础。

GC与液相色谱的原理基本相同，都是在金属或玻璃柱中进行的柱层析。但是，也有几点差异：①流动相不同，GC的流动相是气体，液相色谱的流动相是液体；②GC的待分离(分析)样品需要通过一个气化室气化，需要控制样品气体的温度，液相色谱则不需要控制温度；③化合物气体的浓度只能反映其在蒸气压下的状况。气相色谱仪是开展气相色谱分析的必要

NOTE

设备。

多组分的混合样品进入色谱仪的气化室后气化并随气流带入色谱柱内，在固定相和流动相中不断地进行分配。当样品从色谱柱中流出，进入检测器时，信号被记录，并经过放大处理后在记录仪中记录下来。这个信号表现出一个峰形图，称为色谱峰或色谱图。根据不同组分在色谱柱中固定相和流动相中的停留时间不同，样品的组分得以分离。GC 适合于微量样品的分离与分析，通常不作为重组蛋白药物分离纯化的技术方法，可以作为微量相关物质的分析检测方法。

（四）病毒的去除与灭活

采用哺乳动物细胞培养表达的重组蛋白在生产制备过程中可能污染病毒，因此要求采取一定的方式去除/灭活病毒。去除病毒是指将病毒从目的产物中清除或者分离出去的工艺过程；灭活病毒是指“杀死”病毒以强化安全性的工艺过程。根据不同生产工艺、可能感染病毒的种类，以及蛋白质自身的性质，采取不同的去除/灭活病毒的方法。一般最常用的去除/灭活病毒的方法有巴斯德消毒法、干热法、膜过滤法、有机溶剂/去污剂（S/D）处理法和低 pH 孵放法。

巴斯德消毒法（亦称巴氏消毒法）是对样品采用 60 ℃连续加热，或间歇加热达到 10 h 的处理方法，巴氏消毒法对 HIV 和肝炎病毒等具有较理想的灭活效果。给予制品内部温度分布的均一性、灭活时间，和制品稳定剂等均需要进行验证。

干热法是指对制品在 80 ℃连续加热 72 h，可以灭活 HBV、HCV、HIV 和 HAV 等病毒，通常应用于冻干制品，需考虑制品的水分含量、制品组成对病毒灭活效果的影响。

有机溶剂/去污剂（S/D）处理法常用有机溶剂和非离子化去污剂结合，如 0.3%磷酸三丁酯（TNBP）和 1%吐温-80（或 1% Triton X-100），在 24 ℃下处理至少 4 h。该法可以灭活脂包膜病毒，但对非脂包膜病毒无效。

膜过滤法采用孔径比病毒有效直径小的滤膜（一般为纳滤）对重组蛋白样品进行过滤，可以达到去除病毒的目的，一般膜过滤法不单独使用，应与其他方法联合使用。过滤前后均需测试滤膜的完整性。

低 pH 孵放法是指在生产过程中，采用合适的缓冲液（如枸橼酸缓冲液或柠檬酸缓冲液）将蛋白样品 pH 调到较低值（如 pH 4 左右），在室温下孵育 2 h，基本可以灭活大部分脂包膜病毒。这个过程中可以加上一些酶类（如胃蛋白酶），充分考虑 pH、孵放时间、温度、胃蛋白酶含量、蛋白质浓度等因素，以确定各种条件对病毒灭活的影响。部分文献或标准在血液制品制备过程中，严格要求温度控制在 24 ℃，孵放时间为 21 天，这个不能作为所有产品灭活的条件，需要针对各类蛋白质分别制订合适的工艺条件。

辛酸处理法、离子交换层析、沉淀和光化学法在部分产品的制备工艺中也具有一定的去除/灭活病毒作用，但效果不理想，目前一般不作为去除/灭活病毒的专门工艺。在重组蛋白药物的生产中，目前最常用的是 S/D 法、低 pH 孵放法和膜过滤法。

在哺乳动物细胞培养表达重组蛋白药物的制备过程中，必须设计去除/灭活病毒的有效步骤。在完成该步骤后，尽量不采取其他后续工艺处理，而是对去除/灭活病毒的效果立即进行验证。如果必须进行后续处理，或者对多个采样点一并进行验证时，则要充分考虑这些过程对病毒验证的影响。要求至少验证其中 2 个去除/灭活病毒的步骤。验证时，尽量采用相关病毒，如果不能找到相关病毒，则必须选择理化性质相同的病毒，如病毒大小、核酸类型、外包膜等，至少要包括一种对去除/灭活病毒工艺有明显抗性的病毒。除了检查病毒滴度外，还需要验证重组蛋白样品的性质，除能够耐受去除/灭活病毒工艺外，样品不会发生结构、活性的变化。判断去除/灭活病毒工艺的有效性需要综合考虑，不能仅以病毒被去除/灭活的效果来确

NOTE

定。验证效果以去除/灭活病毒指数来确定工艺是否有效，去除/灭活病毒指数是指经过生产工艺步骤处理后，指示病毒感染量被去除/灭活的程度，通常以对数值表示；有效工艺步骤是指在验证研究中，能够使指示病毒感染量被去除/灭活达4log以上的特定工艺步骤。

（五）热原的去除与处理

热原是指能够引起机体体温异常升高的物质，如一些微生物的组成成分或代谢产物，称为外热原（如脂多糖等）；也有一些机体内的各种炎性因子，一般称为内源性热原或内热原。在重组蛋白药物制备过程中，去除或防止污染的热原物质主要指外热原。物品或试剂在非无菌环境中放置4 h以上，一般可以检测到热原的存在。

热原具有耐热性，在60 ℃加热1 h，或者加热到100 ℃，均不会发生降解；热原体积小，一般的过滤方式，甚至纳滤都不能截留；热原可以很好地溶于水中；热原一般不挥发，但可以随水蒸气进入蒸馏水中；热原与很多物质，尤其是蛋白质具有很强的亲和性，一旦吸附难以去除；而且热原能够耐受一般的酸碱和化学试剂的处理而不被破坏。要控制好热原，主要是做好热原的源头控制，如溶剂、原料、容器，以及制备过程等中的热原控制。去除热原的方法有超滤，层析，吸附，强热，强酸、强碱、强氧化剂处理及超声波等。

对于制备用水的热原控制，通常将新制备的蒸馏水或去离子水（活性炭可以吸附热原）立即高压灭菌，然后在密封无菌的管道中，70 ℃以上温度下保持循环，一般24 h内检查不到热原。对于重组蛋白制备过程的热原控制，一方面是控制热原的进入，另一方面是采用疏水层析、离子交换层析、超滤等方式降低样品中的热原含量。对于玻璃和金属材质的容器和器具的热原控制，可以采用强热、强酸、强氧化剂处理等方式去除热原。对于橡胶、塑料以及一些高分子材料，可以采用强酸、强碱、强氧化剂处理和超声波等方式去除热原。生产获得的原液和成品一般采用鲎试剂检查热原含量，产品热原含量需符合国家有关规定。

四、重组蛋白药物的制剂研究

具有生物活性的蛋白质分子通常具有三级甚至四级结构，相对于小分子药物而言，蛋白药物具有相对分子质量大、结构复杂、不稳定等特点。蛋白质分子内部或分子之间通过共价键结合，容易出现变形、聚集、沉淀、表面吸附等物理变化，以及共价键断裂或新共价键形成而变成新物质的化学变化。对蛋白质稳定性影响较大的因素有温度、光照、pH、超声波、高频振荡、变性剂、有机溶剂和蛋白酶等。因此，必须采用合适的药物制剂方式以提高重组蛋白药物的体内、外化学稳定性，从而达到维持生物活性的作用，最常采用密封、低温和保护剂等方式。重组蛋白药物一般不采用口服给药，而采用静脉或肌内注射、黏膜吸收、皮肤给药等给药途径。

（一）重组蛋白药物常用剂型

1. 注射液 注射液是重组蛋白药物制剂的常见剂型之一，主要用于肌内注射、皮下注射、静脉注射与局部注射，一般多为小容量注射液，大容量注射液仅用于静脉滴注，要求不小于50 mL。常采用中性盐缓冲液，如碳酸、磷酸、醋酸缓冲液等作为溶剂，或加入一些糖（蔗糖、海藻糖、葡聚糖、羟乙基淀粉等）、醇（山梨醇、甘露醇等），以及氨基酸、白蛋白等成分，不加或尽量少加增溶剂、助溶剂、等渗调节剂、乳化剂、吸附剂、络合剂等成分。鉴于动物源性成分的辅料将会逐步被禁止使用，故在注射液制剂配方中尽量不用白蛋白等成分。

注射液采用玻璃管制瓶（西林瓶）作为容器，溴化丁基橡胶塞材料制成胶塞，胶塞外采用铝盖夹紧固定。部分采用笔式注射器等预充式注射剂，以方便患者使用。

2. 冻干制剂 冷冻干燥是将样品溶液冷冻成固体，在低温低压乃至真空条件下利用水分升华的特性，使样品低温脱水成为干燥样品的方法。在此过程中，热能通过与样品接触的壁面传导，样品中的固态水分（冰）发生气化并随低压或真空环境中的气流带走。一般样品溶液中

NOTE

会添加可形成支架的物质辅料，以保证样品的溶质留在支架中，在干燥过程中体积不会变化，形成疏松多孔的结构，该结构在水分升华时吸收热量。在升华过程中，样品温度降低，将减慢升华的速度，因此在冻干过程中会适当提升温度以加快升华干燥过程。

整个冻干过程均是在低温、低压下进行的，这样有利于重组蛋白不发生变性失活，且真空下样品不易氧化。重组蛋白药物可以在支架的支撑下，保持其在溶液中的空间构型，这是保证蛋白质生物活性的重要特点，而且其干燥后的疏松多孔结构易于加水溶解。冻干制剂的不足是制备时间较长、成本较高、不能制备特殊晶型，在复溶时部分样品可能出现浑浊现象。

对于蛋白质样品的冻干制剂，最常用的辅料（赋形剂）主要有糖（蔗糖、海藻糖、葡聚糖、果糖和羟乙基淀粉等）、醇（山梨醇、甘露醇、肌醇等）、氨基酸、蛋白质（白蛋白等）、明胶肽以及盐等物质，或者这些物质的混合物。一般赋形剂不超过 3 种；部分具有药理作用的赋形剂尽量采用较低浓度，以不影响重组蛋白药物的药理作用为宜；尽量采用已获批可用于注射液的赋形剂，否则需要与重组蛋白药物同时申报新型辅料，增加开发成本。

最常用的冻干设备有实验室冻干机，一般不具备预冻功能，也不能绘制冻干曲线。生产或中试用的冻干机，可将样品溶液冷冻至－55 ℃以下，在冷冻干燥过程中，可以全面记录传温隔板、测试样品瓶中样品的温度、真空度等数据，绘制冻干曲线，为产品制备提供重要的参考数据。冻干机的规模一般以传温不锈钢隔板的面积来划分，通常 0.5 m^2 以上面积的冻干机为中试以上规模。绝大部分冻干机具有手动或自动压盖功能，部分冻干机还具有填充惰性气体或氮气的功能，以保证样品容器中的真空或充气效果。

冷冻干燥的一般流程：先将灌装样品溶液高度不超过 1 cm 的样品瓶（一般为胶塞西林瓶，或称管制瓶）虚盖上胶塞，让瓶内外空气可自胶塞叉脚间的导气槽自由流通。置于－50 ℃以下低温冷冻，大约 4 h 后，开始抽真空，同时适当回温至－20 ℃左右，这个过程一般持续 18～24 h，部分产品可能更长。根据整个冻干工艺时间，在结束前 10 h 左右，将隔板温度升至 30 ℃左右，此时样品中水分极少，且升华过程中的气态水分也极少，因此，一般不会影响蛋白质的稳定性。结束前，直接压紧胶塞，或充入惰性气体后压紧胶塞。降低环境温度至室温，在胶塞外加盖铝盖并夹紧固定。

冻干后的蛋白质样品应呈白色疏松固体状，要求水分含量低于 3%。因考虑胶塞内网孔可能含有水分，除了胶塞湿热灭菌后需要长时间烘干外，还要考虑样品保存期可能吸收胶塞内残存水分，所以冻干后的新制品中水分含量应该更低。如果冻干后的样品发黄、不能成型，或者复溶时间过长、出现浑浊现象，需要调整制剂配方和冻干技术参数。

3. 凝胶剂 重组蛋白药物凝胶剂是指重组蛋白加入能形成凝胶的辅料，支撑具有凝胶特性的黏稠液体或半固体制剂，主要应用于皮肤或体腔等局部给药。重组蛋白药物凝胶剂主要采用水性凝胶，其基质属于单相分散系统，一般采用水、甘油、丙二醇、纤维素衍生物、卡波姆、海藻酸盐、西黄蓍胶、明胶、淀粉等物质作为辅料；小部分采用油性凝胶或混悬凝胶，主要采用液体石蜡、聚乙烯、脂肪油、卵磷脂、铝皂、辛皂等作为辅料。

在生产与储存过程中，要求凝胶剂均匀、细腻，密闭、避光保存，在常温下保持胶状，不得出现液化或干涸现象，具有一定防冻性能。必要时可加入保湿剂、抑菌剂、抗氧化剂、乳化剂、增稠剂、透皮吸收剂等，为保证重组蛋白药物的稳定，凝胶剂应采用无菌制剂。

4. 喷雾剂 重组蛋白药物喷雾剂是指将重组蛋白与适宜的辅料填充于特制装置中，使用时通过手动泵的压力、高压气体或其他方法将药剂以雾状物形式释出，用于肺部吸入、口鼻腔黏膜给药或皮肤给药等。药剂可以是溶液型或乳液型，如果采用一些新型的药物输送系统，也可制备成混悬液型。给药途径常分为吸入喷雾剂、鼻腔或口腔喷雾剂、皮肤喷雾剂。主要是定量喷雾剂，对于手压泵的精确度和重复性要求非常高；也可以是非定量喷雾剂，如皮肤喷雾剂等。

喷雾剂的生产需要在一定的洁净度、灭菌条件和低温环境中进行；喷雾装置和容器的材料应无毒、无刺激性、性质稳定，不与重组蛋白药物、辅料发生作用。溶液、乳液应澄清，混悬液应均匀；经雾化器产生的雾滴大小应控制在 10 μm 以下，其中大部分小于 5 μm；定量吸入喷雾剂应为无菌制剂。根据药物性质，一般要求密闭、低温、避光条件下储存。根据需要，可以适当加入助溶剂、抗氧化剂、抑菌剂和表面活性剂等，这些附加剂不得对黏膜或皮肤产生刺激。

5. 栓剂 重组蛋白药物栓剂是指重组蛋白与适宜的基质按照一定技术工艺制备的可供腔道给药的固体制剂，一般为直肠栓、阴道栓和尿道栓等。直肠栓常为鱼雷形、圆锥形、圆柱形等；阴道栓常为鸭嘴形、球形或卵形等；尿道栓一般为棒形。栓剂基质主要有脂肪酸甘油酯、聚氧乙烯硬脂酸酯、可可豆脂、氢化植物油、甘油明胶、帕洛沙姆、聚乙二醇等物质。

采用挤压法或模制法制备栓剂，外形应光滑完整，室温下保持适宜的硬度；对腔道黏膜无刺激性，可以软化、融化或溶化，与腔道分泌液混合后释放重组蛋白药物，产生局部或全身作用。栓剂内包装材料应性质稳定，无毒性或刺激性成分，不能与重组蛋白药物或基质发生理化作用。储存和运输过程温度应该控制在 30 ℃以下，防止栓剂受热、受潮，出现变形、变质、发霉等情况。

6. 膏剂 膏剂包括软膏剂与乳膏剂。重组蛋白药物软膏剂是指重组蛋白与水性或油性基质混合制成的均匀半固体外用制剂，分为溶液型和分散型软膏剂；蛋白药物乳膏剂是指重组蛋白溶解或分散于乳液型基质中形成的均匀半固体外用制剂，分为水包油型乳膏剂和油包水型乳膏剂。软膏剂常用聚乙二醇水性基质，或凡士林、液体石蜡、硅油、硬脂酸、羊毛脂、硅油等油性基质；乳膏剂常用脂肪酸硫酸酯钠、三乙醇胺皂类、聚山梨酯等水包油型乳化剂，或羊毛脂、脂肪醇、钙皂、单甘油酯等油包水型乳化剂。

膏剂必须均匀、细腻，不溶性原料应预先制成细粉，确保粒度符合规定；应有适当的黏稠度，易于涂布到皮肤或黏膜上，黏稠度应随季节、环境变化小；可适当加入保湿剂、增稠剂、稀释剂、抗氧化剂、抑菌剂、透皮促进剂等，且对皮肤、黏膜不具有刺激性；一般要求避光、密封保存，乳膏剂要求在 25 ℃以下储存；不得出现酸败、异臭、变硬、变质、变色等现象。

（二）重组蛋白药物容器的质量要求

重组蛋白药物大部分采用注射液和冻干针剂，较少采用其他剂型。本章主要描述注射液与冻干针剂的容器和包装。

一般注射用针剂采用安瓿和管制（玻璃管制作）西林瓶作为容器，现在越来越趋向以西林瓶为主。相对而言，冻干针剂采用西林瓶更多。西林瓶瓶颈部通常较细，瓶颈以下呈圆柱形，瓶口略粗于瓶颈，略细于瓶身。最常见为无色透明或棕色透明玻璃材质，以胶塞封口，外加盖铝盖，夹紧固定防止胶塞松落。安瓿为密封的薄玻璃小瓶，颈部较细，使用时以颈部敲碎或砂轮划线后掰断的方式开启，易导致碎玻璃进入药物。

制作注射用针剂瓶的玻璃有中硼硅玻璃和高硼硅玻璃，线胀系数小，热稳定性好，硬度大，耐磨性强，不易腐蚀，导热性高，加入的一价金属离子少，电阻率高。特别是作为冻干针剂使用时，制备过程中的温度变化对瓶子的影响不大，有利于保持药物的冻干状态。不宜采用低硼硅玻璃或普通玻璃制作的瓶子作为重组蛋白药物的包装容器。

西林瓶配套的丁基橡胶塞（或丁基胶塞）是现在药用玻璃瓶的主要封口形式，其他材质基本被禁止使用。一般在丁基胶塞表面涂上一层惰性材料来包覆，常用的如聚二甲基硅氧烷膜、聚对二甲苯膜、聚 Teflon、ETFE 膜、聚酯膜等，具有更好的稳定性和生物相容性。胶塞有平口、单叉、双叉、三叉、四叉等不同样式，平口可用于注射液，其他样式则应用于冻干针剂，便于内外空气传导或充填惰性气体等。

使用前，清洗干净的玻璃瓶往往采用高温干热法灭菌、去热原；胶塞则在碱液除热原后采

用湿热高压灭菌。在用于冻干针剂封口时，胶塞必须经过较长时间的 60 ℃干燥以充分去除水分，以免封口后胶塞中的极微量水分透过表面覆膜进入药品中，影响药品的水分含量。注意固定胶塞用的铝盖也需要清洗干净，以免表面的灰尘或金属碎末污染胶塞，对药瓶开启或使用过程产生不利的影响。瓶签上需要标示完整的中英文药品名、剂量、浓度、储藏条件、批号、有效期，以及生产单位等信息。

五、重组蛋白药物的质量控制

（一）重组蛋白药物制备的质量管理系统

生物技术制药的质量管理主要包括三个方面，即质量研究、质量控制与质量保障。

质量研究（quality research，QR）是指针对一个新产品所开展的质量指标的制定，质量检测方法的研究，以及质量标准的确定过程。一般过程为参照类似产品的国家标准和行业标准，对药物质量检测技术方法、考察项目、检测标准进行研究，并与国家指定的质量标准机构合作，开展技术与标准验证。

质量控制（quality control，QC）是指按照确定的质量标准对产品的生产过程与产品的质量进行检测和控制的过程。根据国家审定的质量检测项目、方法与标准对原液、半成品和成品开展质量检测，并对生产过程的内控指标进行检测。所有产品必须符合规定的产品质量标准，国家对生物药物实行"批签发"管理制度。

质量保障（quality assurance，QA）是指保证产品质量满足规定的质量标准所必需的全部活动过程。负责对产品制造全过程的质量进行监控，负责从原料、原液、半成品到成品的取样、留样，监督、检查与确保工序按 GMP 文件执行，并保证产品生产质量与国家最新药政制度变化做适应性的改进与调整。

重组蛋白药物的原液、半成品、成品一般检测三个方面的指标：理化性质检测指标、相关物质检测指标以及结构分析检测指标。待检样品不论是原液、半成品或成品，后文中按照生物技术药物管理的常规，一律称为供试品。其他对照品或对照组样品，一般依据其不同来源和规定，分别称为标准品、参考品、对照品等。

知识链接 2-2

（二）质量研究的基本内容

1. 理化性质检测指标 常规理化性质检测指标主要包括制品的外观、澄明度、纯度、水分、含量、浓度、生物活性、pH、相对分子质量、等电点等物理、化学、生物学性质指标。

2. 相关物质检测指标 相关物质主要有细菌、热原、病毒、残余宿主细胞蛋白质、残余宿主细胞 DNA、残余抗生素、残余硫酸铵以及其他生产过程中带入的非配方成分等。

3. 结构分析检测指标 结构分析检测指标主要检测蛋白质是否就是所研制的目的蛋白，包括蛋白质印迹分析（Western blotting）、肽图分析、氨基酸序列和圆二色光谱等分析检定项目。

（三）质量检测技术

1. 蛋白质浓度检测技术 蛋白质含量检测主要是检测溶液中蛋白质的浓度，最常用的方法有凯氏定氮法、分光光度法、双缩脲法、Lowry 法、Bradford 法（考马斯亮蓝法）和 BCA 法。

（1）凯氏定氮法。

凯氏定氮法（Kjeldahl method）是由丹麦化学家 Johan Kjeldahl 于 1883 年建立的分析有机化合物氮含量，以及氨或铵中氮含量的常用方法，或者说是测定化合物或混合物中总氮含量的方法。具体原理是在催化剂并加热条件下，用浓硫酸与待测样品作用，氧化分解有机氮转变成硫酸铵；然后在碱性条件下将铵盐转化为氨；氨蒸馏出来后被过量的硼酸溶液吸收，再以标准硫酸或盐酸溶液进行滴定，计算酸消耗量（或采用碳酸钠溶液反滴定未被中和硼酸的方法）

确定氨含量，从而确定样品中的氮含量。因为蛋白质中氮含量一般稳定为总质量的16%，所以由此计算蛋白质含量(mg)＝氮含量(mg)/16%，或蛋白质含量(mg)＝氮含量(mg)×6.25。

目前凯氏定氮法已经发展为常量、微量、平微量凯氏定氮法以及自动定氮仪法等多种技术方法。其优点主要有结果准确，可用于各类蛋白质含量分析，经改进可采用自动定氮仪检测，因而操作相对简单，费用不高。但其不足是精度较差，时间过长，采用多种腐蚀性试剂，而且测定的是总有机氮，不是蛋白质中的氮。

(2) 分光光度法。

分光光度法也称为紫外-可见分光光度法。蛋白质分子中含有共轭双键的芳香族氨基酸(酪氨酸、色氨酸、苯丙氨酸)在280 nm波长处具有最大吸收，在一定范围内，吸光度的大小与蛋白质浓度成正比。根据蛋白质的这个性质，将蛋白质稀释到合适的浓度，吸光度与蛋白质浓度呈线性关系。分别测定供试品在280 nm和260 nm波长下的吸光度 A_{280} 和 A_{260}，然后计算蛋白质浓度(mg/mL)＝$1.45\times A_{280}-0.74\times A_{260}$。因为核酸在260 nm波长处有最大吸收，为消除可能对蛋白质检测值产生的影响，所以一般采取上述公式进行计算。该方法简便快速，但准确度较差，易受较多因素干扰。

(3) 双缩脲法。

双缩脲法(biuret method)是鉴定蛋白质的主要分析方法。1847年，Gustav Wiedemann首次制备和研究了双缩脲($NH_2CONHCONH_2$)，它是两分子脲加热至180 ℃左右，放出一分子氨后的产物。在强碱性溶液中，双缩脲与 Cu^{2+} 形成紫色络合物，称为双缩脲反应。后发现凡是具有两个酰胺基，或两个直接连接的肽键，或以一个中间碳原子连接的肽键，这类结构的物质均能产生双缩脲反应。蛋白质具有这种结构，所以蛋白质可以和 Cu^{2+} 形成紫色络合物，其颜色深浅与蛋白质浓度成正比，可通过比色法分析浓度。

双缩脲试剂是一种蓝色的碱性含铜试剂，包括A液(1%氢氧化钾或氢氧化钠)和B液(0.01%硫酸铜和酒石酸钾钠)组成，将供试品加入A液混匀后，加入B液，出现颜色变化，在540 nm波长下检测，鉴定反应的线性区间为5～160 mg/mL。此方法的优点是快速、简便；缺点是灵敏度不高，不适合微量蛋白质的含量测定，结果容易受到硫酸铵、Tris缓冲液和某些氨基酸等物质的干扰。

(4) Lowry法。

Lowry法是在双缩脲法基础上通过添加福林酚(Folin's phenol)试剂以提高分析灵敏度的蛋白质含量检测方法，因1951年Oliver Lowry首次使用该方法发表论文而得以命名；而福林酚试剂是因1951年Otto Folin、Vintil Ciocalteu和Willey Glover Denis首次发表应用磷钼酸盐和磷钨酸盐的混合物测定酚和多酚类抗氧化剂的论文得名(Folin-Ciocalteu reagent，Folin's phenol reagent，Folin-Denis reagent是同义)。福林酚试剂可被蛋白质中的芳烃残基(色氨酸、酪氨酸，半胱氨酸残基也有影响)还原成蓝色化合物，在750 nm、405 nm附近有最大吸收。

Lowry法的试剂包括A1液(2% Na_2CO_3、0.4% NaOH和0.05%四水酒石酸钾钠)，A2液(0.5%五水硫酸铜)和B液(10% $Na_2WO_4\cdot 2H_2O$、2.5% $Na_2MoO_4\cdot 2H_2O$、4.25% H_3PO_4、10% H_2SO_4、15% Li_2SO_4、微量液体溴)，黄色。蛋白质与碱性铜溶液中的 Cu^{2+} 络合使肽键伸展，从而暴露酪氨酸和色氨酸，在碱性铜条件下与福林酚试剂反应，产生蓝色；在一定范围内，颜色深浅与蛋白质中的酪氨酸和色氨酸的含量成正比，因不同蛋白质中的酪氨酸和色氨酸含量不同，因此，测定时需使用同种蛋白质作为标准。其中，蛋白质与 Cu^{2+} 作用生成的 Cu^{+} 可作为催化剂催化福林酚试剂还原。

Lowry法的优点是可分析微量蛋白质，其灵敏度是双缩脲法的100倍；缺点是使用的试剂多、反应慢、干扰物多(植物样品中的酚类)，需控制pH(pH 10～10.5)避免试剂分解，需要在25～30 ℃水浴中进行，反应30 min后准时检测。

(5) Bradford 法。

Bradford 法也叫考马斯亮蓝法，是 1976 年由 Marion Bradford 建立的。考马斯亮蓝 G-250(Coomassie brilliant blue G-250)染料在酸性溶液中主要与蛋白质中的碱性氨基酸(如精氨酸和芳香族氨基酸)的残基结合，溶液的颜色由棕黑色变成蓝色，染料最大吸收峰的波长由 465 nm 变成 595 nm。在 595 nm 波长下，溶液的吸光度 A_{595} 与蛋白质的浓度成正比，以此确定蛋白质的浓度。蛋白质浓度在 1～1000 μg/mL 区间接近线性变化。

Bradford 法的优点包括方法简单，只需一种显色液；反应迅速，只需一步反应，显色在 5 min 内完成；干扰少，不受各类电解质、蛋白质保护剂的影响；灵敏度高，最低蛋白质检测限为 1 μg。缺点主要有两点：考马斯亮蓝变色的主要因素是蛋白质中的碱性氨基酸，不同蛋白质中氨基酸含量不同，因此，检测不同蛋白质会出现一定的偏差；一些表面活性剂和碱性溶液可能会干扰检测结果，标准曲线存在轻微的非线性，只能用标准曲线测定未知蛋白质浓度，不能通过朗伯-比尔定律直接计算。

通常采用的标准蛋白质溶液是 1 mg/mL 牛血清白蛋白溶液；注意反应过程中 SDS 浓度低于 0.01%，Triton X-100 浓度低于 0.05%，吐温-20 浓度低于 0.015%。

(6) BCA 法。

BCA(2,2′-联喹啉-4,4′-二羧酸，bicinchoninic acid，二联喹啉酸)法是 1985 年由 Paul Smith 发明，是近年来应用最广泛的蛋白定量方法，其原理与 Lowry 法相似，即在碱性条件下，蛋白质与 Cu^{2+} 络合并将 Cu^{2+} 还原成 Cu^{+}。BCA 与 Cu^{+} 结合形成稳定的紫蓝色复合物，在 562 nm 波长处有最大吸收，并且与蛋白质浓度成正比。BCA 试剂包括试剂 A(1% BCA、2% $Na_2CO_3 \cdot H_2O$、0.16% $Na_2C_4H_4O_6 \cdot 2H_2O$、0.4% NaOH、0.95% $NaHCO_3$，pH 11.25)和试剂 B(4% $CuSO_4 \cdot 5H_2O$)。

BCA 法和前述几种方法相比，具有灵敏度高的特点。蛋白质检测精度范围为 0.5～1500 μg/mL，操作简单，试剂及有色复合物稳定性好，适用于表面活性剂存在下的蛋白质含量检测，但受螯合剂和高浓度表面活性剂的影响，一般要求 EDTA 浓度小于 1 mmol/L，β-ME 浓度小于 10 mmol/L，DTT 浓度小于 1 mmol/L。BCA 法与 Lowry 法一样，受温度和时间影响较大，需使用相应的缓冲液制备蛋白质标准曲线，并在 37 ℃放置 30 min。检测波长一般采用 562 nm 或 570 nm。

表 2-8 列出上述 6 种常用蛋白质浓度(含量)检测技术的基本差异。

表 2-8　蛋白质浓度检测技术的基本差异

检测技术	原理	检测波长 /nm	检测范围 /(μg/mL)	优点	缺点
凯氏定氮法	碱性条件下，将铵盐转化为氨，通过硼酸溶液吸收，测定酸消化量计算氮含量，从而推算蛋白质含量	—	200～2000	准确性好	检测时间长 灵敏度较低
分光光度法	蛋白质中含共轭双键的芳香族氨基酸在 280 nm 波长处具有最大吸光度，在一定范围内与蛋白质浓度成正比	280	200～2000	简便快速	准确度差
双缩脲法	蛋白质分子中含两个以上肽键，在碱性溶液中与 Cu^{2+} 形成紫色络合物，其颜色深浅与蛋白质浓度成正比	540	1000～10000	快速	灵敏度低

NOTE

续表

检测技术	原理	检测波长/nm	检测范围/(μg/mL)	优点	缺点
Lowry 法（福林酚法）	蛋白质与 Cu^{2+} 作用生成的 Cu^{+}，催化芳烃残基还原福林酚试剂成蓝色，颜色深浅与残基含量成正比	650	1～1500	灵敏度高	干扰物质多
Bradford 法（考马斯亮蓝法）	酸性溶液中，考马斯亮蓝与碱性氨基酸和芳香族氨基酸形成蓝色复合物，颜色深浅与蛋白质浓度成正比	595	10～2000	灵敏度高	去污剂产生干扰
BCA 法	蛋白质分子在碱性溶液中将 Cu^{2+} 还原为 Cu^{+}，可与 BCA 形成紫色复合物，颜色深浅与蛋白质浓度成正比	562	20～2000 0.5～20 (micro BCA)	灵敏度高 简便快速	铜与还原剂产生干扰

2. 蛋白质纯度检测技术 蛋白质纯度检测技术主要有电泳法(SDS-PAGE)和色谱法(HPLC)。

SDS-PAGE 技术与 HPLC 技术前文已分别详细描述，此处省略。国家相关指导原则明确规定了蛋白质的纯度范围，但不能仅满足于新制备出来的供试品符合规定，还必须考虑重组蛋白药物在有效期内的纯度均符合规定。

3. 重组蛋白药物生物活性检测技术 重组蛋白药物生物活性检测主要是了解蛋白质在体内所发挥的生物活性，即主要药效，一般包括效价测定(以单位 U 或国际单位 IU 表示)和(或)含量测定(以质量表示)。通常采用体外检测或体内检测两类技术。体外检测根据重组蛋白药物的类型，一般有三类：酶类反应、免疫学反应、细胞生物学反应。体内检测主要针对那些引起多种细胞组织反应，或者体外检测技术不足以反映蛋白质的生物学作用的样品。

酶类反应主要应用于各类重组酶药物，如链激酶、组织型纤溶酶原激活剂等；免疫学反应主要应用于各类重组抗体药物和重组蛋白疫苗；细胞生物学反应主要应用于各类细胞因子、融合蛋白、多肽产品。胰岛素等激素类产品主要采用体内法进行活性检测。

(1) 酶类活性检测技术。

检测酶活性的方法很多，最常见的有平板溶圈法、发色底物法和血液凝固法等。

平板溶圈法是利用链激酶溶解琼脂平板所含纤维蛋白形成的溶圈大小来判断酶活性的方法。将含有凝血酶、纤维蛋白原、纤溶酶原(根据供试品不同可不加)的琼脂糖倒入平皿凝固成平板，在平板内打孔，孔径为 2～3 mm，在孔内分别加入梯度稀释的链激酶供试品、标准品，置湿盒内于 37 ℃放置 24 h。纵向和横向量取溶圈直径，各 2 次，取平均值。以标准品溶液各个稀释度的生物活性的对数对其相应的溶圈直径的对数进行线线回归，求得线线回归方程，根据供试品的溶圈直径的对数求得供试品的生物活性(图 2-20(a))。

发色底物法是利用酶解底物释放发色物质从而显色的原理来检测酶活性的方法。将酶的底物与发色物质，如在一定条件下，梯度稀释的供试品与标准品，分别与酶的底物反应，释放 PNA，在紫外-可见分光光度计 405 nm 波长下检测其吸光度，按照标准曲线法或其他统计方法，计算供试品的酶活性。

血液凝固法是利用酶凝固血液的时间或者溶解血液凝块的时间来测定酶活性的方法。一般采用兔或羊的血浆、全血，将相同体积的血液分装于试管中，分别加入梯度稀释的供试品与标准品，检测血液完全凝固的时间来检测凝血酶的活性；或者将血液分装后，加入相同的凝血

酶,使其成为血液凝块,然后分别加入梯度稀释的供试品与标准品,分别测定其完全溶解的时间来测定链激酶的活性。这两种方法均需要采用标准曲线法来计算。另外,根据血液凝固和溶解的不同状态来确定酶的活性时,分别采用"++++""+++""++""+""−"5 个等级来记录其活性,这也是一种常用的半定量方法(图 2-20(b))。

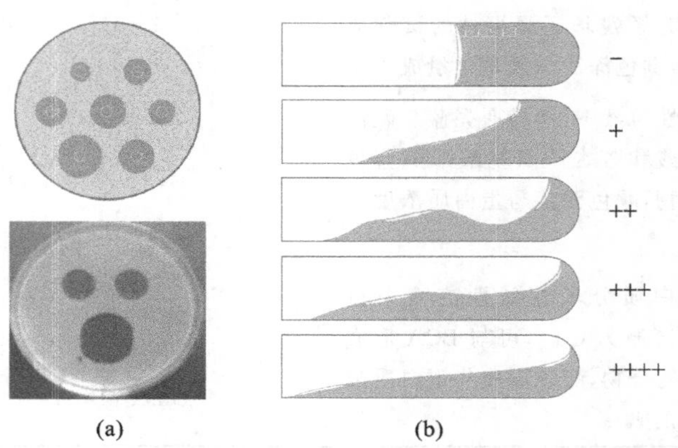

图 2-20　平板溶圈法与血液凝固法

注:(a)平板溶圈法;(b)血液凝固法。

(2) 免疫学检测技术。

蛋白质免疫学检测技术主要有酶免疫法、免疫印迹法、免疫斑点法、免疫絮凝法和免疫双扩散法等,主要用于各类抗体、疫苗、抗毒素等重组蛋白药物的效价或活性检测。

酶免疫法(enzyme immunoassay,EIA)是继放射免疫技术与荧光免疫技术之后的免疫技术,具有稳定、简便、快速、无放射性污染以及应用范围广的优点。其中酶联免疫吸附试验(enzyme linked immunosorbent assay,ELISA)几乎成为生物、医药、临床、农业、司法、环保等各领域蛋白质及其他大分子免疫检测的最重要的技术方法,甚至可应用到一些小分子物质的检测上。依据不同的反应对象和方式,ELISA 可以分为双抗体夹心法、间接法、竞争法、捕获法、亲和素/生物素 ELISA 法等。在生物医药领域,特别是重组蛋白药物的检测一般采用双抗体夹心法。即在一定的固相表面(如 96 孔板内)包被结合抗供试品的单克隆抗体,加入供试品后,与包被抗体结合;洗去不能与包被抗体特异性结合的其他物质,加入供试品的另一种单克隆抗体(简称二抗);洗去没有结合上的多余二抗,加入标记了辣根过氧化物酶(horseradish peroxidase,HRP)的抗二抗的抗体(酶标抗体,一般为兔抗鼠或羊抗鼠抗体),与二抗结合;洗去没有结合上的多余酶标抗体,加入 HRP 的底物 3,3′,5,5′-四甲基联苯胺(3,3′,5,5′-tetramethylbenzidine,TMB),TMB 被 HRP 催化显色,加入终止溶液停止反应,在紫外-可见分光光度计的一定波长下检测其吸光度。注意供试品按照一定梯度稀释,分别加入 96 孔板内,必须设置阳性对照、阴性对照,甚至空白对照,各类样品要平行设置复孔,最后对吸光度进行标准曲线分析,确定供试品中目的蛋白的免疫结合活性(图 2-21)。

免疫印迹法(Western blotting)是将含有目的蛋白的供试品进行 SDS-PAGE,然后将电泳凝胶中的蛋白条带通过电流作用,转移到硝酸纤维素膜上,在膜上加标记辣根过氧化物酶的抗目的蛋白的抗体,使抗体与目的蛋白在一定条件下结合,再加入酶底物,使酶显色,在目的蛋白条带处出现明显的染色条带。

免疫斑点法(dot blotting)是将含有目的蛋白的供试品,与阴性对照、阳性对照等点在硝酸纤维素膜上,然后在膜上加标记辣根过氧化物酶的抗目的蛋白的抗体,使抗体与目的蛋白在一定条件下结合,再加入酶底物,使酶显色,在目的蛋白点样处和阳性对照点样处出现染色点,而阴性对照不显色。

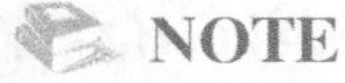

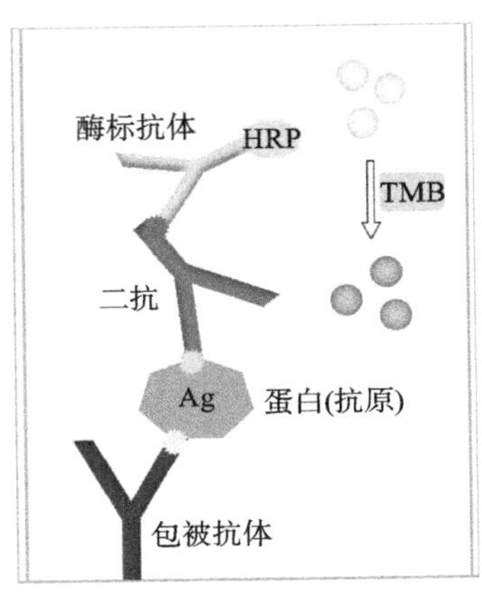

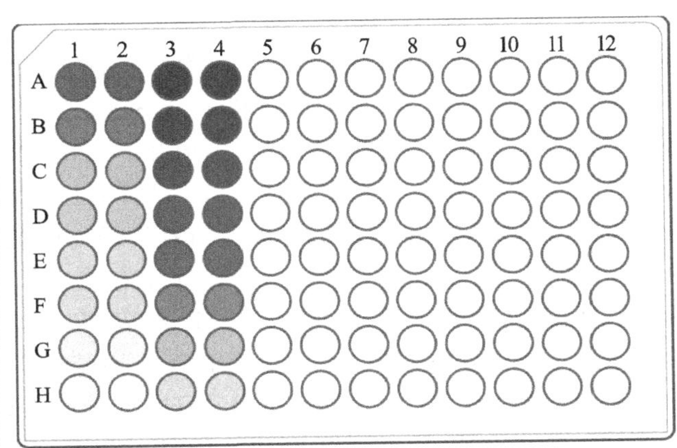

图 2-21 双抗体夹心 ELISA 法原理示意图

免疫絮凝法(immunoflocculation)是指抗原与抗体在适当的含量、比例、温度、反应时间等条件下,可在试管中发生抗原抗体反应,产生肉眼可见的絮状凝集物。根据抗体或抗原絮状反应标准品可测定供试品的絮状单位值。

免疫双扩散法(immune double diffusion assay)需在琼脂糖凝胶板上按一定距离打 7 个相同孔径(如 $\Phi=3$ mm)的孔,中间 1 个、周边 6 个按梅花形式排列,各孔与相邻孔(圆心到圆心)之间距离相同(如 6 mm)。若在中间孔中加入抗原,则周边 6 孔加入不同稀释度抗体;若中间孔加入抗体,则周边 6 孔加入不同稀释度抗原。加样后,将凝胶板置于水平湿盒内,37 ℃孵育 24 h。若抗原、抗体相对应,浓度适当,则在抗原与抗体孔之间形成一条沉淀线,可以确定供试品。必要时,可用生理盐水浸泡凝胶板,洗去多余未结合蛋白,并采用 0.5%的氨基黑溶液染色,再脱色,以提高沉淀线的辨识度。免疫双扩散法结果如图 2-22 所示。

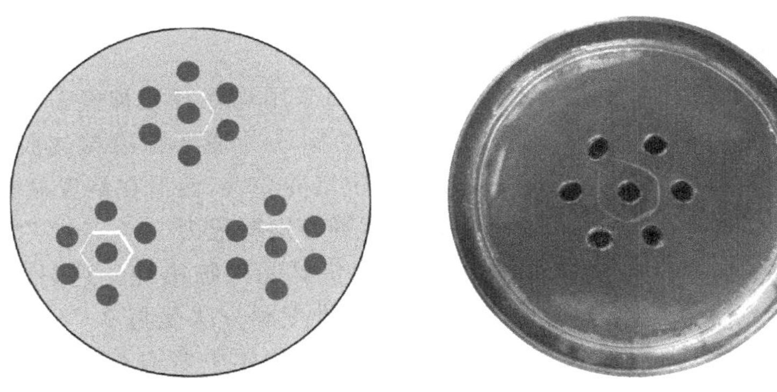

图 2-22 免疫双扩散法结果图

(3) 细胞生物学检测技术。

细胞生物学检测方法主要是细胞增殖法,即检测在重组蛋白药物作用下,细胞增加或减少的情况,最常用的是 MTT 等一类比色法。针对不同的蛋白质,采用不同的细胞株作为试验对象,如重组人白介素-2(rhIL-2)采用 IL-2 依赖性 T 细胞 CTLL-2,重组人白介素-11(rhIL-11)采用杂交瘤细胞 B9-11,重组人粒细胞刺激因子(rhG-CSF)采用小鼠骨髓白血病细胞 NFS-60,重组人粒细胞巨噬细胞集落刺激因子(rhGM-CSF)采用人血液白血病细胞 TF-1,成纤维细胞因子类产品采用小鼠胚胎成纤维细胞 BALB/c 3T3 等;还可以采用一些肿瘤细胞检测抗肿瘤药物的抗肿瘤活性,以二倍体细胞作为正常细胞对照。

MTT 是溴化噻唑蓝四氮唑[3-(4,5-二甲基噻唑-2-基)-2,5-二苯基-2*H*-溴化四氮唑噻唑蓝,3-(4,5-dimethylthiazol-2-yl)-2,5-diphenyl-2*H*-tetrazolium bromide;简称噻唑蓝,thiazolyl

blue]的英文缩写。活细胞线粒体中的琥珀酸脱氢酶(succinate dehydrogenase,SDH)可以将 MTT 还原为甲臜(formazan,不溶于水的蓝紫色结晶)并沉积在细胞中,死细胞无此功能。利用二甲基亚砜(dimethyl sulfoxide,DMSO),或 SDS、乙醇、Triton X-100 等的酸性溶液溶解甲臜,成为黄色溶液,然后在合适的波长处(一般在 500 nm 与 600 nm 之间)测定其吸光度,在一定的细胞数范围内,甲臜量与细胞数成正比。MTT 比色法不仅应用于重组蛋白药物活性检测,也在高通量药物筛选、细胞毒试验以及药效学研究中被应用,取代了早期的放射性细胞活性检测技术,具有灵敏度高、安全性好、操作简便和成本低廉的优点。但 MTT 重复性不够稳定,随后有多种改进技术被应用,如 XTT、MTS、WSTs 等。

XTT 是四氮唑苯磺酸钠[2,3-双(2-甲氧基-4-硝基-5-磺苯基)-2*H*-四唑-5-甲酰胺内盐,2,3-bis(2-methoxy-4-nitro-5-sulfophenyl)-2*H*-tetrazolium-5-carboxanilide;或称为 3,3′-[1-(苯氨酰基)-3,4-四氮唑]-二(4-甲氧基-6-硝基)苯磺酸钠,sodium 3,3′-(1-[phenylamino]carbonyl)-3,4-tetrazolium-bis(4-methoxy-6-nitro)benzene-sulfonic acid]的英文缩写。MTS 是一种四唑类化合物[3-(4,5-二甲基噻唑-2-基)-5-(3-羧基甲氧基苯基)-2-(4-磺酸苯基)-2*H*-四唑,3-(4,5-dimethylthiazol-2-yl)-5-(3-carboxymethoxyphenyl)-2-(4-sulfophenyl)-2*H*-tetrazolium]的英文缩写。WSTs(water soluble tetrazolium salts,水溶性四氮唑盐)是一系列水溶性染料,其中应用最多的是 WST-8[2-(2-甲氧基-4-硝基苯基)-3-(4-硝基苯基)-5-(2,4-二磺基苯基)-2*H*-四氮唑,2-(2-methoxy-4-nitrophenyl)-3-(4-nitrophenyl)-5-(2,4-disulfophenyl)-2*H*-tetrazolium]。

这三种试剂检测细胞增殖活性的原理与 MTT 比色法相同,检测步骤基本一致,但它们在吩嗪二甲酯硫酸盐(phenazine methosulfate,PMS)的磷酸盐溶液中,可形成水溶性的甲臜,不需要增溶操作步骤,可以理解为"一步式"检测技术。其中 XTT 水溶液不稳定,需要低温保存,现配现用;WST-8 最稳定,也被称为 CCK-8(cell counting kit-8)。MTS 比色法的检测波长一般为 490 nm,XTT 比色法与 WST-8 比色法的检测波长一般为 450 nm。上述实验中,注意设置对照组和实验复孔。

部分神经营养因子类产品生物活性检测技术主要采用鸡胚背根神经节法。采用 7～9 日龄的合适品种鸡胚,在解剖镜下分离鸡胚的背根神经节,分别置于涂有鼠尾胶的培养皿中,加入不同稀释浓度的标准品与供试品,在细胞培养箱中培养 24 h,然后在倒置显微镜下观察背根神经节神经轴突生长状况,根据其轴突的长度、密度等分别标记为"＋＋＋＋""＋＋＋""＋＋""＋""－"5 种不同的生长情况,与标准品对比,确定供试品生物活性。这只是一种半定量方法,而且随检定者个人主观判断会出现误差。一种改进专利方法是将 9～10 日龄合适品种鸡胚背根神经节进行消化分散成原代细胞,利用活细胞溶酶体中普遍存在的酸性磷酸酶(acid phosphatase)可以将底物对硝基苯磷酸酯(p-nitrophenyl phosphate,pNPP)催化生成黄色的对硝基苯酚(p-nitrophenol)的原理,该物质在 405 nm 波长处具有特性吸收峰,加入 NaOH 终止酶反应后,黄色溶液可以稳定一段时间,以此来检测神经营养因子对神经节原代细胞的促存活作用,可实现客观量化的检测结果。表 2-9 为常见的蛋白质生物活性细胞检测方法。

表 2-9　常见的蛋白质生物活性细胞检测方法

<table>
<tr><th></th><th>MTT 法</th><th>XTT 法</th><th>MTS 法</th><th>WST-8 法(CCK-8 法)</th><th>酸性磷酸酶法</th></tr>
<tr><td>底物简称</td><td>噻唑蓝</td><td>XTT 钠</td><td>MTS</td><td>四氮唑</td><td>对硝基苯磷酸酯</td></tr>
<tr><td>还原酶</td><td colspan="4">琥珀酸脱氢酶</td><td>酸性磷酸酶</td></tr>
<tr><td>是否形成甲臜</td><td colspan="4">是</td><td>否,生成对硝基苯酚,易溶于碱性溶液</td></tr>
</table>

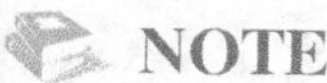

续表

	MTT 法	XTT 法	MTS 法	WST-8 法(CCK-8 法)	酸性磷酸酶法
甲臜形成条件	无血清	需要吩嗪二甲酯硫酸盐的磷酸盐溶液			—
甲臜溶解性	不溶于水	溶于水			—
检测波长	500～600 nm	450 nm	490 nm	450 nm	405 nm
特点	甲臜需要增溶，重复性不佳	XTT 不稳定，操作简便	MTS 较稳定，操作简便	底物最稳定，操作简便	应用面待扩大，操作简便

除了上述 MTT 类、酸性磷酸酶等活性定量方法外，通过显微镜观察供试品的特异性促进(抑制)细胞生长(病变)作用，也可以实现定性或半定量的活性检查；或者加入特定受体报告基因、荧光结合染料等，通过流式细胞仪来定量检测供试品的生物活性。

(4) 体内活性检测技术。

将一定稀释浓度的供试品对动物进行给药，检测动物体内生物学变化，与标准品比较来确定供试品的生物活性。如注射用重组蛋白疫苗，测定动物体内的抗体滴度；注射促红细胞生成素(erythropoietin，EPO，或称促红素)，眼眶取血检测小鼠网织红细胞占总红细胞比值的变化；注射毒素、抗毒素与毒素混合液，观察动物(通常为小鼠)死亡时间与数量，确定毒素或抗毒素的生物活性。

由于动物体内实验时间长，成本高，个体差异大，尽量采用体外方法替代。

4. 澄明度检测方法 澄明度(或称澄清度)检查是将重组蛋白药物制剂溶液与规定的浊度标准液(表 2-10)进行比较，以检查其澄清程度。检测浊度(澄清度)一般有目视法与仪器法两种。

表 2-10 浊度标准液基本配方

级号	0.5	1	2	3	4
浊度标准原液/mL	2.5	5.0	10.0	30.0	50.0
水/mL	97.5	95.0	90.0	70.0	50.0

目视法具体操作：室温下将样品用水稀释至一定浓度，与等量的浊度标准液分别置于配对的比浊管(无色透明的中性硬质玻璃制成的内径 15～16 mm 带塞平底管)内，在暗室内垂直置于照度为 1000 lx 的伞棚灯下，从水平方向进行观察和比较样品溶液与标准品溶液的浊度。浊度标准液系列包括浊度标准储备液、浊度标准原液和浊度标准液。浊度标准储备液由 1.00%硫酸肼溶液和 10%六亚甲基四胺(乌洛托品)溶液等体积混合配制而成。乌洛托品易水解生成甲醛，甲醛与肼缩合成甲醛腙，为白色浑浊，故以此制作浊度标准储备液。浊度标准原液由 15.0 mL 浊度标准储备液精确稀释成 1000 mL 而成。浊度标准原液在 550 nm 波长下的吸光度应为 0.12～0.15，并在配制后 48 h 内使用。浊度标准液按表 2-10 在临用时取浊度标准原液加水稀释而成，应在配制后 5 min 内使用。供试品则应在溶解后立即检视。一般情况下，重组蛋白药物样品溶液应澄清。"澄清"是指供试品溶液的澄清度与其溶剂相同，或不超过 0.5 号浊度标准液的浊度；"几乎澄清"是指供试品溶液的浊度介于 0.5 号与 1 号浊度标准液的浊度之间。

仪器法即采用澄明度检测仪(浊度仪)来检测样品的澄清度。样品溶液中各类大小、特性不同的微粒物质或有色物质均可使入射光产生透射或散射，测定透射光或散射光的强度即可检测样品溶液的浊度。因此，一般有透射光式、散射光式和透射光-散射光比较三种测定模式。以散射光浊度仪为例，光源峰值波长约为 860 nm，测量范围为 0.01～100 浊度值

NOTE

(nephelometric turbidity unit,NTU),0.5 号～4 号浊度标准液浊度值范围为 0～40 NTU。入射光与散射光方向有 90°,检测的散射光强度 $I=K'TI_0$,其中,K'为散射系数,T 为样品溶液浊度,I_0为入射光强度。在入射光强度不变的情况下,散射光强度与样品溶液浊度成正比,浊度检测可转化为散射光强度检测。按照浊度仪说明书要求进行仪器校正和样品溶液浊度测定,浊度可直接读出。为保证样品浊度测定的准确性,需定期对浊度仪进行浊度标准液的线性和重复性考察。

5. 相对分子质量检测方法　蛋白质相对分子质量的鉴定方法主要有 SDS-PAGE、分子筛层析法、质谱分析法以及其他适当技术等。

在检测中均需要设置蛋白质相对分子质量标准品作为对照,并与蛋白质表达工程细胞构建中目的基因 DNA 相对分子质量进行对照分析。

6. 等电点检测方法　采用等电聚焦电泳法检测重组蛋白的等电点。等电聚焦电泳法是采用两性电解质在电泳场中形成 pH 梯度,作为两性电解质的蛋白质所带电荷与电泳介质的 pH 有关,带电荷的蛋白质在电泳中向极性相反的方向移动,当到达其等电点时,蛋白质不带电荷,因此停下来不再移动,此处 pH 即为供试品的等电点。

一般采用恒压或恒流电源,带有冷却装置的垂直电泳槽。电泳介质为丙烯酰胺和亚甲基双丙烯酰胺,加上过硫酸铵配制而成。其与其他丙烯酰胺凝胶电泳的不同之处主要在于样品缓冲液中含有 40%左右的两性电解质,可以在电场中形成稳定的 pH 梯度;另外采用涵盖供试品等电点范围的等电点标准品作为对照。

7. 无菌检测技术　用于检查生物技术药物是否无菌的技术方法,要求在无菌条件下进行,如试验环境(一般要求洁净工作台)、各类器具、试剂等,检验过程应严格遵守无菌操作规范。定期对试验环境进行悬浮粒子、浮游菌、沉降菌标准验证,必须符合无菌检查要求。

无菌检测技术常用的培养基有硫乙醇酸盐流体培养基、胰酪大豆胨液体培养基、胰酪大豆胨琼脂培养基、沙氏葡萄糖液体培养基、沙氏葡萄糖琼脂培养基等,均可用于检测厌氧菌、需氧菌、真菌等。对上述培养基首先要进行适用性检查,即对培养基进行无菌性检查和灵敏度检查,无菌性检查是指每批培养基随机抽取不少于 5 支(瓶),将其置于规定温度下培养 14 天,无细菌生长。灵敏度检查是将按规定制备的各种阳性菌液接种检查用培养基,当空白对照管无菌,加菌管细菌生长良好时,即可判定培养基灵敏度检查合格。

用来制作阳性对照菌液的菌种是来自国家菌种保藏中心的大肠杆菌、金黄色葡萄球菌、铜绿假单胞菌、枯草芽孢杆菌、生孢梭菌、白色念珠菌和黑曲霉等,正式检测供试品前,还需要进行方法适用性试验(可与供试品无菌试验同时进行)。将供试品进行除菌过滤,用冲洗液冲洗滤膜,将冲洗液与适量阳性菌液混合后,再过滤除菌,在过滤器滤筒(含被拦截细菌)加入适宜培养基,置于适宜温度下培养 5 天以上,称为薄膜过滤法。将薄膜过滤法培养菌与直接将阳性菌液接种到同样的培养基上的培养结果进行比较,当两种方法细菌均生长良好时,说明供试品不具有抑菌作用或抑菌作用可忽略。如果薄膜过滤法培养细菌不生长,或生长状况明显不如直接接种法培养的细菌,则说明供试品具有明显的抑菌作用。应采用增加薄膜冲洗次数、冲洗液中加入中和剂或灭活剂、更换滤膜品种等方法,消除供试品的抑菌作用,重新开展方法适用性试验。

供试品无菌试验需采用薄膜过滤法与直接接种法进行培养基接种,针对不同制剂、临床给药途径、单支分装剂量、单批产量等因素,抽取不同数量的样品,分别接种于上述各类培养基,设定好空白对照、阴性对照(相应溶剂或稀释液)、阳性对照。对于有真空度的供试品容器,要导入无菌空气后再开启容器取样。当阳性对照管菌生长良好,阴性或空白对照管中无菌时,则试验有效;当供试品管均澄清,或浑浊但确证无菌生长时,则供试品符合规定;当供试品任何一管确证有菌生长时,则样品不合格。

NOTE

8. 病毒检测技术 在哺乳动物细胞培养过程中，一般采用病毒载体转染技术，有可能造成外源病毒因子的污染，除了在蛋白表达制备过程中设立去除/灭活病毒的技术工艺环节外，在病毒种子批、生产用细胞、产品原液和成品质量检测中，必须进行外源病毒因子的检查。病毒种子批采用动物(小鼠、乳鼠)接种法、细胞培养法(非血吸附病毒、血吸附病毒检查)以及鸡胚检查法进行外源因子检查；生产用细胞采用非血吸附病毒检查(细胞直接观察、细胞培养试验)和血吸附病毒检查法检查外源因子；产品原液与成品可根据生产制备过程可能涉及的不同病毒因素，分别采用 PCR 法、逆转录扩增法、免疫法、细胞培养法、鸡胚检查法、动物接种法，或猴体神经毒力试验法等。下面介绍最主要的动物接种法、鸡胚检查法和细胞培养法。

动物接种法即在动物脑部和腹腔接种一定剂量的经抗血清中和后的病毒种子批，培养 21 天后，对出现死亡或患病动物进行解剖，观察其病理改变。

鸡胚检查法是将经抗血清中和后的样品，分别接种 9～11 日龄和 5～7 日龄两组 SPF 级鸡胚(10 枚鸡胚/组)的尿囊腔和卵黄囊中，每枚 0.5 mL。35 ℃孵育 7 天，观察鸡胚存活情况；同时取尿囊液和红细胞混悬液进行血细胞凝集试验。鸡胚每组存活 80%以上，血细胞凝集试验结果为阴性者为合格。

细胞培养法是选择对被检病毒敏感的细胞，每瓶细胞分别接种供试品 0.3 mL，供试品接种 4 瓶，设 2 瓶对照。37 ℃培养 1 h，更换细胞培养液。每天观察细胞形态，以后每隔 3～4 天换 1 次液。细胞维持培养 10～14 天，将对照组 2 瓶、供试品组 4 瓶分别合并，将收获的细胞悬液分别接种同种细胞，每隔 3～4 天换 1 次液，培养 10～14 天，显微镜下观察没有出现细胞病变即为阴性。另外有些细胞需要检测血细胞吸附病毒，则将 0.2%～0.5%的鸡和豚鼠的红细胞混合液，加入上述细胞培养液中，一瓶细胞置于 2～8 ℃放置 30 min，另一瓶细胞置于 20～25 ℃放置 30 min，分别吸去多余的红细胞悬液，显微镜下观察细胞吸附红细胞的情况。对于明确需要检测的病毒，还可以通过加入荧光标记的病毒抗体，通过观察是否有荧光来确定病毒的存在。

9. 支原体检测技术 支原体是细胞最常感染的微生物，感染了支原体的细胞一般不会出现细胞死亡、培养基浑浊的现象，但是细胞性状会发生改变，进而不能真实反映药物作用于细胞后的生物学功能，甚至会感染重组蛋白药物。一般细胞库细胞、病毒种子库、对照细胞，以及临床免疫细胞治疗用的细胞均应进行支原体检查，要求同时采用培养法和 DNA 染色法(指示细胞培养法)检测。

培养法：常用支原体培养基有支原体液体培养基(支原体肉汤培养基、精氨酸支原体肉汤培养基)、支原体半流体培养基和支原体琼脂培养基三种。支原体肉汤培养基主要成分为猪胃消化液(500 mL)、牛肉浸液(500 mL)、酵母浸粉(5.0 g)、氯化钠(2.5 g)、葡萄糖(5.0 g)和酚红(0.02 g)，pH 为 7.6 左右；精氨酸支原体肉汤培养基、支原体半流体培养基和支原体琼脂培养基为在此基础配方上分别加入 L-精氨酸(2.0 g)、琼脂(2.5～3.0 g)和琼脂(13.0～15.0 g)；支原体培养基使用前应高压灭菌。采用支原体标准菌株对培养基进行灵敏度检查；检查合格的培养基按体积加入 25%的灭活小牛血清，然后分装培养基，规格为 10 mL/支，每支接种 0.5～1.0 mL 样品，不同培养基各接种 4 支，置于 36 ℃培养 21 天；第 7 天从每 4 支液体培养基中各取 2 支进行次代培养，将培养液分别转种至相应的半流体培养基及液体培养基中，置于 36 ℃培养 21 天；每 3 天观察 1 次，如果出现变色反应即表示有支原体污染，为不合格，反之为合格。

DNA 染色法：将供试品接种于经国家药品检定机构认定的无污染细胞(指示细胞)中培养，然后加入二苯甲酰荧光染料(Hoechst 33258)进行染色，如果污染了支原体，可以在荧光显微镜下观察到细胞表面有特异性的绿色荧光，这是因为染料嵌合到支原体的 DNA 中出现的着色。注意设置阴性与阳性对照，阴性细胞仅在细胞核部位有规则的较暗的黄绿色荧光，阳性

细胞则在细胞周边出现各种不规则的较强的绿色荧光。

10. 热原检测技术　通常采用家兔法或鲎试剂法(limulus amebocyte lysate,LAL)进行热原检测。

家兔法:选择健康无病,体重为1.7～2.5 kg的家兔。试验前观察3天无异常,未曾开展过热原试验的家兔还需要进行体温筛选,以温度计或测温探头插入家兔肛内约6 cm并保持2 min以上,间隔1 h测1次,连测4次,体温应保持在38.0～39.8 ℃,最高与最低体温相差不超过0.5 ℃。开展过热原试验的家兔,休息48 h后可重复使用。所有试验用的器具、试剂必须保证无热原,温度计或测温探头的精确度为±0.1 ℃,保持试验环境温度为15～25 ℃,试验过程环境温差不得超过3 ℃,保持安静,无刺激性气味,避免强光照射。每个供试品采用3只家兔进行试验,复试采用5只。试验前禁食2 h,间隔30～60 min测两次体温,温差不得大于0.2 ℃,两次体温均为正常体温,同组3只家兔正常体温温差不得大于1.0 ℃。第二次测温后15 min内,按照规定剂量自家兔耳缘静脉缓慢推注预热至38 ℃的供试品,然后每隔30 min测温1次,连测6次。若最后两次测温升温超过0.2 ℃或降温超过0.4 ℃,需继续测量。按照表2-11进行结果判定。

表2-11　家兔法热原检测结果

供试品	初试	初试+复试	结果判定
肌内注射	3只家兔中至少2只升温不超过0.8 ℃,3只家兔升温之和不超过1.8 ℃	8只家兔中至少6只升温不超过0.8 ℃,8只家兔升温之和不超过4.0 ℃	合格
静脉注射	3只家兔升温均低于0.6 ℃,3只家兔升温之和不超过1.4 ℃	8只家兔中至少6只升温不超过0.8 ℃,8只家兔升温之和不超过3.5 ℃	
肌内注射	3只家兔中1只升温超过0.8 ℃,3只家兔升温之和超过1.8 ℃		复试一次
静脉注射	3只家兔中1只升温不低于0.6 ℃,3只家兔升温之和超过1.4 ℃		
肌内注射	3只家兔中2只升温不低于0.8 ℃,3只家兔升温之和超过2.4 ℃	8只家兔中2只以上升温不低于0.8 ℃,8只家兔升温之和超过4.0 ℃	不合格
静脉注射	3只家兔中2只升温不低于0.6 ℃,3只家兔升温之和超过1.8 ℃	8只家兔中2只以上升温不低于0.6 ℃,8只家兔升温之和超过3.5 ℃	

鲎试剂法是家兔热原试验的体外代替方法。1956年,Fred Bang首次报道海洋生物鲎体内有一种阿米巴样细胞内凝固酶(或称阿米巴样细胞裂解物),此酶可与革兰阴性菌的脂多糖(LPS)发生反应形成凝块。LAL是从美洲鲎血液中提取的一种鲎试剂,另一种从东方鲎血液中提取的东方鲎鲎试剂(tachypleus amebocyte lysate,TAL)与LAL有相同功效。鲎试剂是由鲎血细胞裂解物经氯仿处理去除抗脂多糖因子,并加入适量Ca^{2+}、Mg^{2+}等制成。使用过程中注意加入阳性对照、阴性对照,按照试剂表明的热原灵敏度来检测。另外,也有人采用鲎试剂浊度法或显色基质法等光度测定法来检测热原,当结果出现争议时,以凝胶法结果为准。

部分细胞因子本身在人体内具有致热作用,不适宜采用家兔法检测,只能采用鲎试剂法检测。一般要求每剂量不得高于10 EU,个别临床用量较低的产品热原含量不得高于2 EU。

11. 残余宿主细胞蛋白检测方法　宿主细胞蛋白(host cell protein,HCP)是指构建工程细胞所采用的宿主表达细胞,如大肠杆菌、酵母细胞、哺乳动物细胞等的蛋白,这些残留的蛋白可能会对重组蛋白药物的安全性和药理作用产生影响,因此需要确认其在最终药品中的含量。

通常采用ELISA法来检测残余的HCP含量,可以购买专门的检测试剂盒对供试品进行

检测,也可以采用产品表达用宿主细胞来制备标准蛋白样品和单克隆抗体,来检测残余 HCP。一般要求 HCP 在供试品中的含量不高于 0.1%。

12. 残余 DNA 检测方法 对外源性残余 DNA 的检测可以根据供试品的不同情况分别采用 DNA 探针杂交法、荧光染色法。

采用饱和苯酚/三氯甲烷抽提法从宿主细胞提取 DNA,并经分子筛纯化,一部分 DNA 用作阳性对照,另一部分经过机械剪切和(或)超声波处理使 DNA 断裂成小片段,然后采用地高辛标记与检测试剂盒将 DNA 片段标记成探针待用。利用蛋白酶 K 对供试品(重组蛋白)、不同浓度阳性对照(DNA)、阴性对照(非同源 DNA)进行蛋白裂解预处理,然后采用饱和苯酚溶液提取 DNA。将样品 DNA 与各种对照 DNA(包括阳性对照梯度稀释系列)沸水浴加热,然后冰浴变性后,点样到杂交膜上,晾干后采用紫外或加热方式使 DNA 交联。加 DNA 探针,经孵育杂交,按照试剂盒说明分别加入抗地高辛的抗体和化学发光底物或酶底物,通过与阳性对照梯度稀释系列斑点颜色浓度对比,确定供试品中宿主细胞残余 DNA 含量。通常要求残余 DNA 含量每次治疗剂量不得高于 10 ng,部分产品已经提升到每次治疗剂量不得高于 100 pg 的标准。

13. 残余抗生素检测方法 抗生素是由微生物或高等动植物所产生的具有抗病原或其他活性的一类次级代谢产物,包括 β-内酰胺类(青霉素、头孢菌素),氨基糖苷类(链霉素、庆大霉素、卡那霉素),酰胺醇类(氯霉素、甲砜霉素),大环内酯类(红霉素、白霉素),多肽类(多黏菌素 B、多黏菌素 E、杆菌肽、短杆菌肽、万古霉素),喹诺酮类(诺氟沙星、氧氟沙星、环丙沙星、氟罗沙星),磺胺类(磺胺醋酰、磺胺嘧啶、磺胺异噁唑、磺胺甲噁唑)及其他抗生素。

人用药品注册技术要求国际协调会(International Conference on Harmonization of Technical Requirements for Registration Pharmaceuticals for Human Use,ICH)将生物制品中的残留抗生素列为工艺相关杂质,要求通过研究证明其在工艺中可有效控制或去除,并达到可接受的水平。

根据《中国药典》(2015 年版)三部凡例十六,生产过程中抗生素和防腐剂使用的相关要求:①除另有规定外,不得使用青霉素或其他 β-内酰胺类抗生素;②成品中严禁使用抗生素作为防腐剂;③生产过程中,应尽可能避免使用抗生素,必须使用时,应选择安全性风险相对较低的抗生素,使用抗生素的种类不得超过 1 种,且产品的后续工艺应保证可有效去除制品中的抗生素,去除工艺应经验证;④生产过程中使用抗生素时,成品检定中应检测抗生素残留量,并规定残留量限值。

重组蛋白药物在工程细胞种子构建和保藏中可以有限度地使用抗生素,但是在重组蛋白药物生产过程中严格禁止使用,在质量检定分析中设立残留抗生素检定指标。目前,残留抗生素的检测方法主要有三种:微生物学法、免疫学法和色谱法。

微生物学法是利用抗生素对敏感细菌可产生抑制作用的原理来检测,在药物杂质检测中被广泛采用,主要包括杯碟法、棉签法、纸片法和琼脂扩散法等,定量检测灵敏度为 0.5 mg/g,不足是耗时长、操作烦琐、易受干扰。免疫学法是利用抗生素与其抗体特异性结合的原理来检测,包括酶联免疫吸附试验(ELISA)、荧光免疫检测(FIA)和放射免疫测定(RIA)等,检测灵敏度可达到 1 ng 左右,具有灵敏度高、特异性强、操作简便等优点。色谱法是对残留抗生素定量分析的方法,包括高效液相色谱(HPLC)、毛细管电泳(capillary electrophoresis,CE)和质谱法等。

14. 残余硫酸铵检测技术 硫酸铵是蛋白质分离纯化中进行浓缩分离的最常用试剂,而且蛋白质在饱和硫酸铵溶液中可以得到较好的保护,因此,只要采用硫酸铵盐析或浓缩过程的工艺流程,均需要对硫酸铵残余含量进行检测,一般均采用前述凯氏定氮法检测样品中硫酸铵的含量。

NOTE

15. 蛋白印迹检测技术 蛋白印迹(或称蛋白免疫印迹)检测技术主要用于检测重组蛋白表达粗品与分离纯化后纯品中目的蛋白,通过确定其与抗体的结合反应起到对目的蛋白性质的鉴别作用,也可以实现一定精确度的定量或半定量,或作为蛋白质免疫活性的检测方法。具体技术方法见前述蛋白质生物活性检测技术中的免疫印迹法。

16. 肽图分析(peptide mapping) 通过蛋白质水解酶(主要是肽链内切酶,常用胰蛋白酶、糜蛋白酶、Asp-N、Glu-C、Lys-C 和 Lys-N 6 种酶)裂解蛋白质成为多条短肽,然后采用反相高效液相色谱法分析,得到各肽峰形图。对于同一种蛋白质,其氨基酸排列顺序是固定的,采用特定的酶所裂解得到的多肽峰形图必然是确定的,这是蛋白质的重要物质特性。最常采用胰蛋白酶来水解蛋白样品,反相高效液相色谱多采用辛烷基硅烷键合硅胶或十八烷基硅烷键合硅胶作为色谱柱填充剂。检测后的色谱图与对照品图谱进行比较,色谱图完全一致为合格。

也可采用溴化氰/甲酸裂解液裂解蛋白,然后进行 SDS-PAGE,染色脱色后的电泳图谱与对照样电泳图谱进行比较,这个方法相对蛋白水解酶法和反相高效液相色谱法而言,灵敏度较差。

17. 氨基酸序列分析技术 重组蛋白药物氨基酸序列分析主要指对蛋白 N 末端的 15 个氨基酸序列的测定,并与该蛋白理论序列进行比较。有多种方法通过水解蛋白成小的肽段或氨基酸残基来分析,其中最常采用的是 Edman 降解法(Edman degradation):将有机试剂异硫氰酸苯酯(phenylisothiocyanate,PITC)和蛋白 N 末端的 α-氨基反应,使 N 末端的第一个氨基酸从序列上断裂获得游离的 PITC 衍生氨基酸,并且第二个氨基酸残基的 α-氨基暴露出来;通过对断裂下来的 PITC 衍生氨基酸进行 HPLC 分离,根据保留时间来判断该氨基酸的种类。现在蛋白质的氨基酸序列分析工作均采用氨基酸序列自动分析仪来完成。

注意,在进行蛋白质的氨基酸序列分析时,供试品的纯度不得低于 97%,通常 N 末端没有特殊修饰导致 α-氨基被封闭。在重组蛋白药物注册申报时,N 端的 15 个氨基酸序列通常是必检项目,也是很多已上市药物的年检项目。部分重组蛋白药物还必须提供 C 末端 3~5 个氨基酸的序列,或者提供蛋白质的氨基酸组成分析信息。

18. 圆二色光谱分析技术 光是横向电磁波,其电场矢量与磁场矢量相互垂直,并与光波传播方向垂直。光波电场矢量与传播方向组成光波振动面,不随时间变化的光称为平面偏振光,可以分解为按逆时针、顺时针方向旋转的左旋、右旋圆偏振光,偏振光也可以合成一束平面偏振光。蛋白质对左、右旋圆偏振光的光吸收率不同,称为蛋白质的圆二色性(circular dichroism,CD)。通过蛋白质传播的平面偏振光变成椭圆偏振光,并只能在发生吸收的波长处才能够观察到其长轴、短轴之比(或椭圆率)。椭圆率与波长之比形成的关系曲线称为圆二色光谱曲线,是供试品的结构特征曲线,也是研究蛋白质二级结构和立体构型的重要方法之一。

(四) 质量标准的确立

根据国家药典和有关指导原则的要求,结合重组蛋白药物的表达体系、制备工艺、给药剂型和临床用量,特别是蛋白质本身的性质,设立全面、准确反映药物安全有效质量可控的有关质量检测指标(包括蛋白药物的理化性质、相关物质、生物学特性和结构鉴定等)及其具体检定分析项目,确定科学合理的检定分析方法。对于涉及药物特性的项目检定分析方法,其准确性和可靠性需要进行验证。

一般情况下,需验证的检定分析项目包括鉴别试验、杂质检查、生物活性测定和含量测定。必要时,其他部分检定分析方法也需要验证。重组蛋白药物的鉴别试验大多采用免疫印迹检测法;杂质检查包括定量检查项目和限度检查项目。对于已有国家标准,或世界卫生组织推荐的鉴定分析方法,已经被确定为标准方法,均经过适当的验证过程,在首次采用此方法时,可进

行专属性和精密度的验证。对于标准方法的替代方法、来自参考文献的方法和自行建立的方法，一般需要进行全面、严格的验证，以表明方法的科学合理性。

重组蛋白药物质量控制的检定分析方法与其本身性质、制备技术密切相关，因此在进行方法验证时，需全面分析有关信息，包括方法的原理、蛋白样品与制样、检测仪器、试剂来源、标准品（参考品）、检测过程、数据计算、结果报告以及判定标准。针对需要验证的项目，是对其具体检测方法的专属性、准确性、精密度（包括重复性、中间精密度、重现性）、线性、耐用性、范围、检测限度和定量限度等指标中的部分指标进行测定（表 2-12）。

表 2-12　质量检定方法与标准验证指标

指标	说　明
专属性	检测方法对于供试品中存在杂质、降解物、添加物等组分时能够准确可靠测定目的蛋白的能力
准确性	检测方法测定的数值与真实值或认定参考值的一致性或接近程度
精密度	在一定条件下对供试品多次取样开展检定分析所得结果的接近程度，常采用变异系数（CV）来表示，即测定值的标准差与测定值均数的比值
重复性	同样操作条件下短时间间隔的精密度
中间精密度	同一实验室内不同时间、仪器、批号和分析者的精密度
重现性	不同实验室间的精密度
耐用性	当检定参数发生微小改变时，检测结果不受影响的特性，表示在一定范围内该分析方法的可靠性
线性	在给定的范围内检测值与供试品中目的药物实际值呈比例关系
范围	可以达到一定准确性、精密度和线性时，目的药物的最高与最低浓度的区间
检测限度	供试品中目的组分可被检测的最低量
定量限度	准确性和精密度达到要求时可定量检测目的组分的最低量

对于自建的质量检定分析方法，在完成自我验证后，还需要与中国药品生物制品标准化研究中心共同开展对方法的验证，才能成为该产品的质量检定分析方法。只有经 3 个以上无关联实验室协作研究验证，获得明确的重现性，才有可能被采用为法定标准。

六、重组蛋白药物的稳定性研究

蛋白质的性质不稳定，易受到物理和化学因素的影响，导致其发生物理、化学和生物学的改变，因此，必须开展蛋白药物稳定性试验研究。药物的稳定性是评价其安全性和有效性的重要指标，也是确定药物剂型、保存条件和使用期限的主要依据。通过稳定性试验，可以确定或调整药物的保护剂、制备工艺、质量标准，进一步确定临床给药途径，判断可能产生的毒副作用以及评估生产成本。

蛋白药物的稳定性研究内容包括原液和成品的物理稳定性和化学稳定性。蛋白的物理稳定性变化主要是高级空间结构的改变，或者分子之间共价键的作用影响，导致蛋白出现凝聚或沉淀，从而改变药物的性状。蛋白质的化学稳定性可能受到多种因素的影响，从而导致蛋白质分子的变化，如化学键的断裂、新共价键形成等，生成蛋白质分子结构变异体，甚至是新的化学实体，从而丧失生物活性，产生严重的毒副作用。

由于蛋白质组成中的氨基酸不同，氨基酸具有各种不同性质的侧链，部分侧链可能受到水解作用、氧化作用、外消旋作用、β-消去反应或二硫键交换错配等的影响而不稳定。当蛋白质进入体内，可能受到各种酶的作用，出现选择性的水解反应。而在体外，蛋白质的二级、三级结

NOTE

构可能因为温度、pH、光照、水分、超声波、高频振荡、有机溶剂或变性剂的作用而出现变性。其变性本质是蛋白质空间构象的改变或破坏。所以必须针对这些蛋白质自身的组成、结构，采取合适的保护剂与剂型，以提高蛋白质抵御各种外部因素影响的能力，最大限度地保证药物进入体内后与药物靶标结合前能维持较好的稳定性。

对于灌装于密闭容器中的蛋白药物样品，振荡、有机溶剂或变性剂可以设计合理的配方和保存条件予以回避，而在储存、运输和临床应用中，可能遇到的最大的影响因素是温度、湿度与光照。因此，在稳定性试验研究中，试验条件的设定主要围绕温度和光照开展，湿度主要考察的是蛋白冻干样品。

一般情况下，重组蛋白药物稳定性试验研究至少开展3次。第一次是当目的蛋白经过分离纯化达到符合要求的纯度时，保留一定样品，并在一定条件下开展稳定性观察。这次稳定性试验主要观察原液在室温(25 ℃)、低温(2～8 ℃)或超低温(低于－70 ℃)下蛋白质的纯度、生物活性等变化情况，以初步确定药物剂型、稳定剂、制剂浓度等指标或参数。第二次是实验室药学研究基本完成，已经确定了比较完整的实验室制备工艺后，全面制备1～3批样品，对原液和最终制剂(成品)开展的比较全面的稳定性试验研究。一般需要测试在超低温下保存的原液，在高温(37 ℃)、室温、低温，和两种不同的光照条件(阴暗、模拟日常光照)保存成品的相关指标。第三次是针对中试研究生产的三批原液与成品(疫苗产品还需要考虑半成品)，测试条件与第二次相同。(注：一定条件下，部分样品37 ℃下开展稳定性1周的试验数据可以作为低温下保存1年试验数据的参考，称为加速性试验，但是不能代替实际试验结果，也不具备通用性。)

对于注射用重组蛋白药物，完整的稳定性试验研究需要考察的指标包括外观、纯度、水分(冻干样品)、热原、生物活性、无菌与pH。考察时间为0、1、2、3、6、12、18、24个月，如果拟定保存期为2年，稳定性试验至少延长到36个月。在临床试验申报时，至少提供一批中试样品6个月的稳定性试验数据，第二次稳定性试验数据可以作为稳定性研究的参考材料一并提交。

对于非注射用其他剂型，应根据国家药品监督管理局药品审评中心的有关指导原则制定不同时间、不同条件的考察指标，并与国家药品监督管理局药品审评中心和中国食品药品检定研究院沟通协商确认。

第三节　代表性重组蛋白药物

临床已经应用的重组蛋白药物主要有各类细胞因子、激素、抗体、酶、融合蛋白、PEG修饰蛋白以及其他蛋白，其中抗体类重组蛋白药物此处不列出，另单独列一章叙述。

目前国内厂家生产的已经在临床上应用的重组细胞因子有14种，分别是重组人干扰素α1b、重组人干扰素α2a、重组人干扰素α2b、重组人干扰素γ、重组人白介素-2、重组人白介素-11、重组人粒细胞集落刺激因子、重组人粒细胞巨噬细胞集落刺激因子、重组人碱性成纤维细胞生长因子、重组人酸性成纤维细胞生长因子、重组人表皮生长因子、重组人促红细胞生成素、重组人血小板生成素和重组牛碱性成纤维细胞生长因子；重组激素有6种，分别是重组人生长激素、重组人胰岛素、重组人甘精胰岛素、重组人赖脯胰岛素、重组人门冬胰岛素和重组人促卵泡激素；重组酶有5种，分别是重组葡激酶、重组链激酶、重组人组织型纤溶酶原激活剂衍生物、重组人组织型纤溶酶原激活剂突变体和重组人尿激酶原；重组融合蛋白有2种，分别是重组人肿瘤坏死因子受体-Fc融合蛋白和重组人血管内皮生长因子受体-Fc融合蛋白；PEG修饰重组蛋白有2种，分别是PEG修饰重组人粒细胞集落刺激因子和PEG修饰重组人生长激素；其他重组蛋白药物有3种，分别是重组人血管内皮抑制素、重组人脑利钠肽和重组人胸腺肽

α1。临床应用的国产重组蛋白药物如表 2-13 所示。

表 2-13 临床应用的国产重组蛋白药物

中文名	英文名	英文缩写	表达体系	剂型	适应证
重组人干扰素 α1b	recombinat human interferon alpha 1b	rhIFNα1b	*E. coli*	注射剂、喷雾剂、滴眼液	病毒感染、恶性肿瘤
重组人干扰素 α2a	recombinat human interferon alpha 2a	rhIFNα2a	*E. coli*/酵母	注射剂、栓剂	病毒感染、恶性肿瘤
重组人干扰素 α2b	recombinat human interferon alpha 2b	rhIFNα2b	*E. coli*/酵母/*Pseudomonas*	注射剂、喷雾剂、栓剂、膏剂、滴眼液、泡腾片	病毒感染、恶性肿瘤
重组人干扰素 γ	recombinat human interferon gamma	rhIFNγ	*E. coli*	注射剂	类风湿性关节炎
重组人白介素-2	recombinant human interleukin 2	rhIL-2	*E. coli*	注射剂	病毒感染、恶性肿瘤
重组人白介素-11	recombinant human interleukin 11	rhIL-11	*E. coli*/酵母	注射剂	血小板减少症
重组人粒细胞集落刺激因子	recombinant human granulocyte colony stimulating factor	rhG-CSF	*E. coli*	注射剂	中性粒细胞减少症
重组人粒细胞巨噬细胞集落刺激因子	recombinant human granulocyte-macrophage colony stimulating factor	rhGM-CSF	*E. coli*	注射剂	放、化疗引起的白细胞减少症
重组牛碱性成纤维细胞生长因子	recombinant bovine basic fibroblast growth factor	rbbFGF	*E. coli*	凝胶、外用溶液	慢性创面愈合
重组人碱性成纤维细胞生长因子	recombinant human basic fibroblast growth factor	rhbFGF	*E. coli*	外用溶液	慢性创面愈合
重组人酸性成纤维细胞生长因子	recombinant human acidic fibroblast growth factor	rhaFGF	*E. coli*	外用溶液	促进深Ⅱ度烧伤、慢性溃疡创面愈合
重组人表皮生长因子	recombinant human epidermal growth factor	rhEGF	*E. coli*/酵母	凝胶、滴眼液、外用溶液	慢性创面愈合
重组人促红细胞生成素	recombinant human erythropoietin	rhEPO	CHO 细胞	注射剂	肾功能不全所致贫血
重组人血小板生成素	recombinant human thrombopoietin	rhTPO	*E. coli*	注射剂	血小板减少症
重组人生长激素	recombinat human growth hormone	rhGH	*E. coli*	注射剂	生长激素缺乏症
重组人胰岛素	recombinat human insulin	insulin	*E. coli*	注射剂	糖尿病

NOTE

续表

中文名	英文名	英文缩写	表达体系	剂型	适应证
重组人甘精胰岛素	recombinat human insulin glargine	insulin glargine	*E. coli*	注射剂	糖尿病
重组人赖脯胰岛素	recombinat human insulin lispro	insulin lispro	*E. coli*	注射剂	糖尿病
重组人门冬胰岛素	recombinant human insulin aspart	rhIASP	*E. coli*	注射剂	糖尿病
重组人促卵泡激素	recombinant human follicle stimulating hormone	rhFSH	CHO 细胞	注射剂	不孕不育症
重组葡激酶	recombinant stapylokinase	r-Sak	*E. coli*	注射剂	急性 ST 段抬高心肌梗死溶栓治疗
重组链激酶	recombinant streptokinase	r-SK	*E. coli*	注射剂	急性心肌梗死等血栓性疾病
重组人组织型纤溶酶原激活剂衍生物	recombinant human tissue type plasminogen activator reteplase	reteplase (rPA)	*E. coli*	注射剂	急性心肌梗死、肺栓塞、外周血管血栓
重组人组织型纤溶酶原激活剂突变体	recombinant human TNK tissue type plasminogen activator	rhTNK-tPA	CHO 细胞	注射剂	急性心肌梗死
重组人尿激酶原	recombinant human prourokinase	rhPro-UK	CHO 细胞	注射剂	急性 ST 段抬高心肌梗死溶栓治疗
重组人血管内皮抑制素	recombinant human endostatin	endostar	*E. coli*	注射剂	非小细胞肺癌
重组人脑利钠肽	recombinant human brain natriuretic peptide	rhBNP	*E. coli*	注射剂	急性代偿性心力衰竭
重组人胸腺肽 α1	recombinant human thymosin alpha 1	rhTα1	*E. coli*	注射剂	自身免疫性疾病、T 细胞缺陷病
重组人肿瘤坏死因子受体-Fc 融合蛋白	recombinant human tumor necrosis factor receptor Fc fusion protein	rhTNFR-Fc	CHO 细胞	注射剂	自身免疫性疾病
重组人血管内皮生长因子受体-Fc 融合蛋白	recombinant human vascular endothelial growth factor receptor Fc fusion protein	rhVEGFR-Fc	CHO 细胞	注射剂	黄斑病变

续表

中文名	英文名	英文缩写	表达体系	剂型	适应证
PEG 修饰重组人粒细胞集落刺激因子	polyethylene glycol modified recombinant human granulocyte colony stimulating factor	PEG-rhG-CSF	*E. coli*	注射剂	中性粒细胞减少症
PEG 修饰重组人生长激素	polyethylene glycol modified recombinant human growth hormone	PEG-rhGH	*E. coli*	注射剂	生长激素缺乏症

一、重组人干扰素 α1b

重组人干扰素 α1b 是我国第一个批准上市的重组蛋白药物。

干扰素是一组具有多种功能活性的糖蛋白，由病毒或其他诱导因素作用于机体单核细胞和淋巴细胞产生的细胞因子。干扰素与受体结合，诱导细胞产生抗病毒蛋白（2′-5′A 合成酶和蛋白激酶）对病毒穿透细胞膜、脱壳、mRNA 合成、蛋白翻译、病毒颗粒组装和释放均有干扰和抑制作用；而且能够抑制 DNA 过度合成，降低细胞有丝分裂速度，调节免疫监视、防御和稳定功能，增强细胞毒性 T 细胞（cytotoxic T lymphocyte，CTL 或 cytotoxic T cells，Tc）和巨噬细胞（macrophage，MΦ）等细胞活力，诱导 MHC-Ⅱ表达，达到抗肿瘤、抗病毒的作用。相较于其他亚型，干扰素 α1b 引起的细胞信号转导分子 STAT1 表达水平最高，抗病毒作用更强。

重组人干扰素 α1b 最早由中国健康人的白细胞克隆获得其基因序列，经大肠杆菌发酵培养，分离纯化，加入人血清白蛋白等辅料制成。含适宜稳定剂，不含防腐剂和抗生素。重组干扰素 α1b 制备过程中，生产和检定用设施、原材料及辅料、水、器具、动物、工程菌种、种子批等均需符合《中国药典》生物制品的一般要求。对菌种开展划种 LB 琼脂平板检查、染色镜检、对抗生素的抗性检查、电镜检查、生化反应检查、干扰素表达量及其型别检查等均要求符合规定。采用适宜的不含抗生素的培养基，根据经批准的发酵工艺进行，并确定相应的发酵条件，如温度、pH、溶解氧、补料、发酵时间等，定期进行质粒丢失率检查。收集、处理菌体，进行分离纯化，使其纯度不低于 95.0%。加入适宜稳定剂，除菌过滤，根据最终剂型确定是否需要进一步的处理工艺。

分别检测重组人干扰素 α1b 原液、半成品、成品的各质控指标。采用报告基因法（将含有干扰素刺激反应元件和荧光素酶基因的质粒转染到 HEK293 细胞中，当干扰素与细胞膜上的受体结合后，通过信号转导，激活干扰素刺激反应元件，启动荧光素酶的表达，表达量与干扰素的生物活性正相关，加入细胞裂解液和荧光素酶底物后，测定其发光强度，以此测定干扰素生物活性）测定重组人干扰素 α1b 生物活性，应为标示量的 80%～150%。采用福林酚法（Lowry 法）测定蛋白含量。其比活性（生物活性与蛋白含量之比）不低于 1.0×10^{7} IU/mg。采用还原型 SDS-PAGE 测定重组人干扰素 α1b 分子质量应为（19.4±1.9）kDa。外源性 DNA 残留量每次治疗剂量中不高于 10 ng，宿主菌蛋白残留量不高于蛋白总量的 0.10%，不应有残余氨苄西林或其他抗生素存在，采用鲎试剂法检测细菌内毒素每 30 万 IU 应小于 10 EU，无菌检查符合规定。等电点主区带应为 4.0～6.5，最大吸收峰波长应为（278±3）nm。N 端氨基酸序列应为（Met）-Cys-Asp-Leu-Pro-Glu-Thr-His-Ser-Leu-Asp-Asn-Arg-Arg-Thr-Leu。按免疫印迹法或免疫斑点法测定为阳性。

临床应用产品主要制剂有 2 种：注射用重组人干扰素 α1b（冻干制剂）和重组人干扰素 α1b 注射液。前者常用规格为每支 10、20、30、40、50、60 μg，使用前加入 1 mL 注射用水溶解；后者

常用规格有西林瓶包装(每支 6 μg∶0.5 mL、10 μg∶0.5 mL、20 μg∶0.5 mL、10 μg∶1 mL、30 μg∶1 mL、40 μg∶1 mL、50 μg∶1 mL)和预灌封注射器包装(每支 6 μg∶0.5 mL、10 μg∶1 mL、30 μg∶1 mL、50 μg∶1 mL)。给药方式为肌内、皮下或病灶注射。

已批准临床适应证主要有慢性乙型肝炎、丙型肝炎、毛细胞白血病。大量临床研究证明,其对带状疱疹、尖锐湿疣、慢性宫颈炎、疱疹性角膜炎、流行性出血热、小儿呼吸道合胞病毒性肺炎等感染性疾病,以及慢性粒细胞白血病、黑色素瘤、淋巴瘤等恶性肿瘤有治疗作用。国内获得生产批件的企业有十多家,其产品具有纯度高、稳定性好、疗效显著、中和抗体产生率与不良反应率低等优点。重组人干扰素 α1b 是中国人抗病毒干扰素的主要亚型,也是极少被批准用于小儿临床的生物技术药物之一。

二、重组人胰岛素

人胰岛素(insulin)是人胰脏的胰岛 β 细胞分泌的蛋白类激素。首先合成的 109 个氨基酸是前胰岛素原,经脱去 23 个氨基酸的信号肽,生成 86 个氨基酸的胰岛素原,经蛋白酶切掉 35 个氨基酸的 C 肽,生成由 A、B 链组成的含 51 个氨基酸的胰岛素(图 2-23)。A 链由 21 个氨基酸组成,链内有一个二硫键,B 链由 30 个氨基酸组成,链间有两个二硫键。重组人胰岛素的分子式为 $C_{257}H_{383}N_{65}O_{77}S_{6}$,其相对分子质量为 5807.69,等电点为 5.3。1971 年,我国科学家用 X 射线衍射法测定了猪胰岛素晶体的立体结构,其是由 6 个胰岛素单分子和 2 个锌原子组成的六聚体。

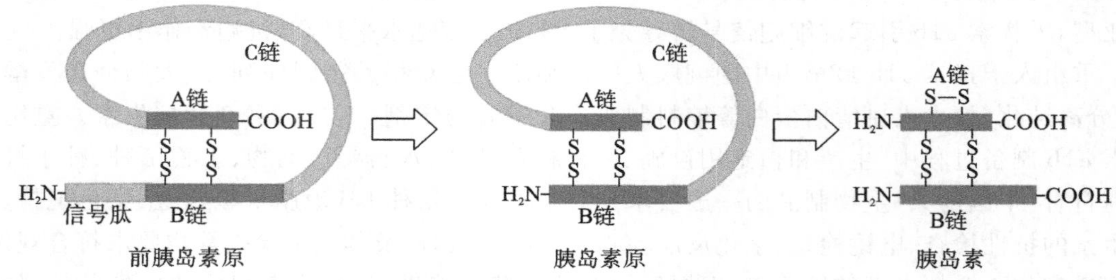

图 2-23　胰岛素结构示意图

胰岛素具有调节细胞代谢的功能,对糖类、蛋白质、脂肪的代谢均具有明显的作用,是人体维持正常代谢功能的激素,临床上用于治疗 1 型和 2 型糖尿病。1982 年以前,人们从动物(牛、猪)体内提取胰岛素用于临床治疗。1982 年,世界上第一个重组蛋白药物——人胰岛素上市后,动物来源的胰岛素逐步被重组人胰岛素所取代。

重组人胰岛素采用大肠杆菌表达系统或酵母表达系统进行生产。采用大肠杆菌通常先表达人胰岛素原包涵体,此表达系统具有表达量高、易分离纯化的优点,但需要经过变性、复性,然后酶切掉 C 肽才能得到有活性的胰岛素;酵母表达系统可以直接分泌有活性的胰岛素或胰岛素融合蛋白。经过多种层析与酶切获得胰岛素后,一般需要经过结晶的方式进一步去除制备过程中带入的有机溶剂或其他残留物质。重组人胰岛素的生物活性一般采用小鼠血糖法测定,近年来采用反相 HPLC 方法作为胰岛素的效价测定方法,可获得与生物活性检测方法一致的结果,具有更好的专属性。胰岛素的生物活性采用小鼠血糖法来测定,通过与标准品平行检测确定供试品的效价。

目前,上市的重组人胰岛素有注射液和预装式注射笔两种剂型,常用规格有 10 mL/400 IU、3 mL/300 IU、10 mL/1000 IU、1.5 mL/150 IU 等。

NOTE

三、重组人甘精胰岛素

甘精胰岛素(insulin glargine)是在人天然胰岛素结构基础上，将其A链第21位突变为甘氨酸，B链末端添加2个精氨酸而成，前者可以提高胰岛素分子稳定性，后者将胰岛素的等电点由5.4改变为6.7(图2-24)。通过结构改变，提高了胰岛素六聚体的稳定性，延长了其分解时间，可以保证其在机体内具有良好的维持血糖稳定作用，从临床试验效果看，甘精胰岛素是目前唯一一个作用时间达24 h且无明显峰值的长效胰岛素(图2-25)，对于需要采用胰岛素治疗的糖尿病患者，均可以使用。

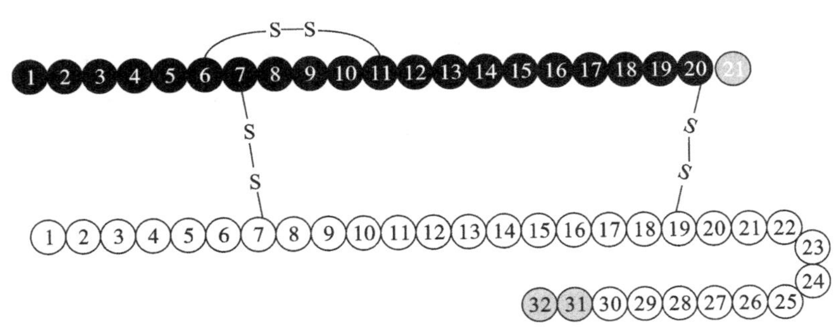

图2-24 甘精胰岛素分子结构示意图

注：A链21位原天冬氨酸由甘氨酸置换；B链C末端添加2个精氨酸。

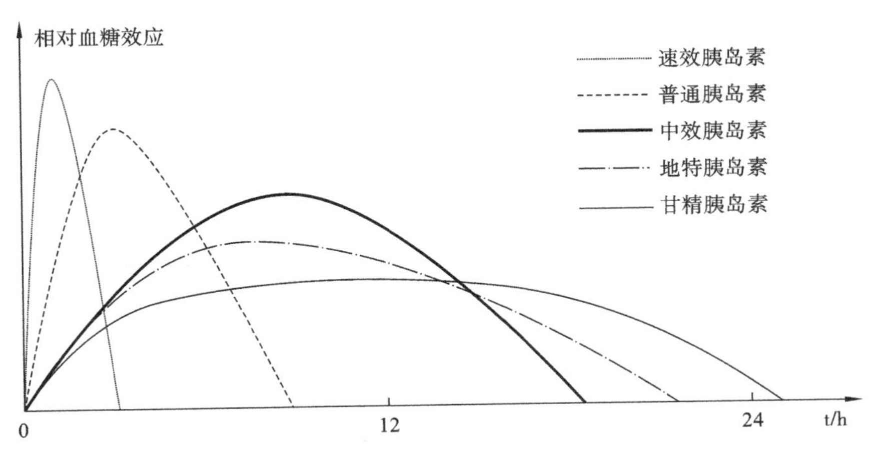

图2-25 多型胰岛素血糖效应比较图

重组人甘精胰岛素是利用基因工程技术，通过大肠杆菌或酵母表达系统，在人胰岛素分子结构基础上表达含有B31、B32位精氨酸和A21位甘氨酸的甘精胰岛素前体。一般采用融合蛋白方式表达，初步表达的前体结构为X-B链-Arg-Arg-Lys-Y-A链-Gly。其中，X表示融合蛋白N端的载体蛋白，Lys是用于对前面Arg进行保护的赖氨酸，Y表示类C肽和其他连接序列。后续酶切C肽和其他连接序列，获得具有活性的胰岛素，均与基因工程重组人胰岛素的制备方式相当。

由于甘精胰岛素的等电点较高，结晶制备条件和其他胰岛素不同，一般需要调节结晶液pH到8.0左右，并加入有机溶剂至总体积的20%左右，通过降低甘精胰岛素的溶解度实现结晶。加入含有聚山梨酯的保护剂，降低制剂的pH至微酸性，使注射液为澄清溶液状态。注射到皮下后，可被中和形成微细颗粒，缓慢持续释放少量甘精胰岛素，达到长效、平稳、无峰值的效果。甘精胰岛素的生物活性检测方法可参照基因工程重组人胰岛素相关方法。

目前上市的重组人甘精胰岛素有注射液和预装式注射笔两种剂型，采用皮下注射给药途

径。常用规格有预装式 3 mL/300 IU，瓶装注射液 10 mL/1000 IU 等。表 2-14 所示为目前临床上常用的胰岛素品种，其中预混胰岛素是将速效、短效胰岛素与中效胰岛素按照一定比例混合的品种，同时针对空腹和餐后血糖，实现糖化血红蛋白达标。

表 2-14 临床常用胰岛素品种

种类	类型	通用名	起效时间	峰值时间	作用时间
速效	胰岛素类似物	赖脯胰岛素	10～15 min	0.5～1 h	4～5 h
		谷赖胰岛素	10～15 min	1～1.5 h	3～5 h
		门冬胰岛素	10～15 min	1～3 h	3～5 h
短效	动物源胰岛素	中性胰岛素	30～60 min	2～4 h	5～7 h
	人胰岛素	生物合成人胰岛素	30～60 min	2～4 h	5～8 h
中效	动物源胰岛素	低精蛋白锌胰岛素	2～4 h	8～12 h	18～24 h
	人胰岛素	低精蛋白锌重组人胰岛素	2.5～3 h	5～7 h	13～16 h
长效	动物源胰岛素	精蛋白锌胰岛素	3～4 h	12～24 h	24～36 h
	胰岛素类似物	甘精胰岛素	2～4 h	无峰	20～24 h
		地特胰岛素	3～8 h	无峰	6～24 h
预混	动物源胰岛素	精蛋白锌胰岛素 30R	0.5 h	2～8 h	24 h
	人胰岛素	人胰岛素预混 30	0.5 h	2～12 h	14～24 h
		人胰岛素预混 50	0.5 h	2～3 h	10～24 h
	胰岛素类似物	预混门冬胰岛素 30	10～20 min	1～4 h	14～24 h
		预混门冬胰岛素 50	15 min	30～70 min	16～24 h
		预混赖脯胰岛素 25	15 min	30～70 min	16～24 h
		预混赖脯胰岛素 50	15 min	30～70 min	16～24 h

四、重组人血管内皮生长因子受体-Fc 融合蛋白

年龄相关性黄斑变性（age-related macular degeneration，AMD）又称老年黄斑变性（senile macular degeneration，SMD），为视网膜黄斑区结构的衰老性改变，多发生于 40 岁以上，发病率随年龄增长而增高，主要症状为由视网膜色素上皮细胞和视网膜退行性病变引起的不可逆的视力下降或丧失。临床根据有无脉络膜新生血管（choroidal neovascularization，CNV）分为干性（萎缩性）和湿性（渗出性）AMD 两种，湿性 AMD 是引起视力严重丧失的原因。CNV 发生与发展过程中，血管内皮生长因子（vascular endothelial growth factor，VEGF）和其他多种细胞因子及其信号转导通路参与调控，其中，VEGF 发挥着关键的作用。因此通过抑制 VEGF 来对抗 CNV 的生长，是湿性 AMD 的一个重要治疗策略。

VEGF 家族及其受体在血管生成过程中发挥重要作用，其家族有 7 个成员，分别是 VEGF-A、VEGF-B、VEGF-C、VEGF-D、VEGF-E、VEGF-F 和胎盘生长因子（placenta growth factor，PLGF）；其受体包括酪氨酸激酶受体[VEGFR-1（fms-like tyrosine kinase 1，Flt-1）、VEGFR-2（KDR）、VEGFR-3]和非酪氨酸激酶受体[NRP-1（neuropilin-1）、NRP-2]。其中，VEGF-A 是对血管生成影响最大的一种因子，主要与 VEGFR-1、VEGFR-2 结合发挥作用。将 VEGFR-1 胞外区第 2 个类免疫球蛋白结构域（VEGFR-1D2）、VEGFR-2 胞外区第 3 个类免疫球蛋白结构域（VEGFR-2D3）与人的免疫球蛋白 IgG1 的 Fc 片段的基因相连，重组表达

融合蛋白 rhVEGFR-Fc。也有实验室在 VEGFR-2D3 后面串接 VEGFR-2D4，或者采取其他组合方式构建不同的融合蛋白；还有实验室将 IgG1 的 Fc 片段以 IgG2、IgG3 或 IgG4 的 Fc 片段予以代替。这类融合蛋白均可以非常好地结合 VEGF 家族成员，竞争性抑制其与 VEGF 家族受体结合，阻止家族受体的激活，有效控制新生血管的生成，达到治疗湿性 AMD 的作用，只是不同组合方式的融合蛋白对 VEGFR 的亲和力有一定差别。图 2-26 为部分融合蛋白表达基因序列示意图。这类融合蛋白药物还具有治疗糖尿病黄斑水肿(diabetic macular edema，DME)、病理性近视(pathologic myopia，PM)、视网膜静脉阻塞(retinal vein occlusion，RVO)等相关疾病的疗效。

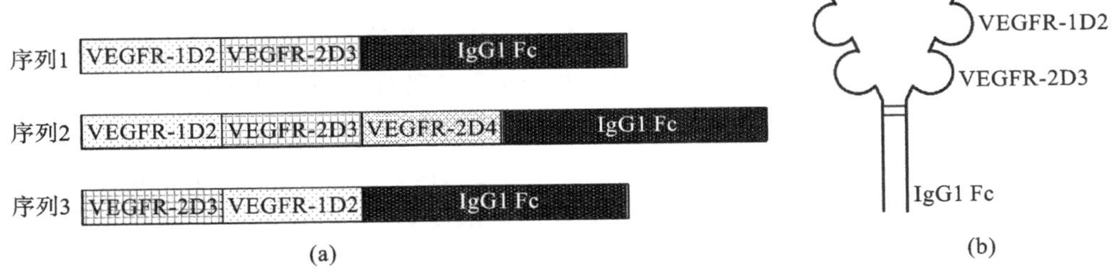

图 2-26 部分重组人 VEGFR-IgG Fc 融合蛋白结构示意图

注：(a)基因序列；(b)序列 1 表达融合蛋白结构。

目前上市品种为采用 CHO 细胞表达系统生产的注射液剂型，常用辅料有枸橼酸、蔗糖、精氨酸、聚山梨酯 20 等。规格为 10 mg/mL，每支 0.2 mL。要求在有资质的医院中使用。医院应具备该疾病诊断和治疗所需的相关仪器设备和条件，由受过玻璃体腔内注射技术培训的有眼科资质的医师进行操作。给药方案一般为初始 3 个月，每个月玻璃体腔内给药 1 次，每只眼睛每次 0.5 mg(相当于 0.05 mL 的注射量)，之后每 3 个月玻璃体腔内给药 1 次。治疗期间应关注患者视力变化情况，根据眼科医师的评估确定后续治疗方案。最常见的不良反应为注射部位出血、结膜充血和眼内压增高，均由玻璃体腔内注射引起，且程度较轻，大多数无须治疗即可恢复。

五、PEG 修饰重组人粒细胞集落刺激因子

粒细胞集落刺激因子(granulocyte colony stimulating factor，G-CSF)是一种含有 174 个氨基酸的糖蛋白，相对分子质量约为 19000。G-CSF 可受内毒素、TNF-α、IFN-γ 和 IL-1 等因素诱导，由单核细胞和巨噬细胞分泌；也可受 IL-17 的诱导，由上皮、内皮和成纤维细胞分泌；前列腺素 E2 可以抑制 G-CSF 的生成。G-CSF 具有诱导髓性白细胞系分化为粒细胞和巨噬细胞的作用，是目前已知集落刺激因子家族中最强的诱导因子。人的 G-CSF 基因全长 2.5 kb，位于第 17 号染色体，包括 5 个外显子和 4 个内含子；成熟蛋白含有 5 个半胱氨酸，分子内的两对二硫键是生物活性的关键结构。

G-CSF 主要作用于中性粒细胞系造血细胞的增殖、分化和活化；在体外，可刺激骨髓造血祖细胞中中性粒细胞集落的形成，延长成熟中性粒细胞的存活时间，活化中性粒细胞。重组人粒细胞集落刺激因子(rhG-CSF)临床适应证主要有肿瘤放疗、化疗等原因导致的中性粒细胞减少症，骨髓造血机能障碍等原因引起的中性粒细胞减少症，促进感染或移植后中性粒细胞数升高等。然而，因为 rhG-CSF 半衰期短(3～4 h)，易被酶降解，被肾脏清除，临床应用中需每天注射。通过对 rhG-CSF 进行聚乙二醇(polyethylene glycol，PEG)修饰，可延长其在体内的代谢时间，因此疗效更好。

PEG 是一种具有高度柔韧性的亲水性分子，由环氧乙烷聚合而成，其分子式为

$HO(CH_2CH_2O)_nH$。利用 PEG 修饰蛋白，其亲水基团与蛋白质的亲核基团结合，阻止了酶与亲核基团的结合；PEG 的高亲水性使蛋白多聚物表面形成一道水化层，降低蛋白质被水解的机会；经 PEG 修饰后的蛋白质相对分子质量大大超过肾小球基底膜的滤过极限，降低了被肾小球滤过的概率；PEG 的柔韧性可以掩盖蛋白质表面的部分抗原决定簇；提高蛋白多聚物的亲水性，降低蛋白分子因疏水性而形成的分子聚集，降低蛋白药物的免疫原性，起到延长蛋白药物体内半衰期的作用。临床上，化疗后 PEG-rhG-CSF 只需要注射 1 次，而与此对照，rhG-CSF 一般 2 周内每天注射 1 次，大部分患者注射超过 10 次。

rhG-CSF 常采用原核表达系统（*E. coli*），蛋白质以包涵体方式表达，经过变性、复性、透析和弱阳离子交换层析后获得弱酸性原液，一般为 NaAc-HAc（pH 4.0）缓冲液，蛋白质浓度为 1.0 mg/mL。在 0.02 mol/L 氰基硼氢化钠（$NaCNBH_3$）条件下，加入 4～10 倍物质的量比的 PEG（相对分子质量大于 20000），4 ℃搅拌过夜，即可实现对 rhG-CSF 的 PEG 修饰。该技术的原理是利用蛋白质的 N 端 α 氨基与侧链氨基的等电点差，在偏酸性条件下低反应活性的 PEG 试剂更容易与 α 氨基发生结合反应，从而实现定点修饰（图 2-27）。将修饰后的蛋白质经过层析柱纯化，使其纯度达到 98.0%以上，调整合适浓度，加入适量 NaAc、聚山梨酯 20（或聚山梨酯 80）、山梨醇（或甘露醇）等辅料（赋形剂），制备成 3.0 mg/mL 规格的注射液。每个规格含蛋白药物的活性为 1.35×10^8 IU（采用小鼠 NFS-60 细胞，MTT 比色法检测）。一般有两种包装，分别是安瓿和预装式注射器，并置于 2～8 ℃保存。

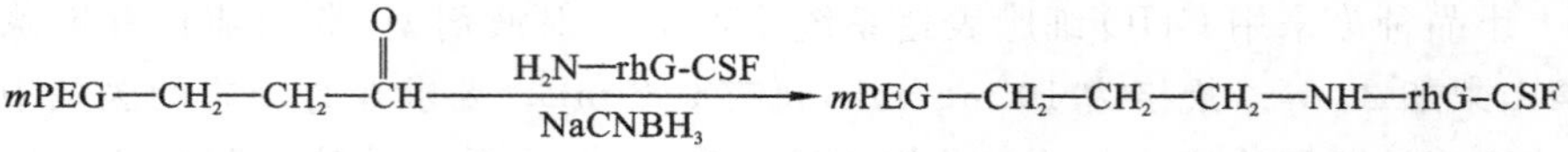

$$m\text{PEG}-CH_2-CH_2-\overset{\overset{\displaystyle O}{\|}}{C}H \xrightarrow[\text{NaCNBH}_3]{\text{H}_2\text{N}-\text{rhG-CSF}} m\text{PEG}-CH_2-CH_2-CH_2-NH-\text{rhG-CSF}$$

图 2-27　甲氧 PEG 丙醛定点修饰 rhG-CSF 合成路线图

附

缩　略　表

英文全称	中文全称	英文缩写
Autographa californica multicapsid nucleo polyhedrosis virus	苜蓿银纹夜蛾（核壳体）核型多角体病毒	AcMNPV
antibody-drug conjugate	抗体-药物偶联物	ADC
age-related macular degeneration	年龄相关性黄斑变性	AMD
alcohol oxidase	醇氧化酶	AOX
American Type Culture Collection	美国典型培养物保藏中心	ATCC
adenosine triphosphate	腺苷三磷酸	ATP
bacterial artificial chromosome	细菌人工染色体	BAC
bicinchoninic acid	二联喹啉酸	BCA
baculovirus expression vector system	杆状病毒表达系统	BEVS
basic fibroblast growth factor	碱性成纤维细胞生长因子	bFGF
baby hamster kidney cell	乳仓鼠肾细胞	BHK
Bombyx mori nucleopolyhedrsis virus	家蚕核型多角体病毒	BmNPV
bispecific monoclonal antibody	双特异性抗体	BsAb
China Center for Type Culture Collection	中国典型培养物保藏中心	CCTCC

NOTE

续表

英文全称	中文全称	英文缩写
circular dichroism	圆二色性	CD
capillary electrophoresis	毛细管电泳	CE
Chinese hamster ovary	中国仓鼠卵巢	CHO
choroidal neovascularization	脉络膜新生血管	CNV
cytotoxic T lymphocyte	细胞毒性 T 细胞	CTL
coefficient of variation	变异系数	CV
dicyclohexyl carbodiimide	二环己基碳二亚胺	DCC
dihydrofolate reductase	二氢叶酸还原酶	DHFR
diabetic macular edema	糖尿病黄斑水肿	DME
Dulbecco's modified Eagle's medium	DMEM 培养基	DMEM
dimethyl sulfoxide	二甲基亚砜	DMSO
deoxyribonucleic acid	脱氧核糖核酸	DNA
dithiothreitol	二硫苏糖醇	DTT
ethylenediaminetetraacetic acid	乙二胺四乙酸	EDTA
epidermal growth factor	表皮生长因子	EGF
enzyme linked immunosorbent assay	酶联免疫吸附试验	ELISA
erythropoietin	促红细胞生成素	EPO
fluorescence immunoassay	荧光免疫检测	FIA
follicle stimulating hormone	促卵泡激素	FSH
gas chromatography	气相色谱	GC
granulocyte colony stimulating factor	粒细胞集落刺激因子	G-CSF
growth hormone	生长激素	GH
granulocyte-macrophage colony stimulating factor	粒细胞巨噬细胞集落刺激因子	GM-CSF
host cell protein	宿主细胞蛋白	HCP
human embryo kidney cell	人胚肾细胞	HEK
hydrophobic interaction chromatography	疏水层析	HIC
human immunodeficiency virus	人类免疫缺陷病毒	HIV
high-performance liquid chromatography	高效液相色谱	HPLC
horseradish peroxidase	辣根过氧化物酶	HRP
insulin aspart	门冬胰岛素	IASP
insect cell expression system	昆虫细胞表达系统	ICES
International Conference on Harmonization of Technical Requirements for Registration Pharmaceuticals for Human Use	人用药品注册技术要求国际协调会	ICH
ion-exchange chromatography	离子交换层析	IEC

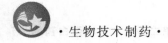

续表

英文全称	中文全称	英文缩写
isoelectric focusing electrophoresis	等电聚焦电泳	IFE
interferon	干扰素	IFN
insulin-like growth factor	胰岛素样生长因子	IGF
interleukin	白介素	IL
isopropylthiogalactoside	异丙基硫代半乳糖苷	IPTG
limulus amebocyte lysate	鲎试剂法	LAL
loop-mediated isothermal amplification	环介导等温扩增检测	LAMP
lysogeny broth	LB 培养基	LB
multiple clone site	多克隆位点	MCS
minimum Eagle's medium	MEM 培养基	MEM
methylthiazol tetrazolium bromide	溴化噻唑蓝四氮唑	MTT
methotrexate	甲氨蝶呤	MTX
macrophage	巨噬细胞	MΦ
National Cancer Institute	美国国立癌症研究所	NCI
National Institute of Health	美国国立卫生研究所	NIH
nephelometric turbidity unit	浊度值	NTU
phosphate buffer saline	磷酸盐缓冲液	PBS
polymerase chain reaction	聚合酶链式反应	PCR
polyethylene glycol	聚乙二醇	PEG
glyceraldehyde-3-phosphate dehydrogenase promoter	三磷酸甘油醛脱氢酶启动子	pGAP
phenylisothiocyanate	苯异硫氰酸酯	PITC
placenta growth factor	胎盘生长因子	PlGF
pathologic myopia	病理性近视	PM
phenazine methosulfate	吩嗪二甲酯硫酸盐	PMS
paranitroanilinum	对硝基苯胺	PNA
p-nitrophenyl phosphate	对硝基苯磷酸酯	pNPP
staphylococcal protein A	葡萄球菌 A 蛋白	protein A
recombinant streptococcal protein G	重组链球菌 G 蛋白	protein G
prourokinase	尿激酶原	Pro-UK
quality assurance	质量保障	QA
quality control	质量控制	QC
quality research	质量研究	QR
quantitative real-time PCR	实时定量聚合酶链式反应	qRT-PCR
recombinant human growth hormone	重组人生长激素	rhGH
radioimmunoassay	放射免疫检测	RIA
Roswell Park Memorial Institute 1640	RMPI 1640 培养基	RMPI 1640

NOTE

续表

英文全称	中文全称	英文缩写
ribonucleic acid	核糖核酸	RNA
recombinase polymerase amplification	重组酶聚合酶扩增	RPA
reverse transcription PCR	逆转录聚合酶链式反应	RT-PCR
retinal vein occlusion	视网膜静脉阻塞	RVO
stapylokinase	葡激酶	Sak
sodium dodecyl sulfate polyacrylamide gel electrophoresis	十二烷基硫酸钠聚丙烯酰胺凝胶电泳	SDS-PAGE
Spodoptera frugiperda	草地贪夜蛾(秋行军虫)	Sf9
streptokinase	链激酶	SK
senile macular degeneration	老年黄斑变性	SMD
solid phase peptide synthesis	多肽固相合成技术	SPPS
tachypleus amebocyte lysate	东方鲎鲎试剂	TAL
trifluoroacetic acid	三氟乙酸	TFA
tetramethylbenzidine	四甲基联苯胺	TMB
tumor necrosis factor	肿瘤坏死因子	TNF
tissue type plasminogen activator	组织型纤溶酶原激活剂	tPA
thrombopoietin	血小板生成素	TPO
vascular endothelial growth factor	血管内皮生长因子	VEGF
World Health Organization	世界卫生组织	WHO
water soluble tetrazolium salts	水溶性四氮唑盐	WSTs
4-nitro sulfophenyltetrazoliumcarboxanilide	四氮唑苯磺酸钠	XTT
yeast extract peptone dextrose	YPD 培养基	YPD/YEPD
β-mercaptoethanol	β-巯基乙醇	β-ME

本章小结

本章首先介绍了重组蛋白药物的基本概念和技术发展的历程，通过对重组蛋白药物自工程细胞构建、细胞培养与目的蛋白表达、蛋白分离纯化、蛋白制剂的研究，到蛋白药物的质量控制与分析检定的全程技术与相关联系的介绍，基本展示了重组蛋白药物研发全流程的基本要点和规范要求。

本章在工程细胞构建中强调了基因、载体、宿主细胞三个要素，以及重要的表达系统及其构建技术要点；细胞培养与目的蛋白表达中阐述了不同表达系统各自的特点、重要的技术方法、表达的控制指标；根据蛋白的特点描述分离纯化各种技术的依据、蛋白纯化的目标要求；多种蛋白制剂的基本工艺和要求；质量控制与研究则强调了完整的质量管理系统，基本理化性质、相关物质与结构鉴定三个方面的质量指标，重点强调了生物活性等重要指标的分析检定技术。

最后就目前已经上市的重要重组蛋白药物部分品种举例说明其应用范围、基本的制备与质量检定要求等信息。

NOTE

能力检测

(1) 基因重组的三要素是什么？每个要素的关键是什么？
(2) 宿主细胞主要有哪几类？其特点是什么？
(3) 原核细胞表达方式有几种？选择方式的主要依据有哪些？
(4) 细胞系的形成及其意义是什么？
(5) 真核细胞表达的优势有哪些？
(6) 药品研发生产管理的质量体系包括什么？
(7) 蛋白药物质量控制的指标主要有哪些？
(8) 蛋白药物生物活性检测方法有哪些？
(9) 全新的蛋白药物如何建立质控标准？
(10) 试分析重组蛋白药物制备过程应该设立哪些质控指标。
(11) 举出 5 种以上重组蛋白药物分离纯化方法，并分析其分别针对蛋白的何种性质。
(12) 重组蛋白药物纯度应该为多少？
(13) 重组蛋白药物的热原控制方法有哪些？
(14) 重组蛋白药物的病毒处理方法有哪些？
(15) 冻干粉针的优点是什么？

参考文献

[1] 国家药典委员会.中华人民共和国药典(2015 年版 三部)[S].北京:中国医药科技出版社,2015.
[2] 卢锦汉,章以浩,赵铠.医学生物制品学[M].北京:人民卫生出版社,1995.
[3] 王军志.生物技术药物研究开发和质量控制[M].3 版.北京:科学出版社,2018.
[4] Shuman S. DNA ligases:progress and prospects[J]. Journal of Biological Chemistry, 2009,284 (26):17365-17369.

(朱俊铭)

第三章　治疗性抗体药物及其制备

本章 PPT

学习目标

1. 掌握：抗体药物的概念及应用，单克隆抗体和多克隆抗体的制备原理及基本过程，基因工程抗体的概念及其制备原理，以及噬菌体抗体库技术的原理。

2. 熟悉：小分子抗体、抗体-药物偶联物、抗体融合蛋白、双特异性抗体等新型抗体药物的制备方法，人源化抗体及其制备方法，全人源抗体及其制备方法。

3. 了解：抗体药物的发展趋势。

第一节　概　　述

抗体是机体受抗原刺激后由B淋巴细胞产生，并且能与该抗原发生特异性结合的具有免疫功能的球蛋白。它是机体体液免疫的关键效应分子，同时还能辅助细胞免疫和补体系统。抗体主要分布于血清中，在组织和外分泌液中也存在。常规抗体是针对多种不同抗原决定簇产生的抗体，又称为多克隆抗体；而针对某种抗原决定簇产生的抗体称单克隆抗体，一般由杂交瘤细胞分泌。自1986年首个单克隆抗体药物莫罗莫那-CD3(Muromonab-CD3)在美国上市，获批上市的抗体药物数量逐年增多。临床上，抗体可用于抗肿瘤、抗感染、抗器官移植排斥反应、抗血栓形成和解毒，以及构建独特型疫苗、治疗自身免疫性疾病和变态反应疾病等。近年来随着杂交瘤技术、噬菌体抗体库技术、细胞大规模培养技术等的迅猛发展，抗体已经可以在体外大规模生产，因其特异性强、治疗效果显著等特点，抗体已被广泛用于人类疾病的诊断、预防或治疗。同时，随着抗体技术的不断发展，全人源抗体、小分子抗体、抗体-药物偶联物、双特异性抗体等新型抗体药物也在自身免疫性疾病、癌症等重大疾病的治疗中发挥越来越重要的作用。

一、抗体的基本概念

抗体(antibody，Ab)是指机体免疫细胞被抗原激活后，由分化成熟的终末B淋巴细胞(简称B细胞)分泌的一类能与刺激其产生的抗原特异性结合的免疫球蛋白。免疫球蛋白(immunoglobulin，Ig)指具有抗体活性或化学结构与抗体相似的球蛋白，可分为分泌型和膜型，前者主要存在于血液及组织液中，具有抗体的各种功能，后者构成B细胞膜上的抗原受体。抗原(antigen，Ag)是指能够刺激机体产生(特异性)免疫应答，并能与免疫应答产物——抗体和致敏淋巴细胞在体外结合，发生免疫效应(特异性反应)的物质。抗原分子中决定抗原特异性的特殊化学基团称为抗原表位(epitope)或抗原决定簇(antigenic determinant)。

(一) 抗体的基本结构

Ig单体是由4条肽链通过链间二硫键连接组成的异源二聚体蛋白，结构上呈“Y”字形

(图 3-1),是 Ig 分子的基本单位。

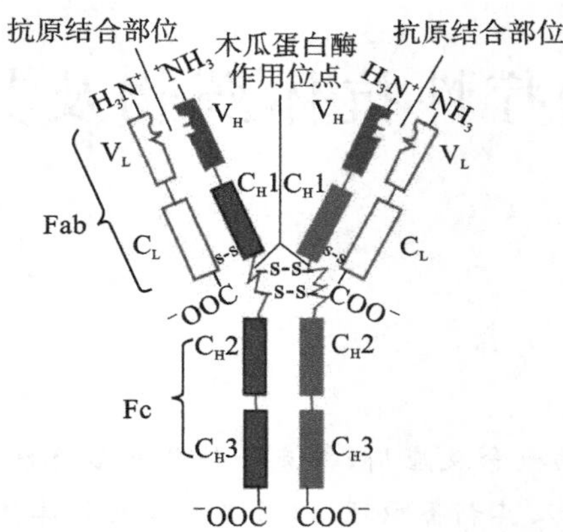

图 3-1 免疫球蛋白的基本结构示意图

1. 重链和轻链 任何一类天然 Ig 分子均含 4 条异源性多肽链,其中相对分子质量较大的一对肽链称为重链(heavy chain,H 链),相对分子质量较小的一对肽链称为轻链(light chain,L 链)。组成同一 Ig 单体的 4 条肽链两端游离的氨基和羧基的方向是一致的,分别命名为氨基端(N 端)和羧基端(C 端)。同一天然 Ig 分子中的两条重链和两条轻链的氨基酸组成完全相同。

(1) 重链:Ig 的每条重链相对分子质量为 50000～75000,由 450～550 个氨基酸残基组成。在重链上结合有不同量的糖基,故 Ig 属于糖蛋白。各类 Ig 重链恒定区的氨基酸的组成和排列顺序不尽相同,因而其免疫原性也存在差异。组成 Ig 的重链有 μ、γ、α、δ 和 ε 5 种,由它们参与组成的相应的 Ig 分别为 IgM、IgG、IgA、IgD 和 IgE。同一类 Ig 又可根据铰链区氨基酸组成、重链间二硫键的数目和位置的不同,分为不同的亚类。如人 IgG 可分为 IgG1～IgG4 共 4 个亚类,IgA 可分为 IgA1 和 IgA2 两个亚类,目前尚未发现 IgM、IgD 和 IgE 有亚类。

(2) 轻链:Ig 的每条轻链相对分子质量约为 25000,由 214 个氨基酸残基组成,由二硫键与重链 N 端共价结合。轻链有 κ 链和 λ 链两种,据此可将 Ig 分为 κ 型和 λ 型。一个天然 Ig 分子上两条轻链的型别总是相同的。

2. 可变区与恒定区 通过研究不同 Ig 重链和轻链的氨基酸序列发现,靠近 N 端的约 110 个氨基酸序列变化很大,其他部分序列则相对恒定。重链和轻链中靠近 N 端氨基酸序列变化较大的区域称为可变区(variable region,V 区),分别约占重链和轻链的 1/4 和 1/2;而靠近 C 端氨基酸序列相对恒定的区域称为恒定区(constant region,C 区),分别约占重链和轻链的 3/4 和 1/2。

(1) 可变区:重链和轻链的 V 区分别称为 V_H 与 V_L。在 V 区内,某些区域的氨基酸序列比 V 区内其他区域的变化程度更高,称为超变区(hypervariable region,HVR)。如重链的第 30～35 位、第 50～63 位、第 95～102 位和轻链的第 24～34 位、第 50～60 位、第 89～97 位。重链和轻链的 3 个超变区各形成 3 个环状结构,分别用 HVR1、HVR2 和 HVR3 表示,一般 HVR3 变化程度最高。V_H 与 V_L 的 3 个超变区共同形成 1 个稳定的抗原接触面,与特异性抗原决定簇互补,是特异性抗原与 Ig 结合的部位(antigen binding site),故超变区又称决定簇互补区(complementarity-determining region,CDR),可用 CDR1、CDR2 和 CDR3 表示(图 3-2)。不同抗体的 CDR 序列不同,决定了抗体的特异性。从 Ig 的抗原性考虑,其独特型决定簇(idiotypic determinant),即该 Ig 分子所具有的独特遗传标记结构,主要在该区域。可变区中的 HVR 之外区域的氨基酸组成与序列变化相对较少,称为骨架区(framework region,FR)。

(2) 恒定区:靠近 Ig 分子多肽链的 C 端的轻链的 1/2 和重链的 3/4 区域氨基酸的数目、

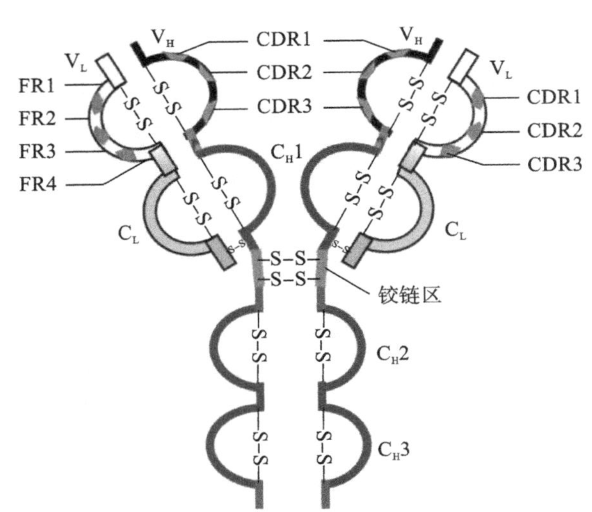

图 3-2 免疫球蛋白的决定簇互补区和骨架区

种类、序列及含糖量都比较稳定，称为恒定区（constant region，C 区）。重链和轻链的 C 区分别称为 C_H 与 C_L。不同型 Ig 的 C_L 长度基本一致，但不同型 Ig 的 C_H 长度不一，有的包括 C_H1、C_H2 和 C_H3，有的则更长，包括 C_H1、C_H2、C_H3 和 C_H4。同一种属的个体所产生的针对不同抗原的同一类别 Ig，其 C 区氨基酸序列比较恒定，其免疫原性相同，但 V 区各异。例如，针对不同抗原的人 IgG 抗体，其 V 区不同，只能与相应的抗原发生特异性结合，但 C 区相同，均含 γ 链，因此人 IgG 抗体（第二抗体）均能与之结合。再如，针对同一抗原的人 IgG 和 IgM 抗体，它们的 V 区相同，因此均能与该抗原特异性地结合，但 C 区不同，分别含 γ 链和 μ 链。

3. 铰链区 铰链区（hinge region）位于 C_H1 与 C_H2 之间，富含脯氨酸，具有弹性和伸展性，可改变 Ig 两个抗原结合部位（Y 形臂）之间的距离，有利于 Ig 与抗原分子表面不同距离的抗原表位结合或使 Ig 能同时与两个抗原表面分子相应的抗原表位结合；也利于暴露 Ig 分子上的补体 C1q 结合位点，为激活补体创造条件。铰链区对木瓜蛋白酶和胃蛋白酶敏感，经酶处理后可产生不同的水解片段。五类 Ig 或亚类的铰链区不尽相同，例如人 IgG1、IgG2、IgG4 和 IgA 的铰链区较短，IgG3 和 IgD 铰链区较长，而 IgM 和 IgE 无铰链区。

4. 结构域 Ig 的多肽链分子可在链内二硫键作用下折叠成数个球状结构，称为功能区或结构域（domain）。每个结构域约由 110 个序列相似或高度同源的氨基酸组成，每个结构域一般具有其独特的功能。轻链有 V_L 和 C_L 两个结构域，人 IgG、IgA、IgD 的重链有 V_H、C_H1、C_H2 和 C_H3 四个结构域，IgM、IgE 有 5 个结构域，多一个 C_H4 结构域。

各结构域的功能如下所述。

（1）V_H、V_L：Ig 分子特异性识别和结合抗原的部位。超变区的氨基酸组成和排列因其相应结合的抗原特异性的不同而不同，故 V_H、V_L 氨基酸的种类和排列顺序高度可变，可形成很多能与不同特异性抗原表位结合的抗体。

（2）C_L 和 C_H：某些同种异型的遗传标记存在于该区。

（3）IgG 的 C_H2 和 IgM 的 C_H3：有补体 C1q 的结合位点，与补体经典途径的激活有关。IgG 的 C_H2 与 IgG 通过胎盘屏障有关。

（4）C_H3 或 C_H4：可与多种细胞表面相应的 Fc（fragment crystallizable）受体结合，产生不同的免疫效应。人 IgG1、IgG2、IgG4 亚类 C_H3 与葡萄球菌 A 蛋白（staphylococcal protein A）结合，可用于纯化抗体和免疫诊断等。

5. Ig 的其他成分 Ig 轻链和重链除上述基本结构外，某些类别的 Ig 还含有其他辅助成分，分别是 J 链和分泌片。

(1) J 链(joining chain)是由浆细胞合成的一条富含半胱氨酸的多肽链,主要功能是将单体 Ig 连接为多聚体(图 3-3),并使之稳定。如 2 个 IgA 单体由 J 链相互连接形成二聚体,5 个 IgM 单体二硫键相互连接,并通过二硫键与 J 链连接形成五聚体。IgG、IgD 和 IgE 无 J 链,均为单体。

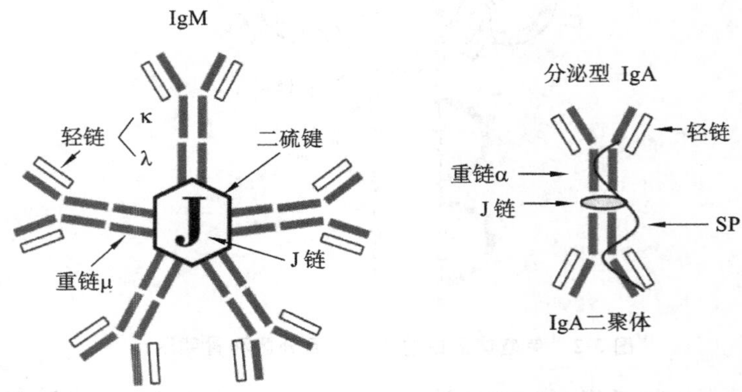

图 3-3　IgM 与分泌型 IgA 结构示意图

(2) 分泌片(secretory piece,SP)又称分泌成分(secretory component,SC),是由黏膜上皮细胞合成的含糖肽链,以非共价形式与 IgA 二聚体结合,使其成为分泌型 IgA(sIgA)。其功能是保护 sIgA 免受外分泌液中蛋白水解酶的水解作用,并能介导 IgA 二聚体的转运,使其分泌至黏膜表面,发挥黏膜保护作用。

6. Ig 的水解片段　一定条件下,Ig 分子肽链的某些部分易被蛋白酶水解为不同片段。木瓜蛋白酶(papain)和胃蛋白酶(pepsin)是较常用的两种 Ig 蛋白水解酶。木瓜蛋白酶水解 IgG 的部位是在铰链区的重链链间二硫键近 N 端侧,可将 Ig 裂解为 2 个完全相同的抗原结合片段(fragment of antigen binding,Fab)和 1 个可结晶片段(fragment crystallizable,Fc)。而胃蛋白酶作用于铰链区的重链链间二硫键近 C 端侧,水解 Ig 后可产生一个由 2 个 Fab 及铰链区组成的双价大片段 $F(ab')_2$ 和一些小片段 pFc′。

(二) 抗体的基因结构

1. Ig 基因的基本结构　编码 Ig 的重链以及轻链的 κ 链和 λ 链的基因库分别位于不同的染色体上,如人的重链基因库位于第 14 号染色体,而 κ 链和 λ 链基因库分别在第 2 号和第 22 号染色体上。每一基因库均由数目不等的一组基因组成。其中编码 V 区肽链的基因片段称 V 基因(variable gene),编码 C 区肽链的基因片段称为 C 基因(constant gene),在 V 基因和 C 基因之间还有 J 基因(joining gene);在重链基因库中,还有若干多样性基因(diversity gene)片段,称为 D 基因。编码每种链的基因由不同的基因片段组成,其中重链包含 V、D、J 和 C 基因片段,而轻链没有 D 基因片段。每种基因片段又包含一系列不同的编码基因片段。以人 Ig 的重链为例,重链基因库中编码蛋白的基因片段包括至少 100 个 V 基因、9 个 C 基因、6 个 J 基因和 27 个 D 基因片段。

2. 抗体基因的重排与表达　编码抗体多肽链的上述基因片段之间被插入序列所分隔,不能作为独立的单位表达,需经基因重排后才具表达功能。Ig 的可变区由 V(D)J 基因片段编码,恒定区由 C 基因片段编码。基因重排就是指在基因库中选择某些基因片段重新进行组合以得到完整的功能性的 Ig 编码基因。这种基因重排是骨髓始祖 B 细胞经前体细胞向成熟 B 细胞分化的过程中发生的。重链基因重排的顺序先为 D-J 相连,再是 V-DJ 相连,然后与 C 基因片段重排形成编码 Ig 重链的完整基因。在重链基因重排后,轻链可变区基因片段随之发生

NOTE

重排，形成 V-J 连接。轻链中 κ 链基因先发生重排，如果 κ 链基因重排无效，随即发生 λ 基因的重排。成熟 B 细胞两条同源染色体中只有一条染色体 Ig 的基因得到表达，称为等位基因排除现象（allelic exclusion）。在轻链则不仅等位基因中只有一个表达，κ 链和 λ 链也只有一个得到表达。这现象保证了一个 B 细胞膜表面所表达的 10 多万个 Ig 分子及其后所分泌的 Ig 分子都具有相同的特异性。

（三）抗体的亲和力与结合力

抗体的亲和力（affinity）是指抗体的结合部位与其相应抗原表位相结合的紧密程度，亲和力越强，则结合越牢固，是用于评价抗体性质重要的指标之一。

抗原、抗体的结合反应通常处于动态平衡状态。对于一对一的结合反应，可以表示为

$$\mathrm{Ab}+\mathrm{Ag} \rightleftharpoons \mathrm{Ab\text{-}Ag}$$

上式表示的是一种平衡与可逆的状态。当条件改变时，平衡即发生破坏并导致新的平衡产生。例如，降低体系中抗原或抗体的浓度，就破坏了原有的平衡，并使一部分已形成的抗原-抗体复合物解离，即 Ab-Ag 的浓度降低，生成一些新的游离的抗原或抗体，直至达到新的平衡状态。平衡状态下，抗原、抗体、抗原-抗体复合物三者之间的浓度关系可以表示为

$$K_{\mathrm{a}}=[\mathrm{Ab\text{-}Ag}]/([\mathrm{Ab}]\cdot[\mathrm{Ag}])$$

$$K_{\mathrm{d}}=[\mathrm{Ab}]\cdot[\mathrm{Ag}]/[\mathrm{Ab\text{-}Ag}]$$

其中[Ab]、[Ag]和[Ab-Ag]分别表示抗体、抗原以及它们结合生成的抗原-抗体复合物的浓度，其单位为 mol/L；K_{a}表示抗原、抗体形成复合物的结合常数，以浓度的倒数为单位，K_{d}表示抗原-抗体复合物解离常数，其单位为浓度的单位。

一般既可以用结合常数也可以用解离常数来表征抗体亲和力的大小。如使用结合常数 K_{a}表示亲和力，则其值越高，表示亲和力越强，抗原、抗体结合的牢固度越高。对于不同的抗体，结合常数 K_{a}有一个很大的范围，可为 $10^{5}\sim10^{12}\,(\mathrm{mol/L})^{-1}$或更小。以解离常数表征亲和力时，则是 K_{d}值越低表示亲和力越强。解离常数在形式上与表示酶和底物结合的米氏常数相似。

上述表征亲和力的方法，是一种表征平衡状态的方法，只表示平衡时的状态而不涉及它们是如何达到平衡的中间过程与速度，亦即它难以表征抗原、抗体结合的动态过程。但实际上，抗原、抗体的结合以及抗原-抗体复合物的解离，都需要一定的时间。结合的快与慢，也是结合难易的表现。因此，需要有一个表征动态过程的方法，即动力学的方法。

从动力学的角度来看抗原、抗体反应，其结合作用的快慢，可以用单位时间内抗原、抗体或它们相互作用所生成的复合物的浓度的变化来表征。例如，对于 1 分子抗原与 1 分子抗体作用生成 1 分子抗原-抗体复合物的反应，即

$$K_{\mathrm{d}}=([\mathrm{Ab}]_{总}-[\mathrm{Ab\text{-}Ag}])\cdot([\mathrm{Ag}]_{总}-[\mathrm{Ab\text{-}Ag}])/[\mathrm{Ab\text{-}Ag}]$$

此结合反应的反应速率 γ 为在单位时间内反应物浓度的降低或产物浓度的增加，单位是 mol/(L·s)。

抗原、抗体的结合是一个可逆反应，根据动力学分析，在其正向反应中，正向反应的速率为 $\gamma_{正}$，$\gamma_{正}=\kappa_{\mathrm{ass}}[\mathrm{Ab}][\mathrm{Ag}]$。式中 κ_{ass}称为正向反应的速率常数，即动力学结合常数，其意义为反应物浓度为 1 mol/L 时的反应速率。

此时，逆向反应也在同时进行，其反应速率为 $\gamma_{反}$，$\gamma_{反}=\kappa_{\mathrm{diss}}[\mathrm{Ab\text{-}Ag}]$。而式中的 κ_{diss}则称为逆反应的速率常数，又表示为动力学解离常数。随着结合反应的进行，[Ag]、[Ab]，即抗原和抗体的浓度逐渐下降，因而 $\gamma_{正}$降低、反应减慢。但同时[Ab-Ag]，即抗原-抗体复合物的浓度逐渐上升，亦即 $\gamma_{反}$逐渐升高，逆反应加快。这样，必然在某一时间点 $\gamma_{正}=\gamma_{反}$，反应达到平衡。此时，复合物生成速率与其解离速率相等，$\gamma_{正}=\gamma_{反}$。即

NOTE

$$\kappa_{ass}[Ab][Ag]=\kappa_{diss}[Ab\text{-}Ag]$$

整理可得

$$[Ab]\cdot[Ag]/[Ab\text{-}Ag]=\kappa_{diss}/\kappa_{ass}=K$$

从化学热力学角度可知，这里的常数 K 恰巧也是前面讨论过的平衡状态下的平衡常数，即抗原-抗体复合物解离常数 K_d。但需要注意的是，这里的 κ_{ass} 和 κ_{diss} 与平衡状态下的 K_a 和 K_d 不同，前者是一种速率常数，会随反应时间的不同而改变；而后者只表示已达平衡状态时的结合与解离常数，不会随时间而改变。

（四）抗体的生物学功能

抗体与抗原结合后在少数情况下可对机体直接提供保护作用，如中和毒素的毒性或抑制病毒对宿主细胞的感染等。但大多数情况下需要通过效应功能灭活或清除外来抗原以保护机体，这些效应功能是由 Fc 介导的，可造成靶细胞的杀伤，促进细胞吞噬作用，诱发生物活性物质的释放，引起炎症反应等一系列生物学效应。引起效应功能的机制可分为两类，一类是通过补体激活，另一类是通过抗体分子 Fc 段与各种细胞膜表面 Fc 受体相互作用。

1. 识别与结合抗原 抗体的可变区可特异性识别和结合抗原，从而发挥中和毒素、阻断病原体入侵等免疫学功能。某些病毒、细菌毒素和昆虫或蛇的毒液会通过结合宿主细胞表面的蛋白进入细胞内从而引发相关疾病。中和抗体能够识别和结合病毒和毒素，物理性地防止其入侵细胞，从而保护宿主细胞。

2. 补体激活 抗体与抗原结合后，C_H2/C_H3 功能区内的补体结合位点暴露，从而引起补体经典途径。在人体内，IgM、IgG1、IgG2 和 IgG3 可以通过该途径激活补体。各亚类 IgG 结合补体的能力为 IgG3＞IgG1＞IgG2＞IgG4，实际上 IgG4 几乎不能激活补体，IgG2 激活补体的能力也很弱。补体激活过程通过抗体-抗原复合物与补体成分 C1q 的结合启动，IgG 与抗原形成复合物后，IgG 与 C1q 形成多价结合。其中，抗体与抗原结合后引起的抗体分子立体构象的变化是促进其与 C1q 结合的一个重要的因素。如，当五聚体 IgM 与处于同一平面的多价抗原结合时，其 Fab 端弯向一侧，产生新的 C1q 结合部位。补体激活后可发挥多种免疫学功能，如细胞裂解、免疫黏附及调理、促进炎症反应、免疫调节等。

3. Fc 介导的生物学效应功能 在许多免疫细胞的表面表达有可结合抗体 Fc 段的受体（Fc receptor，FcR）。FcR 是由 1 条可与 Fc 结合的多肽链（α 链）以及 1 条或多条涉及信号转导的多肽链（β、γ 链）形成的多聚体。FcR 根据其所结合的抗体类别的不同分为 5 种：FcγR（结合 IgG）、FcεR（结合 IgE）、FcαR（结合 IgA）、FcμR（结合 IgM）及 FcδR（结合 IgD）。每一种 FcR 中存在的分子结构不同的受体用罗马数字区分，如 FcγRⅠ（CD64）、FcγRⅡ（CD22）、FcγRⅢ（CD16）等，有些 FcR 分子结构相似但由不同的基因编码，以 A、B、C…… 表示，如 FcγRⅠA、FcγRⅢB。

抗体通过 Fc 片段与表面具有相应受体 FcR 的细胞结合，可发挥调理作用（opsonization）、抗体依赖细胞介导的细胞毒作用以及引发超敏反应等。

（1）调理作用：调理作用是指抗原被调理素包被后，吞噬细胞如单核巨噬细胞和中性粒细胞等对抗原的识别能力增强。抗体就是一种作用强大的调理素，尤其是人的 IgG1 和 IgG3，其与抗原结合后能够介导调理作用，从而增强吞噬细胞的吞噬能力。FcγR，尤其是 FcγRⅠ，是介导这类效应功能的主要受体。

（2）抗体依赖细胞介导的细胞毒作用：抗体分子与靶细胞表面抗原结合后，可通过其 Fc 段与杀伤细胞表面的 Fc 受体相结合，促进对靶细胞的杀伤作用，称为抗体依赖细胞介导的细胞毒作用（antibody-dependent cell-mediated cytotoxicity，ADCC）。当抗体包被的病原体过大而无法被吞噬细胞内吞的时候，ADCC 可以有效消灭病原体。当抗体结合到靶标物（如大的细

菌、寄生虫、病毒感染细胞或肿瘤细胞等)后,其 Fc 段会结合到杀伤细胞的 FcR 引发脱颗粒。颗粒内水解物质的释放会破坏病原体细胞膜,造成其盐浓度失衡并裂解。NK 细胞等也会合成并分泌 TNF 和 IFN-γ 以促进病原体的死亡。NK 细胞是介导 ADCC 最重要的细胞,其表面介导受体主要为 FcγRⅢ,这是一种低亲和力受体,只与细胞表面抗原的 IgG 结合,不能结合循环中的单体 IgG。嗜酸性粒细胞表面可表达 FcαR 和 FcεR,分别与包被在寄生虫上的 IgA 和 IgE 结合以释放颗粒物质。

(3) 超敏反应:IgE 可直接与肥大细胞和嗜碱性粒细胞表面的 FcεR 结合,诱导其合成并分泌生物活性物质,引起超敏反应。

(4) 免疫调节:B 细胞表面的 FcγRⅡB 可以介导抗体的反馈抑制。如 IgG 与抗原形成的复合物通过其抗原部分与 B 细胞表面的抗原受体(B cell receptor,BCR)结合,并通过 IgG Fc 与 FcγRⅡ结合,形成 BCR 与 FcR 的交联,进而通过 FcγRⅡB 胞内部分酪氨酸的磷酸化引起 B 细胞的抑制。

(5) Fc 受体介导的转运功能:除了上述效应功能外,抗体还可通过一些 FcR 介导胎盘或上皮细胞的转运作用。人体内的 IgG 通过与胎盘母体一侧的滋养层细胞上的新生 Fc 受体(neonatal FcR,FcRn)结合,从而进入胎儿血液中行使免疫保护功能。成年人在多种内皮细胞表面表达与此 FcRn 类似的 Fc 受体,这种受体可与血液循环中的 IgG 结合,进入细胞后可保护 IgG 在细胞内不被降解,然后将其转运到细胞外回到血液循环中,这种保护性受体成为 IgG 半衰期较长的重要机制。另外一种与转运相关的 Fc 受体是黏膜上皮细胞表达的多聚 Ig 受体(pIgR),它可以与多聚体 IgA 结合并将其转运到外分泌液中。

(五) 抗原识别特异性的产生

能与数量众多的不同抗原发生特异性结合是抗体分子的主要特征,这是抗体分子上抗原结合部位(antigen binding site)和抗原表位(antigen epitope)相互作用的结果。

早在 20 世纪 60 年代,人们通过对氨基酸序列的分析就发现轻链和重链可变区内分别存在3～4 个超变区,推测它们与抗体、抗原的特异性结合有关,这些超变区又被称作抗原决定簇互补区(CDR)。随后用亲和标记实验鉴定抗原结合部位的氨基酸序列,结果证明亲和标记均发生在 CDR 或其邻近的氨基酸残基。随着 X 射线晶体衍射和电镜技术的发展,各种抗体和抗体分子片段(绝大多数为 Fab 片段)的立体结构数据不断累积,抗体的轻、重链上的抗原结合部位已基本确定。可变区的骨架区形成 9 个反向平行 β 折叠,这些 β 折叠组成两个片层结构,由 1 个链内二硫键固定;骨架区作为支持 CDR 的支架,立体构象极为保守。V_H和 V_L紧密地结合在一起,形成一个致密的球状结构,成为 Fv 段,位于 Fv 段 N 端的 6 个 CDR 形成 CDR 表面(CDR surface),与抗原直接接触。CDR 表面可以有凹陷和凸起,可以有深袋和裂隙,其形状和特性取决于各 CDR 的氨基酸组成和数目。CDR 表面即抗体上的抗原结合部位,也称互补位(paratope)。抗体和抗原的结合不涉及共价键的形成或断裂,仅涉及非共价性质的作用力,包括疏水键、氢键、范德瓦尔斯力和离子键等。抗体、抗原结合的特异性来源于抗体结合部位与抗原决定簇的结构互补,既包括构象的互补,如凹陷与凸起的互补,也有理化性质的互补,如促进疏水键或离子键的形成等。

在 CDR 表面,重链的 CDR1、CDR3 和轻链的 CDR3 位于中央,而 CDR1-L、CDR2-L 和 CDR2-H 3 个襻状结构只有一部分靠近中央,一部分则远离中央。根据目前已有的抗体-抗原复合物晶体结构,抗体、抗原结合时的包埋面最多仅占 CDR 表面的 1/3 左右,结合部位在 CDR 表面的中央。对各个 CDR 在结合抗原时的利用情况分析表明,有些 CDR 不与抗原相接触,唯有两个 CDR3 总是参与抗原的结合,说明 CDR3 在抗体结合抗原时的重要性。CDR3 还在轻、重链可变区相互作用形成 Fv 时有重要作用,V_H和 V_L的接触影响了骨架区-骨架区、骨

架区-CDR3、CDR3-CDR3 的相互作用，涉及 CDR3 上的多个氨基酸残基，因此 CDR3 的变化不仅影响抗体结合部位的结构，也可影响 Fv 的立体构象，在抗体多样性形成中处于关键地位。

另一方面，对于抗体、抗原结合是否会引起立体构象的改变一直存在锁匙机制(lock and key)和诱导契合机制(induced fit)的争议。近年来更多数据支持诱导契合机制的存在，即抗原与抗体结合可诱发明显的构象改变，包括侧链方向的改变、主链片段的变化、CDR 表面构象的改变以及 V_H、V_L相对位置的移动等。诱导契合机制的存在说明参与抗体、抗原结合的氨基酸残基实际更隐蔽、更复杂，预测抗体、抗原结合后的构象也更困难，使得基因工程抗体的设计更为复杂。

（六）抗体的多样性

自然界中存在大量的抗原物质，而机体也会产生数量巨大的不同结构的抗体进行免疫应答以保护机体。由于 B 细胞表面在抗原暴露之前已经存在免疫球蛋白，而且细胞核内也不可能存在大量不同的抗体基因，也就说明细胞只能利用有限的免疫球蛋白基因通过重组以编码出大量的免疫球蛋白。

B 细胞在遇到抗原之前所产生的多样性主要来源于 B 细胞胚系基因库内大量存在的 V、D 和 J 基因片段以及这些片段的组合连接，片段之间连接和轻、重链配对的多样性。而抗原暴露之后，B 细胞会经历体细胞高频突变进一步扩大抗体的多样性。抗体多样性实现的途径主要有以下几个方面。

(1) 轻、重链可变区 V(D)J 基因重排：轻、重链的胚系基因包含许多 V 基因片段、D 基因片段(轻链无)、J 基因片段，各片段之间由内含子隔开。基因重排过程中各片段的随机组合将产生大量不同的抗体。以人可变区基因为例，V 区对应有 65 个功能性 V 基因片段，27 个 D 基因片段，6 个 J 基因片段，这样就会产生 $65\times27\times6\approx11000$ 种 V_H；κ 链上有 40 个功能性 V 基因片段，5 个 J 基因片段，这样就有 200 种不同的 V_κ。对 λ 链而言，约有 30 个 V 基因片段和 4 个 J 基因片段，组合起来有 120 种不同的 V_λ。

(2) 连接多样性：抗体各基因片段的连接往往会伴有核苷酸的插入、缺失和替换，从而产生不同的抗体序列。比较典型的连接多样性有以下 3 种：①删除。在 V(D)J 基因重排的最后阶段，两条基因片段在连接酶连接之前通常会被外切酶剪切掉一部分原始的核苷酸序列，导致最终序列不同于胚系基因。②P-核苷酸(P-nucleotide)增添。在 V(D)J 基因重排过程中，序列末端的连接准确性较差，常伴有核苷酸的丢失或插入。重组酶 RAG 切断后形成的两个序列片段并未直接相连，其断端各自连接形成发夹结构，再被内切酶随机切开，形成带有回文结构(palindrome)的突出单链 DNA 末端，通过 DNA 修补，恢复双链并将断裂处连接起来，从而将此回文序列保留在 V 区的编码序列中，称为 P-核苷酸。③N-核苷酸(N-nucleotide)增添。N-核苷酸的增添几乎只发生在重链 DJ 基因和 VD 基因连接处。当 DJ 基因片段和 V 基因片段的断端出现平端时，TdT 酶可随机添加非胚系基因模板来源的核苷酸到末端上，这些加入的核苷酸称为 N-核苷酸。

(3) 轻、重链的随机组合：不同的轻链和不同的重链随机组合将产生更大的多样性。V_H 约有 11000 种，V_L组合起来有 320 余种，因此，轻、重链间的组合多样性将可达 3.5×10^6 种。

(4) 体细胞高频突变：当机体对同一抗原进行再次应答时，经历过重排的抗体可变区基因可以高于正常突变率至少 1000 倍的频率发生点突变，从而产生具有更高亲和力的抗体。体细胞高频突变有以下特点：①出现于已发生基因重排的成熟 B 细胞；②突变频率特别高；③有突变热点位置，且不局限于 CDR；④主要发生于二次免疫应答，但 B 细胞向浆细胞分化完成后突变即停止发生；⑤T 细胞依赖性，只针对 T 细胞依赖性抗原诱导的免疫应答。

(5) 体细胞基因转换：人和鼠以外很多物种(如鸟和兔)依靠初始抗体谱的基因转换产生多样性。许多V区假基因片段会复制进入V基因片段造成DNA序列的改变。

(6) 受体编辑：受体编辑是指在一定条件下，轻链可变区在VJ基因重排后可进行二次重排。受体编辑往往发生在带有自身抗原特异性受体的B细胞与自身抗原相互作用的情况下。这一相互作用会促使V基因片段和J基因片段发生二次重排，新产生的VJ基因片段将特异性识别外来抗原，而非自身抗原。

二、抗体药物

抗体是机体体液免疫关键效应分子，同时还能辅助细胞免疫和补体系统。其Fab片段可特异性结合抗原或靶细胞，Fc片段可介导多种细胞效应功能如ADCC等，此外Fc段与FcRn类似受体结合使得抗体在体内的半衰期达10～20天。抗体分子的这些结构与生物学功能保证了其作为治疗性蛋白的药用疗效。

(一) 抗体药物的发展历程

抗体在临床上的治疗性应用，可以追溯到1888年Emile Roux应用抗血清治愈白喉患者。而1897年Paul Ehrlich提出的“魔术子弹(magic bullet)”假说则是利用抗体进行靶向治疗的概念的雏形。利用抗原免疫动物可以快速获得含有多克隆抗体的抗血清。但是由于多克隆抗体本质上是针对抗原不同表位的抗体的混合物，其质量并不均一，加之受免疫动物的制备路线所限，多克隆抗体在临床上的应用并不多见。

20世纪70年代，杂交瘤技术的问世使大量制备均一的鼠源单克隆抗体成为可能，为抗体的临床应用带来突破。1982年，Philip Karr将第一株抗独特型单克隆抗体应用于B细胞淋巴瘤的临床治疗并取得成功。1986年，采用杂交瘤技术生产的抗移植后免疫排斥反应的鼠源单克隆抗体莫罗莫那-CD3(Orthoclone OKT3)成为首个经美国食品药品监督管理局(Food and Drug Administration，FDA)批准上市的治疗性单克隆抗体。但由于鼠源单克隆抗体严重的免疫原性，即产生人抗鼠抗体(human anti-mouse antibody，HAMA)问题，随后十年抗体药物在临床应用并不广泛。美国FDA批准的另外两个鼠源单克隆抗体分别是替伊莫单抗(Ibritumomab tiuxetan)和^{131}I-托西莫单抗(^{131}I-tositumomab)，均为放射性标记抗CD20单抗，但目前仅替伊莫单抗仍用于非霍奇金淋巴瘤的临床治疗，它是放射性核素铟111(In-111)或钇90(Y-90)标记的抗CD20单抗，其余两个鼠源单克隆抗体已撤市。

20世纪80年代，DNA重组技术的发展使得人们有可能进行各种抗体“人源化”改造，单克隆抗体药物因此经历了人鼠嵌合抗体、人源化抗体阶段。如采用人抗体的部分氨基酸序列代替某些鼠源抗体的序列，产生的嵌合抗体可以有效地减少鼠源抗体的免疫原；利用CDR移植技术或表面重塑技术进一步将可变区的FR序列更换为人源序列，得到的人源化抗体(humanized antibody)免疫原性进一步降低。20世纪90年代末上市的诸多嵌合抗体和人源化抗体在临床上得到了广泛应用。如1997年被批准上市的利妥昔单抗(Rituximab)是一种抗CD20的人鼠嵌合型单克隆抗体，含人IgG1恒定区，通过补体依赖的细胞毒作用(complement dependent cytotoxicity，CDC)和ADCC引发B细胞溶解的免疫反应，用于治疗B细胞淋巴瘤和多种自身免疫性疾病(如类风湿性关节炎、血管炎)。曲妥珠单抗(Trastuzumab)是第一个用于临床的人源化单克隆抗体，属IgG1型，含人的FR区及能与人表皮生长因子受体-2(human epidermal growth factor receptor 2，HER2)结合的鼠抗p185HER2抗体的决定簇互补区，用于HER2过度表达的转移性乳腺癌的靶向治疗。

嵌合型抗体的人源化程度可达60%～70%，人源化抗体可达90%～95%，但仍不是真正意义上的“人源抗体”，仍然可能引发HAMA反应。随着全人源单克隆抗体技术方面的进步，

全人源抗体逐步占据了治疗性抗体药物的研发主流。全人源抗体技术主要包括人-人杂交瘤细胞技术、EB病毒转化的人B细胞技术、高通量抗体库技术和转基因小鼠技术，目前最常用的是转基因小鼠技术结合抗体库技术。

20世纪80年代发展起来的分子展示技术（噬菌体、细菌、酵母、核糖体展示技术等）通过构建大容量人源抗体库，再经高通量体外筛选，为人源化抗体和全人源抗体的制备开辟了新途径。2002年美国FDA批准的阿达木单抗（Adalimumab）是用噬菌体展示技术研制的第一个全人源抗体药物，它是抗肿瘤坏死因子（TNF-α）的IgG1型单克隆抗体，用于类风湿性关节炎、克罗恩病、强直性脊柱炎、斑块状银屑病的治疗。

另一个制备全人源抗体的有效方法是利用转基因小鼠，该鼠用人Ig基因替代鼠的同类基因，经抗原免疫后产生全人源抗体。第一个基于转基因小鼠平台开发的全人源单克隆抗体是2006年美国FDA批准的帕尼单抗（Panitumumab），它是人表皮生长因子受体（EGFR）的IgG2型单克隆抗体，用于治疗EGFR阳性的转移性结肠癌。

基因工程技术应用于抗体改造，除了能降低免疫原性外，还能实现抗体药物小型化、高效化，通过大量表达，降低生产成本，并可能根据需要制备新型抗体。

抗体分子可变区组成的Fv段是与抗原结合的结构基础，在Fv段的基础上可以构建具有抗原结合功能的抗体分子片段，也称作小分子抗体。小分子抗体可作为载体与药物、放射性核素、毒素等结合，也是制备其他更有使用价值的基因工程抗体的基础，如构建抗体融合蛋白、双特异性抗体等。常见的小分子抗体有Fab片段、$F(ab')_2$抗体片段、单链抗体（single chain Fv，scFv）、单域抗体（single domain antibody，sdAb）等。

抗体融合蛋白是指利用基因工程技术将抗体片段与其他生物活性蛋白融合所得的产物，该重组产物兼具抗体特性和与之融合的蛋白的生物活性。双特异性抗体（bispecific antibody，BsAb）是指具有两个不同抗原结合位点的抗体，如由两个单链抗体通过一个连接肽而成的双特异性T细胞衔接器。目前用于治疗肿瘤的双特异性抗体主要靶向肿瘤相关抗原（TAA）和效应细胞表面抗原，如抗TAA及抗CD3双特异性抗体。BsAb可以用化学交联、细胞融合和基因工程等方法获得，还有一些新制备技术，如CrossMAb技术。

（二）抗体药物的特点、作用机制和分类

抗体药物广义上是指一种以细胞工程、基因工程技术为主体的现代生物技术制备的，与靶抗原的结合具有高特异性、有效性和安全性，临床上用于恶性肿瘤、自身免疫性疾病等重大疾病的生物制剂药物。

（1）抗体药物的特点：抗体药物具有特异性、多样性和可定向制备等特点。特异性主要体现在能特异性结合相关抗原、选择性杀伤靶细胞、在动物体内靶向分布、对特定疾病疗效更佳、临床疗效确切等，多样性是指靶抗原多样性、抗体结构及活性多样性、免疫偶联物与融合蛋白多样性；也可根据需要制备具有不同治疗作用的抗体。

（2）抗体药物的作用机制

①靶点封闭作用：抗体作为拮抗剂，封闭靶抗原表位，阻断其效应。如贝伐珠单抗Avastin（Bevacizumab，靶点VEGF）。

②阻断信号转导：抗体特异性结合靶抗原，阻断其下游信号通路，终止其生物学效应。如曲妥珠单抗Herceptin（Trastuzumab，靶点HER2）。

③靶向载体作用：抗体作为靶向载体交联细胞毒性物质，组成抗体-药物偶联物（antibody-drug conjugate，ADC），发挥靶向杀伤作用。如T-DM1（Ado-trastuzumab emtansine）和利卡汀（^{131}I-metuximab）。

NOTE

④免疫应答作用：通过抗体结合抗原后的ADCC和CDC而杀伤靶细胞。如利妥昔单抗

(Rituximab)。

⑤抗体中和作用:抗体与靶抗原(配体)结合,中和其效应分子。如针对炭疽杆菌的抗体药物 Raxibacumab,通过中和炭疽杆菌毒素而发挥作用。

⑥免疫调节作用:特异性抗体与人 T 细胞抗原结合,阻断 T 细胞增殖及其功能。如抗 CD3 抗体药物莫罗莫那-CD3(Muromonab-CD3)。

根据上述作用机制,可针对性地改造治疗性抗体,提高其效应功能。

(3) 抗体药物的分类:按抗体分子的组成,可将治疗性抗体药物分为三类。①抗体或抗体片段:完整的抗体包括嵌合抗体、人源化抗体和全人源抗体,抗体片段包括 Fab、scFv、BsAb 等。②抗体-偶联药物或称免疫偶联物:由抗体或抗体片段与放射性核素、药物或毒素等"弹头"物质连接而成,分别构成放射免疫偶联物、化学免疫偶联物及免疫毒素。③抗体融合蛋白:由抗体片段和活性蛋白融合重组构成。

(三) 抗体药物的发展趋势

随着分子生物学以及生物信息学等相关学科的飞速发展,基因工程抗体技术、抗体人源化技术及全人源抗体技术逐步走向成熟,治疗性抗体的生产真正进入产业化阶段,越来越多的抗体药物用于人类疾病治疗。

近年来抗体的治疗领域已从传统的肿瘤、自身免疫性疾病逐步扩展到抗感染、代谢性疾病、神经系统疾病、生物安全等新领域,由此出现了很多新靶标。如靶向前蛋白转化酶枯草溶菌素 9(PCSK9)抗体药物 Alirocumab 及 Evolocumab 用于不耐受他汀类药物的人群降低胆固醇,靶向降钙素基因相关肽(CGRP)受体的第一个由美国 FDA 批准用于预防偏头痛的抗体药物 Erenumab,靶向 β-淀粉样蛋白的抗体药物 Solanezumab 用于治疗阿尔茨海默病,靶向 C5 补体的抗体药物 Eculizumab 用于治疗阵发性睡眠性血红蛋白尿,第一个靶向自身免疫球蛋白 IgE 的抗体药物 Omalizumab 用于治疗哮喘,靶向表面特异性糖蛋白的炭疽杆菌抗体药物 Obiltoxaximab 等。

截至 2017 年 5 月,获批准上市的分子实体抗体药物达 74 个,还有数百种治疗性抗体药物处于临床研发阶段。而到 2018 年底,治疗罕见病——成人获得性血栓性血小板减少性紫癜的抗体药物 Caplacizumab 经欧盟委员会批准上市,此时获准上市的抗体类药物已达 88 个。其中 2018 年获批的抗体药物包括 6 个人源化抗体药物和 5 个全人源抗体药物。同时,如何应用现代生物技术进一步提高抗体的效能也是近年来大家关注的热点。除了对抗体本身进行改造(如 Fc 优化、糖基化改造以增强 ADCC)外,ADC 药物、双特异性抗体以及基于抗体的细胞免疫治疗等也是治疗性抗体发展的方向之一。当前处于临床试验各期的治疗性抗体药物形式包括抗体、抗体-药物偶联物、双特异性抗体、Fc 融合蛋白、放射免疫偶联物、抗体片段、免疫细胞因子等。

重组人多克隆抗体(recombinant human polyclonal antibody)是重组表达的针对人体某种疾病多个抗原的多种单克隆抗体的混合物,能够模拟天然免疫方式,与多种不同的抗原表位结合,因而理论上能触发更多效应,包括调理作用、位阻、中和毒性、凝集或沉淀、激活 CDC 和 ADCC 等效应。重组人多克隆抗体几乎兼具抗血清和单克隆抗体的所有优点,在由多抗原表位或者是突变较快的病原体引起的疾病治疗中,将体现其良好的临床应用前景,也是未来抗体药物的发展趋势之一。

此外,阐明抗体-抗原相互作用的模式与其介导生物学效应的关系,探讨能否用相对分子质量较小的支架蛋白甚至小分子化合物模拟抗体的作用等也是值得研究的方向。抗体作为治疗制剂用量较大,因此提高抗体表达量、降低生产成本、提高抗体质量等都是抗体药物发展中亟待解决的问题。

第二节 多克隆抗体药物

抗体的生物学特性使得其在疾病的诊断、免疫防治和基础研究中发挥着重要作用。人工制备抗体是大量获得抗体的有效途径。传统的抗体制备方法是以天然抗原免疫动物，制备相应的抗血清。天然抗原分子中常含多种不同抗原特异性的抗原表位，以该抗原物质刺激机体免疫系统，合成和分泌针对各种抗原表位的不同抗体，故该抗血清实际是含多种抗体的混合物，所以称这种免疫血清为多克隆抗体（polyclonal antibody，pAb），简称多抗。1890年Behring和Kitasato首次成功应用抗血清治疗白喉。如今多克隆抗体仍然应用于临床对某些感染性疾病和其他有害物质（如毒素）的预防或治疗，例如用于预防乙型肝炎病毒、呼吸道合胞病毒、巨细胞病毒和狂犬病毒引起的感染，还用于破伤风毒素、肉毒毒素、蛇毒等的中毒治疗。

一、基本概念

（一）抗原

抗原（antigen，Ag）是指能与T细胞表面受体及B细胞表面受体结合，促使其增殖、分化，产生抗体或致敏淋巴细胞，并与之结合，进而发挥免疫效应的物质。抗原一般具有两个重要特性：一是免疫原性（immunogenicity），即抗原刺激机体产生免疫应答，诱导生成抗体或致敏淋巴细胞的能力；二是抗原性（antigenicity），即抗原与其诱导生成的抗体或致敏淋巴细胞特异性结合的能力。同时具备免疫原性和抗原性的物质称为免疫原，又称完全抗原，即通常所称的抗原；仅具备抗原性而不具备免疫原性的物质，称为不完全抗原，又称半抗原。一般而言，具有免疫原性的物质均具备抗原性，即属于完全抗原。半抗原若与大分子蛋白质或非抗原性的载体结合也可成为完全抗原。

（1）抗原的异质性与特异性：抗原的免疫原性的本质是异质性，一般来说，抗原与机体之间的亲缘关系越远，组织结构差异越大，异质性越强，其免疫原性就越强。异质性不仅存在于不同种属之间，如各种病原体、动物蛋白制剂等对人是异物，免疫原性强；也存在于同种异体之间，如同种异体移植物有免疫原性；自身成分如发生改变，也可被机体视为异物；即使自身成分未发生改变，但在胚胎期未与免疫活性细胞充分接触，也具有免疫原性。抗原的特异性是指抗原刺激机体产生免疫应答及其与应答产物发生反应所显示的专一性。决定抗原特异性的结构基础是存在于抗原分子中的抗原表位，又称抗原决定簇。抗原表位是与抗体特异性结合的基本结构单位。一个半抗原相当于一个抗原表位，仅能与抗体分子的一个结合部位结合。天然抗原一般是大分子，由多种、多个抗原表位组成，是多价抗原，可与多个抗体分子结合。抗原表位包括线性表位和构象表位。

（2）佐剂：某些物质若先于抗原或与抗原一起注入机体，可增强机体对该抗原的特异性免疫应答或改变免疫应答类型，此类物质称为免疫佐剂（immunoadjuvant），简称佐剂。佐剂的作用机制：①作为抗原储存库，使其在较长时间内缓慢释放抗原；②增强协同刺激信号；③作为免疫刺激剂促使天然免疫细胞增殖和分化。常用佐剂一般有以下几种类型：①无机佐剂，如氢氧化铝；②有机佐剂，包括微生物及其代谢产物，如分枝杆菌、脂多糖；③合成佐剂，如人工合成的多聚核苷酸；④脂质体；⑤乳化剂，如弗氏完全佐剂（Freund's complete adjuvant，FCA）、弗氏不完全佐剂（Freund's incomplete adjuvant，FIA）。最好在初次免疫时用弗氏完全佐剂刺激机体产生较强的免疫反应，而再次免疫时一般采用弗氏不完全佐剂。但在研究分枝杆菌及相关抗原时，一般不用弗氏完全佐剂，以免卡介苗带来干扰。

(3) 影响抗原免疫应答的因素：有多种因素影响机体对抗原免疫应答的类型及强度，但主要取决于抗原物质本身的性质及其与机体的相互作用，具体分为以下三个方面。

①抗原的特点：包括抗原的化学性质、分子大小、结构复杂性、空间构象、抗原表位的易接近性、物理状态等。

②宿主方面的因素：包括遗传因素，动物的年龄、性别、健康状态等。

③免疫程序：抗原进入机体的数量、途径，免疫间隔时间、次数以及免疫佐剂的应用和佐剂类型等都明显影响机体对抗原的应答。

(4) 抗原的种类：抗原种类繁多，分类方法也有多种。如前述根据抗原是否具有免疫原性分为完全抗原和半抗原；根据抗原与机体的亲缘关系，分为异嗜性抗原、异种抗原、同种异型抗原、自身抗原、独特型抗原；根据诱导抗体是否需要 Th 细胞(辅助性 T 细胞)参与，分为 T 细胞依赖性抗原和 T 细胞非依赖性抗原；根据抗原是否在抗原提呈细胞内合成，分为内源性抗原和外源性抗原。还可根据抗原的产生方式不同，将其分为天然抗原和人工抗原；根据其物理性质不同，分为颗粒性抗原和可溶性抗原；根据抗原的化学性质，可分为蛋白质抗原、多肽抗原、核酸抗原、多糖抗原、类脂抗原等。

蛋白质抗原可以从天然生物材料中提取纯化，近年来更多的是利用基因工程技术制备。对于在细胞表面表达的天然抗原，可以用完整细胞作为抗原。在重组蛋白不能被有效表达或提取的情况下，也可利用重组质粒 DNA 或重组腺病毒作为免疫原。借助生物信息学的数据分析设计并合成的多肽抗原因其长度较短可视为半抗原，结合载体蛋白可提高其免疫原性。

对于肿瘤抗原，根据其特异性可以分为肿瘤特异性抗原和肿瘤相关抗原。肿瘤特异性抗原(tumor specific antigen，TSA)是指肿瘤细胞所特有，不存在于正常组织、细胞上的抗原，大多为癌基因(如 *RAS* 基因等)或抑癌基因(*P*53)的突变产物。通过 MHC-Ⅰ类分子提呈于肿瘤细胞表面，能够被 $CD8^+$ T 细胞特异性识别和结合。目前 TSA 的重要应用是肿瘤的 CAR-T 免疫疗法。肿瘤相关抗原(tumor associated antigen，TAA)是指并非肿瘤细胞所特有，也可存在于正常组织、细胞，特别是胚胎组织中的抗原，但在肿瘤细胞上表达明显增高。TAA 一般可活化 B 细胞产生相应抗体，广泛用于疾病诊断、治疗以及科学研究等领域。

(二) 多克隆抗体

由一个 B 细胞接受一种抗原表位刺激所产生的抗体称为单克隆抗体。接受含多种不同特异性的抗原表位的抗原刺激时，多个 B 细胞被激活，产生多个针对不同抗原表位的单克隆抗体，这些单克隆抗体的混合物就是多克隆抗体。除了抗原表位的多样性以外，同一类抗原表位也可刺激机体产生 IgG、IgM、IgA、IgE 和 IgD 五类抗体。其中 IgM 和 IgG 为多克隆抗体产生中较为重要的免疫球蛋白。

(三) 多克隆抗体的特点及应用

(1) 多克隆抗体的特点：多克隆抗体的优势是作用全面、亲和力较一般单克隆抗体高，具有中和抗原、免疫调节、激活 CDC 和 ADCC 等重要作用，多克隆抗体来源广泛，制备容易。由于多克隆抗体可以在包括禽类的多种宿主中产生，因此有望带来更强的免疫应答。同时，在生产多克隆抗体的过程中，通过改变抗原数量、注射途径、注射部位、抗原注射频率、佐剂种类和数量等，可以得到亲和力更高的抗体。而且，多克隆抗体对制备的场地和设备的要求比较低。

由于多克隆抗体能够识别多个抗原表位，故存在与不同目标交叉反应的风险。不过，这种交叉反应性可通过血清纯化步骤中的交叉吸附来去除。此外，多克隆抗体在免疫周期内容易发生变化，供应量有限，必须通过再次产生相似的免疫应答来生产新批次的抗体，存在批次间差异大、质量不均一等问题。

NOTE

(2) 多克隆抗体的应用：常用于诱导被动免疫的多克隆抗体按照来源不同可大致分为动

物源的抗血清和人源的免疫球蛋白制剂等。抗毒素血清是指用细菌外毒素或类毒素免疫动物制备的免疫血清，具有中和外毒素的作用。如蛇毒抗血清、破伤风抗毒素、抗狂犬病血清、肉毒抗毒素等。蛇毒抗血清是治疗毒蛇咬伤的唯一有效的临床急救必备特效药，在国内应用于蛇伤急救已经超过 20 年。破伤风抗毒素(tetanus antitoxin，TAT)是用破伤风疫苗免疫马等动物后获得的抗血清类制品，具有中和破伤风毒素的作用，其疗效肯定、价格便宜，仍是临床广泛应用的防治破伤风的有效药物。人免疫球蛋白制剂是从大量混合血浆或胎盘血中分离制成的免疫球蛋白浓缩剂，如正常人免疫球蛋白、人免疫球蛋白白喉抗体等。

但也有动物源的免疫球蛋白制剂和人源的抗毒素免疫球蛋白。从动物血清提取抗体可以克服由于人血浆来源有限造成的生产制约。如抗胸腺细胞球蛋白是用人 T 细胞免疫家兔后，从家兔血液中提取纯化的高免疫原性抗体，应用于预防和治疗器官移植引起的急性排斥反应。但动物源的血清产品在应用时有潜在的超敏反应、过敏反应和传播感染性病原体的风险。如马血清蛋白对人体有很强的免疫原性。应用马血清制品 TAT 的不良反应包括过敏性休克、血清病和发热反应等，尤其是过敏反应，其发生率高达 5%～30%，其中致死率约为 1/10000，故 20 世纪 70 年代研制出了人破伤风免疫球蛋白(human tetanus immunoglobulin，HTIG)。HTIG 由乙型肝炎疫苗免疫后再经吸附破伤风类毒素免疫的健康献血者中采集效价高的血浆或血清，经提取、灭活病毒制成，主要用于预防和治疗破伤风，尤其适用于对 TAT 有过敏反应者。此外，在生产 TAT 工艺的基础上，经色谱柱纯化工序降低 IgG 大分子含量、提高有效成分抗体片段 $F(ab')_2$ 的相对含量，得到的马破伤风免疫球蛋白 $F(ab')_2$ 安全性有所提高。

二、抗血清多克隆抗体的制备

抗血清多克隆抗体制备的主要步骤：①抗原的制备；②免疫动物的选择；③动物免疫；④效价测试；⑤血清采集；⑥抗血清的纯化和鉴定；⑦抗血清的保存。

（一）抗原的制备

为了获得具有潜在临床治疗作用的抗血清，通常选用多肽抗原、重组蛋白抗原、全细胞抗原、质粒 DNA 和腺病毒表达的抗原等。抗原的制备大致要经过如下过程：①材料的选择和预处理；②细胞的破碎或细胞器的分离；③可溶性抗原的提取；④抗原的纯化及其含量测定、理化性质和纯度鉴定；⑤纯化抗原的浓缩或干燥、保存。

(1) 天然抗原的提取与纯化：根据物理性质不同，抗原可分为颗粒性抗原和可溶性抗原。颗粒性抗原包括细胞抗原、细菌抗原、寄生虫抗原、真菌抗原和各种细胞器等。对于全细胞抗原的制备，以培养细胞为例，首先要充分洗涤细胞，以排除细胞外各种可能污染的蛋白质，并为了保持细胞的完整性和活性，采用低速离心。一般采用 800 r/min 转速离心 10 min 即可。然后用 PBS 至少洗涤 3 次，重悬并计数后即可用于免疫反应。而蛋白质、多糖、脂类、脂多糖、细菌外毒素等可溶性抗原很多来源于组织细胞，通常需要将组织和细胞破碎，经一定方法纯化后才能获得所需要的抗原。

①提取：组织细胞的破碎可采用酶处理法、物理法(如反复冻融法、超声破碎法)、表面活性剂处理法等。

②分离与纯化：绝大部分天然抗原为蛋白质，不同的蛋白质可根据其沉降系数特点、溶解特性、分子大小等理化性质的不同提取后进一步分离纯化以获得抗原纯品。常用的方法有离心分离法、有机溶剂沉淀法、盐析法、超滤法、层析法、电泳法等。例如，用 33%～50%的饱和硫酸铵进行盐析，是经典的蛋白质纯化分离方法，其具有简便、有效、不破坏抗原活性等优点。层析法根据其原理不同可分为离子交换层析、凝胶过滤层析和亲和层析。亲和层析是利用生物大分子的生物学特性，如抗原和抗体、配体和受体等之间特殊的亲和力而设计的层析分离技

术，该方法的特点是特异性强、操作简单、提取物纯度高，是纯化抗原常用而有效的一种方法。

③鉴定：鉴定纯化蛋白质抗原的含量、相对分子质量、纯度以及免疫学活性。

④浓缩与保存：抗原经纯化后常需浓缩，常用方法有吸附浓缩、蒸发浓缩和超滤浓缩三种；浓缩后的抗原可在干燥状态或添加防腐剂后在液态低温保存。

(2) 基因工程抗原的制备：随着基因工程技术的建立和不断完善，亦可应用基因工程技术表达特定蛋白质抗原或其片段或通过核苷酸序列推导合成相应编码的蛋白质抗原。简述以下三种制备方法。

①用 cDNA 文库筛选抗原编码基因：以肿瘤抗原编码基因的筛选为例，首先确定用于筛选的单克隆抗体，从表达相应抗原的肿瘤细胞中提取全部 RNA→依次获得 mRNA→cDNA→克隆至表达载体构建 cDNA 文库，然后用抗肿瘤抗原的单克隆抗体对此文库进行筛选，获得编码相应抗原的基因。

②噬菌体展示随机肽库获得抗原表位：随机肽库的构建是利用基因工程技术将随机的寡核苷酸序列按可读框与丝状噬菌体基因Ⅲ或基因Ⅷ融合，使每个噬菌体的表面展示不同的多肽片段。用一个特异性抗体去筛选噬菌体随机肽库时，可以从中获得对应该抗体的天然抗原表位的抗原模拟物。

③CTL 克隆技术：以肿瘤抗原的筛选为例，首先要获得对肿瘤细胞有特异性杀伤作用的 T 细胞系，以识别肿瘤抗原表位。然后建立肿瘤细胞系的重组 cDNA 表达文库，转染表达有细胞毒性 T 细胞(cytotoxic T lymphocyte，CTL)可识别的 MHC-Ⅰ类分子或Ⅱ类分子的细胞系，使肿瘤特异性杀伤 T 细胞与转染有肿瘤细胞 cDNA 的靶细胞共同孵育。通过检测 Cr 释放或细胞因子的分泌判断效应 T 细胞对靶细胞的杀伤作用。阳性的靶细胞经扩增后获得 DNA，所得到的 DNA 经测序后进一步鉴定并最终获得 CTL 相关的肿瘤抗原编码基因。

获得的肿瘤抗原编码基因可克隆至基因工程表达载体，大量表达、纯化回收后用于免疫动物，也可用来与其他蛋白质或肽段连接成融合蛋白进行表达。亦可将靶抗原编码基因置于真核表达调控元件的调控下，将该质粒 DNA 或腺病毒 DNA 直接进行动物体内接种，诱导特异性体液和细胞免疫应答，此即为裸 DNA 免疫。

(3) 合成肽抗原的制备：合成肽抗原由于长度较短被视为半抗原，与蛋白质载体连接后能有效地诱导机体产生免疫应答。

①合成肽抗原的选择：具有免疫原性的肽段的选择是关系到能否获得特异性抗体的关键。需要考虑的另一个因素是抗原和相关蛋白质及家族成员的潜在同源性。当制备功能性抗体时，可利用生物信息学先确定所针对的特异性蛋白质结构域的功能。同时借助抗原表位预测分析软件，比较准确地筛选出含抗原表位的多肽片段。备选区域通常具备以下条件：a. 表面暴露，如某个亲水区域；b. 相对于其余结构部分的构象柔性，如环区或预测形成 β-转角的区域。

②肽的合成与纯化：多肽的自动化固相合成与纯化技术，使合成肽半抗原成为抗体制备中抗原的重要来源。

③载体选择与连接：常用载体有蛋白质、多肽聚合物和大分子聚合物。常用的载体蛋白有人血清白蛋白、牛血清白蛋白和血蛋白等，其中以牛血清白蛋白最为常用。人工合成的多肽聚合物，也是一类良好的载体，常用多聚赖氨酸。聚乙烯吡咯烷酮和羧甲基纤维素等大分子聚合物皆可与半抗原结合，加入 FCA 可诱导动物产生良好的抗体。

半抗原与载体的连接方法有物理吸附法和化学法。物理吸附法的载体主要有聚乙烯吡咯烷酮和羧甲基纤维素等，其原理是通过电荷和微孔吸附半抗原。化学法是利用某些功能基团把半抗原连接到蛋白质类或多肽类聚合物载体上。不同的半抗原应选用不同的方法进行连接，主要要求是连接方法不明显改变半抗原的结构，并保留半抗原的抗原表位。

半抗原与载体结合的数目与免疫原性密切相关。一般认为，要有 20 个以上的半抗原分子

连接到一个载体分子上才能有效刺激免疫动物产生抗体。因此，在合成肽抗原制备时应测定偶联到载体上的半抗原量。

（二）免疫动物的选择

可用于免疫的动物主要是哺乳类和禽类，常选用家兔、绵羊、豚鼠、马和鸡等。动物种类的选择主要依据抗原的生物学特性和所要获得抗体的数量和用途。如制备抗 γ-免疫球蛋白抗血清，多用家兔和山羊，因动物反应良好，而且能够提供足够数量的血清。例如，BALB/c 小鼠对抗原有较强的免疫反应并以 IgG1 反应为主，而相比而言，C57BL/6 小鼠的免疫反应较弱，以 IgG2a 反应为主。因此，具体选择免疫用的动物时，应考虑以下因素。

(1) 抗原来源与动物种属的关系：抗原的来源与免疫动物种属差异越远，其免疫原性越强，免疫效果越好，而同种系或亲缘关系越近，免疫效果越差。如，鸡在亲缘关系中远离哺乳动物，免疫的鸡可在蛋黄中产生高浓度 IgY 抗体。

(2) 动物个体的选择：选择适龄、健康、体重符合要求的正常动物(以雄性为佳)。

(3) 抗血清的需要量：需要大量制备免疫血清时，应选用马、驴、绵羊、山羊等大型动物，如一头成年马反复采血可获得 10000 mL 以上血清。若需要量不多，则可选用家兔、豚鼠和鸡等小型动物。如果抗原难以获得，且抗体需要量少，还可以选用纯系小鼠。

(4) 抗原性质：不同种类的动物对同一种抗原有不同的免疫应答表现。因此，对不同性质的免疫原，所选用的动物有所不同。蛋白质抗原对大部分动物适合，常选用家兔和山羊。但在某些动物体内有类似的物质或因为其他原因，有些蛋白质抗原对这些动物免疫原性极差，如 IgE 对绵羊、胰岛素对家兔、多种酶类（如胃蛋白酶原等）对山羊等，免疫反应时皆不易产生抗体，这些物质有时可用豚鼠(如胰岛素等)、火鸡，甚至猪、狗、猫等进行免疫反应。

（三）动物免疫

机体对抗原的初次免疫应答的特点主要是低亲和力抗体和 IgM，同时免疫系统产生了记忆性 T 细胞和 B 细胞。当免疫系统再次遇到相同抗原时，免疫记忆使机体产生更快和更强的免疫反应，产生亲和力更强的抗体，主要是 IgG。多克隆抗体的产生利用了免疫记忆的特点从而增强了免疫应答。由此可知，高效价的抗血清的获得不仅与抗原的剂量有关，而且与免疫方法、免疫途径和免疫间隔时间等均相关。

(1) 抗原的剂量：抗原剂量不合适可能引起免疫抑制、耐受或免疫反应偏移促进细胞介导免疫。抗原剂量的选择应考虑抗原的特性、使用的佐剂、物种、免疫途径、免疫时间及动物的个体状态等因素。每个抗原最好单独决定。佐剂的应用使低剂量抗原成功免疫成为可能，并且佐剂能提高抗体滴度，并减少免疫耐受产生的机会。一般而言，需要纳克(ng)到微克(μg)级的抗原加上佐剂诱导高滴度的免疫反应。例如，对于蛋白质抗原，小鼠首次剂量为 50～400 pg，大鼠为 0.1～1 mg，兔为 0.2～1 mg；对于全细胞抗原，每次用于免疫羊的细胞数一般不低于 1×10^8 个，免疫兔不低于 1×10^7 个，免疫小鼠不低于 1×10^6 个。第一次免疫剂量宜小，随后可增大抗原剂量。

(2) 免疫途径：免疫途径需要通过考虑物种、抗原特性、佐剂混合物、抗原用量、体积、何种淋巴器官被活化以及何种抗体反应类型被诱导来决定。免疫途径还需要考虑动物福利，因为佐剂可能引起疼痛和应激反应。因此没有一个通用的免疫步骤。常用的注射途径有皮内、皮下、肌内、静脉和腹腔注射。免疫时一般采用多个部位注射，不仅能增加抗原与免疫细胞接触的概率，从而可能增强机体免疫反应，还能够因为每个部位较小量的佐剂而使佐剂相关不良反应减少。

(3) 免疫间隔时间：第一次免疫后，因动物机体正处于识别抗原和 B 细胞增殖阶段，如果很快接着第二次注入抗原，极易造成免疫抑制。一般以间隔 10～20 天为好。两次免疫以后每

次的间隔时间一般为 7～10 天，不能太长，以防刺激变弱，产生的抗体效价不高。对于半抗原的免疫间隔时间则要求更长，这是因为半抗原是小分子，难以刺激机体发生免疫反应。免疫的总次数多，多为 5～8 次。如为蛋白质抗原，第 8 次免疫若未获得合适效价的抗体，可在 30～50 天后再追加免疫一次；如仍不能产生抗体，则应更换动物。半抗原需更长时间的免疫才能产生高效价抗体，有时总时间为一年以上。

（4）免疫程序：免疫程序应根据设计的目的和要求、抗原性质、佐剂的种类等而制定。一般而言，如需制备高度特异性的抗血清，可选用低剂量抗原短程免疫法；反之，欲获得高效价的抗血清，宜采用大剂量抗原长程免疫法。常规免疫方案为抗原加 FCA 皮下多点注射进行基础免疫，再以免疫原加 FIA 进行 2～5 次加强免疫，每次间隔时间为 2～3 周，经皮下或腹腔注射加强免疫。

（四）效价测试

完成免疫程序后，先取少量血清检测抗体效价。若效价不高，可加强免疫后再次采血测试效价；若达到要求则应在末次免疫后一周及时采血。

抗血清的效价是指血清中所含抗体的浓度或含量。效价的测定可根据抗体的不同性质，分别采用放射免疫分析法、双向琼脂扩散法、环状沉淀反应、单向免疫扩散、溶血试验、凝集反应、酶联免疫吸附试验等方法。以兔抗变形杆菌抗体的制备为例，采用凝集反应测试效价，如果抗血清效价达到 1∶2000 即可采血。如果是可溶性抗原，常用双向琼脂扩散法、酶联免疫吸附试验（ELISA）等方法。以人 IgG 抗体免疫家兔为例，如用双向琼脂扩散法测定效价达 1∶16 以上（稀释抗体），即可采血。

（五）血清采集

采血前动物应禁食 24 h，以防血脂过高。常用的采血方法有颈动脉采血法、心脏采血法和静脉采血法。采血后应尽快将血清与血细胞分离。否则细胞溶解释放出的蛋白质水解酶等杂蛋白会污染抗体并将抗体水解，降低效价。

（六）抗血清的纯化和鉴定

（1）抗血清的纯化：免疫血清纯化的目的是尽量去除抗血清中与目的抗体不相关的成分，以防止其他血清成分对应用造成影响。因此，根据不同的目的要求，从免疫血清中除去容易干扰的有关成分，或提取相应的免疫球蛋白。

①杂抗体的去除：有亲和层析法和吸附法两种。亲和层析法是将交叉抗原交联到凝胶介质 Sepharose 4B 上，装柱后，将预吸收的抗体通过亲和层析柱，杂抗体吸附在柱上，流出液则是只与其特异性抗原发生反应的抗血清，称为单价特异性抗血清。吸附法是利用不含用于免疫动物的抗原而含有其他杂抗原的抗原液，如血清、组织液或已知的某种吸附剂，或含 2%～3%的其他无关蛋白（如牛血清白蛋白、兔血清白蛋白等），用双功能交联剂制成固相吸附剂。置于 4 ℃过夜后，将胶状交联产物打碎并经缓冲液多次洗涤后，成为颗粒状的凝胶吸附剂。将这种吸附剂直接加到免疫血清中（约 1∶10），杂抗体被吸附结合，上清液则成为无杂抗体的单价特异性抗血清。

②IgG 类抗体的纯化：可用盐析法获得较纯的 IgG，也可用离子交换层析法、亲和层析法。具体参见重组蛋白的纯化相关内容。

（2）抗血清的鉴定。

①抗血清的效价鉴定：不同的抗原制备的抗血清，对效价的要求不一。颗粒性抗原可采用凝集反应，可溶性抗原常用双向琼脂扩散实验、ELISA 等方法。目前更常用的是放射免疫法，以不同稀释度的抗血清与标记抗原混合，孵育一定时间后，测定结合率，通常以结合率为 50%的血清稀释度为效价。

②抗血清的特异性鉴定：抗体的特异性是指其与相应抗原或近似抗原物质的识别能力。抗体的特异性越高，它的识别能力就越强。特异性可用多种方法测定，其本质都是利用抗原、抗体特异性的相互作用。可通过双向琼脂扩散法、免疫电泳等直接观察，但往往灵敏度较低。近年来出现了一些新的仪器和方法，如ELISA、放射免疫分析法、免疫荧光法、表面等离子共振和石英晶体微天平等。特异性通常以交叉反应率来表示。交叉反应率可用竞争性抑制试验测定。分别制作不同浓度的抗原和近似抗原的竞争性抑制曲线，并计算各自的结合率，求出各自的IC_{50}，并计算交叉反应率。如果所用抗原的IC_{50}数量级为皮克级（每毫升），而近似抗原的IC_{50}几乎是无穷大时，表示这一抗血清与其他抗原物质的交叉反应率近似为0，即该血清的特异性较好。

③抗血清亲和力的鉴定：测定抗体亲和力的方法较多，如平衡透析法、ELISA或放射免疫分析竞争结合试验等。

④抗体纯度的鉴定：抗体纯度的鉴定可采用SDS-聚丙烯酰胺凝胶电泳（SDS-PAGE）、双向琼脂扩散法、免疫电泳等方法。IgG含有重链和轻链，纯IgG的SDS-PAGE结果应有两条蛋白质电泳带（相对分子质量约为53000和22000），若出现多条电泳带则表明制备的抗体混有杂蛋白，需进一步纯化。

（七）抗血清的保存

抗血清的保存方法有三种。第一种方法是置于4 ℃保存。将抗血清除菌后，液体状态保存于普通冰箱，可以存放3个月到半年，效价高时，1年内不会影响使用。保存时加入0.01%硫柳汞钠或0.1%叠氮钠作为防腐剂，若加入一定量的甘油则保存期可延长。第二种方法是低温保存。在−40～−20 ℃温度下保存5年，抗体效价不会有明显下降。切忌反复冻融，反复冻融会使抗体效价显著降低。因此，低温保存应分装成小份。第三种方法是冷冻干燥。最后制品内水分含量不应高于0.2%，封装后可以长期保存，在10年内效价不会明显下降。

第三节　单克隆抗体药物

1975年Kohler和Milstein将鼠源B细胞与骨髓瘤细胞（myeloma cell）融合，建立了可产生单克隆抗体的杂交瘤细胞和单克隆抗体技术。每个杂交瘤细胞由一个B细胞融合而成，每个B细胞克隆仅识别一种抗原表位，故经筛选和克隆化的杂交瘤细胞仅能合成及分泌针对单一抗原表位的特异性抗体，是单克隆抗体（monoclonal antibody，mAb），简称单抗。

一、单克隆抗体技术的基本原理

（一）细胞融合技术

1958年，Okada发现经紫外线灭活的仙台病毒可引起艾氏腹水瘤细胞彼此融合。后来Okada、Harris和Watkins又分别用灭活的仙台病毒诱导不同种动物的体细胞融合成功，并证明这种融合细胞能存活。同时Littlefield建立了能够有效筛选杂种细胞的HAT选择培养基，进一步推动了融合细胞发展。

细胞融合技术是将两个不同种类的细胞，用化学的、生物学的或物理学的方法，使它们彼此融合在一起，从而产生出兼有两个亲本遗传性状的细胞。其实质是无性杂交，故又称其为体细胞杂交。细胞融合技术的建立打破了仅依赖有性杂交重组基因创造新物种的界限，扩大了遗传物质的重组范围，在医药及农业等领域具有重要意义。

（二）B细胞杂交瘤技术

单克隆抗体技术的原理是基于动物细胞融合技术，即骨髓瘤细胞与B细胞的融合。骨髓瘤细胞（myeloma cells）在体外培养能无限增殖，但不能分泌特异性抗体；而抗原免疫的B细胞能产生特异性抗体，但在体外不能无限增殖。将特定抗原免疫的B细胞与骨髓瘤细胞融合后形成的杂交瘤细胞，既保持了骨髓瘤细胞能无限增殖的特性，又具有免疫B细胞合成和分泌特异性抗体的能力。

（三）单克隆抗体的特点及应用

单克隆抗体是针对抗原分子上单一抗原表位的化学结构完全相同的单一抗体，具有高度的特异性和均一性。单克隆抗体可广泛用于医药及工业领域，用于特异性抗原的鉴定、分离、清除、活化或检测等。免疫策略的改进使得多种宿主能够对不同的抗原刺激产生更有效的体液免疫。杂交瘤技术的修饰和改进也为杂交瘤细胞的筛选及抗体的制备提供了更迅速的手段。此外，基因工程技术的发展使得人们可以对抗体进行修饰以使其高效低毒地在临床治疗中应用。

1986年，美国FDA批准了第一个鼠源抗CD3单克隆抗体，用于抗器官移植排斥反应。如今有近百种以单克隆抗体为基础的治疗试剂在临床上多个领域（如移植、肿瘤、感染性疾病等）得到应用。在某些应用中，如复杂的感染性疾病和难以靶向的癌症治疗，需要通过多种单克隆抗体配合使用以克服其单一性造成的不足。

二、单克隆抗体的制备

单克隆抗体制备的大致过程包括抗原制备、动物免疫、B细胞与骨髓瘤细胞融合形成杂交瘤细胞、选择性培养杂交瘤细胞、杂交瘤细胞的选择、杂交瘤细胞克隆化和保存、杂交瘤细胞抗体性状的鉴定、单克隆抗体的大量制备、单克隆抗体的纯化。

（一）抗原制备

要制备特定抗原的单克隆抗体，首先要制备用于免疫的适当抗原（如全细胞、细胞提取物、纯化蛋白、融合蛋白、多肽、糖类、脂类或DNA等），再用抗原进行动物免疫。

(1) 提取纯化天然抗原：运用生物大分子分离纯化技术直接从生物标本中分离纯化蛋白分子用作抗原，即天然抗原，包括天然的蛋白质抗原和颗粒性的全细胞抗原（如肿瘤细胞、细菌等）。天然抗原结构比较复杂（除了线性表位外还有构象表位），因此是很好的抗原。制备单克隆抗体时不需要高纯度或单一特异性的抗原，因为在单克隆抗体筛选的过程中每个克隆的特异性都会体现，但高纯度的抗原能提高抗体获得的可能性。全细胞或细胞裂解物（每次注射10^7个细胞）可以作为细胞内或细胞外抗原分子的天然形式；但特定抗原含量的多少会影响免疫的效果。对于一些含量甚微的低丰度蛋白质抗原，其所需的生物样品量和分离纯化成本极高。生物标本特别是人体标本的获得越来越困难，且由于分离成本极高，得率极低，远远满足不了抗体制备对抗原的需要。因此，除了机体细胞内表达量比较高的蛋白外，从天然生物材料提取纯化蛋白分子作为抗体制备的方法，目前使用很少。

(2) 用基因工程技术制备重组蛋白抗原：由于天然蛋白通常含量低，天然生物材料来源不足，因此为获得足够数量的蛋白质抗原，可采用基因工程的方法制备重组蛋白抗原。但是通过原核表达系统获得的重组蛋白，只能实现抗原线性表位及部分构象表位的抗原制备，仅能满足部分抗原的需要。而真核及哺乳动物细胞重组表达系统虽然可以解决抗原构象表位的问题，但表达量偏低，成本过高，因此未能广泛使用。近年来，以质粒为基础的技术在体内诱导表达有免疫原性的蛋白质的新方法已经产生。依靠哺乳动物表达载体上的独特编码序列，携带外源DNA序列的质粒被宿主细胞摄取，在体内产生足量的目标蛋白，从而诱导机体产生强有力

NOTE

的体液免疫应答。当抗原难以制备或基因产物不明确时，可以运用基因免疫接种。这种技术若用在转基因小鼠体内，也可产生针对靶抗原的特异性抗体。

(3) 合成多肽半抗原：随着人类、重要动植物以及模式生物等部分生物基因组序列的解码和蛋白组学的迅猛发展，许多潜在抗原的核苷酸序列和氨基酸序列已经得到。根据抗原蛋白的氨基酸序列，借助抗原表位预测分析软件，也能比较准确地预测和筛选出抗原性和免疫原性较好的多肽片段，经人工固相合成，获得抗原表位的多肽片段，即多肽半抗原(polypeptide hapten)。多肽半抗原通常具有单一抗原表位，免疫接种产生的抗体能鉴别线性表位，也能区别靶标是否被修饰，如区分特定多肽上的磷酸化或去磷酸化，但通常不能识别构象表位。因此在选择免疫原制备抗体时应该考虑到所制备抗体的最终用途，并应该根据其用途决定用何种方法筛选抗体更合适。多通道多肽自动合成等技术的应用使得多肽合成效率高、成本低，合成多肽半抗原已成为抗体制备中抗原的主要来源。

(4) 小分子半抗原：大多数药物、毒素、环境污染物(相对分子质量小于1000)，属于仅有抗原性而无免疫原性的半抗原。如上述多肽、大多数的多糖、甾体激素、脂肪胺、类脂、核苷、某些小分子药物等。这些小分子本身没有免疫原性，当与载体结合形成大分子时，可以获得免疫原性。

(5) 半抗原与载体偶联：多肽(10个氨基酸残基左右)等半抗原通常需要通过运用肽链修饰或生物标记技术与载体偶联以提高其免疫原性。典型的载体蛋白包括匙孔血蓝蛋白(keyhole limpet hemocyanin，KLH)、牛血清白蛋白(bovine serum albumin，BSA)和卵白蛋白。由于这些载体蛋白具有很高的免疫原性，所以多肽应该与不止一种载体蛋白偶联，以便筛选出的单克隆抗体只识别多肽而不识别载体蛋白。常用的交联方法有碳二亚胺法、戊二醛法、活性酯法、混合酸酐法、重氮化法、同型或异型双功能交联剂法等数十种，交联剂已达数百种之多。

在免疫接种前有必要先检查所制备的抗原中是否含有潜在病原体。这尤其适用于细胞抗原、细胞系产生的蛋白质或者在有血清存在的情况下制备的蛋白质。筛选试验，称为小鼠抗体生产筛查(mouse antibody production screening，MAPS)试验，包括用每种特定抗原(2×10^7个细胞或10～100 μg蛋白质)接种经检疫的无特定病原体(specific pathogen free，SPF)动物，观察4周后，收集免疫后动物的血清，和免疫前的血清比较对一系列已知病原体的反应。阳性结果意味着抗原已被污染，应当舍弃；阴性结果表明抗原是安全的，可用于体内注射。获得安全的抗原之后，要选择适当的动物进行免疫，以便在动物体内获得针对特异性抗原的单克隆抗体。

(二) 动物免疫

(1) 免疫动物的选择：制备单克隆抗体时应根据所使用的骨髓瘤细胞的来源及动物品系选用免疫动物。免疫动物和骨髓瘤细胞在种系上距离越远，产生的杂交瘤细胞就会越不稳定，所以一般采用与骨髓瘤细胞供体同一品系的动物进行免疫。常用的骨髓瘤细胞来自BALB/c小鼠和Lou/c大鼠，免疫动物也采用相应的品系。如BALB/c小鼠的淋巴细胞与同品种小鼠的骨髓瘤细胞融合，所得杂交瘤细胞的染色体稳定，也能较理想地分泌目的抗体；而人鼠或兔鼠所得的杂交瘤细胞染色体很不稳定，分泌单克隆抗体的能力也会很快丧失；另一方面，所选的动物品系对抗原免疫应答要强。

(2) 免疫方法：设计免疫程序时，应考虑到抗原的性质和纯度、抗原量、免疫途径、免疫次数与免疫间隔时间、佐剂的应用及动物对该抗原的免疫应答能力等。没有一个免疫程序能适用于各种抗原。

制备抗血清时免疫接种的目的是血清中含有很高的抗体效价，需要免疫细胞产生很强的

防御活性。与制备抗血清有一定差异，制备单克隆抗体时动物免疫的目的是产生足够多的抗原反应性B细胞以满足细胞融合试验的需要。

免疫方法包括体内、体外和脾内免疫法。体内免疫法通常适用于免疫原性强、抗原量较多的情况。体外免疫法则用于不能采用体内免疫法的情况，如制备人单克隆抗体，或者抗原的免疫原性极弱且能引起免疫抑制。体外免疫法所需抗原量少、免疫时间较短（仅4～5天）、干扰因素少，主要分泌IgM，但融合后产生的杂交瘤细胞不够稳定。目前通常采用的是脾内免疫法，即在麻醉条件下将抗原直接注入脾脏，为了提高免疫效果有时需加入佐剂。但是融合前最后一次加强免疫，通常采用腹腔或静脉注射、不含佐剂。脾内免疫法可提高小鼠对抗原的免疫反应性，且节省时间，一般免疫3天后即可取脾脏进行融合过程。免疫时应用的抗原剂量需根据其免疫原性和纯度而定。一般对于可溶性蛋白质抗原，采用1次免疫，每只小鼠用量为5～100 μg；对于细胞或颗粒性抗原，如肿瘤细胞，通常每只小鼠用量为$1\times10^6\sim1\times10^7$个细胞比较合适。

为达到最高融合率，需要获得尽可能多的浆母细胞，在最后一次加强免疫后第3～4天取脾脏进行融合过程较为适宜。在初次免疫应答时取脾细胞与骨髓瘤细胞融合，获得的杂交瘤细胞主要分泌IgM，再次免疫应答时获得的杂交瘤细胞主要分泌IgG。

（三）细胞融合

细胞融合(cell fusion)是两个或两个以上的细胞融合成一个细胞的过程。在单克隆抗体制备过程中是将免疫动物的分泌抗体的脾细胞与不分泌抗体的骨髓瘤细胞融合，使之生成一类既能不断分泌特异性抗体又能在体内外不断分裂增殖的杂交瘤细胞。

(1) 骨髓瘤细胞：用于融合的骨髓瘤细胞应具备融合率高、自身不分泌抗体、所产生的杂交瘤细胞分泌抗体的能力强且长期稳定等特点，同时应带有便于选择的遗传标记，如*HGPRT*基因缺陷等。骨髓瘤细胞的生长状况也是决定细胞融合的关键。如选择处于对数生长期的细胞，其特点是细胞形态良好、活细胞计数高于95%，并且制成数量合适的细胞悬液。一般在准备融合前两周就应开始复苏骨髓瘤细胞。一般的培养液，如RPMI 1640、DMEM培养基，均适合骨髓瘤细胞的生长。小牛血清的浓度一般在10%～20%，细胞的最大密度不得超过10个/毫升，一般扩大培养以1∶10稀释传代，3～5天传代一次。为确保该细胞对HAT选择培养基的敏感性，每3～6个月应用8-氮杂鸟嘌呤(8-AG)筛选一次，以防止细胞发生回复突变。

(2) 免疫脾细胞：免疫脾细胞是指处于免疫状态脾脏中的B淋巴母细胞，一般取最后一次加强免疫3天以后的脾脏，制备成细胞悬液。由于此时B淋巴母细胞较大，融合的成功率较高。

(3) 饲养细胞：在细胞培养过程中，单个或少数分散的细胞不易生长繁殖，若加入其他活细胞则可以促进这些细胞生长繁殖，所加入的细胞称饲养细胞(feeder cell)。在制备单克隆抗体的过程中，多个环节需要加入饲养细胞。饲养细胞除能满足杂交瘤细胞对细胞密度的依赖性外，还能释放某些生长因子。常用的饲养细胞有小鼠腹腔巨噬细胞、脾细胞和胸腺细胞，也有用小鼠成纤维细胞系3T3经放射线照射后作为饲养细胞。因小鼠腹腔巨噬细胞还能清除死细胞，故常用。通常在细胞融合前2～3天制备小鼠腹腔巨噬细胞。

(4) 免疫脾细胞与骨髓瘤细胞的融合：细胞融合的操作方法常用的有转动法和离心法。融合时脾细胞和骨髓瘤细胞的比例为(1∶1)～(10∶1)，(3∶1)～(5∶1)更为常用。目前常用聚乙二醇(PEG)作为细胞融合剂。一般来说，PEG的相对分子质量和浓度越大，其促融合的效率越高，但其黏度和细胞毒性也越大。常用PEG相对分子质量为4000，浓度为40%～50%。还可在PEG溶液中加入DMSO，以提高细胞接触的紧密性，提高融合率。但必须严格控制接触时间，因为PEG和DMSO都对细胞有毒性。提高融合率的另外几种方法包括用秋

水仙素预处理骨髓瘤细胞使其细胞周期发生一定变化，采用电融合技术，加入饲养细胞促进杂交瘤细胞生长。融合操作的大致流程：取适量脾细胞与骨髓瘤细胞混合，在 PEG 作用下温育，诱导细胞融合，时间控制在 2 min 内，然后用培养液将融合操作的混合液缓慢稀释以终止融合剂的作用。

（四）杂交瘤细胞的选择

经细胞融合操作后，混合物中存在未融合的单核亲本细胞（脾细胞、瘤细胞）、同型融合多核细胞（如脾-脾、瘤-瘤的融合细胞）、异型融合的双核细胞（脾-瘤融合细胞）和多核杂交瘤细胞等多种细胞，如何从中筛选出异型融合的双核杂交瘤细胞是杂交瘤技术的目的与关键之一。

通常使用 HAT 选择培养基对杂交瘤细胞进行筛选。用 HAT 选择培养基筛选杂交瘤细胞是基于上述细胞的代谢特点。在哺乳动物细胞中，核酸的基本单位核苷酸有两种不同的合成途径：一条途径为从头合成途径，由氨基酸和一些小分子化合物合成，是主要途径，其中叶酸的还原产物——四氢叶酸作为一碳基团的载体是这条途径所必需的；另一条途径是补救合成途径，细胞直接利用已有的碱基或核苷，如次黄嘌呤（hypoxanthine，H）或胸腺嘧啶（thymidine，T）核苷，在相应磷酸核糖转移酶或核苷激酶的催化作用下合成核苷酸，这个途径中的两种重要酶分别是次黄嘌呤-鸟嘌呤磷酸核糖基转移酶（hypoxanthine-guanine phosphoribosyl transferase，HGPRT）和胸腺嘧啶核苷激酶（thymidine kinase，TK）。在从头合成途径被叶酸的拮抗物——氨基蝶呤（aminopterin）所阻断时，对于正常细胞或其他肿瘤细胞，如果培养基中含次黄嘌呤和胸腺嘧啶核苷，则可通过补救合成途径合成核苷酸进而合成核酸。但杂交瘤试验中所用的骨髓瘤细胞株缺乏 HGPRT 或 TK 基因，因而两种途径都不能利用，即无法合成核酸满足生长需要，所以不能在加有次黄嘌呤、氨基蝶呤及胸腺嘧啶核苷的选择性培养液中生长。

对于融合混合液中存在的几类细胞来说，正常的淋巴细胞（脾细胞）在体外培养时不能长期存活（通常 2 周左右），也不能增殖，也不会影响杂交瘤细胞的生长，因此不需要特别处理；未发生融合的骨髓瘤细胞在 HAT 选择培养基中由于上述原因而死亡。只有骨髓瘤细胞和脾细胞融合所产生的杂交瘤细胞既具有骨髓瘤细胞能在体外无限生长的特性，又从脾细胞中获得了 HGPRT 和 TK 基因，因此能在 HAT 选择培养基中存活和增殖。

经 HAT 选择培养基培养 7～10 天，杂交瘤细胞逐渐形成集落，停用 HAT 选择培养基后换成添加含 HT 的培养基培养 2～4 周。当细胞集落面积超过培养孔的 1/10 时，即可用敏感的免疫学方法检测出阳性孔（有特异性抗体合成的细胞孔）。

经过上述免疫学方法筛选出的阳性孔内，仅有部分杂交瘤细胞是分泌预定特异性抗体的细胞。由于分泌抗体的杂交瘤细胞比不分泌抗体的杂交瘤细胞生长慢，长期混合培养的结果是分泌抗体的细胞被不分泌抗体的细胞淘汰。因此，应该尽快筛选阳性克隆。

筛选（screening）阳性克隆即筛选能分泌预定特异性抗体的杂交瘤细胞。具体方法是用免疫动物时使用的抗原分别检测上述所有杂交瘤细胞孔中分泌的抗体。筛选方法应微量、快速、特异、敏感、简便并能一次检测大批样本。常用的方法有 ELISA，用于可溶性蛋白质抗原、细胞和病毒等制备的抗体的检测；放射免疫分析（radioimmunoassay，RIA），用于可溶性抗原、细胞抗体的检测；荧光激活细胞分选仪（fluorescence-activated-cell sorting，FACS），用于针对细胞表面抗原的抗体检测；间接免疫荧光分析（indirect immunofluorescence assay，IFA），用于细胞和病毒抗体的检测。

（五）杂交瘤细胞克隆化和保存

经过上述特异性抗体检测筛选到的杂交瘤细胞孔分泌特异性抗体，但是不能保证一个孔内只有一个细胞克隆。在实际工作中，可能会有数个甚至更多的克隆，可能包括分泌抗体的细

胞和不分泌抗体的细胞、所需要的抗体(预定特异性抗体)分泌细胞和其他无关抗体分泌细胞。杂交瘤细胞克隆化(cloning)就是将阳性孔中分泌预定特异性抗体的单个细胞分离出来。由于不分泌抗体的克隆比分泌抗体的克隆生长速度快,因此应尽早检测和克隆化,以避免发生竞争性生长抑制。即使是已经克隆化得到的杂交瘤细胞,也需要定期再克隆,以淘汰突变或染色体丢失的杂交瘤细胞。

常用的克隆培养方法包括有限稀释法和软琼脂法。无论选择哪种方法,杂交瘤细胞都要至少经历两轮亚克隆,一般要经过三次以上才能达到100%的阳性克隆。原始孔的杂交瘤细胞以及每次克隆化得到的亚克隆细胞都应该扩增后及时冻存。因为在没有建立一个稳定分泌抗体的细胞系的时候,在细胞的培养过程中随时可能发生细胞的污染、分泌抗体能力的丧失等问题。如果没有原始细胞的冻存,则将因为上述意外而前功尽弃。杂交瘤细胞的冻存方法同其他细胞系一样。冻存前细胞应处于对数生长期,每次克隆冻存10管,每管 5×10^{6} 个/毫升。冻存细胞要定期复苏,检查细胞的活性和分泌抗体的稳定性,在液氮中细胞可保存数年或更长时间。

(六)杂交瘤细胞抗体性状的鉴定

(1)杂交瘤细胞的鉴定。

①抗体分泌稳定性:鉴定杂交瘤细胞质量的一个重要指标是其分泌抗体能力的稳定性,可用连续传代法进行检测。

②染色体分析:正常小鼠脾细胞的染色体数是40,全部为端着丝粒染色体;小鼠骨髓瘤细胞染色体数目变异较大,如SP2/0细胞为62～68,NS-1为54～64,大多数为非整倍性,有中部和亚中部着丝点。杂交瘤细胞的染色体数目接近两亲本细胞染色体数目的总和,在结构上多数为端着丝粒染色体外,还应出现少数标志染色体。染色体数目多且较集中的杂交瘤细胞一般能分泌高效价的抗体。

③鼠源病毒检查:由于骨髓瘤细胞为肿瘤细胞,往往有潜在病毒污染,如流行性出血热病毒、淋巴细胞脉络丛脑膜炎病毒等,因而需要进行病毒污染检测。具体操作可按《中国药典》(2015年版)鼠源病毒检查法进行。

④支原体检查:可按《中国药典》(2015年版)生物制品无菌试验规程进行。支原体污染实验室检测方法有形态学检查、支原体培养、抗原检测、血清学方法和分子生物学方法。结果应为阴性。

⑤无菌试验:杂交瘤细胞无菌试验按《中国药典》(2015年版)生物制品无菌试验规程进行,可同时进行上清液和细胞悬液的检查。

(2)单克隆抗体的鉴定:在建立稳定分泌单克隆抗体杂交瘤细胞株的基础上,应对制备的单克隆抗体的特性进行系统的鉴定。一般进行以下几个方面的鉴定:①抗体的特异性和交叉反应情况;②抗体的类型;③抗体的中和活性;④抗体识别的抗原表位;⑤抗体的亲和力。

(七)单克隆抗体的大量制备

目前大量制备单克隆抗体的方法主要有体外培养和体内培养两种方法。

(1)体外培养:体外培养使用旋转培养容器大量培养杂交瘤细胞,从细胞培养上清液中获取单克隆抗体。一般包括悬浮培养法和固相培养法,后者又有微载体培养法、多孔载体培养法、微囊化培养法和中空纤维培养法等。体外培养生产工艺简单、易控制,可以大规模生产,治疗用途的单克隆抗体多采用此法生产,但此方法产量较低,一般悬浮培养法上清液含量为10～60 mg/L,采用微囊技术生产的抗体可达0.1～1 g/L。

(2)体内培养:体内培养利用活体动物作为生物反应器,将杂交瘤细胞注射到动物体内生长并分泌单克隆抗体。常规操作是先给BALB/c小鼠腹腔注射降植烷酸或液体石蜡0.5 mL,

NOTE

1～2周后腹腔注射 1×10^6 个杂交瘤细胞，接种细胞7～10天后可产生腹水，密切观察动物的健康状况与腹水征象，可间隔、多次抽取腹水，也可待腹水尽可能多而濒于死亡之前处死小鼠，抽取全部腹水。一般一只小鼠可获得1～10 mL腹水，1000*g*离心5 min后，取上清液保存。沉淀中的细胞可再给另外小鼠注射，其形成腹水的速度比原杂交瘤细胞快。还可将腹水中的细胞冻存起来，复苏后转种小鼠腹腔。常用的腹水制备法制备的腹水中单克隆抗体浓度可达5～20 g/L，是一般用途的单克隆抗体制备的首选方法。缺点是动物腹水中混有来自动物的多种蛋白，给纯化带来困难，同时要消耗大量活体动物。

（八）单克隆抗体的纯化

确定单克隆抗体的类型后，根据抗体的用途综合选定纯化方法。对于体外诊断用的单克隆抗体，IgG采用沉淀法结合亲和层析法，IgM采用沉淀法结合凝胶过滤法。对于体内诊断或治疗用的单克隆抗体，应去除内毒素、核酸、病毒等可能的微量污染，必须经亲和层析法和阴离子交换层析法纯化。

腹水中单抗的纯化：①澄清和沉淀处理：先1000*g*离心5 min以去除沉淀，然后20000*g*高速离心30 min以去除残留的小颗粒物质，再用0.2 μm的微孔滤膜过滤，除去污染的细菌、支原体和类脂，然后用饱和硫酸铵沉淀抗体。②分离纯化：采用凝胶过滤法、阴离子交换层析法和亲和层析法等。

第四节　基因工程抗体药物

以白喉抗毒素为代表的第一代抗体药物源于动物的多价抗血清，用于一些细菌感染性疾病的早期被动免疫治疗。抗血清对多表位抗原的中和能力较强，但安全性低、供应量有限、批次间差异大，限制了这类药物的应用。第二代抗体药物是利用杂交瘤技术制备的单克隆抗体及其衍生物，与多克隆抗体相比，其优点是均一性良好、特异性强、效价高、制备成本低，但由于当时杂交瘤技术产生的抗体为鼠源性，应用于人体存在不良反应，主要体现在两点：一是鼠源抗体虽能特异性结合靶抗原但不能激活ADCC和CDC等；二是其鼠源性造成HAMA反应，易被人体清除，甚至导致机体免疫损伤。因此，除了Orthoclone OKT3用于抗器官移植的排斥反应外，鼠源单克隆抗体没有其他临床应用的进展。

既保持单克隆抗体均一性、特异性强的优点，又能克服其鼠源性的不足，是拓展单克隆抗体广泛应用的重要思路。DNA重组技术、结构生物学和生物信息学技术的发展，使得有可能制备人源化或全人源的基因工程抗体，如人-鼠嵌合抗体（chimeric antibody）、人源化抗体（humanized antibody）、全人源抗体、双特异性抗体、小分子抗体，以及衍生的抗体融合蛋白、抗体-药物偶联物等。基因工程抗体具有如下优点：①通过基因工程技术的改造，可以降低甚至消除人体对抗体的排斥反应；②基因工程抗体的相对分子质量较小，可以部分降低抗体的鼠源性，更有利于穿透血管壁，进入病灶的核心部位；③根据治疗的需要，制备新型抗体；④可以采用原核或真核表达系统或转基因植物等多种表达形式，大量表达抗体分子；⑤可将全人源抗体基因转基因至敲除自身抗体基因的动物体内，主动免疫产生全人源抗体。基因工程抗体的不足是亲和力弱、效价不高。但利用抗体结构信息、链置换、基因突变、CDR空间变构等优化技术，可将抗体亲和力提高数十倍至上千倍。利用抗体库技术（包括噬菌体抗体库技术和核糖体展示技术等）以及人外周血淋巴细胞-严重联合免疫缺陷小鼠（hu-PBL-SCID小鼠）、转基因小鼠和转染色体小鼠，可构建人源化抗体以及全人源抗体。

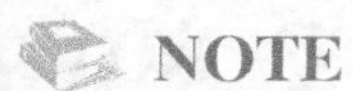
NOTE

一、小分子抗体

在一个完整的 IgG 分子的基础上，通过去除某些非功能的或者非关键性的抗体片段，只保留对抗原、抗体结合反应有重要意义的功能部分，得到的具有一定生物活性和功能的抗体片段称为小分子抗体。小分子抗体一般具有相对分子质量小、免疫原性低和易于清除等特点。完整抗体分子的糖基化修饰一般由哺乳动物细胞表达产生，技术含量和生产成本都较高。此外，IgG 型抗体的相对分子质量约为 150000，抗体及其偶联物在实体瘤中存在穿透性较差的问题。与之相比，小型化抗体药物不需要糖基化修饰，可以在原核细胞中表达，操作方便，生产成本较低。同时，小分子抗体也易于进一步进行基因工程改造，如构建抗体融合蛋白等。因此，抗体小型化也日益成为抗体药物研发的一种趋势。

目前常见的小分子抗体有 Fab 片段、$F(ab')_2$ 片段、Fv 段、单链抗体（single chain Fv，scFv）、单域抗体（single domain antibody，sdAb）和最小识别单位等（图 3-4）。

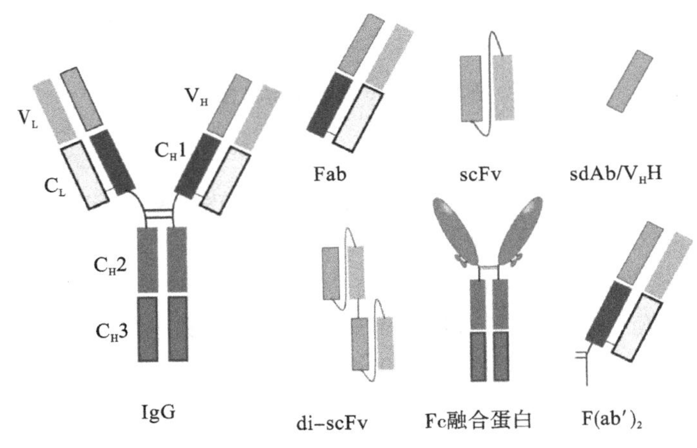

图 3-4 小分子抗体组成

（一）Fab 抗体

Fab 抗体片段由重链 V 区及 C_H1 区（即 Fd 段）和完整的轻链以链间二硫键连接而成（图 3-5），较好地保持了天然抗体分子的 Fv 段的结构，主要发挥抗体的抗原结合功能。相比于单链抗体，Fab 抗体在构成上多了轻链的恒定区和重链恒定区的 C_H1 区，相对分子质量要大些，一般为 50000，因此其药物渗透能力较弱，在人体内被清除的效率更低。Fab 抗体生产工艺简单，抗原、抗体结合能力较强，在这两方面优于单链抗体。但是 Fab 抗体同时也存在稳定性更差、轻重链之间更易解离的问题，再加上引入了部分恒定区，Fab 抗体的免疫原性也有所增加，这些缺点都使其在成药应用方面受到一定制约。研究发现，Fab 分子具有聚合的先天优势，而且其聚合体的稳定性和抗原、抗体结合能力都优于单体，因此，通过单体产生有价值的其他抗体片段或聚合体分子，也将是 Fab 抗体应用发展的主要方向之一。目前上市的 Fab 抗体有阿昔单抗（Abciximab），一种抗血小板凝聚单克隆抗体嵌合 Fab，靶标为糖蛋白Ⅱb/Ⅲa 受体；赛妥珠单抗（Certolizumab），聚乙二醇人源化抗 TNF-α 单克隆抗体 Fab 片段；雷珠单抗（Ranibizumab），一种人源化抗 VEGF-A Fab 片段等。

早期 Fab 片段的制备是通过木瓜蛋白酶对完整抗体分子酶解后分离纯化获得的，现已能从大肠杆菌获得。抗体分子与抗原的结合依赖于抗体分子的立体构象，即需要可变区正确的立体折叠、链内二硫键的形成以及轻链、重链可变区两个分子间相互作用形成正确的立体构象，这一过程在 B 细胞内是在粗面内质网腔内完成。大肠杆菌细胞壁的周质腔（periplasm）可

提供类似于内质网的环境。将重链 Fd 基因与轻链基因 5′端接上细菌蛋白的前导序列，所表达的蛋白在细菌前导肽的引导下可分泌到周质腔，前导肽被前导肽酶（signal peptidase）所裂解，生成的 Fd 段和轻链在周质腔内完成立体折叠和链内、链间二硫键的生成，成为有功能的 Fab 片段。但其在原核细胞的分泌型表达受到蛋白质分子穿过内膜和折叠效率的影响，因而表达量较低。

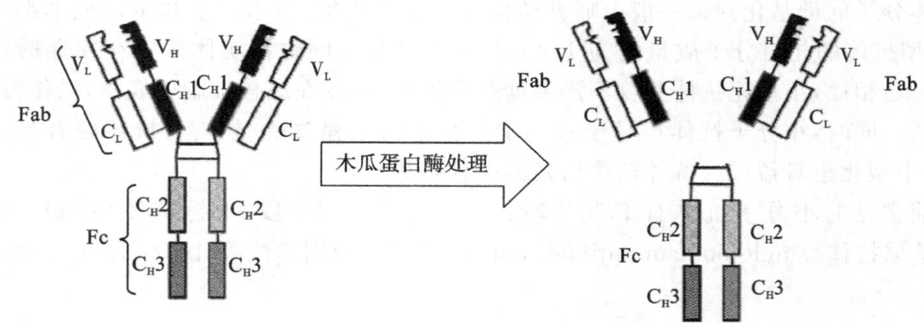

图 3-5　Fab 抗体结构简图

（二）Fv 抗体

Fv 抗体片段由重链可变区（V_H）和轻链可变区（V_L）组成，两者通过非共价键结合，是抗体分子中保留抗原结合活性的最小功能片段，约为完整分子的 1/6。其分子小，免疫原性弱，对实体瘤的穿透力强，能发酵生产，可作为载体与药物、放射性核素、毒素等相结合，用于肿瘤的诊断和治疗或用于细胞内免疫，也可看作基因治疗的一种方案。用前述基因工程表达方法，通过将 V_H 和 V_L 转送到大肠杆菌周质腔，可获得有功能的 Fv 段。由于 Fv 段中 V_H 和 V_L 由非共价键结合在一起，因而在浓度较低时有解离的倾向，极不稳定。不同 Fv 段的解离常数不同，一般浓度在 10^{-5}～10^{-4} mol/L 之间，欲获得稳定的 Fv 段，需设法将两个可变区比较稳定地结合在一起。二硫键稳定的 Fv（disulfide-stabilized Fv，dsFv），则是在 V_H 和 V_L 的适当位置各引入一个半胱氨酸而形成的。将 V_H442-V_L100 或 V_H1052-V_L43 作为构建 dsFv 的通用位点，二硫键位置远离 CDRs，dsFv 稳定且抗原结合活性不受影响。

（三）scF$_V$

将抗体的 V_H 和 V_L 通过一条短的连接肽（linker）连接，就得到了一个单链抗体。单链抗体是保留了完整抗原、抗体结合位点的最小功能片段，较好地保留了亲本抗体对抗原的结合能力。在功能方面，单链抗体具有穿透力强、免疫原性低、易于连接、便于直接获得免疫毒素或酶标记抗体等的特点。在结构方面，单链抗体在不影响正常的抗体、抗原结合的前提下有两种构建方式，分别是 V_H-连接肽-V_L 或 V_L-连接肽-V_H。在抗体构建方面，单链抗体构建成功与否的关键在于连接 V_H 和 V_L 的连接肽的设计，要求连接肽要能够保证抗原、抗体结合的正确空间构象。一般以 15～20 个氨基酸长度为宜，氨基酸的组成设计应使连接肽具备亲水性、易于折叠，不宜有过多的侧链，以减少抗原性。应用最广的连接肽是（GGGGS）$_3$。就抗体片段的生产而言，单链抗体几乎可以在任何抗体表达系统中成功表达，如应用较为成熟的原核表达系统，因而生产难度大大降低。利用大肠杆菌表达 scFv 可有两种方式：一种方式是表达为包涵体或非包涵体性不溶蛋白，这种表达方式的产量较高，但需进行变性、复性等后续工作；另一种方式是分泌型表达，与 Fab 抗体片段表达的原理相同，利用前导序列使 scFv 分子分泌到周质腔内，在周质腔内完成二硫键的形成和肽链折叠，成为有活性的单链抗体分子，但产量比较低。单链抗体分子也有自身的不足，如稳定性差且亲和力低，易形成多聚体等。Brolucizumab 是目前Ⅲ期

NOTE

临床试验的人源化单链抗体片段，相对分子质量约为26000，用于治疗新生血管性年龄相关性黄斑变性，靶标是血管内皮生长因子A(VEGFA)。

在scFv基础上进一步改造可得到一系列基于单链抗体的衍生物。如前述通过二硫键稳定连接的dsFv抗体；若缩短连接肽而不允许同一链上的V_H和V_L结构域之间配对的连接体，从而迫使其与另一条链的V_H和V_L互补配对并形成两个抗原结合位点则可得到双价抗体(如双链抗体di-scFv，甚至多价小分子抗体)；由C端融合恒定区C_H3得到微型抗体等。单链抗体基因片段还可以与适当的毒素蛋白基因重组，直接在大肠杆菌中融合表达重组免疫毒素(immunotoxin)。常用毒素包括假单胞菌外毒素、蓖麻毒素及白喉毒素。与完整抗体免疫毒素相比，scFv免疫毒素具有操作更简单、价廉、免疫原性低和易于进入肿瘤组织内部等优势。进入Ⅲ期临床试验的Oportuzumab monatox是一种靶向上皮细胞黏附分子(EpCAM)的人源化scFv免疫毒素，其由一种人源化抗EpCAM抗体scFv与假单胞菌外毒素A偶联而成。

总而言之，单链抗体虽然由于自身稳定性差等不利于成药，但可将其作为基础或中间体用于其他小分子抗体药物或抗体-药物偶联物的研究。

（四）单域抗体

根据抗体分子的结构特点，Fv段是保留抗原结合活性的最小结构。但有些情况下，单独的抗体的重链可变区或轻链可变区也可以结合抗原。于是，学者们开始研制一种只有可变区的小分子抗体片段，称之为单域抗体(single domain antibody)，也称单区抗体、小抗体、纳米抗体。单域抗体的优势在于相对分子质量更小、免疫原性更低，却几乎拥有相当的抗原、抗体结合能力。

驼科动物体内会产生一种独特的抗体：缺失轻链的重链抗体(HcAb)。克隆这种抗体重链可变区可以得到只由重链可变区组成的单域抗体，也称为V_HH。驼科动物的V_HH亚型单一，而且天然存在，稳定性和可溶性都相当好，省去了其他单域抗体获得后还需要进行的修饰过程。基于驼科动物V_HH是单域抗体研究的热点。对V_HH立体构象分析发现，其抗原结合部位的构象较为特殊，可形成CDR3凸出的抗原结合部位，可造成特殊的抗体、抗原结合形式，即抗体CDR襻状结构插入抗原表面的凹陷中。这在制备酶的抑制剂中有重要意义，因为酶的催化部位常常位于酶蛋白表面的凹陷中，这些部位通常不易制备相应抗体。驼科动物V_HH的这一特殊结构使其可用于制备酶的抑制性抗体，也展示了驼科化人单域抗体的应用前景。罕见血栓性微血管病治疗新药卡普赛珠单抗(Caplacizumab)是一种抗血管性血友病因子(vWF)的人源化纳米抗体，于2018年获欧盟委员会、2019年获美国FDA批准上市。

抗体与抗原的结合机制通常为抗原和抗体可变区上的6个CDR发生相互作用，而CDR中以CDR3尤其重链CDR3最为关键。但有研究发现，某些情况下仅单个CDR就可以实现与抗原的结合，这样的CDR称为最小识别单位(minimal recognition unit，MRU)。最小识别单位在动力学及渗透性方面具有优势，但因为分子本身缺少框架支撑，所以稳定性较差。因为其穿透能力强，半衰期短，本底低，故在临床影像学诊断中具有应用前景。也有研究者提出在最小识别单位的基础上适当引入一些氨基酸序列稳定其理化性质，同时尽可能保证其小分子的特点；或者通过结构分析，用非肽类化学结构进行模拟，开发治疗性药物。

二、嵌合抗体

广义上的人源化抗体泛指人们通过基因工程技术对已有异源抗体进行改造，植入一定比例的人源抗体成分得到的基因工程抗体。人源化技术的目的主要是解决异源抗体进入人体后引发的排斥反应。目前的研究绝大多数以鼠源抗体为亲本抗体进行人源化改造。嵌合抗体是由鼠源抗体的可变区(V区)和人源抗体的恒定区(C区)进行基因拼接，插入表达载体并转入

适当受体细胞表达而成的抗体(图 3-6)。一般嵌合抗体的人源化程度可达 70%。通常所说的嵌合抗体是指经典的人-鼠嵌合抗体,除此之外,还有一些关于人和其他灵长类动物的嵌合抗体的报道,其构建及制备有别于人-鼠嵌合抗体,本节不做详述。

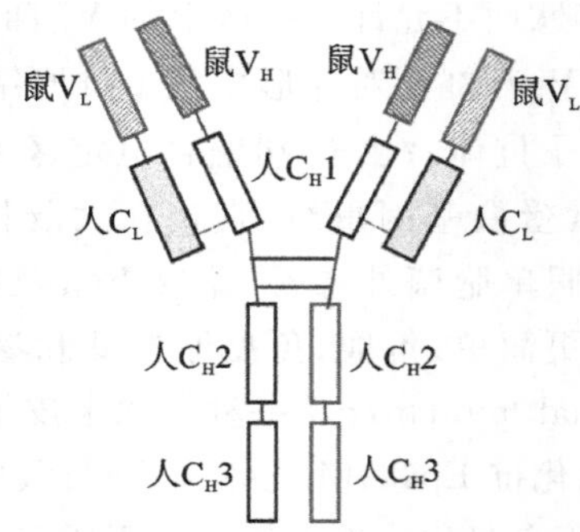

图 3-6　人-鼠嵌合抗体的结构示意图

在构建嵌合抗体时,可有目的地改变抗体的类型或亚类。由于 IgG 类型的抗体稳定性好,易纯化和保存,因此嵌合抗体通常采用人 IgG 恒定区。人 IgG 有四个亚类,其中 IgG1 和 IgG3 亚类能结合补体,需要 CDC 效应来杀伤靶细胞的嵌合抗体采用 IgG1 型恒定区,而不希望由 Fc 介导生物学功能的抗体,可采用 IgG4 型恒定区。当然,构建的抗体类型或亚类的生物学效应并不一定与预期某类别的功能完全相符。

构建嵌合抗体的大致过程是,克隆得到鼠源单抗的 V 基因片段,连接到包含相应人抗体 H 基因片段以及表达所需其他元件(如启动子、增强子、选择性标记等)的表达载体上,在哺乳动物细胞(如骨髓瘤细胞(NS0 或 Sp2/0)、中国仓鼠卵巢细胞(CHO 细胞)等)中表达。可变区基因可以从杂交瘤细胞的基因组文库中克隆 DNA,也可根据 FR1 区序列或其前导序列以及 J 段或恒定区序列的保守性,通过 RT-PCR 克隆得到 cDNA。不过,根据保守序列设计引物扩增得到的序列可能会与亲本抗体基因的原始序列有所不同,也可能因此影响 CDR 的构象,从而影响抗体的抗原结合能力。

抗体人源化改造的目的在于降低鼠源抗体的免疫原性,但保持亲本抗体的特异性和亲和力。嵌合抗体在临床应用中已被证明安全,例如美国 FDA 批准的阿昔单抗(Abciximab)、曲妥珠单抗(Rituximab)、英夫利昔单抗(Infliximab)、Basiliximab、Siltuximab、西妥昔单抗(Cetuximab)以及我国自主研制的适用于恶性肿瘤的碘肿瘤细胞核单抗(^{131}I-chTNT)。但嵌合抗体的使用仍可能引发 HAMA 反应,这使得人们必须继续开展研究,力求可以找到一种毒副作用更低的抗体药物。

三、人源化抗体

(一) 抗体人源化

嵌合抗体技术通过 C 区替换将异源抗体改造为约含 75%人源抗体成分的抗体,但是 V 区的框架区(FR)和决定簇互补区(CDR)仍保留了大量的鼠源成分,仍有可能诱导强烈的抗体反应。因此需将鼠源抗体进一步人源化改造,即利用 DNA 重组技术和蛋白质工程,对抗体基因进行重组,在保留鼠源抗体对抗原有效结合部位的同时,最大限度地降低非结合部位的鼠源性。这种通过重组基因所表达的既有鼠源成分、又有人源成分的抗体称为人源化抗体(图 3-7(a))。

人源化抗体的构建思路是借助结构生物学、生物信息学和计算机建模等技术,在嵌合抗体的基础上继续对可变区进行改造,即对可变区(通常是可变区的框架区)进行人源化。相比嵌合抗体,人源化抗体的人源抗体成分更高,一般可以达到 90%～95%,因此理论上其免疫原性

NOTE

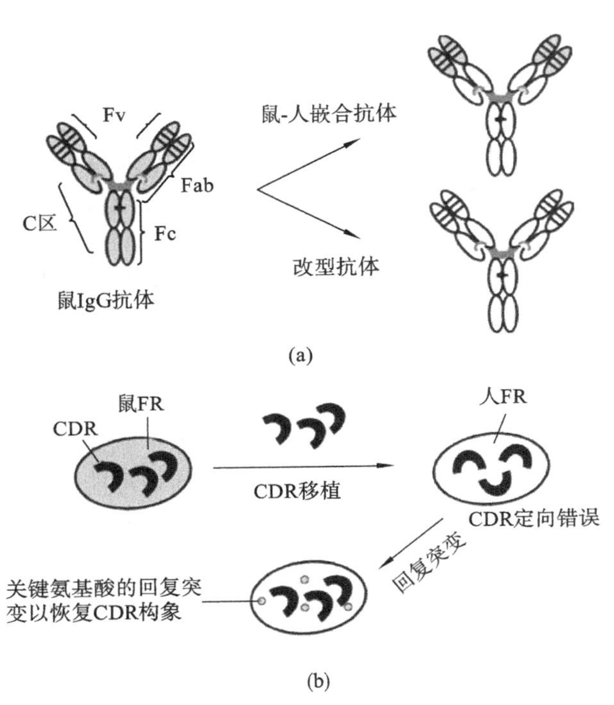

图 3-7 改型抗体的构建

将大大降低，更好地保证药物的安全性。抗体进一步人源化改造的方法很多，最早的手段是CDR 移植，其他常见的人源化改造有表面重塑技术、框架改组技术、链替换技术、去免疫原性技术等。

1. 改型抗体 改型抗体(reshaped antibody)是最早制备的人源化抗体，是将鼠源抗体的恒定区和可变区的框架区全部替换成人源抗体成分，只保留可变区的 CDR(图 3-7(b))。这种替换相当于在人源抗体的基础上，植入鼠源抗体的 CDR，因而改型抗体也被称作 CDR 移植抗体。改型抗体的人源化程度可高达 90%，抗体的半衰期也有所延长。简单的 CDR 移植往往会明显降低抗体的亲和力，甚至丧失与抗原结合的能力。对此，在 CDR 移植的同时，可将一些支撑 CDR 空间构象的鼠源抗体的框架区氨基酸也进行移植，以保持亲本鼠源抗体的亲和力和特异性。另一种策略是通过定向进化等技术使抗体经历体外亲和力成熟的过程，以达到抗体成药的相关要求(见下文后述)。

2. 表面重塑抗体 表面重塑抗体(resurfaced antibody)是人们在抗体人源化改造中的又一次重大尝试。其设计思路是在改造框架区时，不用将鼠源抗体的框架区全部换成人源抗体的成分，而只改变其中暴露在表面的起关键作用的氨基酸残基。通过鼠源抗体和人源抗体可变区立体构象叠合比对，寻找合适的人源抗体模板，将鼠源 Fv 段表面暴露的框架区残基中与人源 Fv 段不同的位点改为人源的氨基酸，达到鼠源 Fv 段的表面残基人源化，以期降低免疫原性；由于该方法不影响 Fv 的整体空间构象，所以获得的抗体仍保留与抗原的结合能力，称之为表面重塑抗体。因其仅将 FR 区表面的残基进行了替换，因而人源化程度略低于改型抗体。

如果有抗原的晶体结构，则可以采用特异性决定基(specificity determining residues，SDR)移植的方法，该方法首先需要分析待改造抗体的抗原结合位点，或通过抗原-抗体复合物的三维结构确定抗体超变区中与抗原结合的关键氨基酸，然后将这些决定特异性的关键氨基酸移植到相匹配的人源抗体相应位置上。

3. 链替换抗体 链替换抗体(chain shuffling antibody)是在定向选择技术的指导下，利

用抗体库展示技术，逐步将鼠源抗体的轻链、重链完全替换为人源抗体序列，最终获得与亲本鼠源抗体结合同一表位的全人源抗体。该技术严格意义上属于一种全人源抗体技术，但由于需要原始鼠源抗体作为模板，因此也算一种人源化技术。经典的链替换技术基本过程如下：首先，选择亲本鼠源抗体的一个可变区基因（重链或轻链）与人抗体相应的另一个可变区基因的文库（轻链库或重链库）配对构建成“鼠-人杂合抗体库”，经过筛选获得有结合活性的杂合型抗体；然后，将得到的人（轻链或重链）可变区基因与另一条链（重链或轻链）的人可变区基因文库组合构建成人源抗体库；再经筛选过程，得到与原亲本鼠源抗体特异性识别同一抗原的全人源抗体。应用链替换技术获得成功的如抗 TNF-α 全人源 IgG1 抗体阿达木单抗（Adalimumab），于 2002 年获得美国 FDA 批准上市，用于治疗慢性关节炎等免疫性疾病。

4. 去免疫原性抗体 去免疫原性平台是一个专门的技术平台，包括确定和去除鼠源抗体上能被人 T 细胞识别的表位，这样的治疗性抗体不再激活 T 细胞反应以及随后的 HAMA 反应。类似的去免疫原性策略：①借助抗体空间结构信息判别可能产生的 B 细胞表位信息，对抗体进行优化；②利用表位预测方法对抗体序列中存在的 MHC-Ⅱ抗原表位进行预测，对抗体进行优化；③引入 Treg 表位，刺激 Treg 细胞功能，诱导免疫耐受。

需要注意的是，所有的生物制药产品都会引起一定的抗药抗体（anti-drug antibody，ADA）反应，即便进一步人源化的抗体或全人源抗体也不例外。如第一个全人源抗体——阿达木单抗中存在多个 B 细胞表位，导致抗药抗体反应，严重影响其活性，在临床使用中出现一定毒副作用。

（二）抗体亲和力成熟

通过各种技术获得的抗体，往往需要进一步提高亲和力、优化效应功能，才能更好地满足临床应用的需求。

抗体已被广泛用于疾病的诊断和治疗，抗体与抗原高亲和力结合对于提高检测灵敏度、延长半衰期、降低药物剂量、增加药物疗效等都是十分重要的。抗体亲和力成熟（antibody affinity maturation）是指在体液免疫中，再次免疫应答所产生抗体的平均亲和力高于初次免疫应答的现象。抗体亲和力成熟是机体正常存在的一种免疫机制。天然 B 细胞库产生的抗体亲和力一般较低，在抗原多次刺激和选择过程中其亲和力逐步提高，激活后的 B 细胞的抗体可变区基因发生高频率突变（体细胞突变），只有突变后亲和力升高的 B 细胞才易被抗原选择，并进一步增殖分化。因此，经过抗原多次刺激，B 细胞产生的抗体亲和力越来越高。然而靠体内亲和力成熟往往仍达不到抗体治疗性用途的要求，因此，需要在体外进行抗体亲和力成熟。现在已有很多方法可模拟体内方式，在体外进行抗体亲和力成熟。

1. CDR 区突变 它是一种模拟体内体细胞突变的方法，包括定向诱导突变和随机诱导突变。定向诱导突变需要对抗原、抗体相互作用的立体结构有充分了解，否则成功率不高；而随机诱导突变通过引进随机的碱基替换，进而筛选理想的突变体。易错 PCR（error-prone PCR）、DNA 改组技术等是引入突变的简便方法。Yang 等提出采用序贯优化（sequential optimization）或者平行优化（parallel optimization）的方法对不同的 CDR 分别引入随机诱导突变，基于抗原、抗体结合性能的改变筛选出亲和力提高的突变体，称为 CDR 步移（CDR walking）。而采用框架改组（framework shuffling）的方法进行抗体人源化改造，主要是将鼠源抗体的 6 个 CDRs 以正确的读框融合到人 Ig 胚系框架中，构建成抗体库，用相应抗原筛库，由于筛选出的抗体框架来源于相匹配的 CDR 序列和结构，因此它保留了与抗原的最优结合，这种抗体接近于天然的全人源抗体。

2. 链替换 根据抗体可变区随机配对的原理，将抗体的一条链保持不变，替换另一条链，构建轻链重链置换文库，然后用抗原进行筛选，重复进行链替换和亲和力筛选，可产生高亲和

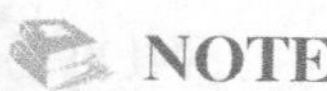

力抗体。

3. 分子展示(molecular display)技术 分子展示技术包括噬菌体展示技术、细菌展示技术、酵母展示技术、核糖体展示技术和mRNA展示技术等。它们各具特点，都可以用于提高抗体的亲和力，其基本原理是将抗体基因编码的抗体分子展示在细胞或分子表面，通过抗原选择，获得高亲和力抗体。

4. 基于计算机辅助设计 目前基于计算机辅助设计提高抗体亲和力的方法主要从构象、能量两个方面考虑。一般为了探讨抗原、抗体相互作用构象的改变，常常利用分子动力学常温构象搜索进行动态分析。通过作用势能面构象搜索，借助距离几何学、分子间氢键理论、溶液可及性表面积以及表观静电势的变化，探讨抗体与抗原作用前后界面构象的特征，从而判别抗原与抗体相互识别的关键位置。进一步利用氨基酸残基的理化性质进行合理的突变，在保证不发生表位漂移的情况下，确保抗原、抗体相互识别的结构匹配性达到最佳。在确定结构匹配最佳的基础上，利用相互作用能、热力学参数的改变定量地进行分析，最终从理论上提出提高抗体亲和力的可能方案用于指导试验。基于计算机辅助设计提高抗体亲和力的方法减少了试验的盲目性，节约了研究成本，提高了效率。然而，设计的成功与否要依赖于抗原、抗体相互作用的动态模式、界面构象特征的合理判定。因此，在抗原或抗原、抗体复合物晶体结构已知的情况下成功率较高。

基因工程抗体亲和力成熟的过程是一个体外分子进化、多样化的选择和扩增的过程。根据对抗体亲和力成熟的认知，有效引入体细胞高频突变，该策略是亲和力成熟的核心，而基于不同原理的突变策略的组合应用，可能对基因工程抗体的亲和力成熟有协同增强的作用。需要注意，抗体多样性的实现还与突变抗体库的库容紧密联系，增大抗体库的库容更易于筛选到高亲和力抗体。此外，高效的筛选方法对于获得高亲和力抗体也有至关重要的作用。

四、抗体-药物偶联物

治疗性抗体的作用机制之一是利用抗体的靶向性，将抗体导向靶部位。抗体-药物偶联物(antibody-drug conjugate，ADC)是以抗体或抗体片段为载体连接放射性核素、药物或毒素构成(图3-8)，又称为免疫偶联物(immunoconjugate)。

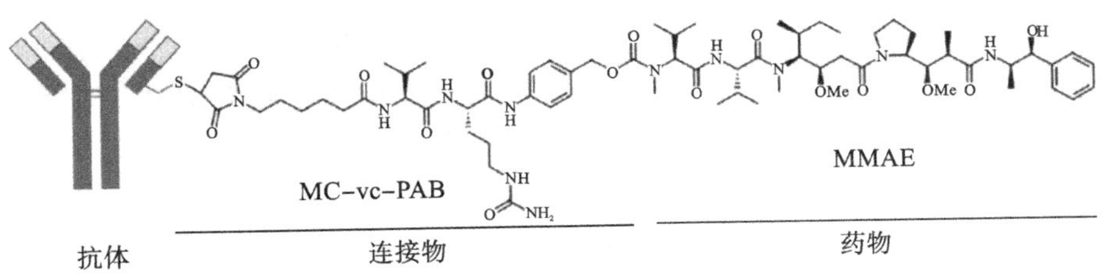

图3-8 抗体-药物偶联物示意图

ADC将单克隆抗体药物的高特异性和小分子细胞毒性药物的高活性相结合，用以提高肿瘤药物的靶向性、减少毒副作用。在理想状态下，该药物前体在系统给药时没有细胞毒性，而当ADC中的抗体与表达肿瘤抗原的靶细胞结合、整个ADC被肿瘤细胞内吞后，小分子细胞毒性药物将以高效活性形式被有效释放，从而完成对肿瘤细胞的杀伤。ADC通常由一个完全人源化的单克隆抗体、一个细胞毒性药物和一个合适的连接物组成。研制安全性高、疗效好的ADC药物依赖于抗体、细胞毒性药物以及连接物的正确选择。

1. 靶标与抗体选择 治疗靶标的选择是ADC实现良好临床疗效的重要因素。理想的靶标应该是在肿瘤细胞上特异性表达，或者至少应该是在肿瘤细胞表面表达量相对较高。目前在研的ADC药物靶点几乎涵盖了所有已经确证的药物靶点，除了已上市抗体药物靶点(如

NOTE

HER2、EGFR、CD19、CD22、CD70 等)外，诸多新型靶点，如 SLC444(AGS-5)、Mesothelin 等也成为 ADC 的作用靶点。许多 ADC 与靶标结合后，会通过受体介导的内吞作用进入细胞内。内吞作用的速率和程度会影响肿瘤细胞对药物的吸收与释放，不过 ADC 内吞并不是成功治疗的绝对因素。目前进入临床试验阶段的 ADC 采用的抗体包括 IgG1、IgG2 和 IgG4 3 种亚型，其中 IgG1 型应用最为广泛。采用 IgG1 型抗体的 ADC 可引发抗体依赖细胞介导的细胞毒作用(ADCC)和补体依赖的细胞毒作用(CDC)。

2. 连接物与偶联技术 连接物实现抗体与小分子细胞毒性药物的连接，在 ADC 进入靶细胞前，它能确保偶联药物的完整性。而一旦 ADC 进入作用靶点，连接物又要确保化学药物的有效释放。目前大多数 ADC 所采用的连接物可以分为可裂解连接物与不可裂解连接物两类。可裂解连接物在循环系统中相对稳定，在 ADC 进入细胞后，依靠细胞内微环境(如溶酶体内低 pH 条件或细胞质基质中的还原性环境)发生降解，从而释放药物，包括腙键连接物和二硫键连接物，每种连接物都有相应不同的肿瘤特异性细胞内条件。采用此类连接物的 ADC 药物有吉妥单抗(Gemtuzumab ozogamicin)、Inotuzumab ozogamicin 等。而不可裂解连接物则需要相应的酶降解连接物或偶联物中的抗体部分来释放药物，如二肽连接物和硫醚连接物。具有不可裂解连接物的 ADC 必须要求适当的细胞内吞和细胞内降解才能起作用。与可裂解连接物相比，不可裂解连接物在血浆中稳定性更好，其半衰期更长，前者在血浆中的半衰期一般为 1～2 天，而后者可长达 1 周。

3. 小分子细胞毒性药物 目前小分子细胞毒性药物的种类有放射性核素、化疗药物与毒素，这些物质与抗体连接，分别构成放射免疫偶联物、化学免疫偶联物与免疫毒素。根据其作用靶点主要分为两大类:第一类为微管抑制剂，如奥利斯他汀类(MMAE、MMAF)和美登素类(DM1、DM4)，它们通过与微管结合，阻止微管的聚合，阻滞细胞周期继而诱导细胞凋亡;另一类为 DNA 损伤剂，包括刺孢霉素、Duocarmycin 类，它们通过与 DNA 双螺旋小沟结合，导致 DNA 的碎裂和细胞死亡。

利用抗体实现细胞毒性药物靶向递送的理念可追溯至 20 世纪初 Ehrlich 提出的“魔术子弹”的假说。随着人源化靶向抗体的开发、细胞毒性药物活性的提高、连接技术的成熟、新型连接物稳定性以及裂解效率的增强，ADC 的功效开始在动物模型中进行验证，并进入临床研究阶段。吉妥单抗(Mylotarg)早在 2000 年就已成为首个获得美国 FDA 批准的 ADC，它由一种高活性的抗肿瘤抗生素衍生物和一种抗 CD33 人源化单克隆抗体 IgG4 结合而成，用于治疗急性髓系白血病，然而Ⅲ期临床试验发现其具有肝毒性，并且与对照组相比疗效并不显著，于 2010 年 6 月申请退市。2011 年 8 月维布妥昔单抗(Brentuximab vedotin)获得美国 FDA 批准，也是美国 FDA 批准的首个可用于治疗霍奇金淋巴瘤和系统性间变性大细胞淋巴瘤的药物。维布妥昔单抗的主要成分为抗 CD30 特异性抗体 cAC10、MMAE 和连接物(蛋白酶可裂解的共价连接物)。Ado-trastuzumab emtansine(Kadcyla，T-DM1)是由靶向 HER2 的曲妥珠单抗与微管抑制剂 DM1 连接的 ADC，可用于 HER2 阳性转移乳腺癌。奥英妥珠单抗(Inotuzumab ozogamicin)是包含一种以 CD22 为靶点的单克隆抗体的 ADC，用于复发或难治性前体 B 细胞急性淋巴细胞白血病成人患者的治疗。Polatuzumab vedotin 由抗 CD79b 抗体与 MMAE 偶联，2019 年 6 月获得美国 FDA 批准，联合苯达莫司汀用于复发性或难治性弥漫性大 B 细胞淋巴瘤治疗。据 *MAbs* 杂志统计，截至 2017 年 5 月，约有 80 个 ADC 进入各阶段临床试验。

新型 ADC 仍然存在细胞毒性药物可能提前释放进入全身循环的安全性问题，如何保证 ADC 在到达靶标细胞后才有效释放细胞毒性药物，是现阶段研究中的一大挑战。同时，ADC 的稳定性也依然对连接物及连接技术有很高的要求。如偶联过程不应改变抗体的完整性、与抗原的亲和力、效应功能(若有)以及药物的生物活性。同时，偶联过程应保持单克隆抗体和细

胞毒性药物的天然形式，使产品在水溶液中储存或冻干/灭菌过程中保持完整，并保证产品批次的可放大性和产品性质的均一性。目前在临床试验中研究的大多数 ADC 的偶联过程依赖于药物与抗体中氨基酸残基的连接。赖氨酸残基和半胱氨酸残基是常用的将药物与抗体连接的氨基酸残基，通过基因工程等技术实现位点特异性偶联能够得到更均一的 ADC。ADC 的产业化制备工艺复杂，包括重组抗体制备、化学药物与抗体的偶联反应和 ADC 的制剂与质控等环节。但是，ADC 在肿瘤治疗领域依然具有明显的优势和强劲的研发势头，具有广阔的发展空间。

五、抗体融合蛋白

抗体融合蛋白(antibody fusion protein)是指利用基因工程技术将抗体片段与其他生物活性蛋白质融合所得的产物。抗体融合蛋白的构建形式主要有两种，即分别利用抗体的可变区片段和恒定区片段的特点，使抗体融合蛋白具有抗体的某项特性，从而形成两大类抗体融合蛋白。一类是将抗体的可变区片段(Fv 段)与其他生物活性蛋白融合，利用抗体 Fv 段特异性识别的特点将特定的生物活性物质导向靶部位(图 3-9(a))；另一类是含抗体 Fc 段的融合蛋白，利用 Fc 段的 ADCC 效应和 CDC 效应或延长体内半衰期(图 3-9(b))的特点。

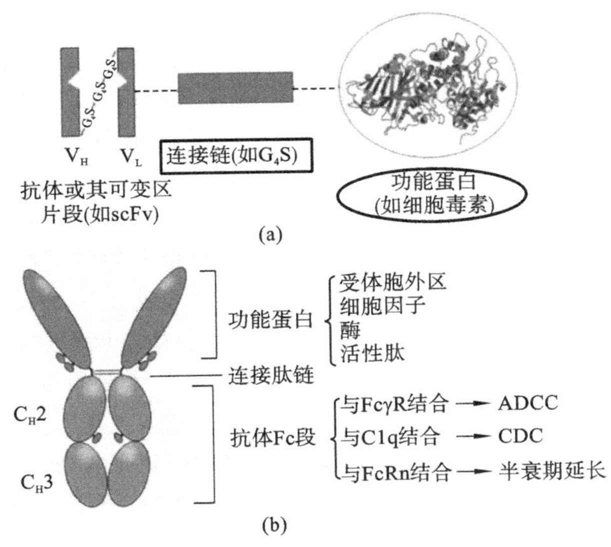

图 3-9 抗体融合蛋白结构示意图

(一) Fv 抗体融合蛋白

免疫导向治疗尤其是肿瘤治疗是 Fv 抗体融合蛋白的主要应用领域。如将能够识别肿瘤的抗体 scFv 或 Fab 段与假单胞菌外毒素 A、肿瘤坏死因子、白介素-2(IL-2)等融合，融合蛋白能将其融合的毒素、细胞因子等导向肿瘤细胞，直接杀伤肿瘤细胞或介导 T 细胞产生杀伤效应。处于Ⅲ期临床膀胱癌治疗试验的 Oportuzumab monatox，是由一种重组人源化抗靶向上皮细胞黏附分子(EpCAM)抗体 scFv 与假单胞菌外毒素 A 偶联而成的。如将 scFv 段与细胞膜蛋白融合可得到嵌合受体，该嵌合受体可赋予特定细胞与抗原结合的能力。如将抗体的可变区基因与 T 细胞上 TCR 的 α 链和 β 链的恒定区融合，将融合基因导入 T 细胞，可使 T 细胞具有该抗体的特异性，对表达相应抗原的靶细胞产生细胞杀伤效应，此即 CAR-T 免疫疗法的基础。在构建 Fv 抗体融合蛋白时还可根据需要保留某些恒定区，使其具备一定的抗体生物效应或功能。

(二) Fc抗体融合蛋白

将抗体Fc段与其他生物活性蛋白融合而获得的抗体融合蛋白，又称为免疫黏附素(immunoadhesin)。Fc段融合产生的效果：①通过与新生Fc受体(FcRn)或其他类似受体结合，延长该蛋白在血液中的半衰期；②Fc介导的抗体效应功能，包括ADCC效应和CDC效应，即通过该功能蛋白与其配体的相互作用，将Fc段的生物效应引导到特定靶标。例如CD4与Fc段的融合构建，将CD4分子的胞外区部分基因与Fc段基因重组融合后，在真核细胞分泌表达得到CD4-Fc融合蛋白，不仅半衰期较长，可封闭HIV-1包膜糖蛋白gp120与$CD4^+$ T细胞的结合，阻断病毒对敏感细胞的感染，并对感染的细胞发挥ADCC效应。另一个免疫黏附素的例子是肿瘤坏死因子(TNF-α)受体和抗体Fc段的融合蛋白。依那西普(Etanercept)是由两个Ⅱ型TNF-α受体p75的胞外段和人IgG1的Fc段结合而成的融合蛋白，与内源性可溶性受体结构相似，可与细胞外液中的可溶性TNF-α以及细胞膜表面的TNF-α高亲和结合，相对分子质量为150000，在人体内的半衰期为(102±30) h，于1998年获美国FDA批准上市，用于治疗类风湿性关节炎。

基于基因工程抗体分子和基因融合原理的抗体融合蛋白多用作免疫导向药物，这类药物可以减少对正常细胞的非特异性杀伤效应，目前已用于杀伤肿瘤细胞、溶解血栓等治疗。例如，将靶向肿瘤细胞的抗体Fab或scFv和假单胞菌外毒素A、TNF、IL-2或β-内酰胺酶等融合，在维持两个部分蛋白各自特性的前提下，融合的毒素、细胞因子等可直接杀伤肿瘤细胞或介导T细胞产生杀伤效应。其他应用如B7-抗体融合蛋白用于T细胞增生的共同刺激，抗CD20抗体和人的β-葡糖醛酸酶融合蛋白用于抗体导向的酶前体药物治疗等。

目前抗体融合蛋白构建的主要问题是抗体片段和生物活性蛋白之间的连接问题。对于连接肽的选择，要求连接肽既应具有足够的柔软性和亲水性，以保证抗体和生物活性蛋白二者的正常折叠，还要求不能轻易断裂或水解，以提高抗体融合蛋白的稳定性；而且连接肽应尽量短并保持中性以降低其免疫原性。普遍采用的连接肽螺旋链或$(Gly_4Ser)_n$线状链仍不能满足各方面的要求，需要通过基因修饰减少其副作用。其他问题如应该增加抗体分子和生物活性蛋白的多样性，提高抗体分子的特异性和亲和力以及生物活性蛋白的专一性作用等，以便其可广泛用于免疫治疗、免疫诊断，特别是用于免疫导向药物的制备。基因工程构建的抗体融合蛋白可在原核生物、单细胞真核生物、哺乳类动物以及植物中得到有效表达，具有很大的应用潜力。但由于高活性的抗体融合蛋白的表达相当困难，产率低，还应通过各种表达途径和表达方法提高其表达产量和生物活性。

六、双特异性抗体

(一) 双特异性抗体的基本概念

双特异性抗体(bispecific antibody，BsAb)，也称为双功能抗体(bifunctional antibody，BfAb)，是含两种(或多种)针对不同抗原的特异性抗原结合位点的人工抗体。由于可以同时和两种(或多种)抗原发生反应，并使之交联，能在靶细胞和功能分子(或效应细胞)之间架起桥梁，因此，双特异性抗体能够起到特殊的生物学功能。具体生物学功能：①免疫细胞的招募和激活，通过同时靶向肿瘤和免疫细胞达到召集免疫细胞和清除肿瘤细胞的目的；②受体共刺激或抑制，利用BsAb拮抗两种或两种以上信号转导配体，避免逃逸机制从而改善治疗效果，如CTLA4-PD-1、VEGF-PDGF等；③促进蛋白复合物形成，如用于治疗A型血友病的艾美赛珠单抗(Emicizumab)，同时结合凝血级联酶促反应中的凝血因子Ⅸa和因子Ⅹ，桥连因子Ⅸa与因子Ⅹ，促进因子Ⅹa的产生，部分模拟了因子Ⅷ的功能，但因其与因子Ⅷ没有序列同源性，因此并不会诱导或增强因子Ⅷ抑制物的产生；④多价病毒中和等。

NOTE

（二）双特异性抗体的构建

由于双特异性抗体构建方式灵活，目前已有报道的双特异性抗体形式至少有45种。按照其结构特征主要分为含Fc区的双特异性抗体（IgG型双特异性抗体）和不含Fc区的双特异性抗体（非IgG型双特异性抗体）两大类。含Fc区的双特异性抗体保持了传统的单克隆抗体的结构，具有两个Fab区和一个Fc区，这两个Fab区可以结合不同抗原，此类抗体主要有Triomab/quadroma、DVD-Ig（dual variable domain Ig）、CrossMAb、Two-in-one（2in1）IgG、scFv$_2$-Fc、KiH-IgG等（图3-10）。不含Fc区的双特异性抗体缺失Fc区，由两个抗体的V_H区及V_L区组成或者由Fab片段组成。由于缺少Fc段，仅通过抗原结合力发挥治疗作用，具有较低的免疫原性，易于生产，相对分子质量小。因相对分子质量较小，其在肿瘤组织的渗透性较高，因此具有更强的治疗效果。此类双特异性抗体有诸多形式，主要包括BiTE（bi-specific T-cell engager）、DART（dual affinity retargeting）、TandAbs（tandem diabody）、scFv-HSA-scFv、双纳米抗体（bi-nanobody）等。

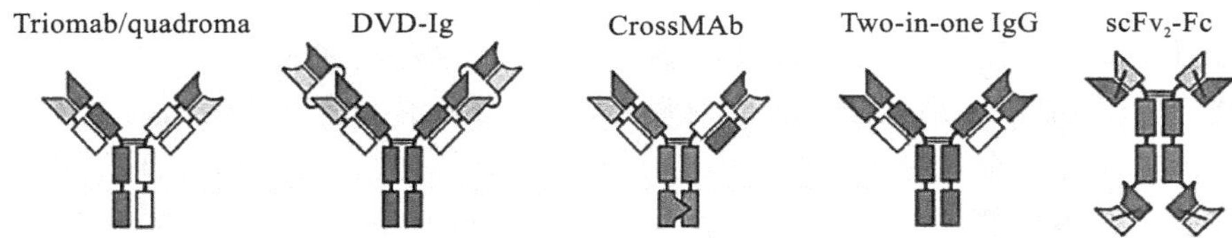

图3-10 双特异性抗体的结构示意图

（三）双特异性抗体的制备

双特异性抗体可以用化学偶联法、双杂交瘤细胞融合法和基因工程技术等方法获得。化学偶联法和双杂交瘤细胞融合法生产的BsAb为鼠源性，具有较强的免疫原性，且产量低、纯度差，在临床应用上受到很大的制约，基因工程是目前制备BsAb使用最多的技术。

1. 化学偶联法 该方法最早出现于20世纪80年代，其原理是通过化学偶联剂将两个完整IgG或两个F(ab)$_2$抗体片段偶联成一种BsAb，这种方法快速、简便，但是容易破坏抗原结合部位从而影响抗体活性，同时交联剂本身的安全性和致癌性不确定。

2. 双杂交瘤细胞融合法 通过细胞融合的方法将两株不同的杂交瘤细胞融合成双杂交瘤细胞株，然后通过常规的杂交瘤筛选法克隆靶细胞。由于双杂交瘤细胞的遗传物质来源于亲代的两种杂交瘤细胞，必然产生两种重链和两种轻链分子，而这些轻链和重链的随机组合方式至少有十种。由于同质化重链的优先结合以及重链和轻链的无效结合，理论上只有轻链和重链同源配对、重链和重链异源配对的组合才能产生所需的BsAb。双杂交瘤细胞融合法制备BsAb的随机性较大，效率低，但是BsAb生物活性较好，抗体结构比较稳定。

3. 基因工程技术 利用基因工程技术制备BsAb是目前最常用的方法。双特异性IgG抗体制备中的主要挑战就是轻链和重链的正确连接。Knobs-into-holes（KiH）方法和CrossMab技术已经可以有效解决重链异源二聚化和同源重链、轻链配对的难题。在KiH方法中，一个抗体的重链C_H3区366位体积较小的苏氨酸突变为体积较大的酪氨酸，形成突出的Knob（杵）结构；将另一个抗体重链C_H3区407位酪氨酸残基突变成苏氨酸，形成凹陷的hole（臼）结构；利用杵臼结构的空间位阻效应实现两种不同抗体重链间的正确配对。在CrossMab技术中，一个BsAb的Fab臂通过交换重链和轻链的区域而被修饰，另一条臂保持不变；修饰后的轻链具有部分同源重链，不会再与非同源重链结合，因此保证配对的正确性。

卡妥索单抗（Catumaxomab）是全球首个获批的双特异性抗体药物，由一个靶向肿瘤EpCAM的小鼠IgG2a和一个靶向肿瘤CD3ε的大鼠IgG2b构成，是一个三功能抗体，用于恶性腹水的治疗，但于2017年撤市，主要是由于三功能抗体复杂的生产工艺以及异源抗体比较

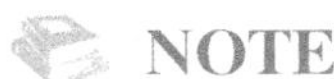

容易产生的免疫原性问题。博纳吐单抗(Blinatumomab)于2014年被美国FDA批准上市,是一种BiTE(双特异性T细胞衔接系统)抗体药物,用于急性淋巴细胞白血病的治疗。

七、胞内抗体

一般抗体在细胞内合成后分泌到细胞外。在抗体基因的N端或C端加入引导序列能使其表达定位于亚细胞部位,如细胞核、细胞质、线粒体、内质网等。这种在细胞内合成并作用于细胞内组分的抗体称为胞内抗体(intracellular antibody,intrabody)。胞内抗体通常在非淋巴细胞内表达,可以特异性干扰靶分子的活性或阻断加工、分泌过程,也可在细胞内抑制病毒复制或抑制生长因子受体及癌基因表达,是一类新型工程抗体。

尽管胞内抗体能够以不同的形式表达,但最常见的是scFv和Fab形式。针对不同的目的,对scFv蛋白的N端或C端进行一些修饰,就可将scFv蛋白人为地滞留于各个亚细胞区室中。将来源于SV40大T抗原的核定位信号(NLS)或TAT核仁前导序列信号同C端连接,可以制成核滞留型或核仁滞留型胞内抗体。在N端融合一段导肽或在C端引入一段内质网滞留信号(KDEL),可使scFv蛋白滞留于内质网。因为内质网是多种生物活性蛋白加工、分泌的通路,将抗体滞留于内质网管腔或内膜上,大大增加了抗体与靶蛋白相互作用的机会。

胞内抗体可在肿瘤细胞特定的亚细胞器中表达并且靶向抗原底物,进而应用于肿瘤基因治疗。目前研究较多的靶蛋白主要包括表皮生长因子受体超家族(EGFR、ErbB-2、ErbB-3、ErbB-4)、白介素-2受体、Ras蛋白、叶酸受体、抑癌蛋白p53、Bcl-2蛋白、c-Myb蛋白以及Ⅳ型胶原酶等与肿瘤的发生及发展各个阶段密切相关的重要蛋白。

胞内抗体在艾滋病的基因治疗中有广泛的应用前景。它作用于病毒结构蛋白、调节蛋白、酶蛋白,并在特定细胞器与靶结构结合并抑制病毒生长周期不同阶段的功能,而这些靶结构都是HIV-1生存、繁殖的必需结构。例如,HIV-1包膜糖蛋白是作为gp160前体合成的,并在高尔基体内分裂为成熟的gp120/41蛋白。gp120与未感染细胞的CD4受体的相互作用对病毒感染,$CD4^+$ T细胞耗竭、功能失调和CD4介导的细胞信号破坏都有重要作用,这将有助于对艾滋病的发病机制的研究。胞内抗体scFv105可以在内质网结合gp160前体从而阻止其向细胞表面的转运,导致病毒颗粒不具备感染力。在HIV-1感染的细胞内,胞内抗体Fab105与gp160前体结合并抑制其加工整合,产生弱或无感染力的病毒颗粒。此外,分泌到细胞外的Fab105可以中和细胞外游离的病毒颗粒,保护未被感染的细胞。

尽管胞内抗体在一些疑难疾病的治疗方面显示了良好的应用前景,但它真正用于疾病治疗还存在一些问题:如抗靶分子的抗体基因如何导入特定的组织细胞内;胞内抗体基因在细胞内能不能持久、稳定地表达以达到足够的细胞内浓度;胞内抗体的毒性和免疫原性问题;如何增加胞内抗体的正确折叠、保持生物活性、延长血中半衰期;如何获得大量有治疗价值的胞内抗体等。这些问题的解决还有待于进一步的基础和临床研究。

八、全人源抗体及其制备方法

抗体药物的发展经历了鼠源抗体、人源化抗体和全人源抗体三个阶段(图3-11)。全人源单克隆抗体(human monoclonal antibody,HMAb)技术的发展始于20世纪90年代,主要包括以下几大类:人-人杂交瘤技术、B细胞培养技术(含B细胞永生化技术、非永生化的B细胞体外刺激培养技术等)、高通量抗体库技术和转基因鼠技术等。根据抗原-抗体复合物的晶体结构,借助分子设计技术从头设计全人源抗体是近几年发展起来的新技术。2002年美国FDA批准了第一个全人源抗体药物阿达木单抗,截至2018年底已有28个全人源单克隆抗体药物,其中有8个是利用转基因小鼠技术获得的。

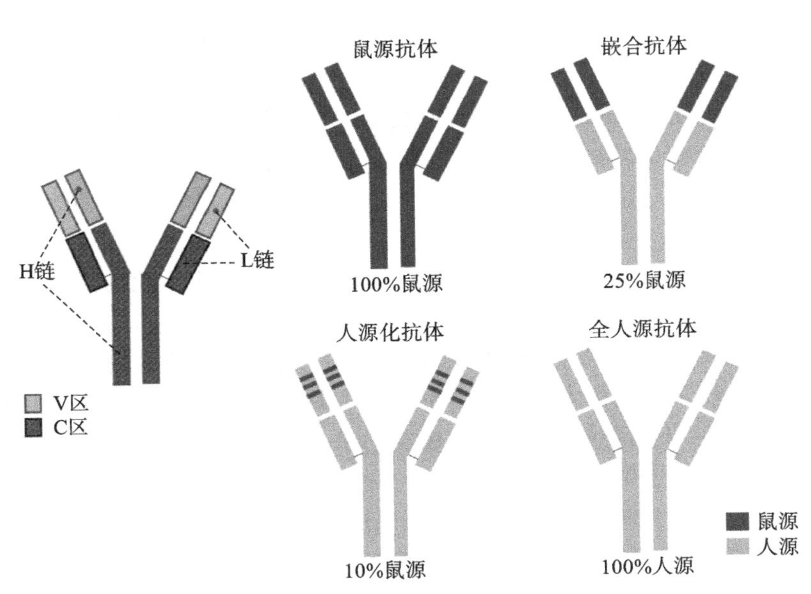

图 3-11 治疗性抗体发展历程

（一）人-人杂交瘤技术

B 细胞杂交瘤技术是制备单克隆抗体的主要方法，将具有抗体分泌能力的 B 细胞与具有无限增殖能力的骨髓瘤细胞融合，获得分泌抗体的具有无限增殖能力的杂交瘤细胞株。人单克隆抗体也可以用此原理制备，但有两个主要问题。首先是人骨髓瘤细胞的来源问题。从 20 世纪 70 年代起陆续建立了一些可供人-人杂交瘤技术制备用的人骨髓瘤细胞系和能产生人 Ig 的淋巴母细胞株，例如，骨髓瘤细胞系 SKO-007、TM-H2、DHMC 等，淋巴母细胞系 LICR-Lon-HMy2、GM1500 等，但这些细胞系存在融合率低、杂交瘤细胞不稳定等问题。虽然近年来有新的人骨髓瘤细胞系建成，但仍然不能完全克服上述问题。其次是人 B 细胞的来源和免疫问题。要获得针对某种特定抗原的抗体，必须先要有足够数量的分泌这种抗体的 B 细胞；特定抗原致敏的人 B 细胞在人单克隆抗体制备中至关重要。但除了接种疫苗或被某些病原微生物感染的人群，一般不能像动物一样对人体进行这种抗原致敏。因此，杂交制备的人单克隆抗体通常特异性和亲和力均不高。分离外周血、扁桃体和病灶部位浸润的淋巴细胞中的 B 细胞，用各种细胞因子和抗原在体外刺激，可在一定程度上解决致敏 B 细胞的来源问题。此外，人单克隆抗体的研制还需要解决生产问题。已建株的细胞可在体外培养，从培养液中收集抗体；也可以接种入动物体内，由动物体液收集抗体。通常，后一种方法较为简便，抗体产量较高。但人-人杂交瘤细胞接种于动物体内会遭到种间排斥，因此必须进行无血清体外培养等研究。

（二）B 细胞培养技术

近年来，越来越多的全人源单克隆抗体采用 B 细胞培养技术筛选获得，这类技术又可以分为两大类：B 细胞永生化技术及非永生化的 B 细胞体外刺激培养技术。

1. B 细胞永生化技术 体外培养永生化技术以 Epstein-Barr 病毒（EBV）永生化技术为主。EBV 在体外能使人记忆 B 细胞永生化并持续分泌抗体。借助流式细胞仪、磁珠分离技术等，在 EBV 感染之前，从外周血淋巴细胞中筛选出抗原特异性的 B 细胞，然后感染病毒建立各种分泌人单克隆抗体的细胞系。该方法的进一步改进是在 EBV 感染 B 细胞之前利用非甲基化的 CpG 二寡核苷酸刺激外周血淋巴细胞以提高 EBV 的转化效率。基本流程：首先分离有潜在抗体的志愿者外周血单核细胞 PBMCs，利用 CD22 磁珠将 PBMCs 中的非 B 细胞部分

及浆细胞部分分离去除，然后通过流式细胞仪，将IgM、IgD、IgA类型的B细胞分离去除，得到分泌IgG的记忆B细胞。再利用EBV转化的绒猴白细胞B95-8培养上清液为条件培养基以及CpG2006为免疫增强剂，同时以辐照过的同源异体单核白细胞作为饲养细胞，铺板培养这些B细胞，检测细胞上清液，筛选抗原特异性的B细胞克隆，并进一步克隆化培养，最后获得阳性的单克隆B细胞群。克隆获得其中的抗体基因可在哺乳动物细胞表达系统大量表达有关抗体。

该方法遇到的主要问题仍然是致敏B细胞的来源。此外，永生化的淋巴母细胞系在体外培养时间过长时，抗体活性会丧失。

2. 非永生化的B细胞体外刺激培养技术 非永生化的B细胞体外刺激培养技术的整个技术周期相对较短，比永生化技术至少减少半个月的筛选时间。通常需要选择特定的供血志愿者，一般是疫苗免疫、天然免疫康复、病后康复的患者。首先分选特定供血者的外周血单核细胞，利用流式细胞仪分选单核细胞中的CD19阳性、IgM阴性、IgA阴性细胞，再采用有限稀释法，以IL-2及IL-21作为刺激细胞因子，以辐照过的3T3-CD40L细胞作为提供CD40L的饲养细胞，进行铺板培养，检测细胞上清液的特异性，阳性培养孔进一步进行RT-PCR操作，克隆抗体V区轻链及重链基因，再进行重组表达并验证其抗体的性质。

（三）高通量抗体库技术

1. 噬菌体抗体库技术 20世纪90年代，噬菌体抗体库技术的出现为抗体人源化和全人源抗体的制备开辟了新途径。该技术在体外模拟抗体的体内成熟过程，从B细胞中扩增全套抗体的轻链和重链基因，克隆到特定载体上，使抗体展示于噬菌体表面，构成噬菌体抗体库(phage antibody library)，库容一般在10^7左右；用抗原筛选出表达相应抗体的噬菌体，经扩增、测序可获得特异性抗体基因(图3-12)。如果B细胞来源于人外周血，则可获得人源抗体。噬菌体表面展示技术的优点是可以直接得到全人源抗体，不需要经过免疫系统和免疫步骤，避免了鼠源抗体的人源化改造过程，并且可以在体外对抗体的亲和力和特异性进行改造。用该方法获得的第一个上市抗体是阿达木单抗。

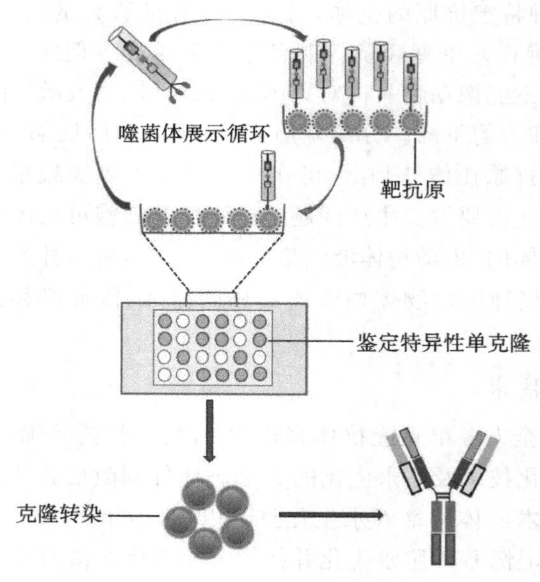

图3-12 噬菌体抗体库技术示意图

抗体库的质量(多样性和亲和力)与抗体库的库容成正比。为了获得高亲和力的抗体，往往需要大容量抗体库。因此，人们在噬菌体抗体库的基础上，引入Cre-LoxP体内重组系统。

NOTE

借助该系统，一个细菌同时被多个噬菌体感染后发生重组，可以得到库容大于 10^{11} 的抗体库。除了展示在噬菌体表面，抗体基因也可以展示在酵母、细菌表面和核糖体上。

知识链接 3-1

2. 合成抗体库 抗体库的抗体基因，既可来源于人或动物的外周血淋巴细胞、骨髓、脾细胞等生物样本，也可以通过基因合成获得(即合成抗体库)；同时，一个抗体库中可以既有生物来源的抗体基因，又含有合成的抗体基因(即半合成抗体库)。根据人抗体基因的保守性，对人类抗体胚系基因及所有重排序列进行分组，其中 95%以上的序列可归为 14 个亚组：7 个重链 V_H 亚组(V_H1A、V_H1B、V_H2、V_H3、V_H4、V_H5、V_H6)，4 个 V_κ 亚组($V_\kappa1$、$V_\kappa2$、$V_\kappa3$、$V_\kappa4$)和 3 个 V_λ 亚组($V_\lambda1$、$V_\lambda2$、$V_\lambda3$)，亚组中的每个成员之间都有高度的同源性。因此，可以设计合成 14 个亚组各自通用的基因，作为构建组合抗体库(combinatorial antibody library)的主干基因，由此组合而成的抗体库称合成抗体库。与生物来源的抗体库相比，合成抗体库的优点在于库的内容、位点变异性及库的整体多样性均可操作和控制。在合成过程中可以在各种元件两侧引入合适的限制性内切酶位点，便于进行基因操作，例如，将轻链、重链的 CDR 区设计成两侧带有酶切位点的盒式结构，便于替换；也可以引入大肠杆菌偏爱性密码子，使其在大肠杆菌中高效表达；载体和抗体基因的模式设计及模块性操作使得单链抗体(scFv)能够通过简单的克隆步骤，快速切换成不同的小分子抗体形式，如二硫键连接 Fv 片段、Fabs、免疫毒素或多价结构的抗体等。

3. 抗体库的筛选 抗体库都需要经过筛选才能获得需要的特异性抗体。常规筛选抗体库的方法是用一个抗原通过类似亲和层析的方法，从抗体库中将与之结合的抗体“钓”出来，由此衍生出多种抗体库筛选技术。

以噬菌体抗体库筛选为例，最常用的是固相筛选法：将纯化的抗原包被在酶联板或免疫试管等固相介质上，或将其交联制备成亲和层析柱进行筛选。该方法的缺点是有些抗原被固定后构象会发生变化，筛选出的抗体不能识别天然抗原。通过包被另一个针对该靶抗原的抗体，由它结合靶抗原进行间接筛选，可以在一定程度上解决抗原构象改变的问题。另一种是液相筛选法：将抗原标记生物素后，在液相中利用链霉亲和素化的磁珠进行筛选。该方法筛选效率高，但易分离到抗链霉亲和素的抗体。可以先用链霉亲和素化的磁珠除去抗体库中抗链霉亲和素的抗体，然后用抗原筛选。液相筛选法克服了抗原构象改变的问题，但需注意抗原经生物素标记后，某些抗原表位可能会改变。近年来也有用完整细胞对抗体库进行直接筛选的方法，这种方法特别适合难以表达和纯化的细胞膜抗原筛选抗体。借助流式细胞仪以及磁珠分选技术，通过不同类型细胞的阴性筛选和阳性筛选，可获得特异性抗体。

特别值得指出的是，利用某些抗体与细胞膜抗原结合形成复合物可被细胞内化的特性，经过洗涤、裂解靶细胞可获得细胞内化型抗体。这些抗体可能适合制备抗体-药物偶联物。体内筛选方法是将抗体库直接静脉注射到动物体内，然后从靶器官或组织中洗脱特异性结合的抗体，这种方法适用于分离组织特异性标志物的抗体。Colony-lift assay 筛选技术是将抗原吸附在膜上，与涂布在平板上的抗体库反应，能与抗原结合的抗体留在膜上，加入酶标二抗反应后显色；根据膜显色情况在抗体库平板上找出相应菌落，进行扩增和分析，获得相应抗体基因。该方法可以一次对多个抗原进行筛选。

4. 抗原表位定向选择 抗原表位定向选择(epitope guided selection)是利用抗体库技术进行鼠源抗体人源化的又一种方法。将鼠源抗体的轻链或重链文库，与人抗体的重链或轻链文库配对构建成“人-鼠杂合抗体库”，筛选与抗原结合的克隆，分离获得人抗体的重链或轻链基因；再将它们与人的轻链或重链文库配对，用抗原筛选，就能得到与抗原结合的特异性人源抗体。

(四) 转基因鼠技术

转基因鼠技术制备全人源抗体是目前全人源抗体研究的主流，截至 2018 年底，已经有 28

个由转基因小鼠制备而来的全人源抗体被美国 FDA 批准上市。转基因鼠技术首先是利用同源重组等基因灭活技术敲除鼠内源性 IgH 基因和 Igκ 基因，消除内源性基因对后续转入的人 Ig 基因的竞争。这种转基因鼠平台中转入小鼠的人 Ig 基因在小鼠的免疫系统中能够进行天然抗体的多样性与克隆选择，如发生于骨髓的抗体基因重排（gene segment rearrangement）、发生于淋巴结生发中心的抗原诱导的体细胞高频突变（somatic hypermutation）等，使通过该平台所得的抗体类型更丰富，具有更高的亲和力、稳定性和可溶性等成药性质。

人类 Ig 基因结构巨大且组织复杂，包括位于染色体 14q32.33 的重链 H(IgH)基因位点、位于染色体 2p11.2 的轻链 κ(Igκ)基因位点和位于染色体 22q11.2 的轻链 λ(Igλ)基因位点。因此，转基因小鼠用于全人源抗体筛选制备的另一个关键技术是能够将大于 100 kb 的基因转入小鼠基因组，而基因组克隆和操作技术，包括酵母人工染色体（yeast artificial chromosome，YAC）、细菌人工染色体（bacterial artificial chromosome，BAC）、人类人工染色体（human artificial chromosome，HAC）等技术的发展使克隆、操纵和修饰大片段的 DNA 成为可能；同时，将大片段 DNA 导入小鼠基因组的方法也有了相应进展。构建 1 Mb 以上的转基因结构能够使其携带更多的顺式调控序列而改进 Ig 基因的功能，携带更多的可变区基因片段从而提供更多可选择的抗体。

基于对小鼠和人免疫反应与免疫球蛋白产生机制的理解，转入小鼠体内的人免疫球蛋白基因必要的构成元素包括 IgH 基因的 V_H、D_H与 J_H基因片段，为 B 细胞发育和初始免疫反应传递信号的重链恒定区 Cμ 基因，发生二次免疫应答必需的至少一个重链恒定区 Cγ 基因以及对免疫反应精细调控和更广泛初始免疫反应起重要作用的重链恒定区 Cδ 基因。对重链基因进行复杂调控的顺式作用元件同样重要，包括但不限于内含子与 3′增强子、Cμ 与 Cγ 上游的类型转化区域、V_H、D_H与 J_H各自的顺式作用元件。轻链基因复杂程度较低，但同样需要 V、J、C 基因与相关的顺式作用元件。

就转基因小鼠的制备方法而言，大致有以下 3 种方法。

(1) 微基因重组技术：该技术是将人 Ig 基因库中间断存在的基因片段连在一起，分别组建成轻链、重链微基因，随后将这些构建的微基因质粒注入小鼠胚胎原核中，从而获得含有人重链和轻链的转基因鼠。用这些转基因鼠与内源性重链和 κ 链缺失的小鼠杂交，经一系列选育，最终获得双转移基因（人 H、κ 链）和双链缺失（小鼠 H、κ 链）的纯合小鼠。以特异性人抗原免疫小鼠后，取其脾细胞或淋巴结淋巴细胞与鼠骨髓瘤细胞融合从而获得分泌特异性人源抗体的杂交瘤细胞。

(2) 酵母人工染色体：该法是将未重排的人 Ig 胚系基因酵母人工染色体（YAC）转入小鼠。具体制备方法有两种：一种是基因微注射法；另一种是原生质融合法，即去除含 YAC 的酵母细胞壁，使其球状原生质与鼠胚胎干细胞融合，然后将整合有目的基因的融合干细胞导入小鼠囊胚，获得嵌合体小鼠后，再通过转基因鼠间杂交可筛选出产生全人源抗体的小鼠。

(3) 转染色体技术：该技术是通过微细胞介导染色体转移（microcell mediate chromosome transfer，MMCT）技术将人 14 号染色体 IgH 胚系片段、2 号染色体 κ 轻链片段、22 号染色体 λ 轻链片段，转染到 ES 细胞（图 3-13）。利用该技术可以将人所有 Ig 基因转入小鼠，但抗体产量较低，原因可能是转入的人染色体在鼠细胞中不稳定，目前解决的方法是与其他技术所获得的转基因小鼠杂交育种。

转基因小鼠制备全人源抗体技术发展至今，最为成熟且应用广泛的两个转基因鼠技术平台为 HuMAb-Mouse 与 XenoMouse 技术。

在 HuMAb-Mouse 技术中，转入小鼠的人重链基因座由一个 80 kb 的 DNA 片段组成，包

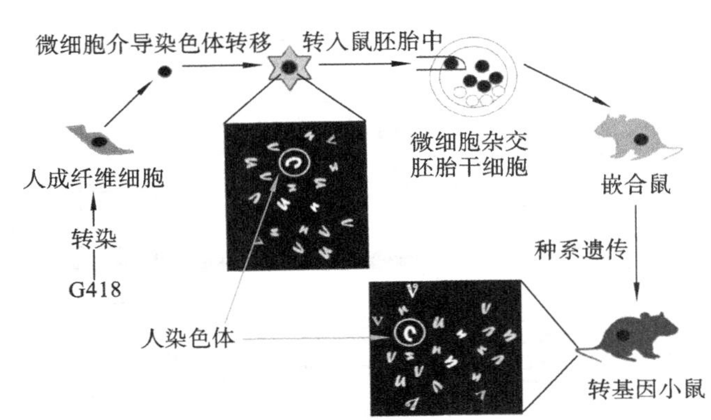

图 3-13 染色体转移技术制备转基因小鼠示意图

含 4 个功能性 V_H 片段、15 个 D 片段、6 个 J 片段以及 μ、$\gamma1$ 编码外显子及二者相应的转变区，同时还带有一个 J_μ 内含子的增强子以及大鼠 3′重链增强子。轻链基因座由一个 43 kb 的 DNA 片段组成，包含 4 个功能性 V_κ 片段、5 个 J 片段、1 个 C_κ 外显子以及内含子及下游增强子元件。外源基因座通过显微注射导入小鼠受精卵中，经同源重组进入小鼠基因组，含有上述外源轻链和重链基因的小鼠胚胎干细胞发育成小鼠后与内源重链和 κ 轻链基因靶向突变的小鼠一起进行育种，最终双转基因/双突变小鼠能够表达人 IgM，并且能够发生抗体类型转换及体细胞突变过程，产生 IgGκ。之后为了增加 V_κ 与 V_H 基因重排的多样性，HuMAb-Mouse 通过携带人基因组中额外编码可变区基因片段的 YACs 或 BACs 与核心转基因座的共同导入，增加可变区基因片段。

XenoMouse 技术使用了可携带更大 DNA 片段的 YAC，因而导入更大片段人 Ig 基因，V_κ 与 V_H 大小分别为 800 kb 与 1020 kb。重链包含 34 个 V 区基因、所有的重链 D 区和 J 区基因，以及 Cγ2、Cμ 和 Cδ 基因，共 66 个功能基因；轻链包含 18 个 V 区基因、所有的 5 个 J 区基因、C_κ 基因，共 32 个功能基因。该技术的转基因小鼠 XMG2-KL 可以产生全人源 IgM 与 IgG2，同时转入替代 Cγ2 基因的 Cγ1 基因和 Cγ4 基因，又分别构建得可以产生全人源 IgG1 与 IgG4 的品系小鼠 XMG1-KL 和 XMG4-KL。为了增加产生抗体的多样性，第 3 个包含全人 Igλ 基因的 YAC 被导入 XenoMouse，所得品系能够产生中和性 IgGλ 单抗，亲和力达到皮摩尔级甚至更低。

转基因鼠技术可在小鼠免疫后通过杂交瘤制备全人源单抗用于前期的药物研究，但是更为常见的是通过杂交瘤克隆编码人源单抗可变区的编码序列，与人源恒定区进行表达载体的分子构建，再转入 CHO 细胞之类的生产细胞进行重组表达，这也是嵌合抗体与人源化抗体制备的标准程序。

现阶段美国 FDA 批准上市的治疗性单抗，主要以噬菌体抗体库技术及转基因鼠技术平台为基础获得。无论是噬菌体展示、酵母展示、核糖体展示、合成抗体等抗体库技术，还是人杂交瘤、转基因鼠或借助分子设计从头设计人源抗体等技术，都会产生多个候选的抗体。这些候选抗体的传统评价指标包括与抗原的结合动力学、细胞功能试验、动物试验等功能活性，但对其进行成药性评估同样很重要，包括哺乳动物细胞表达产率、抗体的理化性质（如等电点、电荷分布、疏水性、热力学稳定性、黏度等）、翻译后修饰（如可变区的糖基化、赖氨酸糖基化等）、化学稳定性（如聚体、断裂、氧化脱氨基、天冬氨酸异构等）、药代动力学（如 FcRn 结合动力学）等特征的评估，从而可以确定进入规模化生产、人体临床试验开发的抗体药物（图 3-14）。

知识链接 3-2

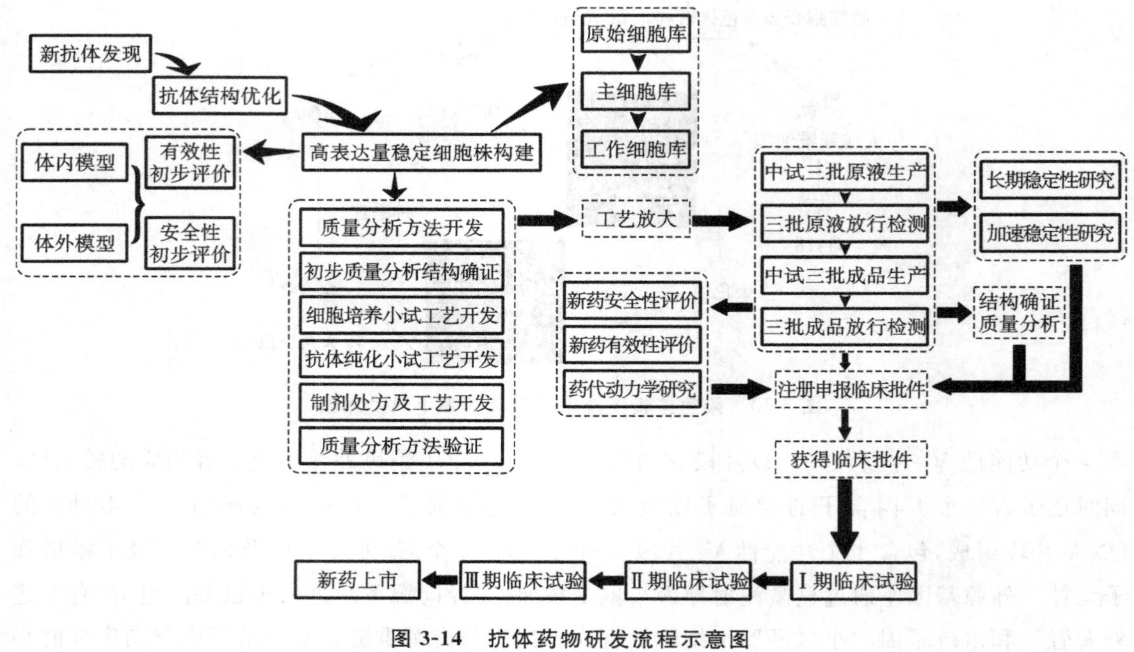

图 3-14　抗体药物研发流程示意图

第五节　治疗性抗体药物实例分析

截至 2018 年，美国 FDA 已批准了 79 种治疗性抗体药物上市。其中，2014—2018 年美国 FDA 累计批准 44 种抗体药物；2018 年，美国 FDA 共批准 59 种新药，其中有 12 种为抗体药物，还有 70 多种处于Ⅲ期临床试验。这里简单介绍几种典型的治疗性抗体药物。

一、阿达木单抗

阿达木单抗(Adalimumab，Humira)，于 2003 年 1 月在美国上市，2010 年在中国获批上市，多年来它一直是单抗药物全球市场的领军者。

阿达木单抗是一种与人肿瘤坏死因子(TNF-α)高效特异性结合的人源化单抗(D2E7)，相对分子质量为 148000。TNF-α 通常在炎症和免疫应答中出现，作为信号分子在病理性炎症和关节破坏方面起重要作用，例如，在类风湿性关节炎患者的滑膜液中，TNF-α 的表达水平升高。阿达木单抗可以特异性地与 TNF-α 结合，并阻断其与细胞表面 TNF-α 受体的相关作用，阻断疾病发生和发展相关的信号通路。而且该抗体具有补体依赖的细胞毒作用，可以清除表达 TNF-α 的细胞。该单抗对 TNF-α 具有高度特异性，不与肿瘤坏死因子 TNF-β(淋巴毒素)结合，其不良反应较小。

目前市售的阿达木单抗由中国仓鼠卵巢(CHO)细胞表达。成品制剂中主要包含甘露醇、柠檬酸一水合物、柠檬酸钠、磷酸二氢钠二水合物、磷酸氢二钠二水合物、氯化钠、聚山梨酯 80、氢氧化钠和注射用水。主要剂型为预填式针剂注射液，单支注射液的规格为 40 mg/0.8 mL，一般通过皮下注射。

阿达木单抗主要用于类风湿性关节炎(RA)、银屑病(Ps)、幼年类风湿性关节炎(JIA)、银屑病关节炎(PsA)、强直性脊柱炎(AS)、克罗恩病(CD)和炎症性肠病的治疗。用于类风湿性关节炎的治疗时，需要与甲氨蝶呤合并使用。对于患有类风湿性关节炎和强直性脊柱炎的成人患者，建议用量为 40 mg，每 2 周皮下注射单剂量给药，通常在治疗 12 周内可获得临床效果。

NOTE

二、曲妥珠单抗

曲妥珠单抗(Trastuzumab,Herceptin),于1998年获得美国FDA批准上市,于2002年在中国获批上市。其主要适用于治疗人类表皮生长因子受体2(human epidermal growth factor receptor2,HER2)阳性的乳腺癌。HER2是一种单次跨膜受体,具有蛋白酪氨酸激酶活性,参与细胞生长和分化的信号转导通路。HER2基因是原癌基因,在30%的乳腺癌患者中HER2基因发生扩增或过度表达,其表达水平与治疗后复发率和不良预后显著相关。曲妥珠单抗治疗乳腺癌的作用机制主要是通过与HER2特异性结合,阻断肿瘤细胞生长信号的传递,抑制肿瘤的发生和发展;并促进HER2在机体内降解;且该单抗能通过ADCC募集免疫细胞来攻击并杀死肿瘤细胞;另外,它还可以下调血管内皮生长因子和其他血管细胞生长因子活性。

目前市售的曲妥珠单抗为人源化IgG1型单抗,由CHO细胞表达,采用蛋白A亲和层析和两轮离子交换法进行纯化。市售药品的剂型规格为每支440 mg冻干粉,使用前用稀释剂将冻干粉稀释至浓度为21 mg/mL,以静脉滴注的方式给药。稀释剂主要包含1.1%苯甲醇、20 mL注射用水、L-盐酸组氨酸、L-组氨酸、α,α-双羧海藻糖和聚山梨酯20。为达到较佳的治疗效果,曲妥珠单抗一般作为放疗、化疗等治疗方式的辅助治疗,静脉滴注的速度对治疗效果和药物的安全性有较大的影响,首次给药一般静脉滴注时间为90 min。

三、贝伐珠单抗

贝伐珠单抗(Bevacizumab,Avastin)是第一个在美国上市的抑制肿瘤血管生成的抗体药物。其作用靶点为血管内皮生长因子(vascular endothelial growth factor,VEGF)。血管内皮生长因子在血管内皮细胞中特异性地与肝素结合,在体内过表达的VEGF通常作为肿瘤发生和发展的主要标志物之一,目前临床上也将VEGF水平的检测作为肿瘤诊断的依据之一。贝伐珠单抗通过与VEGF结合,抑制血管新生,从而阻断血管对肿瘤的血液供应,进而抑制肿瘤细胞在体内的增殖和转移。

贝伐珠单抗为重组人源化IgG1型单抗,通过CHO细胞表达系统生产,相对分子质量约为149000。市售成品的贝伐珠单抗为无色透明、pH 6.2的注射液,有100 mg和400 mg两种规格,对应的体积为4 mL和16 mL(即浓度为25 mg/mL)。

贝伐珠单抗主要适用于以5-FU为基础的联合化疗方案一线治疗转移性结直肠癌。主要给药方式为静脉滴注,推荐剂量为5 mg/kg,每两周给药1次直至疾病进展。静脉滴注的速度对药效及安全性影响较大,该单抗的静脉滴注时间应控制在90 min以上。

四、PD-1/PD-L1抑制剂

免疫检测点是指免疫系统中存在的抑制性信号,对维持自身免疫耐受和调节生理情况下机体免疫反应的持续性和强度有重要作用。利用免疫检测点的抑制性信号通路抑制T细胞活性是肿瘤免疫逃逸的重要机制。阻断免疫检测点可有效增强机体内源性抗肿瘤免疫效应。

PD-1(programmed cell death protein 1)即程序性死亡受体1,属于CD28/CTLA-4家族的免疫受体。正常生理情况下表达在活化的T细胞、B细胞、NK细胞、单核巨噬细胞和树突状细胞(DC)表面的PD-1可与处于抗原提呈细胞(antigen-presenting cell,APC)表面的程序性死亡受体配体1(programmed cell death ligand 1,PD-L1,即B7-H1)、PD-L2(即B7-DC)等相互作用,抑制T细胞的过度活化,起免疫负调控作用,维持机体免疫稳态。

然而,在许多类型的肿瘤中,肿瘤细胞表面往往异常高表达的PD-L1分子,与肿瘤浸润T细胞表面的PD-1分子结合,从而抑制T细胞的正常活化,避免肿瘤细胞被T细胞杀伤,最终实现肿瘤的免疫逃逸。PD-1免疫疗法的作用机制是针对PD-1或PD-L1设计特定的抗体,阻

断肿瘤 PD-L1 和 T 细胞 PD-1 的结合，消除这一免疫抑制效应，使得 T 细胞重新被激活，识别并杀伤肿瘤细胞。与其他治疗性抗体不同之处在于，这类抗体能够直接作用于自身免疫系统，重新激活免疫细胞使其恢复杀伤肿瘤细胞的能力；此外，由于 T 细胞具有记忆能力，被激活的 T 细胞能够长期保持杀伤肿瘤细胞的能力，从而维持机体对肿瘤的免疫应答。

目前上市的 PD-1/PD-L1 抑制剂包括 PD-1 抗体派姆单抗（Pembrolizumab）、纳武单抗（Nivolumab）和 PD-L1 抗体 Atezolizumab、Avelumab 及 Durvalumab。

派姆单抗是第一个获批用于治疗转移性非小细胞肺癌（NSCLC）和用含铂类药物化疗后疾病进展的抗 PD-1 的抗体，为人源化 IgG4-κ 型单抗，相对分子质量约为 149000；派姆单抗被美国 FDA 批准用于治疗不可切除或转移性黑色素瘤、经典霍奇金淋巴瘤、头颈癌、结肠癌等。

派姆单抗目前主要有两种包装规格：每瓶 50 mg（冻干粉末）和 100 mg/4 mL（溶液）。注射用冻干粉需配制和稀释后静脉滴注，配制的溶液 pH 为 5.5，每 2 mL 含 50 mg 抗体药物、3.1 mg L-组氨酸、0.4 mg 聚山梨酯 80 及 140 mg 蔗糖。注射液是无菌、不含防腐剂、透明至轻微乳白色、无色至微黄色的溶液。每 1 mL 溶液含有 25 mg 抗体药物、L-组氨酸、聚山梨酯 80、蔗糖及注射用水。

用于含铂类药物化疗后疾病进展的复发性/转移性头颈部鳞状细胞癌（HNSCC）的剂量为成人每 3 周 200 mg/kg，用于 NSCLC 和黑色素瘤的剂量是每 3 周 2 mg/kg，进行一次 30 min 以上的静脉滴注。

Atezolizumab 是美国 FDA 批准上市的第一个 PD-L1 抑制剂。它是抗 PD-L1 的人源化 IgG1-κ 型单抗，由 CHO 细胞生产，其中 Fc 段经改造后无糖基化修饰，相对分子质量约为 145000。Atezolizumab 能阻止 PD-L1 与 PD-1 和 B7.1 的相互作用，用于治疗局部晚期或转移性尿路上皮癌；欧盟委员会还批准其用于治疗局部晚期或转移性非小细胞肺癌。

Atezolizumab 主要包装规格为 1200 mg/20 mL 注射液，是无菌、不含防腐剂、无色至微黄色的溶液。每 1 mL 溶液含有 60 mg Atezolizumab、16.5 mg 冰醋酸、62 mg L-组氨酸、821.6 mg 蔗糖和 8 mg 聚山梨酯 20，pH 为 5.8。推荐剂量是每 3 周 60 min 静脉滴注 1200 mg，直到疾病进展或发生不可接受的毒副作用。使用 Atezolizumab 不需要在肿瘤标本中测试 PD-L1 的表达，但可以作为患者选择时的指导。

五、CTLA-4 抑制剂

细胞毒性 T 细胞相关抗原 4（cytotoxic T lymphocyte associated antigen-4，CTLA-4）是 T 细胞上的一种跨膜受体，也是一种白细胞分化抗原（CD152），属于免疫球蛋白超家族成员，与 CD28 共刺激分子同源。CTLA-4 高表达于调节性 T 细胞（Treg）与激活的 T 细胞表面，与 CD28 共刺激抗原呈递细胞（APC）表面的协调刺激分子 B7 配体，CTLA-4 与 B7 分子结合后诱导 T 细胞无反应性，参与免疫反应的负调节。在多种癌症中发现 CTLA-4 过表达，导致肿瘤生长失控。CTLA-4 免疫检查点抑制剂可阻断 CTLA-4 通路的激活，下调 Treg 介导的免疫抑制，加强 T 细胞活化及增殖。

CTLA-4 抑制剂伊匹单抗（Ipilimumab）是一种抗 CTLA-4 的全人源 IgG1 型单抗，于 2011 年 3 月被美国 FDA 批准用于治疗晚期黑色素瘤，后扩展到治疗转移性肾癌、淋巴瘤、胰腺癌、前列腺癌、肺癌和膀胱癌等肿瘤疾病。伊匹单抗是首个被美国 FDA 批准的靶向免疫检查点的治疗药物。其给药方式是静脉注射，半衰期约为 15 天，给药剂量为 3 mg/kg，3 周为 1 个治疗周期，共 4 个治疗周期。常见不良反应主要是 T 细胞过度活化和增殖引起的免疫不良反应，发生率为 10%～20%。由于单独使用伊匹单抗疗效有限，现在多使用伊匹单抗联合其他治疗方案，如联合粒细胞巨噬细胞集落刺激因子（GM-CSF）或贝伐珠单抗治疗，治疗效果更为突出，但其单药治疗仍是标准治疗方案。

附

缩 略 表

英文全称	中文全称	英文缩写
antibody	抗体	Ab
antibody-drug conjugate	抗体-药物偶联物	ADC
antibody-dependent cell-mediated cytotoxicity	抗体依赖细胞介导的细胞毒作用	ADCC
antigen	抗原	Ag
antigen-presenting cell	抗原提呈细胞	APC
B cell receptor	B 细胞表面受体	BCR
bi-specific T cell engager	双特异性 T 细胞衔接系统	BiTE
bi-specific antibody	双特异性抗体	BsAb
chimeric antigen receptor T cell	嵌合抗原受体 T 细胞	CAR-T
complement dependent cytotoxicity	补体依赖的细胞毒作用	CDC
complementarity-determining region	决定簇互补区	CDR
complete Freund's adjuvant	弗氏完全佐剂	CFA
Chinese Hamster Ovary	中国仓鼠卵巢	CHO
cytotoxic T lymphocyte associated antigen-4	细胞毒性 T 细胞相关抗原 4	CTLA-4
constant region of heavy chain	重链的恒定区	C_H
enzyme-linked immunosorbent assay	酶联免疫吸附试验	ELISA
fragment of antigen binding	抗原结合片段	Fab
fragment crystallizable	可结晶片段	Fc
Fc receptor	Fc 受体	FcR
neonatal FcR	新生 Fc 受体	FcRn
fragment of variable region	可变区片段	Fv
human anti-mouse antibody	人抗鼠抗体	HAMA
human epidermal growth factor receptor 2	人类表皮生长因子受体 2	HER2
hypoxanthine-guanine phosphoribosyl transferase	次黄嘌呤-鸟嘌呤磷酸核糖转移酶	HGPRT
hypervariable region	超变区	HVR
incomplete Freund's adjuvant	弗氏不完全佐剂	IFA
natural killer	自然杀伤细胞	NK
non-small cell lung cancer	非小细胞肺癌	NSCLC
proprotein convertase subtilisin kexin type 9	前蛋白转化酶枯草溶菌素	PCSK9
programmed cell death 1	程序性死亡受体 1	PD-1
programmed cell death ligand 1	程序性死亡受体配体 1	PD-L1
single chain Fv	单链抗体	scFv
single domain antibody	单域抗体	sdAb
tumor associated antigen	肿瘤相关抗原	TAA

续表

英文全称	中文全称	英文缩写
tetanus antitoxin	破伤风抗毒素	TAT
thymidylate kinase	胸腺嘧啶核苷激酶	TK
tumor specific antigen	肿瘤特异性抗原	TSA
vascular endothelial growth factor	血管内皮生长因子	VEGF
variable region of heavy chain	重链的可变区	V_H
variable region of light chain	轻链的可变区	V_L

本章小结

抗体作为治疗药物主要经历了三代发展，第一代抗血清对多表位抗原的中和能力较强，但是抗血清安全性低、供应量有限、批次间差异大、有效抗体成分低，目前仅用于毒素中毒治疗或感染性疾病预防。第二代单克隆抗体最早是通过细胞融合技术制备的鼠源单克隆抗体，其优点是结构均一、纯度高、特异性强、效价高、血清交叉反应少、制备成本低；不足是其对人体具有较强的免疫原性，从而削弱了其作用，甚至导致机体组织细胞的免疫病理损伤。第三代基因工程抗体是利用基因工程技术制备的抗体、抗体片段或抗体融合蛋白或抗体-药物偶联物，其特点是人源化或完全人源、均一性强、可工业化生产，通过结构改造可制备多种抗体衍生物，并提高抗体亲和力、扩大抗体的应用范围。

噬菌体抗体库技术是用体外基因克隆技术将B细胞全套可变区基因克隆出来，插入噬菌体表达载体，转化工程细菌进行表达，在噬菌体表面形成噬菌体抗体的群体，即为噬菌体抗体库。该技术可以建立巨大的抗体库，然后从中筛选有效的抗体治疗药物。转基因鼠技术平台用于全人源抗体筛选，所得的抗体类型更丰富，具有更高的亲和力、稳定性、可溶性等特点。通过噬菌体抗体库技术和转基因鼠技术平台筛选获得的全人源抗体序列可以通过构建表达载体，再转入CHO细胞等生产细胞进行重组表达。

治疗性抗体根据作用机制分为两类：一类是依赖于其抗原结合功能，如抗体与抗原结合后阻断或中和靶分子的生物活性，利用抗体的靶向性将细胞毒性物质导向靶部位，抗体与细胞膜抗原结合后诱发信号转导的改变，引起细胞凋亡等；另一类除与抗原结合能力有关外，还与抗体的Fc结构有关，如与FcγRs结合或与补体的结合，激发ADCC效应和CDC效应等。针对上述作用机制，可以对治疗性抗体进行结构改造，以提高抗体的效应功能。

能力检测

(1) 抗体药物的作用机制有哪些？

(2) 单克隆抗体制备的原理和基本流程是什么？

(3) 小型化的抗体分子有哪些？

(4) 何谓人源化单克隆抗体？有哪些人源化的方法？

(5) 抗体-药物偶联物的作用特点是什么？如何制备？

(6) 如何获得治疗性全人源单克隆抗体？

参考文献

[1] 陈慰峰. 医学免疫学[M]. 4版. 北京：人民卫生出版社，2005.

[2] 王廷华,李官成,Xin-Fu Zhou. 抗体理论与技术[M]. 北京:科学出版社,2005.
[3] 张林生. 生物技术制药[M]. 北京:科学出版社,2008.
[4] 王凤山. 生物技术制药[M]. 2 版. 北京:人民卫生出版社,2011.
[5] 郭葆玉. 生物技术制药[M]. 北京:清华大学出版社,2011.
[6] 邵荣光,甄永苏. 抗体药物研究与应用[M]. 北京:人民卫生出版社,2013.
[7] 夏焕章. 生物技术制药[M]. 3 版. 北京:科学出版社,2016.
[8] 曹雪涛. 免疫学前沿进展[M]. 4 版. 北京:人民卫生出版社,2017.
[9] 王志明. 转基因小鼠技术在全人源抗体药物研发中的应用[J]. 中国新药杂志,2016(22):2596-2602.
[10] Strohl W R. Current progress in innovative engineered antibodies[J]. Protein Cell, 2018,9(1):86-120.
[11] Marschall A L,Dübel S,Böldicke T. Specific in vivo knockdown of protein function by intrabodies[J]. MAbs,2015,7(6):1010-1035.

(顾取良)

NOTE

第四章 核酸类药物

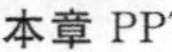

本章 PPT

学习目标

1. 掌握：核酸类药物和基因治疗的基本概念、作用原理以及递送载体。
2. 熟悉：核酸类药物的制备以及靶细胞的选择。
3. 了解：核酸类药物的发展过程、临床应用以及安全性。

第一节 概 述

一、核酸类药物的基本概念

核酸类药物是具有药用价值的核酸、核苷酸、核苷或者碱基的统称，其主要通过调控特定的靶基因表达水平发挥防治疾病的作用。由于其靶向的基因具有专一性，因此核酸类药物制备的技术关键在于根据分子生物学原理和目标基因的碱基序列对药物进行设计。在药物生产方面，大分子核酸类药物主要通过发酵工程生产，而小分子寡核苷酸（通常小于 20 bp）主要通过化学合成法进行生产。目前核酸类药物主要包括反义核酸（antisense nucleic acid）药物、siRNA 药物及 miRNA 药物等。

基因治疗的概念是将外源正常基因或者有治疗作用的基因导入靶细胞，以纠正或补偿基因缺陷或异常所引起的疾病。由于基因的化学本质是核酸，因此很多使用核酸作为治疗手段的基因治疗药物也可归于核酸类药物，如我国 2003 年批准上市的世界第一个用于治疗癌症的基因治疗药物今又生（重组人 p53 腺病毒注射液）。

二、核酸类药物的发展历程

（一）反义核酸药物

早在 20 世纪 60 年代，科学家就提出了反义寡核苷酸的概念。而直到 1978 年，反义核酸调控基因表达的作用才真正得到证实：Zamecnik 和 Stephenson 合成了一段长度为 13 个脱氧核苷酸序列的反义寡核苷酸，并成功地抑制了劳斯肉瘤病毒的复制和 RNA 翻译。据此，他们首次提出了反义寡脱氧核苷酸能够抑制特定基因表达的概念，并大胆预测了反义寡核苷酸在治疗病毒性疾病和肿瘤方面的前景。这一理念的提出奠定了反义核酸药物快速发展的基础。1998 年，第一个反义核酸药物福米韦生（fomivirsen）在美国上市，反义核酸药物成为研究热点。治疗性反义核酸药物抑制癌基因、病毒基因以及内源基因的表达，已成为治疗肿瘤、感染性疾病等的重要候选药物。

（二）siRNA 药物

1990 年，Jorgensen 报道了在矮牵牛中导入调控类黄酮合成的关键酶——查尔酮合酶，不

仅不会增加花青素的合成从而开出颜色更深的牵牛花，反而会导致植株开出白色或白紫杂色的花朵。这种现象被称为共抑制作用，这是人类首次观察到导入的外源基因可以抑制具有同源序列的内源基因的表达，即 RNA 干扰（RNA interference，RNAi）作用。后来的研究证实 RNAi 是一种转录后基因沉默，即基因转录水平正常，但转录后的翻译过程受到了抑制。1995 年，美国康奈尔大学的 Su Guo 博士在利用反义 RNA 阻断线虫基因表达的试验中发现，正义 RNA 和反义 RNA 都能阻断线虫基因 par-1 的表达。1998 年，华盛顿卡内基研究院的 Andrew Fire 和 Craig Mello 证实，正义 RNA 抑制同源基因表达是由于体外转录制备的 RNA 中产生了双链 RNA（double-stranded RNA，dsRNA），真正抑制基因表达的是双链 RNA，并据此提出了 RNAi 的概念。2006 年他们因为在 RNAi 机制研究中的重要贡献而获得诺贝尔生理学或医学奖。此后双链 RNA 介导的 RNAi 现象陆续在真菌、果蝇、拟南芥、锥虫、水螅、涡虫、斑马鱼等多种真核生物中被发现，并逐渐证实植物中的转录后基因沉默、共抑制作用及 RNA 介导的病毒抗性、真菌的抑制现象等均属于 RNAi 在不同物种的表现形式。随着 RNAi 机制的逐步阐明，siRNA 药物在基因研究和临床治疗领域展示出巨大的作用。

（三）miRNA 药物

MicroRNA（miRNA）是一类内源性非编码单链 RNA 分子，也具有转录后基因沉默的功能。其基因沉默的机制是通过与目标分子的 mRNA 特异性结合从而抑制目标基因的翻译过程。1993 年，Lee 等在秀丽隐杆线虫（*Caenorhabditis elegans*）中发现了第一个可时序调控胚胎后期发育的非编码基因 lin-4。2002 年，Reinhart 等又在秀丽隐杆线虫中发现了第二个异时性开关基因 let-7。2001 年 10 月 *Science* 杂志报道了三个实验室从线虫、果蝇和人体克隆的几十个类似线虫 lin-4 的非编码小 RNA 基因，这些基因被命名为 microRNA。之后科学家陆续从各种生物体包括病毒、昆虫以及灵长类动物中发现了数以万计的 miRNAs。目前这些 miRNAs 的相关信息可在 miRBase 网站（www. mirbase. org）中查询。大量研究证实，miRNA 参与生命过程中的各种重要进程，包括胚胎发育、免疫调节、代谢以及细胞周期、分化、凋亡等过程。miRNA 还与包括肿瘤在内的各种疾病有密切关系，开发以 miRNA 为基础的核酸类药物已成为基因治疗等疗法的重要手段。

（四）基因治疗药物

基因治疗的设想由来已久，然而真正进行临床试验是近三十年才开始的。随着人类基因组计划的完成以及对基因与疾病关系研究的不断深入，基因治疗的适用范围不断扩大，从最初的单基因遗传性疾病扩展到多基因多突变的肿瘤以及其他复杂性疾病领域。1990 年美国进行了人类第一例体细胞基因治疗，将腺苷脱氨酶（ADA）基因导入一名严重复合免疫缺陷综合征（SCID）的 4 岁女童体内。治疗采用病毒介导的离体导入法，即利用逆转录病毒载体将野生型 ADA 基因导入离体培养的患者白细胞中，并用白介素-2 刺激增殖，再经静脉输入患者体内。每 1～2 个月治疗一次，8 个月后患者体内 ADA 水平达到正常值的 25%，治疗获得成功。此后，世界多个国家对包括肿瘤在内的一系列重大疾病进行了多项基因治疗试验，均取得了不同程度的治疗效果。目前基因治疗的范围已经扩展到肿瘤、心血管疾病、神经系统疾病和传染性疾病等，显示了良好的应用前景。

第二节 核酸类药物种类、制备及传递系统

目前研究较为深入、应用较为广泛的核酸类药物主要包括反义核酸药物、siRNA 药物、miRNA 药物等。

一、常用核酸类药物种类

（一）反义核酸药物

反义核酸是指能与特定 mRNA 精确互补、特异阻断其翻译的寡核苷酸，包括反义 RNA 和反义 DNA。反义核酸技术则是利用碱基互补原理，通过人工合成或生物体合成的特定 DNA 或 RNA 片段抑制或封闭靶基因，影响其转录与表达，或诱导核酶 RNase H 识别并切割 mRNA，进而使其功能丧失的一种技术。这一技术的出现为新药的研发提供了新的手段。利用反义核酸技术研制的药物，被称为反义核酸药物，简称反义药物，目前包括反义 DNA（antisense deoxyribonucleic acid，asDNA）、反义 RNA（antisense ribonucleic acid，asRNA）、核酶、多肽核酸（peptidenucleic acid，PNA）等，具体定义如下。

反义 DNA：能与 DNA 双链中的有义链互补结合的 DNA 片段。

反义 RNA：能与 mRNA 互补配对的 RNA 片段。

核酶：具有酶催化功能的 RNA 分子，可特异性催化切割靶 RNA 从而达到抑制 RNA 功能的作用。核酶从结构上可分为锤头状核酶和发夹状核酶。

多肽核酸：以多肽骨架取代反义核酸的磷酸-核糖骨架后得到的一种 DNA 结构类似物，能与 DNA 或 RNA 单链通过碱基配对形成杂合双链分子。多肽核酸与 DNA 或 RNA 单键结合形成杂合双链的能力以及特异性相比于核酸分子大为提高。

1. 反义核酸药物的作用机制　反义核酸药物降低基因表达的确切机制尚不完全清楚。目前普遍认为反义核酸药物主要通过碱基互补配对原则，与靶序列以碱基互补配对结合的方式，在复制、转录、表达三个水平发挥作用。目前已发现的反义核酸药物调控基因表达的机制有以下 4 种：①反义 DNA 在细胞核内以碱基互补配对形式与基因组 DNA 结合成三链核酸（triple helix nucleic acid）结构或与单链 DNA 结合成双链结构，阻止靶基因的复制与转录；②反义 RNA 与 mRNA 结合形成互补双链，阻断核糖体与 mRNA 的结合，抑制核糖体介导的 mRNA 翻译成蛋白质的进程；③反义核酸在细胞核内与 mRNA 结合后，可抑制 mRNA 的出核；④反义核酸与 mRNA 结合形成杂合双链分子，诱导 RNase H 降解 RNA，从而缩短了 mRNA 的半衰期，减少目标蛋白质的翻译。

2. 影响反义核酸药物发挥作用的关键因素　反义核酸药物对靶基因抑制作用的发挥，依赖于药物设计的 3 个关键因素。

（1）特异性：靶基因确定以后，通过分析其 mRNA 序列中的关键区段从而设计出相应的具有特异性的反义核酸序列。关键区段主要包括 5′端帽结构区，mRNA 的起始编码区或编码区，核前体 mRNA 的拼接区，逆转录病毒的引物区等。同时，为确保反义核酸序列的特异性，其最短序列应包含 12～15 个碱基。然而反义核酸也不是越长越好，一般其长度在 15～30 个碱基为宜。这是由于增加反义核酸序列的长度固然可以提高其与靶分子结合的特异性，但也增加了它与靶分子结合的难度，同时其进入细胞内的能力亦有所降低。

（2）稳定性：反义核酸的稳定性是影响药物作用效果的一个重要因素。未经修饰的寡核苷酸不论在体液内还是细胞中都极易被广泛存在的核酸酶降解，因而难以发挥作用。通过化学修饰法可以增强反义核酸的稳定性，抵抗核酸酶的降解作用。目前化学修饰主要分为碱基修饰和磷酸骨架修饰两类。

碱基是寡核苷酸与靶基因形成氢键直接接触的部位，氢键形成又是其发挥功能的必要条件。因此，碱基修饰应以不影响氢键形成为前提。最常使用的碱基修饰方法是在胞嘧啶的 5′位点甲基化，除此以外，其他修饰基团还包括三氟甲基、炔丙基、咪唑丙基等。

磷酸骨架修饰：①磷原子的修饰：核酸上的磷原子是核酸酶攻击的中心，对该原子进行硫

代、甲基化、胺化和酯化等处理，可显著抵抗核酸酶的降解作用。最常用的为硫代磷酸寡核苷酸，即用硫原子取代反义核酸骨架上的非桥连氧原子，以形成P—S键取代易被核酸酶攻击的P—O键，磷原子修饰后的反义核酸药物也被称为“第一代反义核酸药物”。②糖环修饰：糖环参与核酸骨架的形成，对其进行修饰可使核酸酶不能有效识别磷酸二酯键，其修饰方式主要包括形成α构型、1′位取代、2′位取代、3′-3′连接、5′-5′连接等。③构建嵌合体结构的反义核酸，即综合应用多种化学修饰手段，在硫代磷酸寡核苷酸基础上，将序列两翼或中间的核糖的2′位用其他基团修饰，成为嵌合型反义核酸，该反义核酸药物被称为“第二代反义核酸药物”。④磷酸二酯键修饰：核酸由磷酸二酯键连接而成，磷酸二酯键也是核酸酶作用的敏感位点。将核糖磷酸骨架置换成聚酰胺、吗啡啉、碳胺酯或肽骨架，可增加其稳定性，其中代表性的为多肽核酸，它是以中性的聚酰胺骨架代替核糖磷酸骨架的一种DNA结构类似物，可有效抵抗核酸酶和蛋白酶的降解作用，具备较高的生物利用度、稳定的理化性质及安全高效的特性，也被称为“第三代反义核酸药物”。

(3) 水溶性和细胞膜通透性：反义核酸必须溶解于水且能透过细胞膜进入细胞内才能与mRNA发生作用。因此反义核酸需要在水溶性与脂溶性之间取得平衡。而反义核酸带负电荷且有较强的亲水性，因此不易与带同样电荷的靶细胞接触，更不易透过由脂质双分子层构成的细胞膜进入细胞内。化学修饰是解决这一问题的有效手段，例如通过引入亲脂性基团加强核酸亲脂性，可以有效地增强其透过细胞膜的能力。亲脂性基团通常通过磷酸酯键或羧酸酯键连接于末端的5′-OH或3′-OH上。最常用的亲脂性基团有脂肪酸(醇)、胆酸或胆固醇等。此外，改变反义核酸的负电荷(如将核酸与带有多价阳离子的多肽缩合制备成阳离子多肽-反义核酸复合物)也可以显著增强反义核酸药物透过细胞膜能力。

(二) siRNA药物

小干扰RNA(small interfering RNA，siRNA)，也被称为短干扰RNA(short interfering RNA)或沉默RNA(silencing RNA)，是一段长为20～25对核苷酸的双链RNA(dsRNA)分子，在生物学上有许多不同的用途。目前已知siRNA主要参与RNAi过程，以带有专一性的方式调节基因的表达，在生理和病理过程中发挥重要作用。RNAi技术是针对传染性疾病及恶性肿瘤的基因治疗领域的重要工具。

1. siRNA的作用机制 目前已经清楚siRNA实现靶基因的表达沉默主要是通过抑制mRNA的翻译过程，因此也被称为转录后基因沉默。内源或外源dsRNA首先在各种蛋白质、酶的作用下介导细胞内靶mRNA发生特异性降解，形成许多小片段RNA，即siRNA。siRNA通过与mRNA中的同源序列互补结合，进一步切割其他靶mRNA并产生更多siRNA，从而产生级联放大效应，最终导致靶基因的表达沉默。

siRNA介导的RNAi包括三个阶段，即起始阶段、效应阶段以及倍增阶段(图4-1)。

在起始阶段，外源长dsRNA可由RNA病毒感染、转座子转录等多种方式进入细胞内。进入细胞后，dsRNA首先与蛋白质复合体Dicer酶结合。Dicer酶是RNase Ⅲ家族成员，可以特异性识别dsRNA，以一种ATP依赖性的方式把外源dsRNA剪切降解为21～23对核苷酸的短dsRNA，即siRNA。

在RNAi效应阶段，siRNA与含Argonauto(Ago)蛋白的核酶复合物结合，形成RNA诱导沉默复合物(RNA-induced silencing complex，RISC)并被激活。激活后的RISC可将siRNA解链成单链，其中一条单链被清除，另一条单链与RISC结合形成识别靶mRNA分子的探针；在Ago内切酶的催化作用下，反义RNA单链寻找并结合与其互补的mRNA，然后RISC在距离siRNA 3′端12个碱基的位置将mRNA剪切降解，阻止mRNA的进一步翻译。

在倍增阶段，以mRNA为模板，RISC中的RNA依赖性RNA聚合酶催化扩增产生新的

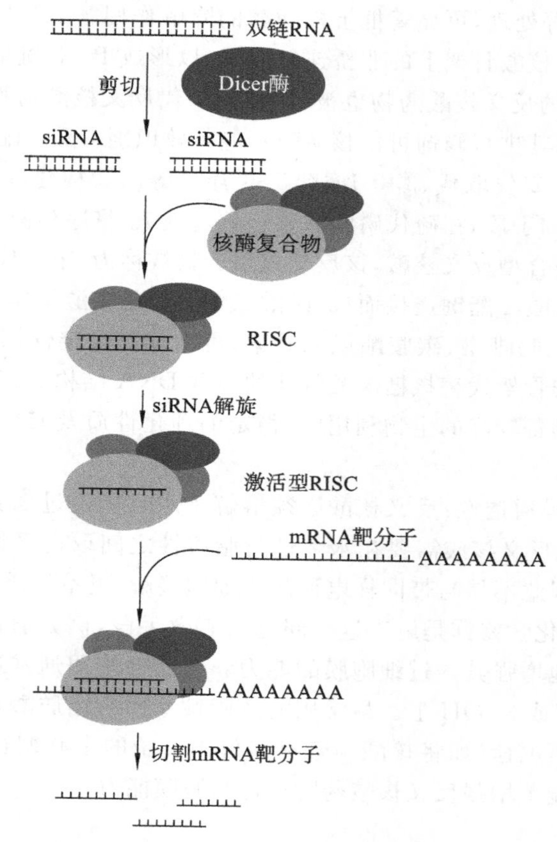

图 4-1　siRNA 介导的基因沉默作用机制

dsRNA，并在 Dicer 酶作用下产生更多的 siRNA，并与 RISC 结合进一步降解 mRNA，从而产生级联放大效应。在这种作用方式下，少量的 siRNA 即可在短时间内产生高效的基因沉默效果。

2. siRNA 的设计　在确定靶基因之后设计 siRNA 靶位点时，应选择对靶 mRNA 特异而与其他内源基因无同源性的核苷酸序列。同时 siRNA 的设计还需要注意以下 4 点原则。

(1) 靶基因作用部位：设计位点时须避开 cDNA 的 5′及 3′端的非翻译区（untranslated region，UTR），原因是这些地方有丰富的调控蛋白结合区域，而这些 UTR 结合蛋白或者翻译起始复合物可能会影响小干扰核酸内切酶复合物（siRNP）与 mRNA 的结合进而影响 RNAi 的效果。一般来说位于 cDNA 的起始转录位置下游 50～100 bp 处较为合适。

(2) siRNA 分子的长度：目前认为 21～23 个核苷酸是 siRNA 的合适长度，其中至少 20 个核苷酸同 mRNA 准确配对，且 siRNA 在 3′端具有两个 TT 的结构有最佳沉默效果。

(3) siRNA 分子的 GC 含量：一般认为 GC 含量在 50%左右较好，也有文献报道 siRNA 的 GC 含量在 32%～79%范围内均具有很好的干扰效果。

(4) 将设计的 siRNA 序列在 BLAST 网站（www. ncbi. nlm. nih. gov/BLAST/）上进行比较，排除能与非目标基因 mRNA 配对的序列。

根据上述原则选出合适的目标序列进行合成。通常一个基因需要设计 3～4 个与靶序列不同区域配对的 siRNAs，并在细胞和动物水平上进行验证。

3. siRNA 的修饰　由于 RNA 在体内容易被 RNA 酶降解，因此增强 siRNA 的体内稳定性成为其应用于临床的关键。其中化学修饰是提高 siRNA 稳定性，保证其体内基因沉默效果的有效手段之一。与反义核酸类似，目前对 siRNA 的化学修饰包括核糖修饰、磷酸骨架修饰

和碱基修饰等。

（三）miRNA 药物

miRNA 是一类由内源基因转录的非编码单链 RNA 分子，它们在动植物中参与转录后基因表达调控。成熟的 miRNA 约含有 22 个核苷酸，通过与目标 mRNA 形成完全配对或不完全配对抑制其翻译。目前在动植物及病毒中已发现超过 30000 个 miRNA 分子。不同物种之间 miRNA 分子在序列上呈现出高度的同源性，提示其功能在整个生命活动中发挥着重要作用。

1. miRNA 的作用机制 与 siRNA 作用类似，miRNA 也是通过与靶分子 mRNA 结合从而抑制翻译过程或者降解靶分子 mRNA 从而达到基因沉默效果（图 4-2）。miRNA 基因通常由 RNA 聚合酶Ⅱ（pol Ⅱ）转录成长度为 100～1000 个核苷酸的初级转录物（pri-miRNA）。pri-miRNA 在 RNaseⅢ及其辅助因子的作用下被剪切成长度大约 70 个核苷酸具有茎环结构的 miRNA 前体（pre-miRNA）。pre-miRNA 从核内转运到细胞质中，在 Dicer 酶的作用下被剪切成 21～25 个核苷酸长度的成熟 miRNA 双链。这种双链很快被引导进入 RISC 中，其中一条链被降解，另一条成熟的单链 miRNA 保留在这一复合物中，通过与相应 mRNA 位点的结合，调控靶基因表达。目前已发现 miRNA 调控基因表达的方式有 3 种。

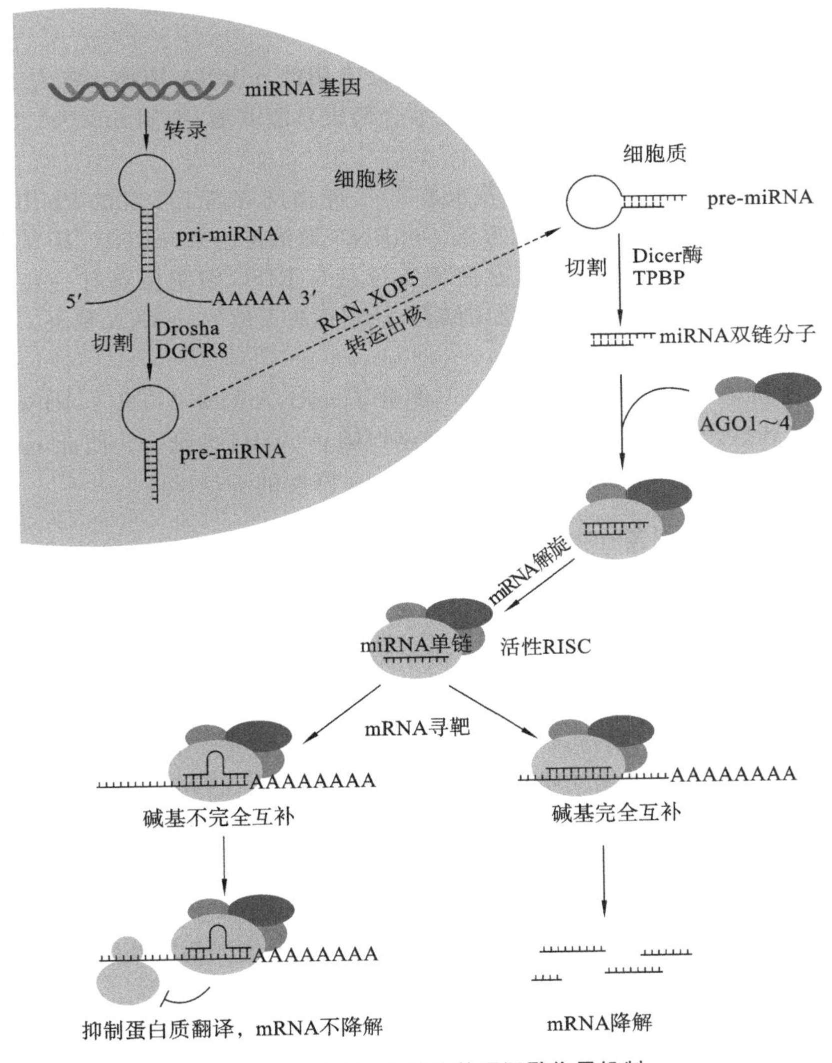

图 4-2 miRNA 介导的基因沉默作用机制

（1）以线虫 lin-4 为代表：作用时与靶标 mRNA 不完全互补结合，进而阻遏翻译过程而不影响 mRNA 的稳定性。该抑制效果具有瞬时性和可逆性，可以在特定的情况下再次开启蛋白质翻译。这种具有调控基因翻译作用的 miRNA 是目前发现最多的一种类型。

（2）以拟南芥 miR-171 为代表：作用时与靶标 mRNA 完全互补结合，作用方式和功能与 siRNA 非常类似，最后切割降解靶 mRNA。因此这种基因沉默过程是不可逆的。

（3）以 let-7 为代表：它具有以上两种作用模式，当与靶标 mRNA 完全互补结合时，直接切割降解 mRNA；当与靶标 mRNA 不完全互补结合时，仅仅抑制其翻译过程而不切割降解 mRNA。

2. miRNA 药物的种类 越来越多的研究显示 miRNA 在肿瘤、糖尿病、心血管疾病等多种疾病的发生和发展中发挥着重要的作用。据此而研发新的 miRNA 药物（如导入外源 miRNA 模拟物从而抑制靶基因的表达，或抑制内源 miRNA 的基因沉默作用从而促进靶基因的翻译）成为核酸类药物研究的重要组成部分。目前针对 miRNA 的药物包括 miRNA 模拟物、miRNA 的反义寡核苷酸（anti-miRNA oligonucleotide，AMO）、miRNA 海绵（miRNA sponge）以及 miRNA 屏障（miRNA masking）等。

（1）miRNA 替代治疗主要通过导入人工合成的外源 miRNA 模拟物以达到治疗疾病的目的。有研究显示导入外源双链 miRNA 模拟物沉默目的基因的效果较单链 miRNA 模拟物的效果提高了 100～1000 倍。

（2）miRNA 的反义寡核苷酸（AMO）是目前最常用的 miRNA 药物。将人工合成的反义寡核苷酸导入细胞内，与内源 miRNA 特异性结合形成异源双链，抑制 miRNA 对靶基因的沉默作用，实现对基因功能的调控。

（3）miRNA 海绵（miRNA sponge）技术是 2007 年由麻省理工学院的 Phillip Sharp 开发出的一种长期抑制 miRNA 基因的高效方法。miRNA 海绵是一条 mRNA，其 3′-UTR 包含若干个 miRNA 靶定位点。更重要的是，这些靶定位点与 RISC 切割位点有一些错配。这样，miRNA 海绵就不会被降解而与 RISC 稳定结合，让它远离天然的 mRNA 靶点。miRNA 海绵目前只用于体外试验。

（4）miRNA 屏障（miRNA masking）是与靶分子 mRNA 的 3′-UTR 上 RISC 结合位点互补的特异性寡核苷酸，与靶 mRNA 形成局部双链以阻止 AMO 的结合。因此 miRNA 屏障具有较好的特异性，同时避免了 AMO 可能导致 mRNA 降解的不良反应。

二、核酸类药物的制备

（一）反义核酸药物的制备

反义核酸药物主要通过化学合成法或基因工程法进行制备。化学合成法主要利用亚磷酰胺化学合成法，即基于 N-取代的 2,4-二羟基丁酰胺的固相载体和亚磷酰胺通用试剂合成寡核苷酸，通过脱二甲氧基三苯甲基、偶联、封闭和氧化/硫化四步进行循环反应，最后从固相载体上切割下来并进行脱保护和纯化处理。目前多采用自动合成仪进行合成。基因工程法制备反义核酸药物类似于一般基因克隆的表达方式，即由 cDNA 的制备、反义 RNA 表达载体的构建和表达细胞的转染 3 个步骤构成，最后在细胞内转录出反义 RNA。

反义核酸药物中，以反义寡脱氧核苷酸（antisense oligodetoxynucleotide，ASODN）药物最为常见。ASODN 药物的合成主要注意自动合成仪、载体、硫代试剂以及脱保护试剂 4 个方面的要点。

1. 自动合成仪 目前，ASODN 药物广泛使用 DNA 自动合成仪合成。由于使用 DNA 自动合成仪能进行有效和快速的偶联以及起始原料稳定，自动合成仪合成已成为多数药厂的首

选方法。同时核酸化学的快速发展，包括磷酸骨架的修饰、非标准碱基的合成以及在 3′或 5′端进行非放射性标记等技术，也极大地促进了包括 ASODN 药物在内的反义核酸药物的发展。

2. 载体 目前应用最广泛的载体是控孔玻璃（controlled pore glass，CPG）和聚苯乙烯。CPG 由于价廉易得、刚性及粒度较好而受到欢迎。最近，一种具有 2-羟甲基-6-硝基苯甲酰（HMNB）保护基团的 CPG 用于合成 3′-氨基烷基化的寡核苷酸，在 55 ℃浓氨水中氨解 2 h 可以从载体上完全切除带有游离 3′-氨基基团的寡核苷酸。但 CPG 很难做到高载量（100 μmol/g 以上）。而聚苯乙烯则可以制得高载量的载体，为反义核酸药物的大规模制备开辟了道路。新研制的高效反义核酸固相合成载体 Primer Support 200，是以 30 mm 的均一聚苯乙烯为基质的反义核酸合成的载体，也是专门用于研究及生产高纯度药用级反义核酸的载体，它具有高载量（200 μmol/g）、高合成效率、低合成失败片段、低试剂消耗和高重复性等优点。

3. 硫代试剂 ASODN 药物中研究开展较早、了解比较深入的是硫代寡核苷酸。硫代寡核苷酸是核苷磷酸键中一个非桥连的氧原子被硫原子取代所产生的产物。它的合成工艺成熟并已有临床产品上市。高效的硫转移步骤所需的硫代试剂是硫代寡核苷酸合成的关键。目前使用的硫代试剂包括苯甲酰甲基二硫化物、二苯甲酰四硫化物、3*H*-1，2-苯并二硫醇-3-酮-1，1-二氧化物（Beaucage 试剂）、四乙基秋兰姆二硫化物（TETD）、双（O，O-二异丙氨基硫代磷酸）二硫化物（s-Tetral）等，其中后 3 种试剂较为常用。Beaucage 试剂是一种极其快速的硫代试剂，但大规模使用时其合成过程和稳定性均存在问题。TETD 比较经济，可以大规模制备且性质相对稳定，但其硫代速率慢、效率较低。s-Tetral 是一种相对价廉、易于处理和高效的硫代试剂，但不适于大规模合成。最近有报道，苯乙酰二硫化物（PADS）可作为硫代试剂，其在室温下放置 1 个月也不影响硫代效果，具有较好的稳定性。

4. 脱保护试剂 二氯乙酸/三氯乙酸溶于二氯甲烷常作为标准的脱保护试剂。试验证明，使用二氯乙酸/三氯乙酸溶于甲苯作为脱保护试剂进行合成时，能得到和用二氯甲烷作为溶剂一样的产率和纯度，还避免了高挥发性、高毒性和高致癌性的二氯甲烷的使用。

总之，反义核酸药物（包括 ASODN 药物），以及其他一些新型 RNA 药物，如 siRNA、miRNA 等的合成方法都较为类似，都是亚磷酰胺或者修饰的亚磷酰胺化学合成。优化的高质量试剂、干燥的合成环境是得到高偶联效率和高纯度产品的关键。

（二）siRNA 的制备

目前制备 siRNA 的方法主要有体外制备法和体内转录法。体外制备法包括化学合成法、体外转录法、体外酶切法，同时还需对 RNA 进行适当的化学修饰以增强其稳定性；体内转录法则是用表达 siRNA 或 miRNA 的质粒或病毒，或者 PCR 产物转染细胞，在细胞内产生所需的 siRNA。

1. 化学合成法 以核苷酸单体为原料，通过化学合成的方法合成正义链和反义链，然后退火形成双链 siRNA。这是 siRNA 合成的经典方法，合成成本高但获得的序列最为准确。

2. 体外转录法 在体外通过 T7 RNA 聚合酶进行体外转录获得正义链和反义链，经过退火纯化后得到双链 siRNA。此方法应用简便，相对化学合成法价格低廉，现已广泛用于 RNAi 试验，适合 siRNA 设计序列的筛选。

3. 体外酶切法 按照体外转录法合成 200～1000 bp 长度的 dsDNA，然后在大肠杆菌核酸酶Ⅲ（RNase Ⅲ）的作用下进行切割，纯化后获得混合的 siRNA 群，可有效抑制靶基因。此方法无须设计和筛选有效的 siRNA 序列，适用于大规模 RNAi 试验。

4. 体内转录法 通过携带 RNA 聚合酶Ⅲ启动子 U6 或 H1 及其下游设计的靶 siRNA 序列特殊结构的质粒或病毒载体或 PCR 片段，转染细胞后可转录出短发夹 RNA（short hairpin RNA，shRNA），shRNA 在 Dicer 酶的作用下被剪切成 siRNA 从而发挥作用。利用稳定表达

系统可实现长时间的基因沉默作用。

三、核酸类药物的传递系统

核酸类药物必须先进入靶细胞内，且达到有效浓度后才能发挥药效。核酸类药物大多经过吞噬的转运方式进入细胞，然而由于核酸的负电性、转运的饱和性及较低的细胞膜通透性，裸露的核酸很难在靶细胞内富集达到治疗所需浓度。通过精心设计的传递系统给药方式可显著提高核酸类药物的细胞膜通透性和靶向性。目前核酸类药物的传递系统主要分为病毒载体系统和非病毒载体系统。

（一）病毒载体系统

病毒载体系统包括腺病毒（adenovirus，AdV）、腺相关病毒（adeno-associated virus，AAV）、逆转录病毒（retrovirus）、慢病毒（lentivirus）等。病毒载体系统的优点是体外转染效率高，体内作用时间久。但病毒载体系统尚存在一定的安全性问题，在临床应用中受到了较大限制。

1. 腺病毒（adenovirus） 临床上通常采用复制缺陷型腺病毒，其可感染增殖期和静止期细胞，转染效率高，且病毒进入细胞后其病毒基因组不发生整合，安全性较高；然而腺病毒载体仅能介导靶基因的瞬时表达，稳定性较差，且具有一定的细胞毒性及免疫原性。目前腺病毒载体在基因治疗的临床试验中应用得较多。

2. 逆转录病毒（retrovirus） 逆转录病毒是一种 RNA 病毒，主要感染增殖期细胞，感染效率高，并且可与宿主细胞发生整合，整合后可稳定、持续表达靶基因。其缺点是有产生野生型病毒或辅助病毒的可能，基因组随机整合有诱发细胞产生突变的危险。

3. 慢病毒（lentivirus） 慢病毒是以人类免疫缺陷Ⅰ型病毒（HIV-1）为基础研发的一种病毒载体，属逆转录病毒科。但区别于其他逆转录病毒，慢病毒对分裂期和非分裂期细胞都具有感染能力。慢病毒载体将外源基因有效地整合到宿主细胞染色体上，并使之稳定持续表达。适用于神经元、肝细胞、心肌细胞、肿瘤细胞、内皮细胞、干细胞等多种类型细胞的感染。美国目前已开展对慢病毒的相关临床研究。

病毒载体在 20 世纪已应用于临床。早在 1990 年美国进行的人类第一例体细胞基因治疗中，即利用腺病毒载体将野生型腺苷脱氨酶（ADA）基因导入一名患严重复合免疫缺陷综合征的女童体内。该治疗最终获得了成功且未见明显副作用，显示了腺病毒载体作为药物递送载体的应用价值。除腺病毒载体以外，腺相关病毒和慢病毒对不分裂的细胞（如神经元等细胞）也具有很好的转染效率且表达时间长，因而常常应用于帕金森病等神经退行性疾病的临床试验中，显示了良好的临床应用前景。

（二）非病毒载体系统

非病毒载体系统能在保持一定转染效率的同时，通过修饰延长核酸类药物体内作用时间，也减少了临床安全性问题。目前主要有脂质体、受体介导的传递系统、纳米粒介导的传递系统等。

1. 脂质体（liposome） 脂质体是由磷脂双分子层构成的具有水相内核的脂质微囊，可通过静电吸附与核酸类药物形成易穿过细胞膜的脂溶性复合物，同时发挥保护核酸类药物免受体内核酸酶降解的作用。其优点在于制备简单、能包裹大量核酸分子、易被细胞吸收、可转染多种类型的细胞和用途广。其缺点在于毒性较高、无组织特异性、免疫原性较大，且转染效率不及病毒载体。

脂质体种类繁多，目前阳离子脂质体是最常见的核酸类药物载体。阳离子脂质体是一类人工合成的表面带正电荷的双层脂质膜，在静电引力的作用下，与带负电荷的 DNA 分子紧密

结合，以脂质体-DNA 复合物的形式由细胞内吞作用转移至细胞内。随着脂质体技术的不断发展，其转染效率、稳定性和靶向性进一步得到提高，临床应用前景良好。1995 年美国 FDA 批准第一个 PEG 化长循环脂质体 Doxil，主要适应证为晚期卵巢癌、多发性骨髓瘤以及卡波西肉瘤，开启了脂质体在临床上治疗肿瘤等疾病应用的大门。目前脂质体-DNA 复合物还在治疗黑色素瘤及囊性纤维化等疾病中得到应用。

2. 受体介导的传递系统 通过配体与受体的特异性结合，受体介导的传递系统可将核酸类药物递送至特定的细胞或器官中。如多聚-L-赖氨酸衍生物，既可通过静电作用与寡核苷酸结合，又可与识别细胞膜表面受体的配体分子结合成耦合物，通过这种方式可将寡核苷酸导入表达特定膜表面受体的细胞之中；靶向脂质体，即脂质体中掺入与细胞膜表面受体特异性结合的抗体或配体，以这种靶向脂质体作为载体，同样可以实现核酸类药物的特异性递送。在设计抗肿瘤核酸类药物的递送载体时，利用识别肿瘤细胞特异性受体的靶向脂质体载体，可以实现核酸类药物的肿瘤靶向递送。

3. 纳米颗粒介导的传递系统 纳米颗粒聚合物是近年来发展迅速的一种非病毒载体系统。用于制备纳米颗粒的材料包括壳聚糖、环糊精、树枝状聚合物、聚乙烯亚胺、聚乙烯酸、海藻酸盐等。纳米颗粒作为载体的优点在于其可控性强、包装容量大、表面易修饰、稳定性强、递送能力强、具有靶向性及生物吸收性好等。纳米颗粒聚合物还能被生物降解，是一种前景较好的非病毒载体系统。

第三节 核酸类药物的临床应用

随着对核酸结构和功能认识的不断深入以及核酸相关技术的不断提升，近年来核酸类药物也获得了极大的发展，其作用效率高、应用范围广，具有广阔的临床应用前景。由于核酸类药物的作用基础主要是干扰或阻断病毒以及肿瘤细胞关键基因的表达，从而杀灭或抑制病毒以及肿瘤细胞的增殖，因此核酸类药物在抗病毒、抗肿瘤等方面具有特殊的治疗作用。

一、核酸类药物的临床应用

（一）抗病毒治疗

核酸类药物在抗病毒治疗中具有非常重要的作用。它可以直接抑制与人类疾病相关的 RNA 病毒的复制，从而发挥抗病毒的作用。目前核酸类抗病毒药物的研究主要是针对人类免疫缺陷病毒、丙型肝炎病毒和乙型肝炎病毒，另外还包括呼吸道合胞病毒、脊髓灰质炎病毒、流感病毒、疱疹病毒等。

福米韦生（fomivirsen）是美国 FDA 批准上市的第一个反义核酸药物，由 21 个硫代脱氧核苷酸组成，序列为 5′-GCGTTTGCTCTTCTTCTTGCG-3′，主要通过玻璃体内注射，治疗艾滋病患者并发的巨细胞病毒性视网膜炎。其不良反应最常见的是眼内压升高，轻至中度的眼前、后房炎症反应，多数不需处置或局部使用皮质激素治疗。

全世界乙型肝炎病毒慢性感染者超过 3 亿，其中每年因肝硬化、肝功能衰竭和肝癌而死亡的人数超过 80 万。美国药企开发了用于治疗乙型肝炎的 siRNA 药物 ARC-520，它通过 RNAi 作用抑制乙型肝炎病毒增殖关键蛋白的表达，从而抑制乙型肝炎病毒的体内增殖，并通过增强机体的免疫系统达到对残余病毒进行清除的目的。ARC-520 目前已进入Ⅱ期临床试验。

全世界丙型肝炎病毒感染人数超过 1.5 亿，丙型肝炎病毒的感染最终可导致肝衰竭、肝癌

NOTE

等严重后果。研究者研发了靶向丙型肝炎病毒的 siRNA 药物 TT-034，该药由腺相关病毒载体携带 3 种抗病毒短发夹 RNA（short hairpin RNA，shRNA），通过递送至宿主被感染细胞的细胞核中，从而抑制丙型肝炎病毒的复制。TT-034 目前已进入Ⅰ/Ⅱ期临床试验。

此外，针对烈性病毒性传染疾病，核酸类药物也能发挥重要作用。如 TKM-Ebola 可靶向埃博拉病毒基因组中的多个位点，从而抑制病毒的复制。

（二）抗肿瘤治疗

RNAi 技术的发展让人们看到了治愈肿瘤的希望。传统的小分子药物主要是在蛋白质水平发挥抑制肿瘤的效果，而核酸类药物则是在基因水平特异性地阻断癌基因的表达，从而抑制肿瘤细胞生长，达到治疗肿瘤的目的。目前绝大部分抗肿瘤的核酸类药物仍处于早期临床试验研究阶段。

2010 年，用于治疗黑色素瘤的药物 CALAA-01 可特异性阻断其靶基因核苷酸还原酶 M2 亚单位 RRM2 的翻译，从而抑制肿瘤细胞的有丝分裂。但在完成Ⅰ期临床试验后，由于疗效和不良反应问题最终被终止研究。2014 年美国开始了 DCR-MYC 药物的Ⅰ期临床试验，它可用于治疗 MYC 驱动的实体瘤、多发性骨髓瘤和淋巴瘤等。2014 年 TKM-PLK1 药物进行了Ⅰ/Ⅱ期临床试验，其靶基因为 polo 样激酶 1(PLK1)，用于治疗肝癌；同时还针对胃肠神经内分泌肿瘤和肾上腺皮质癌进行了Ⅱ期临床试验。靶向癌基因 K-ras 突变体的 siRNA 药物 siG12D LODER，用于治疗胰腺癌，已完成Ⅰ/Ⅱ期临床试验，目前正在进行Ⅱ/Ⅲ期临床试验。

（三）其他疾病

除了抗病毒、抗肿瘤等作用外，核酸类药物还在心血管疾病、代谢性疾病、纤维化病变及一些罕见病的治疗中发挥重要作用。例如第一个进入临床试验的 siRNA 药物 Bevasiranib，为针对血管内皮生长因子(VEGF)的药物，主要用于治疗渗出性老年性黄斑变性。该病主要是由于视网膜后血管大量生长，患者出现严重的不可逆性视力损伤。眼部注射 Bevasiranib 可下调 VEGF 基因的表达，有效减少新生血管数量。但因其Ⅲ期临床试验效果不佳，于 2009 年被终止研究。

核酸类药物的临床应用尽管目前还处于初级阶段，但是随着多种核酸类药物的设计开发和制备工艺的不断优化，将会有更多的核酸类药物通过临床研究并最终进入临床治疗。可以预见的是在不远的将来，核酸类药物在治疗感染性疾病、自身免疫性疾病、肿瘤、心血管疾病、移植排斥反应等方面将发挥越来越重要的作用。

二、核酸类药物的临床试验研究现状及前景

（一）反义核酸药物

迄今为止，医学上的绝大多数疑难杂症与体内某些基因的改变有关，包括肿瘤、类风湿性关节炎、重症肌无力、多发性硬化症、银屑病、糖尿病、视网膜黄斑退化症、克罗恩病（慢性结肠炎）、非典型肺炎(SARS)、血管炎以及艾滋病引起的并发症（如巨细胞病毒性视网膜炎）等，而反义核酸药物的作用靶点正是这些关键的致病基因，因此治疗效果显著。目前国内外研发的已进入临床试验阶段的反义核酸药物已多达几十种。

随着 RNA 化学的发展，一些第二代寡核苷酸也已进入临床试验研究阶段。如抗 TNF-α 的药物 ISIS-104838，可用于治疗类风湿性关节炎和银屑病等自身免疫性疾病。以 PKC-A 为靶点的反义核酸药物 ISIS-3521 用于治疗肿瘤，以 ICAM-1 为靶点的反义核酸药物 ISIS-2302 用于治疗肠炎，以 ApoC-Ⅲ为靶点的反义核酸药物 ISIS-301012 用于降血脂，它们都已进入Ⅲ期临床试验阶段，未来具有较好的临床应用潜力。

美国研发的以 Bcl-2 为靶点的反义核酸药物 Genasense 属于第三代反义核酸药物，是第一

个直接针对凋亡系统的抗肿瘤药物，用于治疗复发性慢性淋巴细胞白血病、转移性黑色素瘤等。德国研发的 AP12009 是 TGF-β 的反义核酸抑制剂，主要用于治疗复发或无法手术的神经胶质瘤，目前已进入Ⅰ/Ⅱ期临床试验，初步研究结果表明该药具有较好的安全性和耐受性，并已获得欧盟授予的罕见药资格。美国研发的口服反义核酸药物 NEUGENE，可抑制细胞转录因子的生成和癌基因 c-myc 的活性，用于心血管术后再狭窄、肿瘤及多囊肾的治疗，其Ⅰ期临床试验已获得成功。

随着第二代、第三代反义核酸药物的问世，可以预计各种新型的反义核酸药物在治疗如神经胶质瘤、慢性白血病、类风湿性关节炎、多发性硬化症、慢性结肠炎、银屑病以及心血管术后再狭窄等很多传统小分子药物难以见效的疑难杂症中发挥着重要作用，其市场前景十分广阔。

（二）siRNA 药物

RNAi 技术作为一种新型的基因沉默技术，具有高效、高特异性、低毒性等优点。基于 RNAi 技术开发新型的靶向药物已成为当今药物研究领域中重点发展的方向之一。到目前为止，siRNA 药物大部分处于临床试验阶段。

在治疗眼疾方面，首个 siRNA 药物 Bevasiranib 于 2004 年获得美国 FDA 批准进入Ⅰ期临床试验，然而由于其Ⅲ期临床试验效果不佳，于 2009 年被终止研究。另外一些以眼部为靶器官，以 VEGFR/RTP801/半胱天冬酶及 ADRB2 等基因为靶点的 siRNA 药物目前则处于不同的临床试验阶段。其中 QPI-1007 是一种新型 siRNA 药物，用于治疗非动脉炎性前部缺血性视神经病变，目前已经进入Ⅱ/Ⅲ期临床试验阶段。

在抗病毒方面，siRNA 药物主要通过调控病毒受体识别、复制的关键基因，抑制其在宿主细胞内增殖。抗病毒药物 ALN-RSV01 用于治疗呼吸道合胞病毒所引起的呼吸道感染，是首个进入临床试验阶段的抗病毒 siRNA 药物，虽然Ⅰ期临床试验显示该药具有较好的安全性和耐受性，但在Ⅱb 期临床试验中失败。

在其他疾病治疗方面，美国研发的 TD101 通过抑制变异角蛋白的产生而用于先天性厚甲症的治疗，已被美国 FDA 批准为治疗罕见疾病的特定药品。TD101 标志着 RNAi 技术首次用于治疗皮肤疾病，同时也是首个针对突变基因的 siRNA 药物。美国研发的靶向 Syk 激酶的 siRNA 药物 Excellair，主要用于治疗哮喘，目前已经进入Ⅱ期临床试验阶段。

尽管目前大部分 siRNA 药物仍处于初级临床试验阶段以及临床前研究阶段，且 siRNA 的稳定性、脱靶效应以及转染效率依然是制约该领域新药研发的最大障碍，然而随着分子生物学技术的发展，特别是纳米技术等多种药物转运技术的发展，siRNA 靶向性递送效率将会大幅提高，同时药物毒性和脱靶效应也会降低。相信未来 siRNA 药物将会在抗病毒感染、癌症治疗以及其他多种疾病的临床治疗中发挥巨大的作用。

（三）miRNA 药物

由于 miRNA 在癌症、糖尿病、心脏病等多种疾病的发生和发展中发挥关键作用，针对致病性 miRNA 或者导入替代性治疗 miRNA 成为生物医药研究领域的焦点。许多生物医药研究机构致力于将这些具有较高成药性的分子，无论是治疗性的 miRNA 或是针对致病性 miRNA 的抑制分子，从实验室研究到临床应用进行转化。目前已有多种 miRNA 药物进入临床试验阶段，其主要针对的疾病包括丙型肝炎、肿瘤以及其他一些疾病。

1. 丙型肝炎 2008 年，丹麦开展了首个 miRNA 药物 SPC3649 治疗丙型肝炎的Ⅰ期临床试验。该药物靶点 miR-122 是肝特异性 miRNA，能够调节丙型肝炎病毒的复制，抑制 miR-122 可治疗丙型肝炎病毒感染。Ⅰ期临床试验显示该药耐受性很好，未发现肝毒性，目前其后续的临床试验正在进行之中。RG-101 是用于丙型肝炎治疗的 miRNA 药物，目前处于临床试验阶段。但临床试验结果显示对比市售丙型肝炎治疗药物，RG-101 单独用药的治愈率较低。

下一步临床试验拟将 RG-101 结合其他治疗方式，以及提高其临床用药剂量，以提高丙型肝炎患者体内对该药物的持续性应答。

2. 肿瘤 首个 miRNA 抗肿瘤药物 MRX34 于 2013 年进入Ⅰ期临床试验阶段，用于治疗原发性肝癌或肝转移性肿瘤。MRX34 是基于肿瘤抑制剂 miR-34 的 miRNA 双链模拟物(miRNA mimic)，临床前研究显示其治疗效果优于索拉非尼。其他用于肿瘤治疗的 miRNA 药物目前大部分仍处于临床前研究阶段。

3. 其他疾病 miR-21 的抑制剂 RG-012 已进入Ⅰ期临床试验阶段，用于治疗奥尔波特综合征。其他的 miRNA 药物研究还包括 miR-208 药物用于治疗高血压引起的心力衰竭；miR-195 药物用于治疗心肌梗死；miR-103、miR-107 药物可改善葡萄糖稳态和胰岛素敏感性。目前这些研究尚处在临床前研究阶段。

miRNA 药物在临床前研究以及临床试验中已经取得一定进展，表现出潜在的应用前景。然而 miRNA 药物目前也存在不少问题，如稳定性不佳、缺乏靶向性等，这些问题影响了其临床应用。可以预见，研发稳定性更高、靶向性更好的 miRNA 模拟物和抑制物，以及高效低毒的递药系统是未来 miRNA 药物研究的热点方向，分子药理学以及靶向制剂等方面的进步与突破也将极大地推动 miRNA 药物的临床应用。

(四) 基于靶基因核酸递送的基因治疗

自 2012 年开始，全球新增基因治疗临床试验近千例。其中最引人注目的领域当属利用 CAR-T 靶向肿瘤相关细胞表面抗原的肿瘤免疫治疗。除基于细胞治疗的策略以外，基于递送靶基因核酸的基因治疗策略也获得极大发展，如欧洲药品管理局(EMA)2012 年批准上市的 Glybera(UniQure)，通过借助腺相关病毒(AAV)载体将产生功能性脂蛋白脂肪酶的基因递送到患者骨骼肌，可显著降低患者胰腺炎的发病率，且可以放松饮食限制、提高生活质量。2017 年 12 月，美国 FDA 批准基因治疗药物 Luxturna 上市，它运用 AAV 载体将健康的 RPE65 基因引入患者体内，让患者生成正常功能的蛋白来改善视力，用于矫正基因缺陷引起的视网膜病变(IRD)。它不但能治疗莱伯先天性黑蒙症，还能够治疗其他由 RPE65 基因突变引起的眼疾。目前基因治疗的突破已获得极大关注，同时也激增了制药企业在该领域的研发热情。然而基因治疗潜在的问题，如安全性以及昂贵的治疗费用等问题仍然有待进一步解决。

附

知识链接 4-1

缩 略 表

英文全称	中文全称	英文缩写
antisense deoxyribonucleic acid	反义 DNA	asDNA
antisense ribonucleic acid	反义 RNA	asRNA
anti-miRNA oligonucleotide	miRNA 的反义寡核苷酸	AMO
double-stranded RNA	双链 RNA	dsRNA
microRNA	微 RNA	miRNA
RNA interference	RNA 干扰	RNAi
RNA-induced silencing complex	RNA 诱导沉默复合物	RISC
short hairpin RNA	短发夹 RNA	shRNA
small interfering RNA	小干扰 RNA	siRNA
untranslated region	非翻译区	UTR

本章小结

本章所介绍的核酸类药物特指那些具有特定碱基序列、可在细胞中特异性降低靶基因表达水平的寡核苷酸药物，主要包括反义核酸药物和 siRNA 药物等。

反义核酸药物，是指通过反义核酸技术制备的药物，即通过人工合成或生物体合成的特定 DNA 或 RNA 片段抑制靶基因的表达，阻断其功能，从而发挥治疗作用。主要包括反义 DNA、反义 RNA 等。反义核酸药物需要满足特异性、稳定性和水溶性/细胞膜通透性这几个条件。目前已开发出三代反义核酸药物，药物传递系统包括病毒载体系统、脂质体、受体介导的传递系统、纳米颗粒介导的传递系统等多种方式。

RNA 干扰是指内源或外源 RNA 介导的细胞内 mRNA 特异性降解，从而沉默特定基因表达的现象。siRNA 药物包括 siRNA 和 miRNA 药物等。siRNA 是一种长 20～25 个核苷酸的双链 RNA 分子。目前已知 siRNA 是参与 RNA 干扰过程的重要中间效应分子，可特异性调节靶基因的表达，在生理和病理过程中发挥着重要作用。miRNA 是一类由内源基因所编码的非编码单链 RNA 分子，通过与目标 mRNA 形成完全配对或不完全配对从而抑制其翻译过程。

核酸类药物特异性靶向致病基因，通过抑制其表达而发挥抑制细菌、病毒和肿瘤细胞增殖的作用，因此核酸类药物在抗病毒、抗肿瘤等多个方面具有传统药物不可替代的治疗作用。然而目前核酸类药物的研发和临床应用还处于初级阶段，进入临床应用的药物还不多。将来随着生物技术的发展，克服核酸类药物所特有的一些问题，如特异性不高、稳定性较差、递药方式缺乏靶向性等，核酸类药物必将在临床发挥更大的作用。

能力检测

(1) 简述反义核酸药物的作用机制和制备要点。
(2) 简述 siRNA 药物的作用机制。
(3) 简述 miRNA 药物的作用机制。
(4) 核酸类药物的传递系统有哪些种类？各自具有什么特点？

参考文献

[1] 费嘉.小核酸药物开发技术[M].北京：军事医学科学出版社，2011.
[2] 王旻.生物工程[M].2 版.北京：中国医药科技出版社，2009.
[3] 王凤山.生物技术制药[M].2 版.北京：人民卫生出版社，2011.
[4] 冯美卿.生物技术制药 [M].北京：中国医药科技出版社，2016.
[5] Monteleone G，Neurath M F，Ardizzone S，et. al. Mongersen，an oral SMAD7 antisense oligonucleotide，and Crohn's disease[J]. N Engl J Med，2015，372(12)：1104-1113.

（刘欣然）

第五章　新型疫苗

本章 PPT

学习目标

1. 掌握：各种类型新型疫苗的概念；基因工程疫苗的制备方法。
2. 熟悉：各种类型新型疫苗的优缺点。
3. 了解：疫苗的发展史及现状。

第一节　疫苗概述

一、疫苗的概念、作用原理及组成

（一）疫苗的概念

疫苗（vaccine）是指将病原微生物及其代谢产物，经过人工减毒、灭活或基因工程技术等方法制成的用于预防特定传染病的免疫制剂。疫苗的发现在人类发展史上具有里程碑的意义。控制传染病，最主要的手段之一就是预防，而疫苗是预防和控制传染病的有效的科学手段。按国家的规定进行疫苗接种，阻断传染病的传播，具有巨大的社会经济价值。人类通过接种疫苗，已经彻底消灭了天花，并极大减少了霍乱弧菌、炭疽杆菌等严重致病菌的流行与感染，挽救了无数的生命。

从成分上说，疫苗保留了病原体刺激机体免疫系统的特性，同时减少或去除了病原体的毒性。当动物或人接触到这种不具伤害力的病原体后，免疫系统会产生一些保护物质，如抗体、免疫激素、活性生理物质等；当动物或人再次接触到同样的病原体时，会激起免疫系统原有的应答记忆，迅速产生更多的保护物质来阻止同种病原体的侵害。按照用途来分，疫苗一般可分为两类：预防性疫苗和治疗性疫苗。预防性疫苗主要用于疾病的预防，接受者为健康个体或新生儿；治疗性疫苗主要用于患病的个体，接受者为患者，系通过诱导特异性的免疫应答，起到治疗或防止疾病恶化的作用。

传统疫苗有减毒活疫苗、灭活疫苗、类毒素疫苗。减毒活疫苗（live-attenuated vaccine）是指通过毒力变异或人工选择法而获得的减毒或无毒株，或从自然界直接选择出来的弱毒或无毒株经培养后制成的疫苗，如卡介苗。减毒活疫苗的保护作用通常延续多年，可诱导体液免疫、细胞免疫和黏膜免疫。它的突出优势是病原体在宿主复制产生一个抗原刺激，抗原数量、性质和位置均与天然感染相似，通过自然感染途径接种，产生全身和局部免疫反应，所以免疫原性一般很强，保持免疫力时间较长，甚至不需要加强免疫，一般接种一次即可。但是，减毒活疫苗同时也存在潜在的危险性：在免疫力差的部分个体可引发感染；可能突变从而恢复毒力，也可能存在残余毒力问题；某些减毒活疫苗可引起接种者的免疫抑制，对其他抗原物质的应答能力减弱；某些减毒活疫苗有疫苗污染的风险，尤其是病毒性活疫苗是由鸡胚或动物细胞培养

制成并连同培养物一起应用的。此外，减毒活疫苗的保存和运输要求较高，如需要冷藏等。随着对病原毒力的分子基础的认识，可更合理地进行减毒，也可能使其减毒更为彻底且不能恢复毒力。灭活疫苗(inactivated vaccine)是选用免疫原性强的细菌、病毒等经人工培养后，用物理或化学方法将其灭活，使其失去活性，使感染因子被破坏而保留免疫原性所制成的疫苗，如霍乱灭活疫苗、伤寒疫苗等。与减毒活疫苗相比，灭活疫苗采用的是死病原体，因此，其安全性高，不存在散毒和造成新疫源的危险，但免疫原性变弱，往往必须加强免疫。灭活疫苗便于储存和运输。灭活疫苗制备成本相对于减毒活疫苗成本高，引起细胞免疫的能力较弱；其免疫途径受限制，一般必须注射；灭活疫苗需要免疫佐剂来加强其免疫效应。因此，灭活疫苗的发展与免疫佐剂的发展有着极为密切的关系。并非所有病原体经灭活后均可以成为高效疫苗。例如，有些疫苗是高效的，如注射用脊髓灰质炎灭活疫苗(IPV)或甲肝疫苗；还有一些则是低效、短持续期的疫苗，如灭活后可注射的霍乱灭活疫苗，几乎已被放弃；还有一些灭活疫苗效力低，需要提高其保护率和延长免疫的持续期，如传统的灭活流感疫苗和伤寒疫苗。类毒素疫苗是用丧失毒性而保留免疫原性的毒素所制成的疫苗。当疾病的病理变化主要是由于病原体产生的外毒素或肠毒素引起时，类毒素疫苗具有很大的意义。例如，破伤风疫苗和白喉疫苗。当前使用的类毒素疫苗多是采用传统技术制造的，这些疫苗含有多种成分，而且将毒素变为类毒素的甲醛处理过程也可导致与来自培养基的牛源多肽交联，从而产生不必要的抗原。因此，研究一个突变、非毒性纯毒素分子作为一种新疫苗可以提高这些类毒素疫苗的质量和效力，如将白喉毒素 52 位谷氨酸替换成甘氨酸，可导致毒性丢失，且可与白喉毒素发生交叉反应。

（二）疫苗的作用原理

疫苗发挥作用的基本原理：当机体通过注射或口服等途径接种疫苗后，疫苗中的抗原分子就会发挥免疫原性作用，刺激机体免疫系统产生高效价特异性的免疫保护物质，如特异性抗体、免疫细胞及细胞因子等，并产生记忆 T 细胞和记忆 B 细胞。当人体再次接触同种抗原时，机体的免疫系统便会唤醒其免疫记忆，这两种细胞迅速增殖分化产生效应 T 细胞和效应 B 细胞(浆细胞)，可迅速清除抗原，立即产生更多的保护物质来阻断病原体的入侵，从而使机体获得针对病原体特异性的免疫力，使机体免受侵害。

根据疫苗诱导产生作用的机制，疫苗的作用原理可分为两类，一类是人工自动免疫(active immunity)，另一类是人工被动免疫(passive immunity)。人工自动免疫是指将疫苗、类毒素和菌苗等免疫原接种至人体，使宿主自身的免疫系统产生针对相关传染病的特异性免疫力。该类疫苗的作用大小取决于宿主所产生的免疫反应强度，而影响宿主免疫反应的因素包括疫苗自身特点，所含的抗原量，免疫途径(如肌内注射、口服等)，母体抗体的存在与否等；宿主因素如年龄、免疫抑制、遗传易感性等。免疫时机也是一个重要的因素，大多数疫苗要求在自然感染发生前数周接种，从而使机体有足够的时间产生免疫反应。接种该类疫苗后 1～4 周产生免疫力，可持续半年至数年。人工被动免疫是向机体输入由他人或动物产生的免疫效应物，如免疫血清、淋巴因子等，使机体立即获得免疫力，达到防治某种疾病的目的。其特点是产生作用快，输入后立即发生作用。但由于该免疫力非自身免疫系统产生，易被清除，故免疫作用维持时间较短，一般只有 2～3 周，主要用于治疗和应急预防。在注射破伤风或白喉抗毒素实施被动免疫的同时，接种破伤风或白喉类毒素疫苗，使机体在迅速获得特异性抗体的同时产生持久的免疫力，称之为被动自动免疫(passive active immunity)。

（三）疫苗的组成

疫苗由抗原以及非活性成分，包括佐剂、防腐剂、稳定剂、灭活剂、缓冲液、盐类等组成。

1. 抗原 抗原(antigen，Ag)是疫苗最重要的有效成分。抗原是能够刺激机体产生免疫应答物质(即抗体和致敏淋巴细胞)，并能与该抗原进行特异性结合的成分。抗原具有免疫原

性和抗原性。免疫原性是指抗原能够刺激机体产生抗体和效应淋巴细胞。抗原性，也称为反应原性或免疫反应性，即抗原能与所产生的抗体和效应淋巴细胞特异性结合的特性。只具备抗原性而不具备免疫原性的物质称为半抗原(hapten)，例如一些小分子药物、化合物。半抗原与适当的载体结合即可成为完全抗原。免疫原性有几个基本决定条件：异物性(亲缘关系或种属关系越远，异物性越大)、分子的大小、抗原的相对分子质量(一般大于10000)、复杂的化学组成与特殊的化学基团、适当的免疫途径。免疫原性的一般规律为皮内免疫最强，其次依次是皮下免疫、肌内免疫、腹腔(仅限于动物)免疫、静脉免疫及口服免疫。此外，影响免疫原性的其他因素还有以下几种：化学基团的分子易近性，即抗原决定簇可否被淋巴细胞的抗原受体所接近；抗原物质的物理性状，颗粒抗原的免疫原性强于可溶性抗原，多聚体的免疫原性强于单体；佐剂可有效增强抗原物质的免疫原性；机体遗传因素，即动物或人对抗原应答的能力受遗传因素的控制。

抗原具有特异性，即诱导产生免疫应答物质及与其反应的专一性。某一抗原只能刺激机体产生特定的抗体或效应淋巴细胞，并只能与这种特定的抗体或效应淋巴细胞结合或相互作用。抗原的特异性基础是表位(epitope)。表位是存在于抗原分子中，决定抗原特异性的基本结构或化学基团，也称为抗原决定簇(antigenic determinant)。通常5～15个氨基酸残基，5～7个多糖残基或核苷酸可构成一个表位。天然抗原分子一般存在多个、多种表位，为多价抗原。表位可根据序列特点分为连续性表位与非连续性表位(线性、构象)；根据抗原结合细胞的不同，分为T细胞表位、B细胞表位。某一抗原不但与其诱导产生的抗体或效应淋巴细胞结合或相互作用，还可与其他抗原诱导产生的抗体或效应淋巴细胞作用，称为交叉抗原。交叉抗原存在的基础是同一抗原可存在不同的表位，不同的抗原上存在相同或相似表位。寻找交叉抗原，有利于研发具有共同抗原的多用疫苗。

构成抗原的基本条件：①异物性，由于自身组织不能刺激机体产生免疫反应，故抗原一般为外来物质；②一定的理化性质，包括相对分子质量、化学结构等；③特异性，使抗原进入机体后引起相应抗体或引起效应淋巴细胞发生反应。可作为抗原的活性物质有灭活病毒或细菌、活病毒或活细菌经实验室多次传代得到的减毒株、病毒或菌体提纯物、有效蛋白成分、类毒素、细菌多糖、合成多肽以及近年来发展DNA所用的核酸等。抗原能有效地激发机体的免疫反应，产生保护性抗体或效应淋巴细胞，从而对同种细菌或病毒的感染产生有效的预防作用。

2. 佐剂 佐剂(adjuvant)是指那些与抗原一起或先于抗原注入机体，可增强机体对该抗原的免疫应答能力或改变免疫应答类型的辅助物质。佐剂可以具备免疫原性，也可无免疫原性。理想的佐剂需要满足以下条件：佐剂与抗原混合能延长抗原在局部组织的存留时间，减缓抗原的分解速度，使抗原缓慢释放至淋巴系统中，持续刺激机体产生高滴度的抗体；增加抗原的表面积，从而增强抗原的免疫原性；佐剂可以直接或间接激活免疫活性细胞并使之增殖，从而增强体液免疫、细胞免疫和非特异性免疫功能。良好的佐剂应具有无毒性或副作用低的特点。

佐剂有以下几个种类：①化合物，包括氢氧化铝、明矾、矿物油及吐温80、弗氏不完全佐剂(羊毛脂与液体石蜡的混合物)等；②人工合成的多聚肌苷酸，包括胞苷酸(poly Ⅰ:C)、脂质体等；③生物制剂，指经处理或改造的细菌及其代谢产物，包括卡介苗和短小棒状杆菌、源于分枝杆菌的胞壁酰二肽、细菌非甲基化CpG DNA、细胞因子及热休克蛋白等；④药物佐剂。

佐剂的作用机制：通过改变抗原的物理性状，延缓抗原的降解和消除，从而延长抗原在体内的滞留时间，避免频繁注射从而更有效地刺激免疫系统；刺激单核-吞噬细胞系统，增强其处理和提呈抗原的能力；刺激淋巴细胞的增殖和分化，提高机体初次和再次免疫应答的抗体滴度；改变抗体的产生类型以及产生迟发型变态反应等。

NOTE

3. 防腐剂、稳定剂和灭活剂

防腐剂：用于防止微生物的污染。一般液体疫苗为避免在保存期间微量污染细菌的繁殖，均加入适宜的防腐剂。大多数灭活疫苗都使用防腐剂，如硫柳汞、2-苯氧乙醇、氯仿等。

稳定剂：为保证作为抗原的病毒或其他微生物存活并保持免疫原性，疫苗中常加入适宜的稳定剂或保护剂，如冻干疫苗中常用的乳糖、明胶、山梨醇等。

灭活剂：灭活病毒或细菌抗原可用物理方法如加热、紫外线照射等，也可用化学方法，常用的化学灭活试剂有丙酮、酚、甲醛等，这些物质对人体有一定毒害作用，因此在灭活抗原后必须及时从疫苗中除去，并经严格检定以保证疫苗的安全性。

此外，疫苗在制备时还需使用缓冲液、盐类等非活性成分。缓冲液的种类、盐类的含量都可能影响疫苗的效力、纯度和安全性，因此都有严格的标准。

二、疫苗的发展历史

（一）第一次疫苗革命

疫苗的发现，源于历史上的天花肆虐。3000 年前，在中国、印度和埃及的古医书及僧侣经文中，就有天花急性传染病的记录；公元前 1160 年，从木乃伊考证，统治古埃及的法老拉美西斯五世的面部有天花瘢痕；公元 3—4 世纪，罗马帝国出现大规模天花流行；公元 6 世纪左右，非洲暴发天花；17—18 世纪天花传入大洋洲；18 世纪欧洲蔓延天花，死亡人数高达 1 亿 5 千万以上。美国疾控中心 2000 年出版的《疫苗可预防疾病的流行病学与预防学》(6 版)指出，中国古代早在宋真宗时期(998—1023 年)，就有人痘法预防天花的记录。15 世纪中期，我国的人痘苗接种法传至中东，后经改革进行皮下接种。1721 年，英驻土耳其的大使夫人将此法又传至英国与欧洲其他各国。1796 年，英国 Jenner 医生进行了第一个预防天花的人体试验，牛痘防天花，诞生了世界上第一个疫苗。

19 世纪末，“疫苗之父”巴斯德 (Louis Pasteur)为了纪念 Jenner 医生对人类的贡献，将疫苗一词创语为“vaccine”，意思是可用于免除瘟疫的东西。巴斯德对人类的伟大贡献不仅在于他证明了微生物的存在，而且在于他史无前例地运用物理、化学和微生物传代等方法有目的地处理病原微生物，使其失去毒力或减低毒力，并以此作为疫苗给人接种而达到预防烈性传染病的目的。从 19 世纪末至 20 世纪初，以巴斯德为代表的医生或科学家们先后成功研制了减毒炭疽杆菌疫苗、霍乱疫苗及狂犬病疫苗，此即为第一次疫苗革命，大量的烈性传染病因此得到了控制。

第一次疫苗革命的成就是研制出了常规疫苗。常规疫苗包括减毒活疫苗和灭活疫苗。卡介苗就是细菌减毒活疫苗的成功例子。将一株从母牛体内分离到的牛型结核分枝杆菌在含有公牛胆汁的培养基上连续培养 213 代，经过 13 年后可以获得减毒的卡介苗(Bacillus Calmette-Guérin，BCG)，这种菌苗首先使敏感动物豚鼠不再感染结核分枝杆菌。1921 年，一名婴儿服用卡介苗后无任何不良反应。这名婴儿与患有结核病的外祖母一起生活，与结核分枝杆菌有密切接触，但是在他的一生中却没有患结核病。由于卡介苗既安全又有效，到 20 世纪 20 年代末，在法国已有 5 万名婴儿服用了卡介苗。此后，卡介苗的使用由口服改成皮内注射。从 1928 年开始，卡介苗在全世界广泛使用，至今已有 182 个国家和地区的 40 多亿名儿童接种了卡介苗。根据 WHO 扩大计划免疫的要求，现在每年仍有 1 亿多的新生儿接种卡介苗。

（二）第二次疫苗革命

从 20 世纪 70 年代中期开始，分子生物学技术使得科学家得以在分子水平上对微生物的基因进行克隆和表达。化学、生物化学和免疫学的发展在很大程度上也为新疫苗的研制和旧疫苗的改进提供了新技术和新方法。1962 年，应用基因工程技术制备的基因重组疫苗开始出

现。1986 年,诞生了乙型肝炎表面抗原疫苗,这是第二次疫苗革命。

基因重组疫苗技术:基因克隆和表达技术可以使微生物的抗原用基因重组的方法获得,解决了以往传统方法制备抗原和研究病原微生物的两大困难。第一,用传统方法很难获得大量高纯度的抗原供研究和生产,而基因重组技术可以提供无穷无尽的疫苗抗原材料供试验,而且可以对大量候选疫苗进行反复筛选;第二,基因重组技术使得对病原微生物的研究变得更加安全,因为研究的对象是基因和它们的蛋白质产物,而不是能引起传染病的致病微生物。基因重组技术可以在基因水平上对细菌毒素进行脱毒。例如,采用在体外使基因突变的方法可以使白喉毒素蛋白中的一个氨基酸残基发生改变,结果既保留了毒素的免疫原性又使其失去了毒性。

最初的乙肝疫苗是从乙肝表面抗原阳性的携带者血浆中提取的,因而健康人群接种具有潜在危险。用基因重组技术制备乙肝疫苗,是将乙肝表面抗原的基因克隆到酵母或真核细胞中,该方法表达的抗原分子具有和血源性乙肝疫苗一样的结构和免疫原性。重组乙肝疫苗生产简单、快速、成本低,安全、效果好,且产量丰富,而且没有血源性乙肝疫苗那样受血浆产量制约和误用阳性血清的隐患。

基因重组技术和传统的遗传技术相结合,也可以构建无毒或减毒活疫苗。例如,将霍乱弧菌的毒素 A 基因、志贺样毒素基因和溶血素 A 基因都去掉,就可以获得安全有效的霍乱活疫苗。对伤寒杆菌的部分基因在体外进行特异部位的突变,使得细菌能保留其侵入细胞和刺激免疫系统的能力,却不能引起疾病。另一种基因工程疫苗是载体活疫苗,其制备方法是将目的基因定向克隆到已经在临床常规使用的活疫苗中去,也就是将这种安全的细菌或病毒活疫苗作为载体来表达目的基因,从而达到针对某种传染病的免疫保护作用。常用的载体有卡介苗、腺病毒和痘苗病毒等。

(三) 第三次疫苗革命

人类基因组测序的完成标志着人类进入了后基因组时代。疫苗研究也开始改变过去的研究方式,而是从全基因水平来筛选候选抗原。从全基因水平来筛选具有保护性免疫反应的候选抗原的疫苗发展策略,称为反向疫苗学(reverse vaccinology)。它以微生物基因组为平台,对毒力因子、外膜抗原、侵袭及毒力相关抗原等蛋白基因进行高通量克隆、表达,纯化出重组蛋白。然后,对纯化后的抗原进行体内、体外评价,筛选出保护性抗原,进行疫苗研究。反向疫苗学采取大规模、高通量、自动化和计算机分析的研究方法,在短期内同时完成大量候选抗原的克隆表达和提纯,为过去用传统疫苗学方法研究失败而不得不放弃的那些疑难传染病的疫苗发展提供了一条新的途径,成为当前预防医学研究的热点领域。

反向疫苗学的优点很多:第一,不需要培养微生物,整个过程从分析基因组序列开始。第二,基于将所有的蛋白质看作潜在的具有免疫原性的思路,整个过程从芯片法分析基因组序列开始,适用于所有微生物疫苗的研究。第三,可对危险的病原微生物进行操作,避免病原微生物的扩散。第四,病原微生物在不同时期和环境表达的蛋白质抗原都可用来作为候选抗原。当然,反向疫苗学也具有局限性:不能用于非蛋白质疫苗的研究,如某些糖类分子。目前国际上已经对细菌反向疫苗做了大量的研究,包括脑膜炎奈瑟球菌、肺炎链球菌、大肠杆菌、单胞菌、金黄色葡萄球菌、结核分枝杆菌等,B 型脑膜炎球菌疫苗是反向疫苗学运用的里程碑。

(四) 疫苗产业特点

1. 市场规模不断扩大 相关统计数据显示,近年来,全球疫苗销售额逐年增加,2015 年全球疫苗销售总额达到 296 亿美元。中国疫苗市场规模也在迅速增长,2015 年疫苗产值达到 183.7 亿元,2015 年疫苗批签发数量达到 7.04 亿瓶,疫苗生产企业产品种类不断丰富,疫苗研发能力逐渐增强。截至 2015 年,国内具有疫苗批签发的企业共 43 家,其中国外企业 5 家,国

内企业38家，是全球拥有疫苗生产企业最多的国家，疫苗的种类和数量达到世界之最。

全球畅销疫苗品种集中在肺炎疫苗系列、无细胞百白破(DTaP)及其联苗系列、麻腮风-水痘带状疱疹疫苗系列、HPV疫苗系列、流感疫苗、轮状疫苗系列及肝炎疫苗系列。2015年，肺炎疫苗系列的三大品种年销售额达到73.7亿美元，DTaP及其联苗系列年销售额达到37.42亿美元，麻腮风-水痘带状疱疹疫苗系列年销售额为22.54亿美元。在发达国家，多联多价疫苗、基因工程疫苗、多糖蛋白结合疫苗、新型佐剂、治疗性疫苗等新品种纷纷上市。

2. 疫苗产品具有许多独有特点 疫苗接种对象是广大健康人群，其安全性、有效性至关重要，需实行全过程监管。研发是疫苗供应体系的核心，由于疫苗具有生物活性，需经实验室、小试、中试、产业化多阶段大量的研发工作，才可能投入批量生产。疫苗研发具有周期长、投入高、风险大的特点，研发周期通常在15年以上，耗资大，成功率低。

3. 疫苗研发面临的挑战 目前，尚有50种左右的主要疾病没有疫苗。例如，人类免疫缺陷病毒和丙型肝炎病毒等因抗原多样性、衣原体和葡萄状球菌因有限的自然免疫性、癌症和慢性感染性疾病因存在免疫抑制等挑战，尚无有效疫苗。扩大高质量疫苗的产能一直受到挑战，而且仍有一些疫苗无法进行大规模工业化生产。同时，重大新发传染病不断出现，也存在着生物恐怖袭击乃至生物战的现实威胁，人口流动会加快传染病的传播速度。

三、新型疫苗的分类及特点

新型疫苗是近年来新发展的疫苗，有别于传统常规疫苗，是采用生物化学合成技术、人工变异技术、分子微生物学技术、基因工程技术等现代生物技术制造出的疫苗。

(一)基因工程疫苗

基因工程疫苗主要有四大类：亚单位疫苗、重组活载体疫苗、合成肽疫苗、核酸疫苗。

1. 亚单位疫苗 DNA重组技术产生是体外获取大量纯抗原的技术基础。用基因工程的方法或分子克隆技术分离出病原体的保护性抗原基因，将其转入原核或真核系统使其表达出该病原体的保护性抗原，制成疫苗，称为基因工程亚单位疫苗(subunit vaccine)。基因工程亚单位疫苗只含有病原体的部分组成结构，副作用明显减少，保护作用增强，而常规疫苗则是完整的病原体。基因工程亚单位疫苗质量更易控制，价格也更高。从效果来看，有些亚单位疫苗，如非细胞百日咳、HBsAg等，在低剂量就具有高免疫原性；而另外一些疫苗的免疫原性则较低，需要更强的佐剂来增强免疫保护效果。

基因工程亚单位疫苗的优点：①安全性高；②纯度高，稳定性好；③产量高；④用于病原体难以培养或有潜在致癌性，或有免疫病理作用的疫苗研究。基因工程亚单位疫苗的缺点：与传统疫苗相比，免疫效果较差。增强基因工程亚单位疫苗免疫原性的方法：①调整基因组合使之表达成颗粒性结构；②在体外加以聚团化，包入脂质体或胶囊微球；③加入有免疫增强作用的化合物作为佐剂。

用于基因工程亚单位疫苗生产的表达系统主要有大肠杆菌、枯草杆菌、酵母、昆虫细胞、哺乳动物细胞。基因工程亚单位疫苗包括提取细菌多糖成分制成的脑膜炎球菌、肺炎球菌多糖疫苗，以及流感病毒血凝素/神经氨酸酶亚单位疫苗。比较成功的基因工程亚单位疫苗是乙型肝炎表面抗原疫苗。

基因工程亚单位疫苗已成为新型疫苗研究的主要方向。例如，基因工程乙型肝炎疫苗(大肠杆菌系统、酵母系统、CHO细胞系统)、基因工程人乳头瘤病毒疫苗(杆状病毒载体系统、酵母系统)、基因工程幽门螺杆菌疫苗(大肠杆菌系统)、基因工程霍乱O139/CTB亚单位佐剂疫苗等。

2. 重组活载体疫苗 将抗原基因通过以无害的微生物为载体进入体内诱导免疫应答的

疫苗，即为载体疫苗。载体疫苗的特点是同时具备减毒活疫苗强有力的免疫原性和亚单位疫苗的准确度两个优势。用基因工程技术使非致病性微生物(病毒或细菌)携带并表达某种特定病原微生物的保护性抗原基因的活疫苗，为基因工程重组活载体疫苗(live recombinant vaccine)。基因工程重组活载体疫苗诱导免疫动物产生的免疫比较广泛，可在体内诱导细胞免疫，甚至黏膜免疫，因此可以避免亚单位疫苗的很多缺点。如果载体中同时插入多个不同病原微生物的外源基因，就能实现一苗防多病的目的。基因工程活载体疫苗兼具灭活疫苗的安全性好及活疫苗的免疫效果好、成本低等优点。

基因工程重组活载体疫苗，根据选用的载体类型，可分为病毒活载体疫苗和细菌活载体疫苗。病毒活载体疫苗的载体通常为弱毒力的病毒，将其他病原微生物的保护性抗原基因插入载体基因组的非必需区基因中，形成新的重组病毒，外源基因在合适的启动子驱动下随载体的复制而表达。由于外源基因已是载体病毒或载体细菌"本身"成分，其所引起的免疫应答，常不低于完整病毒或细菌相应成分引起的免疫应答，而且各成分之间一般不发生相互干扰，又因可以同时插入几个外源基因，一苗防多病，故是当前认为最有开发价值和应用前景的动物疫苗。

目前，用于病毒活载体疫苗的病毒主要有痘病毒、腺病毒、疱疹病毒等。其中，痘病毒具有宿主范围广、增殖滴度高、稳定性好、基因容量大以及非必需区基因多等特点，是研究最早最成功的载体病毒之一。细菌活载体疫苗是使病原微生物的保护性抗原或表位插入的细菌基因组或质粒表达而获得的重组细菌。目前作为载体用于细菌活载体疫苗的主要有沙门菌、乳酸菌、李斯特菌等。

基因工程重组活载体疫苗克服了亚单位疫苗和合成肽疫苗的很多缺点，在防治多种传染病上体现出良好的应用前景，是目前基因工程疫苗研究的热点领域。利用基因工程技术的重组活载体疫苗在表达外源抗原上具有灵活的可操作性，而且能够有效地传递抗原。一些活载体本身具有佐剂的性质，在免疫动物体内能够产生有效的免疫应答。但基因工程重组活载体疫苗仍存在一定缺陷，如对宿主存在潜在安全性危害，载体受母源抗体干扰，针对重组活载体疫苗产生的中和抗体也可能影响二次免疫效果。因此，选择合适的重组活载体疫苗，进一步提高各种重组活载体疫苗系统的安全性、靶向性和有效性是今后基因工程重组活载体疫苗研究的目标。

3. 合成肽疫苗 根据有效免疫原的氨基酸序列，设计和合成的免疫原性多肽，即合成肽疫苗(synthetic peptide vaccine)，用最小的免疫原性多肽来激发有效的特异性免疫应答。合成肽疫苗的优点是成分更加简单，质量更易控制。免疫原相对分子质量和结构复杂性越低，合成肽疫苗免疫原性也越低。因此，合成肽疫苗一般需要特殊的结构设计、特殊的递送系统或佐剂。目前研究较多的是抗病毒感染和抗肿瘤的合成肽疫苗。合成肽疫苗因其安全性高，是目前研制预防和控制传染病和恶性肿瘤的新型疫苗的主要方向之一。

合成肽疫苗分子是由多个 B 细胞抗原表位和 T 细胞抗原表位共同组成的，大多需与一个载体分子偶联。合成肽疫苗的研究始于口蹄疫病毒(foot-and-mouth disease virus，FMDV)合成肽疫苗，主要集中在 FMDV 的单独 B 细胞抗原表位或与 T 细胞抗原表位结合而制备的合成肽疫苗研究。合成肽疫苗能克服常规疫苗的缺点，但合成肽疫苗的抗原性及免疫原性受其自身组成及宿主免疫系统等多种因素的影响，免疫效果不佳，主要原因有疫苗缺乏足够的免疫原性，很难诱导多种免疫反应；B 细胞抗原表位和 T 细胞抗原表位很难发挥协同作用，也缺乏足够多的 B 细胞抗原表位的刺激。携带有单个抗原表位的合成肽疫苗对不易变异的 DNA 病毒来说是可行的，如犬细小病毒合成肽疫苗，即含有一个相对保守的 B 细胞抗原表位的合成肽疫苗可完全保护动物。但对许多其他病毒，单一的中和抗原表位是远远不够的，增加中和抗原表位的数目和引入细胞抗原表位将起到必不可少的辅助协同作用。为进一步提高合成肽疫苗的免疫效果，需要明确合成肽疫苗的免疫机制，选择优势抗原表位，从而诱导强有力的免疫

保护作用。

4. 核酸疫苗 核酸疫苗(nucleic vaccine),也称为DNA疫苗或基因疫苗,是指将含有编码某种抗原蛋白基因序列的质粒载体作为疫苗,直接导入动物细胞内,从而通过宿主细胞的转录系统合成抗原蛋白,诱导宿主产生对该抗原蛋白的免疫应答,达到免疫的目的。核酸疫苗与活疫苗不同,编码抗原蛋白的DNA不会在人或动物体内复制。核酸疫苗应包含一个能在哺乳细胞高效表达的强启动子元件,例如人巨细胞病毒的中早期启动子,同时也需含有一个合适的mRNA转录终止序列。肌内注射后,DNA进入胞质,然后到达肌细胞核,但并不整合到基因组。作为基因枪方法的靶细胞,肌细胞和树突状细胞均没有高速的分裂增殖现象,它们与质粒也没有高度的同源性,故同源重组可能性较小。

核酸疫苗是由基因治疗发展起来的。20世纪70年代末,M. A. Isral等将纯化的多瘤病毒完整的DNA直接注射小鼠使其感染,首次证明了DNA可被动物体细胞摄入,并到达细胞核得以转录。1982年,Will等将克隆DNA肝内注射而导致大猩猩感染了乙型肝炎,进一步证明,裸DNA可被高等动物的细胞摄入并表达,从而揭开了基因治疗的序幕。1993年,Robkson等将可表达禽流感病毒(avian influenza virus, AIV)保护性抗原血凝素(hemagglutinin, HA)基因的质粒DNA注射给鸡,发现其可对致死性AIV的攻击产生有效的保护作用。这项研究被称为开辟了疫苗研究的第三次疫苗革命。目前传染性法氏囊病核酸疫苗等投入生产,流感病毒的核酸疫苗处于研制阶段。美国农业部于2005年7月18日批准了预防西尼罗病毒感染的核酸疫苗上市,这是世界上第一个获准上市的核酸疫苗。

核酸疫苗有以下优点:①克服了蛋白亚基疫苗易发生错误折叠和糖基化不完全的问题,安全性好;②免疫效果好,抗原合成稳定性好,少量DNA就可以很好地活化细胞毒性T细胞;③诱导产生细胞毒性T细胞应答的方法之一,引起细胞毒性T细胞应答,不存在散毒,易于构建;④免疫应答持久;⑤方法简便,价格低廉;⑥核酸疫苗具有相同的理化性质,为联合免疫提供了可能,理论上可以通过多种质粒的混合物或者构建复杂的质粒来实现多价疫苗;⑦稳定性不受温度影响,大量变异的可能性很小,易于质量监控;⑧具备免疫预防和治疗的双重功能;⑨可快速筛选具有免疫保护效果的基因。核酸疫苗的缺点:①虽然与宿主DNA同源重组的可能性很小,但随机插入还是有可能的,DNA有可能被整合到宿主细胞的染色体中;②外源抗原的长期表达可能导致不利的免疫病理反应;③使用编码细胞因子或协同刺激分子的基因可能具有额外的危害;④有可能形成针对注射DNA的抗体和出现不利的自身免疫紊乱(自身免疫反应);⑤在不同抗原或不同物种中,核酸疫苗的效价不同,应正确评价人用疫苗在模型动物的效应;⑥机体免疫调节和效应机制有可能导致对抗原表达细胞的破坏,导致胞内抗原的释放,激活自身免疫;⑦持续长时间的小剂量抗原的刺激可能导致免疫耐受,从而导致接受者对抗原的无反应性。解决这些安全性问题是研究核酸疫苗的热点。

(二) 联合疫苗、多价疫苗、结合疫苗

知识链接 5-1

1. 联合疫苗 联合疫苗是将不同抗原进行物理混合后制成的一种制剂。联合疫苗包括多联疫苗和多价疫苗。多联疫苗,用于预防由不同微生物引起的传染病。多价疫苗,预防由同种微生物的不同血清型引起的传染病。多种疫苗的联合免疫不仅能简化免疫接种程序,同时还具有其他优势,如减少接种次数及儿童接种时的痛苦、提高疫苗接种覆盖率、增加接种的依从性、降低接种费用、减小疫苗储存的空间需求等。

早在20世纪30年代,联合疫苗的研究已开始。1945年,三价流感疫苗在美国获准使用,随后八价肺炎球菌疫苗、白破二联及百白破三联疫苗、三价口服脊髓灰质炎减毒活疫苗等相继问世。90年代以后,随着新疫苗的不断出现,又陆续出现了流感嗜血杆菌与蛋白质的结合疫苗、麻疹-风疹-腮腺炎联合疫苗、百白破-乙肝联合疫苗、百白破-灭活脊髓灰质炎联合疫苗、百

白破-流感嗜血杆菌联合疫苗、百白破-灭活脊髓灰质炎-b型流感嗜血杆菌联合疫苗等。1983年，23价肺炎球菌多糖疫苗在美国上市，其抗原成分由23个血清型的荚膜多糖组成。上述23个血清型可引起80%以上的成人肺炎、绝大部分侵袭性疾病和中耳炎。

联合疫苗在疫苗的制备、评价和使用过程中还存在很多需要解决的问题：保证联合疫苗中各单价疫苗的免疫原性不下降，并增强其免疫原性；在确保联合疫苗发挥最大免疫保护作用的前提下，确定各抗原成分的最低剂量；联合疫苗的免疫接种途径、免疫程序、安全性、免疫持久性等；需开发既能降低抗原使用量，又能减少免疫接种次数的新型疫苗佐剂；建立有效的检测方法，对疫苗成分的安全性、抗原性、理化特性及免疫保护性进行评估等。在制备和检测联合疫苗时，需综合考虑多方面的因素，以确保其安全、有效、持久。制备能够一次使用、包含多种抗原组分、免疫保护多种类型疾病的高效联合疫苗，是理想的联合疫苗的研究目标。

2. 多价疫苗 多价疫苗(polyvalent vaccine)指同一种微生物中多个血清型菌(毒)株的抗原或增殖培养物制备的疫苗。多价疫苗能使免疫动物获得完全的保护(如猪多价副伤寒死菌苗)。传统疫苗受制作工艺的限制，其保存、使用和接种不良反应等方面都容易出现一些问题。

典型的多价疫苗有宫颈癌疫苗。宫颈癌疫苗，又称为人乳头瘤病毒(human papilloma virus，HPV)疫苗，是一种预防宫颈癌发病的疫苗。宫颈癌主要由感染HPV引起，该疫苗通过预防HPV感染，进而有效预防宫颈癌的发病，可防止人体感染疫苗所涵盖的HPV亚型变异。已上市的宫颈癌疫苗有二价、四价和九价宫颈癌疫苗三类：①HPV二价疫苗：系采用杆状病毒表达系统分别表达重组HPV16型和HPV18型的L1病毒样颗粒，经纯化，添加单磷酰脂A(monophosphoryl lipid A，MPL)和氢氧化铝佐剂等制备的双价疫苗。该疫苗是首次申请在我国上市的新疫苗，研究数据表明在国内目标人群中应用的安全性和有效性与国外具有一致性。已有资料显示，HPV16型和HPV18型感染率最高，导致了70%的宫颈癌、80%的肛门癌、60%的阴道肿瘤和40%的外阴癌。②HPV四价疫苗：全球首个HPV四价疫苗Gardasil通过优先审批在美国上市。这款四价疫苗防治HPV6、11、16、18型病毒，可预防四种人乳头瘤病毒(HPV6、11、16、18)所导致的疾病。③HPV九价疫苗：美国食品药品监督管理局(FDA)于2014年12月10日在其官网宣布九价重组HPV疫苗Gardasil9获批，可以防治HPV6、11、16、18、31、33、45、52和58型病毒。

3. 结合疫苗 采用化学方法将多糖共价结合在蛋白载体上所制备成的多糖-蛋白结合疫苗，用于提高细菌疫苗多糖抗原的免疫原性的疫苗，即结合疫苗(conjugate vaccine)(以蛋白为载体的细菌多糖类)。细菌荚膜多糖具有抗吞噬作用，可保护细菌免受机体吞噬细胞的吞噬。提取细菌荚膜多糖制作的多糖疫苗早已应用。将细菌荚膜多糖成分化学连接于白喉类毒素，白喉类毒素为细菌荚膜多糖提供了蛋白载体，使其成为T细胞依赖性抗原。荚膜多糖属于T细胞非依赖性抗原，不需T细胞辅助而直接刺激B细胞产生IgM抗体，不产生记忆细胞，也无Ig的类别转换。结合疫苗能引起T、B细胞的联合识别，B细胞可产生IgG抗体，明显提高免疫效果。目前已获准使用的结合疫苗有b型流感嗜血杆菌疫苗、脑膜炎球菌疫苗和肺炎球菌疫苗等。

典型的结合疫苗如七价肺炎球菌结合疫苗。肺炎球菌结合疫苗的抗原成分，是肺炎球菌荚膜多糖结合白喉变异蛋白，因有氨基酸类抗原物质，所以不仅能诱导B细胞免疫，也能诱导T细胞免疫，因此，在2岁以下儿童体内可诱导有效的免疫应答。而且，接种结合疫苗产生的抗体活性强，并可诱导免疫记忆。由于2岁以下儿童是肺炎球菌的主要易感人群，因此，肺炎球菌结合疫苗的成功研发和上市是一个重大的突破，七价肺炎球菌结合疫苗包含7种主要的致病肺炎球菌荚膜多糖血清型：4、6B、14、19F、23F、18C、9V。各型多糖与CRM197载体蛋白结合后吸附于磷酸铝佐剂，另含氯化钠和注射用水。载体蛋白与多糖抗原结合，克服了多糖疫

苗的缺点，形成更有效的结合疫苗。应用磷酸铝作为佐剂可增强抗体反应。未使用含汞的防腐剂硫柳汞，避免了汞离子对儿童神经发育的潜在危害，更为安全。

七价肺炎球菌结合疫苗血清型覆盖率高，国外研究显示，在七价肺炎球菌结合疫苗上市前，其所包含的 7 种血清型所导致的侵袭性肺炎球菌疾病(invasive pneumococcal disease，IPD)占所有 IPD 的 80%左右。2006—2007 年在我国四所儿童医院 5 岁以下住院肺炎儿童中临床分离到 279 株肺炎球菌，分析发现主要的致病肺炎球菌血清型依次为 19F、23F、6B、14、4、9V、18C，这 7 种血清型占所有致病肺炎球菌的 81%。这说明七价肺炎球菌结合疫苗在我国同样具有较高的血清型覆盖率。

（三）多肽疫苗

多肽疫苗，是按照病原体抗原基因中已知或预测的某段抗原表位的氨基酸序列，通过化学合成技术制备的疫苗。与其他类型疫苗相比，多肽疫苗的优势：完全是合成的，不存在毒力回升或灭活不全的问题，具有诱导对蛋白抗原的免疫应答的能力；生产技术安全；高度标准化；缺乏具有高反应原性的成分(脂多糖、毒素)；可以去除对免疫个体本身分子具有致敏性和交叉反应活性的抗原片段；也可将不同抗原得到的各种多肽结合在一种载体中；能够针对复杂的非连续性天然抗原表位，构建相应的合成抗原多肽。目前已有数种多肽疫苗进入各期临床试验阶段，包括抗病毒多肽疫苗(如人类免疫缺陷病毒多肽疫苗、乙型肝炎病毒多肽疫苗、人乳头瘤病毒多肽疫苗等)、抗癌多肽疫苗(如黑色素瘤多肽疫苗、胰腺癌多肽疫苗等)、抗疟疾多肽疫苗和抗生育多肽疫苗(如抗人绒毛膜促性腺激素疫苗)等。

（四）细胞疫苗

以细胞为组成成分的疫苗是肿瘤治疗性疫苗设计的热点，主要有肿瘤细胞和 DC(树突状细胞，dendritic cell，DC)疫苗。肿瘤细胞中包含广谱的肿瘤抗原，但通常缺乏协同刺激分子以有效识别和激活免疫细胞，同时也因缺乏正常体内环境中多种细胞因子、趋化因子的调理而失去对免疫应答的启动、方向性选择和级联放大效应。因此以辅助分子修饰肿瘤细胞及 DC，可增强其免疫原性，达到治疗性目的。

最常见的细胞疫苗是以树突状细胞为基础的肿瘤细胞疫苗。肿瘤细胞疫苗是将自身或异体同种肿瘤细胞，经过物理因素(照射、高温)、化学因素(酶解)以及生物因素(病毒感染、基因转移等)的处理，改变或消除其致瘤性，保留其免疫原性，常与佐剂(卡介苗等)联合应用，对肿瘤治疗有一定疗效。研究表明，很多肿瘤细胞不能引起机体抗肿瘤免疫作用的机制，并不是由于缺乏肿瘤抗原，而是机体的 APC 不能将肿瘤抗原呈递给免疫系统。树突状细胞是已知机体内抗原呈递能力最强的细胞，它能捕获抗原，并将信息传递给 T 细胞、B 细胞，从而引发一系列的特异性免疫应答反应。因此，将肿瘤抗原注入树突状细胞，可引起机体特异性的抗肿瘤免疫反应，此法已经在动物模型中获得成功，使动物产生了抗肿瘤的特异性免疫反应，并且可抑制鼠肿瘤的生长。目前，尚未有认证的细胞疫苗。

（五）新型疫苗的设计方法

随着生物信息学、结构生物学等学科技术的发展，疫苗设计领域出现了保护组学分析、结构疫苗学等新的研究方向，为新型疫苗的设计与开发提供了全新的研究思路。主要包括以下三个方面。

(1) 保护组学分析：保护性抗原的筛选。

目前微生物全基因组测序技术发展迅猛，通过分析全基因组序列，筛选疫苗候选抗原已经成为疫苗设计过程中的主流方法，即反向疫苗学(reverse vaccinology)。这一策略已经成功应用于 B 型脑膜炎奈瑟菌的疫苗研发过程中。

(2) 结构疫苗学：结构生物学指导的疫苗设计。

随着结构生物学的发展，绝大多数蛋白抗原都能在原子水平上解析出其三维结构，在原子层面改造抗原成为可能。此外，抗原与保护性单抗复合物的三维结构也能够揭示抗原的关键表位，有助于解析宿主保护性免疫应答的机制，从而指导疫苗的反向设计。

（3）合成生物学：新型减毒活疫苗。

减毒活疫苗的无毒性是制备减毒活疫苗的挑战。相较于传统疫苗制备技术，合成生物学能够兼顾减毒活疫苗的安全性和有效性。目前主要有两种制备减毒活疫苗的合成生物学策略，即引入非天然氨基酸和在基因组水平重编码密码子。

第二节　新型疫苗的制备技术及评价

一、疫苗抗原的选择与设计策略

疫苗抗原的基本要求：①免疫原性好；②表面暴露，易于接触机体免疫系统；③特异性好，减少交叉反应；④容易获得；⑤发挥重要功能。常用抗原类型有毒素分子、黏附分子、交叉抗原及其他膜蛋白或功能重要的分泌性蛋白。

二、疫苗抗原的制备与纯化

为得到具有高纯度、无菌性和安全性的疫苗，要除去疫苗生产过程中不可避免的一些杂质，如细菌菌体、细胞碎片、血清、杂蛋白、核酸等。

（一）传统分离纯化技术

传统疫苗的分离纯化方法有连续离心、沉淀、过滤或萃取等物理、化学方法。我国采用酸沉淀法生产百日咳灭活疫苗，就是菌体培养液加甲醛杀菌灭活后，用盐酸调 pH 至 3.8～4.4，静置自然沉淀出菌体和可溶性抗原，再离心、洗涤而得。

1. 盐析　盐析是指溶液中加入无机盐类而使某种物质溶解度降低而析出的过程。例如，加$(NH_4)_2SO_4$使蛋白质凝聚的过程。盐析可以利用各种物质的溶解度的不同进行分离，但溶解度相同或差异不大时很难进行分离。

2. 酸沉淀　酸沉淀是指溶液的 pH 改变，使得溶液中某些物质的溶解度降低，从而凝聚沉淀。过酸容易使得蛋白质变性。

3. 超速离心　蔗糖、CsCl、KBr 密度梯度离心；处理样品量太少、操作复杂、难以控制。采用此技术纯化流感嗜血杆菌外膜脂蛋白 P6，先连续离心（9000g）收获菌体超声破碎，再高速离心（21000g）沉淀出肽聚糖和含有 P6 的未破碎细胞，最后超速离心（100000g）除去肽聚糖，加压透析得到目的抗原组分。

（二）现代分离纯化技术

现代分离纯化技术有膜过滤、分子筛层析、离子交换层析、亲和层析等。

1. 膜过滤　膜过滤是一种与膜孔径大小相关的筛分过程，以膜两侧的压力差为驱动力，以膜为过滤介质，在一定的压力下，当原液流过膜表面时，膜表面密布的许多细小的微孔只允许水及小分子物质通过而成为透过液，而原液中体积大于膜表面微孔径的物质则被截留在膜的进液侧，成为浓缩液，因而实现对原液的分离和浓缩的目的。

2. 凝胶过滤层析（分子筛层析）　使用有一定大小孔隙的凝胶作为层析介质（如葡聚糖凝胶、琼脂糖凝胶、聚丙烯酰胺凝胶等），利用凝胶颗粒对相对分子质量大小不等和形状不同的物质进行分离的层析技术。各物质相对分子质量大小不等、形状不同，扩散到凝胶孔隙内的速度

NOTE

不同，因而通过层析柱的快慢不同而分离。

3. 离子交换层析 固定相是离子交换剂的层析分离技术。样品中待分离的溶质离子，与固定相上所结合的离子交换，不同的溶质离子与离子交换剂上离子化的基团的亲和力和结合条件不同，当洗脱液流过时，样品中的离子按结合力的弱强先后洗脱。离子交换层析常用于分离蛋白质、核酸等生物大分子。

知识链接 5-2

4. 亲和层析 亲和层析是利用分子与其配体间特殊的、可逆性的亲和结合作用而进行分离的一种层析技术。选用生物化学、免疫化学或其他结构上吻合等亲和作用而设计的各种层析分离方法。如用寡脱氧胸苷酸-纤维素分离纯化信使核糖核酸；用 DNA-纤维素分离依赖 DNA 的 DNA 聚合酶；用琼脂糖-抗体制剂分离抗原；用金属螯合柱分离带有成串组氨酸标签的重组蛋白等。

三、疫苗的效应试验及评价

（一）疫苗的免疫要求

科学合理的疫苗免疫要求，应以最合适的初始免疫年龄，最少的接种次数，最合理的针次间隔时间，使其充分发挥疫苗应有的免疫效果，达到预防和控制传染病的目的。

疫苗免疫需要明确初始免疫起始月（年）龄、接种途径、接种剂量、接种次数、接种间隔、加强免疫、联合免疫和几种疫苗同时接种。

1. 初始免疫起始月（年）龄 初始免疫起始月（年）龄，即产生理想免疫应答的最小月（年）龄，及受疾病侵袭的最小月（年）龄。最佳初始免疫时间，是指有发病危险性而对疫苗能产生充分免疫应答能力的最低月（年）龄。

2. 接种途径 疫苗的免疫接种途径需要根据疫苗的种类、性质、特点以及病原体的侵入部位等因素来确定。一般的免疫途径包括注射免疫、滴鼻免疫、口服免疫及气雾免疫。选择合理的免疫途径不仅能充分发挥免疫系统协调应答作用，同时也能有力提高机体的局部免疫应答能力。

（1）注射免疫：注射接种剂量准确、免疫密度高、效果可靠，应用广泛，但费时费力，易传播病原体。适用于各种灭活疫苗和弱毒疫苗，包括皮下注射、皮内注射和肌内注射接种。皮下注射接种的疫苗吸收较皮内注射接种快，但用苗量大、副作用较皮内注射接种大。皮内注射接种操作难度较大、应用范围较小；剂量和副作用小，产生的免疫力比皮下注射接种高。肌内注射接种的疫苗吸收快、免疫效果较好，操作简便、应用广泛、副作用较小，注射部位一般为颈部和臀部。

（2）滴鼻免疫：滴鼻免疫是非常有效的局部免疫接种途径，同时也具有激发机体全身免疫的作用，因为鼻腔黏膜下有丰富的淋巴样组织，对抗原的刺激能产生很强的免疫应答反应。滴鼻免疫抗体产生迅速且不受母源抗体的干扰。

（3）口服免疫：具有减毒活疫苗且主要经呼吸道和消化道感染的传染病，常通过口服免疫。口服免疫时须注意适当加大疫苗用量，并加入适当浓度的保护剂。

（4）气雾免疫：稀释的疫苗在气雾发生器作用下形成雾化粒子悬浮于空气中，通过呼吸作用而刺激口腔和呼吸道黏膜的免疫接种方法。气雾免疫的效果与疫苗雾滴的大小直接相关，粒子过大容易快速沉落，粒子过小则在空气中会快速上升，通常 4～10 mm 的粒子容易通过屏障进入肺泡，被吞噬细胞吞噬后可产生良好的免疫力。

3. 接种剂量 剂量过大，超过机体免疫反应承受能力，造成免疫麻痹或抑制，加重不良反应。剂量过小，抗原量不足以刺激机体免疫系统产生良好的免疫应答，不能产生达到保护水平的特异性抗体，造成免疫失败。

NOTE

4. 接种次数　灭活疫苗接种一次仅起到刺激抗体产生的作用，而接种两至三次可以获得高水平的抗体和长期免疫。活疫苗一般接种一次即可产生比较理想的免疫效果。

5. 接种间隔　两次或两次以上接种要有一定间隔时间，间隔时间长短影响免疫效果，长间隔比短间隔所产生的免疫应答好。但过长会推迟产生保护性抗体的时间，增加非保护状态的机会。间隔过短，可引起无效接种。

6. 加强免疫　疫苗产生的免疫力很少能维持终生。随时间推移抗体逐渐衰退，少数人可能抗体转阴。适当时间再接种一次，可刺激产生记忆性免疫应答，并维持较高的机体免疫水平。次数和时间需综合分析免疫持久性、人群免疫状况和针对传染病的发病情况等因素而定，并根据情况变化做适当调整。

7. 联合免疫和几种疫苗同时接种　免疫实践研究证明，有些疫苗同时在不同部位接种，并不增加临床反应或产生抗原间干扰。WHO 倡导儿童计划免疫四种疫苗可同时接种，以简化免疫活动，提高接种率。联合疫苗多联多价，即 1 针含多种抗原是疫苗的发展方向。目前已经有四联、五联疫苗。活疫苗接种 4 周后再接种另一种疫苗。灭活疫苗接种 1 周后接种另一种疫苗。

（二）疫苗的免疫接种

预防接种：为控制传染病的发生和流行，降低传染病造成的损失，根据一种传染病流行的具体情况，按照一定的免疫程序有组织、有计划地对易感群体进行的疫苗免疫接种。

紧急接种：某些传染病暴发时，为了迅速控制和扑灭该病的流行，对疫区和受威胁区尚未发病群体进行的应急性免疫接种。

免疫隔离屏障的建立：为防止某些传染病从有疫病国家向无疫病国家扩散，而对国界线周围地区的群体进行的免疫接种。

（三）疫苗的不良反应

由于疫苗对动物机体来说是外源性物质，机体对这些异物的接种通常会发生一系列的反应，其强度和性质由疫苗的种类、质量和毒性等因素决定。按照这些反应的强度和性质将其分为三种类型，即正常反应、严重反应和过敏反应。正常反应是指由疫苗本身的特性而引起的反应。多数疫苗接种后不会出现明显可见的反应。少数疫苗接种后，常常出现一过性的食欲下降、注射部位的短时轻度炎症等局部性或全身性表现。如果这种反应程度轻、维持时间短暂，则被认为是正常反应。严重反应是指与正常反应在性质上相似，但反应程度重或出现反应的数量较多的现象。出现严重反应的原因通常是疫苗质量低劣或毒（菌）株的毒力偏强、使用剂量过大、操作不正确、接种途径错误或使用对象不正确等因素。通过严格控制疫苗的质量，并按照疫苗使用说明书操作，则可避免或减少接种出现严重反应的频率。过敏反应是指由于疫苗本身或其培养液中某些过敏原的存在，疫苗接种后迅速出现过敏反应的现象，表现为黏膜发绀、缺氧、严重的呼吸困难、呕吐、腹泻、虚脱或惊厥等全身性反应和过敏性休克症状。过敏反应在以异源细胞或血清制备的疫苗接种时经常出现，实践中应密切关注接种后的反应。

（四）疫苗的免疫效果评价

免疫效果评价指的是疫苗免疫程度对特定群体是否合理，是否起到了降低群体发病率的作用。免疫效果评价的方法包括流行病学调查、血清学方法以及人工攻毒试验。流行病学调查，是通过免疫群体和/或非免疫群体发病率、死亡率等流行病学指标的统计分析，可以比较并评价不同疫苗的保护效果。血清学方法是比较接种前后抗体的转化率，即被接种群体抗体转为阳性者所占比例。用几何平均滴度作为指标时是通过比较接种前后滴度升高的幅度及其持续的时间来进行的，如果接种后的平均抗体滴度比接种前升高 4 倍以上，即认为免疫效果良好；如果小于 4 倍，则认为免疫效果不佳或需要重新进行免疫接种。人工攻毒试验是在疫苗研

制和免疫程序制订的过程中，常需通过对免疫动物的人工攻毒试验，确定疫苗的免疫保护率、产生免疫力的时间、免疫持续期和保护性抗体临界值等指标。

（五）影响疫苗效应的因素

1. 病原体的血清型和变异性 某些病原体的血清型多、易发生抗原变异或出现强毒力变异株，引起免疫接种失败，如流感病毒等。

2. 免疫方法不合理 接种时间、接种途径和剂量、接种次数及间隔时间等因素不合理也影响疫苗效应。疾病病情发生变化时，疫苗的接种时间、接种次数及间隔时间等应随之调整。

3. 免疫抑制性因素的存在 某些病原体可通过不同的机制破坏机体的免疫系统，导致机体免疫功能受到抑制。某些药物、霉菌毒素等，也可通过不同机制导致机体的免疫应答能力下降。

4. 疫苗的运输、储藏和质量 疫苗使用前若发现冻干苗失真空、油佐剂苗破乳、变质或霉变、有异物、过期或未按规定运输、保存时应予废弃不用，使用时应按要求稀释，并在规定时间内接种完毕，同时保证疫苗接种剂量和接种密度。液体疫苗分为油佐剂苗和水剂苗，油佐剂苗应严禁冻结，置于 4～8 ℃冷藏，水剂苗则需根据不同情况妥善储存。

5. 母源抗体干扰 在母源抗体水平较高时接种减毒活疫苗，易被母源抗体中和，而出现免疫干扰现象。

第三节 疫苗的制备举例

一、细菌慢性感染性疫苗

以结核分枝杆菌疫苗为例进行介绍。

（一）结核分枝杆菌感染特性

结核分枝杆菌属于胞内感染菌，生长缓慢，可通过呼吸道、消化道和破损的皮肤黏膜进入机体，感染过程以慢性为主。结核分枝杆菌感染症状以肺结核为主，也可以侵犯脑膜、腹膜及骨关节等。结核分枝杆菌致病可能是细菌在组织细胞内不断增殖引起炎症反应，以及诱导机体产生迟发型变态反应性免疫病理损伤。

1891 年，Robbert Koch 在试验动物上观察到结核分枝杆菌感染时细胞免疫与迟发型变态反应同时存在，并与结核病的进程有关，称之为科赫现象。科赫现象表述如下：在初次感染结核分枝杆菌的动物中感染炎症灶-溃疡深，不易愈合，细菌全身扩散；再次用适量结核分枝杆菌感染动物时，溃疡迅速形成，感染炎症灶-溃疡浅，易愈合，细菌不扩散，提示机体已经有一定的抗结核分枝杆菌的免疫力，同时也提示，感染结核分枝杆菌后在产生免疫应答的同时发生迟发型变态反应；用过量的结核分枝杆菌再次感染动物时，会引起剧烈的迟发型变态反应导致病变加重，提示迟发型变态反应对机体不利。试验动物中的科赫现象与人类原发性肺结核病的情况类似。

（二）结核分枝杆菌疫苗（卡介苗）的制备

20 世纪初，法国的两位细菌学家——卡默德和介兰历经 13 年的时间，成功培育了第 230 代被驯服的结核分枝杆菌，作为人工疫苗，又称卡介苗（Bacillus Calmette-Guérin，BCG）。卡介苗是世界卫生组织（WHO）推荐的在全球范围内婴幼儿接种预防结核病的疫苗。皮内注射用的卡介苗（BCG）接种的主要对象是新生儿，接种后可预防儿童发生结核病，特别是可预防结核性脑膜炎的发生。

NOTE

结核分枝杆菌是细胞内的寄生菌，因此人体抗结核分枝杆菌的特异性免疫主要是细胞免疫。接种卡介苗是用无毒结核分枝杆菌人工接种进行初次感染，经过巨噬细胞的加工处理，将其抗原信息呈递给免疫活性细胞，使T细胞分化增殖，形成致敏淋巴细胞，当机体再遇到结核分枝杆菌感染时，巨噬细胞和致敏淋巴细胞迅速被激活，执行免疫功能，引起特异性免疫反应。

1. 研究环境要求 卡介苗生产车间必须与其他生物制品生产车间及实验室分开。所需设备及器具均须单独设置并专用。卡介苗制造、包装及保存过程均须避光。制备人员必须身体健康，经X线检查无结核病，且每年经X线检查1～2次，可疑者应暂离卡介苗的制造车间。

2. 制备方法 生产用菌种须符合"生物制品生产检定用菌毒种管理规程"的规定，采用结核分枝杆菌D_2PB302菌株。严禁使用通过动物传代的菌种卡介苗。

种子批的建立与鉴定应符合"生物制品生产检定用菌毒种管理规程"的规定。工作种子批到菌体收集中，传代应不超过12代。建立的种子批应进行以下全面检定：①培养特性：使用结核分枝杆菌专用的苏通马铃薯培养基，培养温度在37～39 ℃之间。抗酸染色应为阳性。在苏通马铃薯培养基上培养的结核分枝杆菌应干皱成团且略呈浅黄色。在苏通马铃薯培养基上结核分枝杆菌应浮于表面，为多皱、微带黄色的菌膜。②毒力试验：用结核菌素纯蛋白衍生物皮肤试验（皮内注射0.2 mL，含10 IU）阴性、体重为300～400 g的同性豚鼠4只，各腹腔注射菌液1 mL（菌液浓度为5 mg/mL），每周称体重，5周内动物体重不应减轻；同时解剖检查，大网膜上可出现脓疱，肠系膜淋巴结及脾可能肿大，肝及其他脏器应无肉眼可见的病变。③无有毒分枝杆菌试验：结果应为合格。用结核菌素纯蛋白衍生物皮肤试验（皮内注射0.2 mL，含10 IU）阴性、体重为300～400 g的同性豚鼠6只，于股内侧皮下各注射1 mL菌液（浓度为10 mg/mL），注射前称体重，注射后每周观察1次注射部位及局部淋巴结的变化，每2周称体重1次，豚鼠体重不应降低。6周时解剖3只豚鼠，满3个月时解剖另3只，检查各脏器应无肉眼可见的结核病变。若有可疑病灶时，应做涂片和组织切片检查，并将部分病灶磨碎，加少量生理盐水混匀后，由皮下注射2只豚鼠，若证实系结核病变，该菌种即应废弃。④免疫力试验：将体重为300～400 g的同性豚鼠8只，分成两组，免疫组经皮下注射种子批菌种制备的疫苗0.2 mL（1/10人用剂量），对照组注射生理盐水0.2 mL。豚鼠免疫后4～5周，用10^3～10^4强毒人型结核分枝杆菌皮下冲击免疫，冲击免疫后5～6周解剖动物，免疫组与对照组动物的病变指数及脾脏毒菌分离数的绝对值经统计学处理，应有显著统计学意义。⑤种子批的保存：种子批应冻干保存于8 ℃以下。原液的制备：a. 生产用种子：启开工作种子批菌种，在苏通马铃薯培养基、胆汁马铃薯培养基或液体苏通培养基上每传1次为1代。在马铃薯培养基中培养的菌种置于冰箱中保存，不得超过2个月。b. 生产用培养基：苏通马铃薯培养基、胆汁马铃薯培养基或液体苏通培养基。c. 接种与培养：挑取生长良好的菌膜，移种于改良苏通培养基或经批准的其他培养基的表面，放置37～39 ℃静止培养。d. 收获和合并：培养结束后，应逐瓶检查，若有污染、湿膜、浑浊等情况应废弃。收集菌膜并压干，移入盛有不锈钢钢珠的瓶内，钢珠与菌体的比例应据研磨机的转速，控制在一定范围，并尽可能在低温下研磨。加入适量无致敏原的稳定剂稀释，制成原液。e. 半成品的制备：用稳定剂将原液稀释，即为半成品。f. 成品的制备：分装过程应使疫苗混合均匀。疫苗分装后应立即冻干，冻干后应立即封口。

3. 检定要求

原液的检定：①纯菌检查：生长物做涂片检查，不得有杂菌。②浓度测定：用国家药品鉴定机构分发的卡介苗参考比浊标准，以分光光度法测定原液浓度，应不超过配制浓度的110%。

半成品的检定：①沉降率测定：将供试品置于2～8 ℃静置2 h，采用分光光度法测定供试品放置前后的吸光度（A_{580}），计算沉降率，结果应不高于20%。②活菌数测定：应不低于1.0×10^7 CFU/mg。③活力测定：采用XTT法测定，其原理是细菌在代谢过程中，通过氧化-还原反应将XTT还原为可溶性的亮色产物甲臜，甲臜含量反映了细菌的活菌数量。将该方法应用

于卡介苗活菌含量的快速检测中,通过已知活菌含量 BCG 参考品制备活菌含量和 XTT 有色产物吸光度的参比曲线,根据未知样品的吸光度,在此参比曲线上读出未知样品的活菌含量。将供试品和参考品稀释至 0.5 mg/mL,取 25 μL 分别加到培养孔中,于 37~39 ℃避光培养 24 h,检测吸光度,供试品吸光度应大于参考品吸光度。④菌体浓度的测定:菌体的浓度与其吸光度大小有一定的关系。原液稀释 10 倍后,测其吸光度,通过吸光度大小来判断菌体含量的多少。

成品的检定:除了水分测定、活菌数测定和热稳定性试验外,按标示量加入灭菌注射用水,复溶后进行下列各项检定。①鉴别试验:应做抗酸染色涂片检查,细菌形态与特性应符合卡介苗特征。②外观:白色疏松体或粉末状,按指示量加入注射用水,应在 3 min 内复溶至均匀悬液。③水分:应不高于 3.0%。④效力测定:结核菌素纯蛋白衍生物皮肤试验是阴性结果,皮肤试验为皮内注射,用量为 0.2 mL,含 10 IU,取体重为 300~400 g 的同性豚鼠 4 只,分别皮下注射供试品 0.5 mg。注射 5 周后皮内注射卡介苗纯蛋白衍生物 TB-PPD(purified protein derivative tuberculin,PPD) 10 IU,并于 24 h 后观察结果,局部硬结反应直径应不小于 5 mm。⑤活菌数测定:每亚批疫苗均应做活菌数测定。抽取 5 支疫苗稀释并混合后进行测定,培养 4 周后含活菌数应不低于 1.0×10^{6} CFU/mg。本试验可与热稳定性试验同时进行。⑥无有毒结核分枝杆菌试验:结核菌素纯蛋白衍生物皮肤试验是阴性结果,皮肤试验为皮内注射,用量为 0.2 mL,含 10 IU,取体重为 300~400 g 的同性豚鼠 6 只,分别皮下注射相当于 50 次人用剂量的供试品,每 2 周称量一次,观察 6 周,动物体重不应该减轻,配合解剖检查,肺、脾、肝等脏器无结核病变,即为合格。⑦热稳定性试验:取每亚批疫苗,于 37 ℃放置 28 天测定活菌数,并与 2~8 ℃保存的同批疫苗比较,计算活菌率,37 ℃放置的本品活菌数应不低于置于 2~8 ℃保存的本品的 25%,且不低于 2.5×10^{5} CFU/mg。

保存、运输及有效期:于 2~8 ℃避光保存和运输。自生产之日起,按批准的有效期执行。保质期一般是一年。

二、类毒素疫苗

以破伤风疫苗为例进行介绍。

(一) 破伤风梭菌感染特性

破伤风梭菌(破伤风梭状芽孢杆菌,*Clostridium tetani*)是一种革兰阳性厌氧菌,芽孢广泛分布于自然界中,一般不引起疾病,通过侵入人体伤口生长繁殖产生的毒素可引起一种急性特异性感染,该感染称为破伤风。破伤风梭菌能产生两种强烈的外毒素,一种是破伤风痉挛毒素,能迅速与神经组织发生不可逆性结合,而引起特征性的全身横纹肌持续性收缩或阵发性痉挛;另一种是破伤风溶血毒素,可引起局部组织坏死和心肌损害。因此,破伤风是一种毒血症。一切开放性损伤,均有发生破伤风的可能。

破伤风潜伏期长短不一,往往与曾是否接受过预防注射、创伤的性质和部位及伤口的处理等因素有关。平均潜伏期为 6~10 天,亦有短于 24 h 或长达 20~30 天,甚至数月,或仅在摘除存留体内多年的异物如子弹头或弹片后才发生破伤风的。新生儿破伤风一般在断脐带后 7 天左右发病,故俗称七日风。一般来说,潜伏期或前驱症状持续时间越短,症状越严重,死亡率越高。

(二) 破伤风疫苗的制备

吸附破伤风疫苗(adsorbed tetanus vaccine)是采用破伤风梭菌,在适宜的培养基中培养后提取破伤风毒素蛋白经甲醛脱毒、精制,加入氢氧化铝佐剂制成,用于预防破伤风。

1. 生产用菌种 菌种应采用产毒效价高、免疫原性强的破伤风梭菌。

2. 种子批的建立、传代及检定　种子批的建立应符合“生物制品生产检定用菌毒种管理规程”的有关规定。种子批应保存于 2～8 ℃。主种子批自启开后传代应不超过 5 代。工作种子批传代应不超过 10 代。建立的种子批应进行以下检定。

（1）培养特性：本菌为革兰阳性厌氧菌，适宜生长温度为 37 ℃。在庖肉液体培养基中培养，培养液浑浊、产生气体、具腐败性恶臭。在血琼脂平皿培养基中培养，菌落呈弥漫生长。在半固体培养基中穿刺培养，表现鞭毛动力。

（2）染色镜检：初期培养物涂片革兰染色镜检呈阳性，杆形菌体，少见芽孢。48 h 以后培养物涂片革兰染色镜检，易转为阴性，可见芽孢，菌体呈鼓槌状，芽孢位于顶端，为正圆形。

（3）生化反应：不发酵糖类，液化明胶，产生硫化氢；不还原硝酸盐。

（4）产毒试验：菌种经液体产毒培养基培养，培养物除菌过滤，取滤液 0.1 mL 注射于体重为 18～22 g 的小鼠尾根部皮下，至少 4 只。于注射后 12～24 h 观察小鼠，应出现小鼠尾部僵直竖起、后腿强直痉挛或全身肌肉痉挛等症状，甚至死亡的现象。

（5）特异性中和试验：取适量产毒培养滤液与相应稀释的破伤风抗毒素经体外中和后，注射于体重为 18～22 g 的小鼠腹部皮下，每只小鼠注射 0.4 mL，至少 4 只；同时取未结合破伤风抗毒素的培养滤液 0.4 mL，注射于小鼠的腹部皮下，作为阳性对照。注射后每日观察，对照组小鼠应出现明显破伤风症状并死亡，试验组小鼠应存活。

3. 类毒素原液的制备

（1）毒素的获得。

生产用种子：工作种子批生产前应检查菌种的全部特性，合格后方可用于生产。中国采用的生产菌种是罗马尼亚 L58 株，菌号为 64008。工作种子批先在产毒培养基种子管中传 2～3 代，再转至产毒培养基菌种瓶中制成生产用种子。培养基：采用酪蛋白、黄豆蛋白、牛肉等蛋白质经加深水解后的培养基。产毒与收获：毒素制造过程中应严格控制杂菌的污染，经显微镜检查或纯菌试验发现污染者应废弃。检测培养物滤液或离心上清液，毒素经除菌过滤（通过0.22 μm 的微孔膜过滤除去菌体）后效价应不低于 40 Lf/mL。

（2）脱毒。

毒素或精制毒素的脱毒：毒素或精制毒素中加入适量甲醛溶液，置于适宜温度下进行脱毒。现在采用的方法是 0.36%的甲醛，pH 中性，37 ℃脱毒 30 天。脱毒检查：每瓶取样，取体重为 300～400 g 的豚鼠至少 2 只，每只皮下注射 500 Lf。精制毒素脱毒检查时可事先用生理盐水稀释成 100 Lf/mL，皮下注射 5 mL，于注射后第 7、14、21 天进行观察，动物不应有破伤风症状，到期每只动物体重不得较注射前减轻，且健存者为合格。体重减轻者应重复试验。发生破伤风症状者，原液应继续脱毒。脱毒检查合格的类毒素应做絮状单位（Lf）测定。类毒素应为黄色或棕黄色透明液体。

（3）精制。

毒素或类毒素可用等电点沉淀、超滤、硫酸铵盐析等方法或经批准的其他适宜方法精制。用于精制的类毒素应透明，无肉眼可见染菌。类毒素精制后应加 0.1 g/L 硫柳汞防腐，并应尽快除菌过滤。用同一菌种、培养基制备的类毒素，在同一容器内混合均匀后除菌过滤者为 1 批。类毒素原液保存于 2～8 ℃，自精制之日起或先精制后脱毒的制品从脱毒试验合格之日起，有效期为 3 年 6 个月。

（4）类毒素原液检定。

①pH 与纯度：pH 应为 6.6～7.4，每 1 mg 中蛋白氮应不低于 1500 Lf。

②特异性毒性检查：每瓶原液等量取样混合，用生理盐水稀释为 250 Lf/mL，取体重为 250～350 g 的豚鼠 4 只，每只皮下注射 2 mL。于注射后第 7、14 及 21 天进行观察，局部无化脓、无坏死，动物不应有破伤风症状，到期每只动物体重比注射前增加者为合格。

③毒性逆转试验：每瓶原液取样，用 PBS(pH 7.0～7.4)分别稀释至 7～10 Lf/mL，37 ℃下放置 42 天，取体重为 250～350 g 的豚鼠 4 只，每只皮下注射 5 mL，于注射后第 7、14 及 21 天进行观察，动物不得有破伤风症状，到期每只动物体重比注射前增加为合格。

4. 半成品的制备

(1) 佐剂配制：可用三氯化铝加氨水法或三氯化铝加氢氧化钠法配制氢氧化铝，用氨水配制需透析除氨后使用。配制成的氢氧化铝原液应为浅蓝色或乳白色的胶体悬液，不应含有凝块或异物。氢氧化铝原液应测定氢氧化铝及氯化钠含量。

(2) 吸附类毒素的配制：每 1 mL 应含类毒素 7～10 Lf，氢氧化铝含量应不高于 3.0 mg/mL，同时可加 0.05～0.10 g/L 硫柳汞作防腐剂。

(3) 半成品的检定：依法进行无菌检查，应符合规定。

5. 成品的制备

(1) 所配制的半成品应按照"生物制品生产检定用菌毒种管理规程"的规定进行相应的分批、分装及冻干后包装。规格为每瓶 0.5、1.0、2.0、5.0 mL。每一次人用剂量为 0.5 mL，含破伤风类毒素效价不低于 40 IU。

(2) 成品的检定。

①鉴别试验。可选择下列一种方式进行：疫苗注射动物后应产生破伤风抗体；疫苗加入枸橼酸钠或碳酸钠将吸附剂溶解后做絮状试验，应出现絮状反应；疫苗经解聚液溶解佐剂后取上清液，做凝胶免疫沉淀试验，应出现免疫沉淀反应。

②外观：振摇后应为乳白色均匀悬液，无摇不散的凝块及异物。

③化学检定：pH 应为 6.0～7.0；氢氧化铝含量应不高于 3.0 mg/mL；氯化钠含量应为 7.5～9.5 g/L；硫柳汞含量应不高于 0.1 g/L；游离甲醛含量应不高于 0.2 g/L。

④效价测定：每 1 次人用剂量(0.5 mL)中破伤风类毒素效价应不低于 40 IU。

⑤特异性毒性检查：每亚批等量取样混合，用体重为 250～350 g 的豚鼠 4 只，每只注射 2.5 mL 于腹部皮下，注射后第 7、14 及 21 天各观察 1 次并称体重，动物不应有破伤风症状，注射部位无化脓、无坏死，到期体重较注射前增加者为合格。

三、病毒疫苗

以乙肝疫苗为例进行介绍。

(一) 乙型肝炎病毒感染特性

乙型肝炎病毒(hepatitis B virus，HBV，以下简称乙肝病毒)，是一种嗜肝病毒，主要存在于肝细胞内并损害肝细胞，引起肝细胞炎症、坏死、纤维化。乙肝病毒可通过血液、唾液等途径传播，传染性是人类免疫缺陷病毒的 100 倍，这是我国为乙肝患病大国的主要原因。乙肝病毒对患者的危害很大。患者感染乙肝病毒后，短期内对身体健康并不会造成很大的损害，而发病时，往往已发展成慢性乙肝，治疗困难，且预后较差。

乙肝病毒感染具有五种特点：①嗜肝性：乙肝病毒通过肝细胞膜上的乙肝病毒受体直接与肝细胞膜结合，其病毒基因进入细胞内复制增殖。治疗药物必须是小分子才能进入细胞内，而且还要对肝细胞无毒性作用。②泛嗜性：乙肝病毒可以感染淋巴细胞不能到达的组织，如周围血单核细胞、脾、骨髓、淋巴结等。③变异性：乙肝病毒为逃避机体对其消除和杀伤而发生的变异，可在乙肝病毒结构的不同部位发生，变异可自发或在药物治疗后发生。变异的乙肝病毒影响对乙型肝炎的诊断、治疗和预防。乙肝病毒与人体细胞整合后，使人体免疫系统难以辨认，失去对乙肝病毒的监视和杀灭作用。④不可杀性：乙肝病毒进入人体的肝细胞，在细胞酶的作用下，最后形成共价闭合环状基因，它是形成乙肝病毒的原始模板，稳定地生存于细胞核内，不

NOTE

断地复制乙肝病毒。⑤母婴传播:携带乙肝病毒的母亲,通过宫内感染、分娩期及分娩后感染,将母体内的乙肝病毒传给新生儿,即垂直传播。我国人群中的乙肝病毒携带者半数以上是这样被感染的。初生时,免疫功能不健全、特异性免疫应答弱而不全、不能有效地识别病毒,表现为乙肝病毒免疫耐受,即人体感染乙肝病毒后无特异性免疫反应来消除病毒,最终成为乙肝病毒携带者。

2017 年 4 月 21 日世界卫生组织发布的《2017 年全球肝炎报告》显示,全球约有 3.25 亿人感染慢性乙肝病毒或丙肝病毒。这些病毒感染者中的绝大多数人无法获得可拯救生命的检测和治疗。因此,数百万人面临着发展到慢性肝病、癌症和死亡的风险。在我国,成人乙肝疫苗接种率是很低的。乙肝是我国社会负担较大的疾病之一。目前,我国约有 1 亿人为乙肝病毒携带者,占我国总人口数的 8%~10%,慢性乙肝患者(肝脏已出现炎性病变)约 2000 万人。即使接种了乙肝疫苗,也有 5%~10%的人对乙肝疫苗是无反应的,主要见于 40 岁以上、肥胖、饮酒、接受血液透析以及各种原因引起的免疫功能低下者。根据《2015 年中国卫生和计划生育统计年鉴》的数据,我国乙肝病毒携带者人数在 2012 年和 2013 年呈升高的趋势。随着我国医疗保障体系的不断完善,越来越多原本隐匿存在的乙肝患者被陆续检测发现。

(二) 乙肝疫苗简介

1. 乙肝疫苗研发简史 乙肝疫苗接种是预防乙肝最有效的方法。1965 年,Banuch Blumberg 在一位澳大利亚土著居民的血液中发现了抗原性物质 Aa(澳大利亚抗原)(后改称 HBsAg),使得乙肝疫苗的研制成为可能,Banuch Blumberg 因此获得 1976 年诺贝尔生理学或医学奖。1970 年,伦敦 Middlesex 医院的 D. S. Dane 用电子显微镜发现了 Aa 阳性患者血样中的乙肝病毒颗粒。该病毒的最外层膜为乙型肝炎表面抗原(hepatitis B surface antigen, HBsAg),也是乙肝疫苗的基本成分,20 世纪 80 年代末完成了对乙肝病毒的基因测序工作。乙肝病毒感染肝细胞的关键是其表面蛋白和肝细胞结合,人体免疫系统产生的抗体会阻止这种结合,使得乙肝病毒不能感染肝细胞。乙肝病毒产生大量的表面抗原,使免疫系统产生的抗体无法完全阻断它们和肝细胞的结合,以量取胜,因此在感染者的血液中有多达 5×10^{17} 个病毒表面抗原。

1981 年,第一个获得美国 FDA 批准的乙肝疫苗上市。转基因技术革命性地变革了乙肝疫苗的制备工艺,人类设法分离出了 HBsAg 的基因,并将其转移到了酵母中,使得酵母可以合成 HBsAg。酵母易大量繁殖,解决了疫苗原料的来源问题,使得疫苗大规模生产成为可能。1986 年,转基因酵母乙肝疫苗获得美国 FDA 的上市批准。1994 年,乙肝疫苗生产技术被引进中国。1997 年,利用酵母生产的转基因乙肝疫苗在中国被正式批准生产。

2. 乙肝疫苗的类型 血源性乙肝疫苗是采用 HBsAg 携带者的血清或血浆作为原料,经过化学浓缩,提纯其中的表面抗原而制成的乙肝疫苗。HBsAg 携带者由于已感染乙肝病毒,在此情况下,再抽取其血浆作为乙肝疫苗原料,对携带者的身体健康有损害,疫苗的生产受到 HBsAg 携带者血浆来源和质量的限制,无法大规模稳定地生产,在 HBsAg 阳性血浆的采集、运输和加工过程中存在引发血源性传染病的可能,在血源性乙肝疫苗的生产过程中,虽然采用三步灭活工艺,但是三步灭活不足以将血源中所有已知和未知的潜在致病因子全部灭活,难以最大限度地保证血源性乙肝疫苗受种者绝对安全。这种疫苗现在已停止使用。

基因工程乙肝疫苗是一种 HBsAg 亚单位疫苗,它采用基因重组技术将表达 HBsAg 的基因进行质粒构建,克隆进入酿酒酵母中,通过培养这种重组酵母菌来表达 HBsAg 亚单位。这种 HBsAg 亚单位具有原料易得、产量大、安全、高效等特点,基因工程乙肝疫苗最早获得美国 FDA 批准。国内生产基因工程乙肝疫苗的技术均从美国引进。

(三) 基因工程乙肝疫苗的制备

目前基因工程乙肝疫苗主要分为酵母(酿酒酵母和甲基营养型酵母)以及中国仓鼠卵巢细

胞(Chinese hamster ovary cell,CHO 细胞)表达疫苗。现在介绍由重组酿酒酵母表达 HBsAg 经纯化,加入铝佐剂制成的重组乙肝疫苗(recombinant hepatitis B vaccine)。基因工程乙肝疫苗是通过构建含有 HBsAg 的重组质粒转染酵母细胞,制备 HBsAg 的有效蛋白。

目前基因工程乙肝疫苗使用重组酵母表达系统进行乙肝疫苗的大规模生产,有如下几点原因:①酵母对培养基的要求低,价廉易得;②酵母细胞生长快,故生产率高;③动物细胞生长慢,容易染菌,对操作要求严;④酵母系统容易放大,动物细胞系统放大难。

重组酵母构建过程包括五个步骤:①剪切:根据已测定的编码 HBsAg 表位基因序列,用化学合成法直接合成目的基因或者通过鸟枪法克隆目的基因。用识别相同黏性末端的限制性内切酶将外源 DNA 和质粒分子切开。②连接:用 DNA 连接酶将含有外源基因的 DNA 片段连接到质粒分子上,构建 DNA 重组分子。③转化:借助细胞转化手段将 DNA 重组分子导入酵母细胞内。④扩增:短时间培养转化酵母细胞,以扩增 DNA 重组分子。⑤检测:筛选和鉴定经转化处理的酵母细胞,获得外源基因高效表达的基因工程菌。

乙肝疫苗制备工艺如下。

(1) 生产用菌种:生产用菌种为基因重组技术构建的表达 HBsAg 的重组酿酒酵母原始菌种。

对成功构建的基因工程菌进行扩大培养,逐级放大至发酵罐。发酵过程应该具有下列特点:①原料以碳水化合物为主,不含有毒物质,并加入少量有机和无机氮源;②容易进行大量有效的 HBsAg 的生产;③生物反应过程是以自动调节方式进行的,多个反应像一个反应一样,在单一设备中进行;④生产过程常在常温进行,操作条件温和,不用考虑防爆问题;⑤能够高度选择性地进行复杂化合物在特定部分的反应,如氧化反应、还原反应、官能团导入反应;⑥生产过程中应考虑杂菌的污染问题。

(2) 种子批的建立及检定:应符合"生物制品生产检定用菌毒种管理规程"的规定。构建的重组原始菌种经扩增 1 代为主种子批,主种子批扩增 1 代为工作种子批。

①培养物纯度:培养物接种于哥伦比亚血琼脂平板和酶化大豆蛋白琼脂平板上,分别于 20～25 ℃和 30～35 ℃培养 5～7 天,应无细菌和其他真菌被检出。②HBsAg 基因序列测定:HBsAg 基因序列应与原始菌种保持一致。③质粒保有率:采用平板复制法检测。将菌种接种到复合培养基上培养,得到的单个克隆菌落转移到限制性培养基上培养,计算质粒保有率,应不低于 95%。④活菌率:采用血细胞计数板,分别计算每 1 mL 培养物中总菌数和活菌数,活菌率应不低于 50%。⑤抗原表达率:取种子批菌种扩增培养,采用适宜的方法将培养后的细胞破碎,测定破碎液的蛋白质含量,并采用酶联免疫法或其他适宜方法测定 HBsAg 含量。抗原表达率应不低于 0.5%。⑥菌种保存:主种子批和工作种子批菌种应于液氮中保存,工作种子批菌种于－70 ℃保存应不超过 6 个月。

(3) 原液的制备。

①发酵:取工作种子批菌种,于适宜温度和时间经锥形瓶、种子罐和生产罐进行三级发酵,收获的酵母应冷冻保存。②纯化:用细胞破碎器破碎酿酒酵母,除去细胞碎片,以硅胶吸附法粗提 HBsAg,疏水色谱法纯化 HBsAg,用硫氰酸盐处理,经稀释和除菌过滤即得原液。③原液的保存:于 2～8 ℃保存不超过 3 个月。④原液检定:特异蛋白带,采用还原型 SDS-聚丙烯酰胺凝胶电泳法,应有分子质量为 20～25 kD 的蛋白带,可有 HBsAg 多聚体蛋白带。N-端氨基酸序列用氨基酸序列分析仪测定。纯度采用免疫印迹法测定,所测供试品中酵母杂蛋白应符合批准的要求;采用高效液相色谱法(HPLC)进行乙肝疫苗 HBsAg 的纯度检定是疫苗质量控制的关键手段之一。目前分析测定重组乙肝疫苗纯度的 HPLC 常用方法是应用 TSK-G5000PW 分子筛方法。

(4) 半成品的制备。

①甲醛处理:在原液中加入甲醛,于 37 ℃保温适宜时间。②铝吸附:每 1 μg 蛋白质和铝剂按一定比例置 2~8 ℃吸附适宜的时间,用无菌生理盐水洗涤,去上清液后再恢复至原体积,即为铝吸附产物。③配制:蛋白质浓度为 20.0~27.0 μg/mL 的铝吸附产物可与铝佐剂等量混合,即为半成品。④半成品的检定:吸附完全性检定结果应不低于 95%。硫氰酸盐含量检定结果应小于 1.0 μg/mL。

(5) 成品的制备:所配制的半成品应按照"生物制品生产检定用菌毒种管理规程"规定进行相应的分批、分装及冻干后包装。成品的检定:①鉴别试验:采用酶联免疫法检查,应证明含有 HBsAg。②外观:应为乳白色混悬液体,可因沉淀而分层,易摇散,不应有摇不散的块状物。③pH:应为 5.5~7.2。④铝含量:应为 0.35~0.62 mg/mL。

(6) 乙肝疫苗的保存:乙肝疫苗的稳定性较差,一般在 2~8 ℃下能保存 12 个月,但当温度升高后,效力很快降低。在 37 ℃下,许多疫苗只能稳定几天或者几小时,非常不利于在室温下运输。为了使疫苗的稳定性提高,可用冻干的方法使之干燥。这样,疫苗的有效期往往可延长 1 倍或以上,在室温下其效价的损失亦较慢。

冻干要点:①冷冻,即将疫苗冷冻至共熔点以下;②真空升华,即在真空状态下降温,水分直接由固态升华为气态;③升温缓慢,即升温的过程尽量缓慢,不使疫苗在任何时间下有融解的情况发生;④冻干好的疫苗应在真空或充氮气后密封保存,使其残余水分保持在 3%以下。这样的疫苗能保持良好的稳定性。

四、近年上市或进入临床的新疫苗举例

(一) 宫颈癌疫苗

人乳头瘤病毒(human papilloma virus,HPV)是无包膜的双链 DNA 病毒,目前有超过 118 种型别。与宫颈癌相关的高危型 HPV 有 13 种,分别是 HPV16、18、31、33、35、39、45、51、52、56、58、59、66 型,HPV 与尖锐湿疣有关,低危型别有 HPV6、11、40、42、43、44 型。中国每年约有 10 万新发宫颈癌的疾病病例,约有 4 万死亡病例。在中国,HPV16 型和 HPV18 型占宫颈癌病例的 80.9%。

HPV 预防性疫苗已研制成功。女孩开始性行为前,或妇女没感染前给予接种,防止感染 HPV,对预防癌症前期病变发展的有效率几乎达到 100%。2006 年,HPV 疫苗(Gardasil)上市,包含 HPV16、18、6、11 四个型别(酿酒酵母表达系统生产)。2008 年,昆虫细胞表达系统生产的二价(HPV16、18 型)HPV 疫苗 Cervarix 上市。2011 年全球 HPV 疫苗销售额约为 20 亿美元,HPV 疫苗目前已在 100 多个国家使用,国内企业生产的二价 HPV(HPV16、18 型)疫苗也在进行Ⅰ、Ⅱ期临床试验。

(二) 基因工程幽门螺杆菌疫苗

幽门螺杆菌(*Helicobacter pylori*,Hp)感染与胃炎、消化道溃疡、胃癌等主要上消化道疾病密切相关,而 Hp 感染在全世界各地仍然很常见,在一些发展中国家和地区,Hp 感染率至今尚无下降的迹象。世界卫生组织将 Hp 列为第Ⅰ级致癌因子,全球 Hp 感染率为 50%,我国 Hp 感染率为 50%~70%。根除 Hp 能促进消化道溃疡愈合并防止其复发,这是消化道溃疡病因学和治疗学上的一次革命。

Hp 感染主要靠抗 Hp 药物进行治疗。常用的抗 Hp 药物有羟氨苄青霉素、甲硝唑、克拉霉素、四环素、强力霉素、呋喃唑酮、有机胶态铋剂和胃舒平等。消化道溃疡患者尚可适当结合应用质子泵抑制剂或 H_2 受体拮抗剂加上两种抗生素,或者质子泵抑制剂(如奥美拉唑)加上一种抗生素,疗程一般为两个星期。由于治疗 Hp 感染抗菌方案的广泛应用,有可能扩大耐药

性问题的产生。Hp 对抗生素耐药性的增加已严重影响传统的治疗方案的疗效。再加上治疗费用的制约，加大了治疗难度，所以 Hp 疫苗的推出迫在眉睫。目前，Hp 疫苗主要分为全菌疫苗、亚单位疫苗、活载体疫苗和核酸疫苗这几种。Hp 全菌疫苗可以产生高效的局部黏膜免疫应答，但抗原成分比较复杂，而且副作用大，费用较高，不适合大量培养并推广。Hp 活载体疫苗研究发现，异源活载体表达系统尚存在技术不足、表达量太低、难以获得理想结果等问题。Hp 亚单位疫苗是 Hp 疫苗的主攻对象，优点是重组蛋白抗原建立针对黏附这些抗原的免疫保护机制。

传统疫苗主要通过诱导血清 IgG 抗体生成来发挥保护作用，这对 Hp 等黏膜感染致病菌无效，因此新型疫苗必须通过黏膜递送激发 sIgA 抗体才能产生有效防护 Hp 感染。陆军军医大学邹全明团队首次建立了高效筛选 Hp 疫苗组分的体系，成功构建了可用于生产的 Hp 疫苗工程菌株。采集了全国 20 个省(市)患者中的 300 多株 Hp 的 1500 多种候选蛋白成分，最终选定了 2 种成分作为 Hp 疫苗组分，历时 5 年完成了 5657 名志愿者Ⅰ、Ⅱ、Ⅲ期临床试验。按照国际标准完成临床试验，结果表明 Hp 疫苗安全性良好，保护率为 71.8%，达到口服类疫苗国际先进水平，获得世界首个基因工程幽门螺杆菌疫苗新药证书及药品注册批件。

附

缩 略 表

英文全称	中文全称	英文缩写
avian influenza virus	禽流感病毒	AIV
Bacillus Calmette-Guérin	卡介苗	BCG
Chinese hamster ovary	中国仓鼠卵巢	CHO
dendritic cell	树突状细胞	DC
foot-and-mouth disease virus	口蹄疫病毒	FMDV
hemagglutinin	血凝素	HA
Helicobacter pylori	幽门螺杆菌	Hp
human papilloma virus	人乳头瘤病毒	HPV
hepatitis B virus	乙型肝炎病毒	HBV
hepatitis B surface antigen	乙型肝炎表面抗原	HBsAg
monophosphoryl lipid A	单磷酰脂 A	MPL
invasive pneumococcal disease	侵袭性肺炎球菌疾病	IPD
purified protein derivative tuberculin	结核菌素纯蛋白衍生物	PPD

本章小结

疫苗可以分为传统疫苗和新型疫苗。传统疫苗大多由明确致病机制的病原体制成，基本分为减毒活疫苗、灭活疫苗和类毒素疫苗。新型疫苗则依赖于基因工程，利用 DNA 重组技术人工生产所需的病原体或抗原。新型疫苗主要包括亚单位疫苗(subunit vaccine)、合成肽疫

苗(synthetic peptide vaccine)、重组活载体疫苗(live recombinant vaccine)和核酸疫苗(nucleic vaccine)。此外,还有联合疫苗、多价疫苗、结合疫苗。

疫苗由抗原、佐剂、防腐剂、稳定剂、灭活剂、缓冲液、盐类等成分组成。为了得到具有高纯度、无菌性和安全性的疫苗,要除去细菌菌体、细胞碎片、血清、杂蛋白、核酸等杂质。传统疫苗的分离纯化方法有连续离心、沉淀、过滤或萃取等物理、化学方法。现代分离纯化技术有膜过滤、分子筛层析、离子交换层析、亲和层析等技术。疫苗免疫程序的内容包括初始免疫起始月(年)龄、接种途径、接种剂量、接种次数、接种间隔、加强免疫、联合免疫和几种疫苗同时接种。

能力检测

(1) 常见的新型疫苗有哪些种类?其各自具有什么特点?

(2) 简述反向疫苗学的定义及其优点。

(3) 基因工程疫苗研制中,如何筛选和优化抗原?

(4) 疫苗的免疫程序包含哪些内容?

(5) 决定免疫效果的因素有哪些?

推荐阅读文献

[1] Nielsen L S, Baer A, Muller C, et al. Single-batch production of recombinant human polyclonal antibodies[J]. Mol Biotechnol, 2010, 45(3): 257-266.

[2] Sette A, Rappuoli R. Reverse vaccinology: developing vaccines in the era of genomics [J]. Immunity, 2010, 33(4): 530-541.

[3] Bloom J D, Meyer M M, Meinhold P, et al. Evolving strategies for enzyme engineering [J]. Curr Opin Struct Biol, 2005, 15(4): 447-452.

[4] Jin A, Ozawa T, Tajiri K, et al. A rapid and efficient single-cell manipulation method for screening antigen-specific antibody-secreting cells from human peripheral blood[J]. Nat Med, 2009, 15(9): 1088-1092.

[5] Zepp F. Principles of vaccine design—Lessons from nature[J]. Vaccine, 2010, 28(Suppl 3): C14-C24.

[6] López S N, Ramallo I A, Sierra M G, et al. Chemically engineered extracts as an alternative source of bioactive natural porduct-like compounds[J]. Proc Natl Acad Sci USA, 2007, 104(2): 441-444.

参 考 文 献

[1] 邹伟斌,陈丹,谢少霞,等. 基因工程活载体疫苗的研究进展[J]. 广东畜牧兽医科技, 2016, 41(4): 1-5, 8.

[2] 王丽婵,侯启明,张庶民. 国内外联合疫苗的研究新进展[J]. 中国生物制品学杂志, 2012, 25(4): 516-519.

[3] 刘文忠,谢勇,成虹,等. 第四次全国幽门螺杆菌感染处理共识报告[J]. 中华内科杂志, 2012, 51(10): 832-837.

[4] 王凤山,邹全明. 生物技术制药[M]. 3 版. 北京:人民卫生出版社, 2016.

[5] 闻玉梅. 治疗性疫苗[M]. 北京:科学出版社, 2010.

[6] 李一. 医学免疫学[M]. 北京:科学出版社, 2012.

[7] 朱颐申,张霓. 多肽疫苗研究进展[J]. 中国疫苗和免疫, 2013, 19(1): 69-74.

[8] 杨益隆,徐俊杰.新型疫苗研发与下一代技术[J].生物产业技术,2017(2):43-50.
[9] Lanzavecchia A, Fruhwirth A, Perez L, et al. Antibody-guided vaccine design: identification of protective epitopes[J]. Curr Opin Immunol,2016,41:62-67.
[10] 李敏.疫苗市场概况分析[J].中国生物工程杂志,2017,37(1):111-118.

(赵 卓)

NOTE

第六章　细胞工程产品及其制备

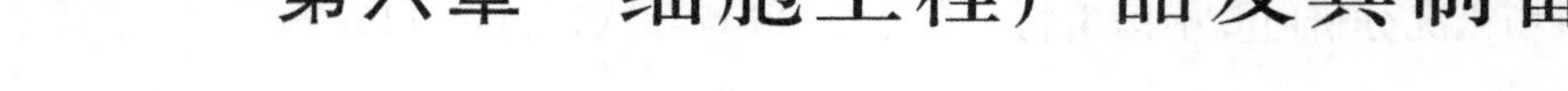

本章 PPT

学习目标

1. 掌握：细胞工程的基本概念和细胞工程技术的主要类别。

2. 熟悉：细胞工程药物的主要类别和制备方法；利用转基因动物和转基因植物生产产品的基本过程；利用植物细胞工程技术生产产品的基本过程。

3. 了解：细胞工程技术的发展简史及在医药领域中的应用。

第一节　概　　论

一、细胞工程概念

细胞工程（cell engineering）是指以细胞为对象，以细胞生物学和分子生物学为理论基础，利用工程学原理和手段，按照人们的意愿和设计，在细胞水平上研究、改造生物遗传特性，达到改良品种或产生新品种的目的，以获得特定的细胞、组织产品或新型物种的一门综合性生物工程技术。细胞工程现在已渗入生命科学的各个领域，成为生命科学的重要研究技术，也是当代生物技术产业化链条中最重要的一环。

细胞工程研究的内容十分广泛，按研究的生物类型可分为植物细胞工程、动物细胞工程、微生物细胞工程（发酵工程）；按试验操作对象可分为组织与细胞培养、细胞融合、细胞核移植、染色体工程、干细胞组织工程和转基因生物与生物反应器等。

二、细胞工程的发展简史

细胞工程的理论基础是细胞学说和细胞全能性学说，其发展可以追溯到 19 世纪。总体来说，细胞工程的发展可分为三个时期，探索时期、培养技术建立时期和迅速发展与应用时期。

（一）探索时期以及培养技术建立时期

（1）植物细胞工程的发展。

在 Schleiden（1838 年）和 Schwann（1839 年）所提出的细胞学说的推动下，20 世纪初，德国植物学家 Haberlandt（1902 年）首次进行了离体细胞培养试验，并提出高等植物的体细胞可以不断分割，直至单个细胞的说法。在 1910 年前后，植物组织培养工作受动物血清培养技术的影响，以植物组织液作为培养基的研究获得了可喜的进展。1922 年，美国的 Robbinst 和德国的 Kotte 分别报道了在含有无机盐、葡萄糖和多种氨基酸的培养基中离体培养豆、玉米、棉花的根尖、茎尖获得成功，这是有关茎尖培养成功的最早试验。1929 年 Laibach 把亚麻科种间杂交形成的不能成活的种子中的胚剥出，在人工培养基上培养至成熟，从而证明了胚培养在远缘杂交中应用的可能性。

1934 年,Gautheret 在山毛柳和黑杨等形成层组织的培养中发现了 B 族维生素和 IAA(indole-3-acetic acid,吲哚-3-乙酸,最初称为异植物生长素)的作用,揭示了 B 族维生素和生长素的重要意义。1937 年,White 通过研究 B 族维生素对离体根生长的重要性,发明了 White 培养基。1939 年,Nobecourt 用胡萝卜建立了连续生长的组织培养基本方法,成为以后各种植物组织培养的技术基础。因此 Gautheret、White 和 Nobecourt 三人被誉为植物细胞工程学的奠基人。20 世纪 40—50 年代,Skoog(1944 年)和我国的崔澂(1951 年)发现腺嘌呤或腺苷不仅可以促进愈伤组织的生长,而且可以解除 IAA 对芽形成的抑制作用,并诱导成芽,从而确定了腺嘌呤与生长素的比例是控制芽和根形成的主要条件之一。随后,植物细胞工程的发展日益繁荣。1952 年,Morel 和 Martin 通过培养大丽花茎尖获得了脱毒植株。1954 年 Muir 在液体培养基及滤纸中进行单细胞培养获得成功。1957 年,Skoog 和 Miller 提出了改变生长素与细胞分裂素的比例可以控制组织培养中根和茎的分化。1958—1959 年,Reinert 和 Steward 分别报道在胡萝卜愈伤组织培养中获得了体细胞胚,并获得了再生植株,这是人类第一次获得人工体细胞胚,同时也证明了植物细胞的全能性。这是植物细胞工程的第一个突破,它对植物组织和细胞培养产生了深远的影响。

(2) 动物细胞工程的发展。

动物细胞工程的发展相对植物细胞工程晚了几年。1907 年,美国胚胎学家 Ross Harrison 采用盖玻片悬滴培养法,观察到了蛙胚神经细胞突起的生长过程,并开创了动物细胞体外培养的先河。1912 年,Carrel 把外科无菌操作的概念和方法引入组织培养中,并将鸡胚心肌组织原代细胞进行了长期的传代培养。之后,Carrel 于 1923 年发明了卡氏培养瓶。1925 年,Maximow 改良了悬滴培养法,建立了双盖玻片法。Strangeway 于 1926 年设计了表面皿培养法,从此动物细胞培养技术基本建立起来。

20 世纪 40 年代末开始,动物细胞工程技术的研究迎来了迅猛发展。1948 年,Sardord 创立了分离细胞培养法,第一次成功地从单层细胞中分离出单个细胞,使建立遗传性状相同的细胞株成为可能。1953 年,Gay 以人的肿瘤组织为材料成功创建了 Hela 细胞系。1958 年,Okada 用高浓度的灭活仙台病毒在体外成功融合了小鼠艾氏腹水肿瘤细胞,创建了人工细胞融合技术,同时也带动了植物细胞间的融合。1962 年,Capstick 等首先成功地进行了仓鼠肾细胞的大规模悬浮培养,这是动物细胞培养用于大规模工业生产的突破性进展。

总之,在这一发展阶段中,人们通过对培养条件和培养基成分的广泛研究,已经实现了对离体细胞生长和分化的控制,从而初步确立了植物细胞工程、动物细胞工程的技术体系,为随后的发展奠定了基础。

(二) 迅速发展与应用时期

因为有了上述理论和技术基础,20 世纪 60 年代以后,细胞工程技术进入快速发展与应用时期。植物细胞工程与常规育种遗传工程、发酵工程等技术相结合,广泛地应用于生产实践;动物细胞工程也随着细胞培养原理与方法的完善以及微载体培养技术的发展得到了迅速发展,大规模培养的动物细胞已被应用于疫苗、干扰素和单克隆抗体等的规模化生产。

(1) 植物原生质体培养取得了重大突破。

1960 年,英国科学家 Cocking 等用纤维素酶分离植物原生质体获得成功,建立了植物原生质体培养和体细胞杂交技术,这是植物细胞工程的第二个突破。1971 年,Takebe 等在烟草上首次由原生质体培养获得了再生植株。这不仅在理论上证明了除体细胞和生殖细胞以外无壁的原生质体也同样具有全能性,而且在技术上也为外源基因的导入提供了理想的受体材料。1980 年,Vasil 等利用珍珠谷的胚性悬浮细胞游离得到原生质体,并成功地通过胚胎发生途径再生得到小植株,标志着禾本科植物原生质体培养的重大进展。1972 年 Carlson 等通过两个

NOTE

烟草物种之间原生质体融合获得了第一个体细胞杂种。1978 年番茄与马铃薯原生质体融合获得了再生植株。原生质体培养的成功,进一步促进了体细胞融合技术的发展。

(2) 花药培养取得显著成绩。

1964 年 Guha 和 Maheshwari 成功地将毛叶曼陀罗花药培养成花粉单倍体植株。由于单倍体在突变选择和加速杂合体纯化过程中具有重要作用,此项技术大大促进了该领域的发展。目前获得成功的植物种类达 160 余种,如烟草、水稻、小麦等的单倍体育种在中国已经取得了引人注目的成就。

(3) 植物脱毒及无性快速繁殖技术得到广泛应用。

1960—1964 年,Morel 培养兰花茎尖,用以脱除病毒并能快速繁殖兰花。由于这种方法有巨大的实用价值,很快被兰花生产者所采用,国际上迅速建立起"兰花工业"。在"兰花工业"高效益的刺激下,植物离体快速繁殖的脱毒技术得到了迅速发展,实现了试管苗产业化,并取得了巨大的经济效益。

(4) 植物细胞次生代谢产物的生产。

1967 年,Kaul 和 Staba 采用发酵罐在对小阿米(*Ammi visnaga*)的细胞进行培养中首次得到了药用物质呋喃色酮。1983 年,日本先后实现紫草培养生产紫草宁以及黄连培养生产小檗碱的工业化规模,并以紫草宁作为天然色素用于口红、肥皂等日用化工产品生产中。我国学者在此领域内亦取得许多研究成果,如人参细胞、三分三细胞、三七细胞的发酵培养以及九连小檗、西洋参、当归、青蒿、紫背天葵、延胡索、红豆杉等植物细胞培养的研究工作。

近年来,利用植物细胞大规模培养以提取有用次生代谢产物的研究并没有像人们所预计的那样广泛地进入工业化生产,主要是因为细胞培养的成本太高。越来越多的研究者已把工作重点转移到以细胞生物学和分子生物学为基础的次生代谢产物的产量提高及成本的降低方面,如植物细胞的固定化培养、分子水平次生代谢调控的研究、诱导子的广泛应用及发状根的培养等。目前,各国竞相开发一批具有重要药用价值的植物次生代谢产物,如紫杉醇、长春新碱、小檗碱等,有些已开始进入工业化生产阶段。

(5) 植物细胞离体保存技术大大发展。

植物种质资源保存是世界性重要课题,对拯救珍贵、濒危物种及环境保护有重大意义。利用离体组织培养技术,对茎尖分生组织等离体材料进行超低温保存,不但可以大大节省空间,而且不受季节限制,便于无毒种质的国际交换。我国目前已在多处建立了植物种质离体保存地点。

(6) 基因转化技术及生物反应器的发展。

在植物细胞方面,1980 年 Davey 等用 Ti 质粒转化原生质体成功。1983 年,Zambryski 等用根癌农杆菌转化烟草,在世界上获得了首例转基因植物,使农杆菌介导法很快成为双子叶植物的主导遗传转化方法。Horsch 等于 1985 年建立了农杆菌介导的叶盘法,开创了植物遗传转化的新途径。1987 年,美国的 Sanford 等发明了基因枪法,克服了农杆菌介导法对单子叶植物遗传转化困难的缺陷。在 20 世纪 90 年代,农杆菌介导法在单子叶植物的遗传转化上取得突破性进展,在玉米、水稻、大麦、小麦等上先后实现了高效转化。目前,转基因抗虫棉、抗虫玉米、抗虫油菜、抗除草剂大豆等一批植物新品种已经被大面积推广种植。利用植物生物反应器生产的药物、色素、食品添加剂、农药等活性物质已达 300 多种,为农业生产带来巨大效益。

从分子生物学技术上看,植物和动物细胞并没有太大差异,所以动物细胞工程也在 20 世纪后半叶几乎同时发展起来。第一只转基因动物是 Gordon 通过向小鼠的单细胞胚胎的原核注射纯化的 DNA 后获得的。1983 年 Palmiter 和 Brinster 将大鼠生长激素基因转入小鼠,生产出生长速度极快的超级小白鼠。这一时期,乳腺生物反应器的研究取得了快速发展。1987 年 Gordon 构建了分泌组织型纤溶酶原激活物(tissue plasminogen activator,tPA)的转基因小

鼠。随后数年内，多种乳腺生物反应器（如羊、猪、牛）相继研究成功。利用乳腺生物反应器生产出多种生物药物，如凝血因子Ⅸ、凝血因子Ⅺ、抗胰蛋白酶、促红细胞生成素（EPO）等。同时转基因兔、羊、猪、牛、鸡和鱼等动物相继问世。动物克隆及干细胞技术与转基因动物技术相结合，大大加快了动物生物反应器的研究与应用进展。

（7）动物细胞的杂交及克隆趋于成熟。

知识链接 6-1

1962 年 Okata 发现仙台病毒可诱发艾氏腹水肿瘤细胞融合，形成多核细胞，为动物细胞融合技术的发展奠定了基础。1964 年 Littlefield 设计出了杂种细胞筛选的系列方法。1975 年，Kohler、Milstein 和 Jerne 利用动物细胞杂交技术创立了杂交瘤技术，并借此制备出了纯度高、特异性较强的单克隆抗体，因此于 1984 年获得诺贝尔生理学或医学奖。1977 年英国利用胚胎工程技术成功地培养出世界首例试管婴儿。1997 年，Wilmut 领导的小组用体细胞核克隆出了绵羊 Dolly，使哺乳动物的克隆成了现实。2001 年英国培育出首批转基因猪。

（8）胚胎干细胞技术的发展。

知识链接 6-2

1981 年，Evans 和 Kaufman 用延迟胚胎着床的方法分离胚胎内细胞团，首次成功分离得到小鼠胚胎干细胞。1998 年 Thomason 等成功建立了人胚胎干细胞系；1999 年又发现成体干细胞的“可塑性”，干细胞研究荣登 *Science* 杂志 1999 年度十大科技成果榜首，2002 年干细胞研究又被 *Science* 杂志列为值得关注的六大科技领域之一。其后干细胞的研究不断取得新的进展，使人们看到在体外培育目的细胞、组织甚至器官，用于临床修复或取代人体内的病变组织器官的美好前景。

三、细胞工程技术

细胞工程技术是细胞生物学与遗传学的交叉领域，是按照人们预先的设计，利用细胞生物学的原理与方法，并结合工程学的技术手段，使细胞遗传特性得以有目的地改变的技术。其主要包括细胞培养技术、细胞融合技术、细胞拆合技术与细胞重组技术、转基因生物反应器等。

（一）细胞培养技术

细胞培养技术是指在无菌条件下，在体外模拟体内的生理环境，将动、植物细胞从有机体分离出来进行培养并使之生存、生长和增殖的技术。细胞培养包括原核生物细胞、真核单细胞、植物细胞与动物细胞培养以及与此密切相关的病毒的培养。

（1）动物细胞培养。

体外培养的动物细胞可分为原代培养（primary culture）与传代培养（subculture）。原代培养是指直接从有机体取出细胞、组织或器官后立即进行培养。原代培养的细胞一般传至 10 代，就会出现大部分细胞衰老死亡的情况。因此，通常把传至 10 代以内的细胞统称为原代细胞。从培养瓶中将原代培养的细胞取出，以 1∶2 以上的比例扩大培养，为传代培养。在原代细胞培养中，也有少数细胞可以继续传下去，可传 40～50 代，且染色体二倍性和接触抑制行为仍保留，这种类型的细胞称为细胞株（cell strain）。因此，细胞株是通过选择法或克隆法从原代培养物中获得的具有特殊性质或标志的培养细胞。在传代培养过程中，细胞可能发生遗传突变，表现出癌细胞的特点，可以在体外培养条件下无限制地传代下去，这种传代细胞称为细胞系（cell line）。细胞系细胞的特点是染色体数目明显改变，失去接触抑制的特点，易于传代培养。如 HeLa 细胞系、CHO 细胞系（中国仓鼠卵巢细胞）、BHK-21 细胞系（仓鼠肾成纤维细胞）等。

动物细胞培养分为贴壁培养和悬浮培养。体外培养的细胞，无论原代细胞还是传代细胞通常不能保持其体内原有的细胞形态。分散的细胞悬浮在培养瓶中很快（几十分钟至数小时内）就贴附在瓶壁上，称为细胞贴壁。贴壁生长的细胞大体可分为两种基本形态，成纤维样细

胞(fibroblast like cell)与上皮样细胞(epithelial like cell)。细胞经贴壁就迅速铺展呈多形态，此后细胞开始有丝分裂，逐渐形成致密的细胞单层，称为单层细胞(monolayer cell)。当贴壁生长的细胞分裂生长到表面相互接触时，分裂增殖就会停止，这种现象称为接触抑制(contact inhibition)。为此，贴壁生长的细胞增殖到近于汇合时，必须重新分散后分瓶继续培养，其分裂增殖才能够继续下去。悬浮培养的细胞在培养瓶中不贴壁，一直悬浮在培养液中生长，如淋巴细胞。悬浮培养的条件较为复杂，难度相对较大，但大量培养细胞的获得要相对容易一些。

体外培养的动物细胞对营养和环境条件的要求很高。营养物质必须与体内相同，由培养基提供。培养基通常含有细胞生长所需的氨基酸、维生素、糖和微量元素。培养基可分为天然培养基和合成培养基。一般合成培养基在培养细胞中使用得比较多，但在使用合成培养基时需要添加一些天然成分，其中最重要的是血清，这是因为血清中含有多种促细胞生长因子和一些生物活性物质。环境因素主要是指无菌环境、合适的温度(35～37 ℃)、一定的渗透压、合适的气体环境(O_2和CO_2)和适宜的pH(7.2～7.4)。

(2) 植物细胞培养。

植物细胞培养是指离体的植物器官、组织或细胞，在对其培养一段时间之后，会通过细胞分裂形成愈伤组织。由高度分化的植物器官、组织或细胞产生愈伤组织的过程，称为植物细胞的脱分化，或者称为去分化。脱分化产生的愈伤组织继续进行培养，又可以重新分化成根或芽等器官，这个过程称为再分化。再分化形成的试管苗移栽到地里，可以发育成完整的植物体。植物细胞培养主要有如下几种技术。

①组织培养：先诱导产生愈伤组织，如果条件适宜，可分化培养出再生植株。用于研究植物的生长发育、分化和遗传变异，或进行无性繁殖。

②悬浮细胞培养：在愈伤组织培养技术基础上发展起来的一种培养技术。植物细胞悬浮体系由于分散性好、细胞性状及细胞团大小一致，而且具有生长迅速、重复性好、易于控制等特点，较为适合进行产业化大规模细胞培养，获得植物次生代谢产物。

③原生质体培养：脱除细胞壁后的植物细胞称为原生质体(protoplast)，其特点如下。比较容易摄取外来的遗传物质，如DNA；便于进行细胞融合，形成杂交细胞；与完整细胞一样，具有全能性，仍可产生细胞壁，经诱导分化形成完整植株。

④单倍体培养：利用植物的单倍体细胞进行体外培养获得单倍体植株。通常用花药或花粉培养可获得单倍体植株，再经人为加倍后可得到完全纯合的个体。

(二) 细胞融合技术

细胞融合技术是近年来迅速发展起来的一项新兴细胞工程技术。细胞融合(cell fusion)也称细胞杂交(cell hybridization)，是指细胞通过介导和培养，在离体条件下用人工方法将不同种的细胞通过无性方式融合(合并)成一个核或多核的杂合细胞的过程。这个杂合细胞得到了来自两个细胞的遗传物质(包括细胞核的染色体组合和核外基因)，具有新的遗传或生物特性。细胞融合技术不仅为核质相互关系、基因调控、遗传互补、肿瘤发生、基因定位、衰老控制等领域的研究提供了有力的手段，而且在遗传学、免疫学以及医药、食品、农业等方面都有广泛的应用价值。此外，细胞融合技术在单克隆抗体的制备、哺乳动物的克隆以及抗癌疫苗的研发中已成为关键技术。

(1) 细胞融合常用技术。

①仙台病毒诱导法：活的或灭活的仙台病毒均可促进动物细胞融合。但该方法存在病毒制备困难，操作复杂，灭活病毒的效价差异大，试验重复性差，融合率低等问题。目前该方法主要用于实验室研究。

②聚乙二醇(PEG)诱导法：自1975年之后，利用PEG诱导细胞融合逐渐替代仙台病毒在

细胞融合中的地位，发展成为一种规范的重要化学融合方法，它将病毒法诱导的细胞融合率从 $1/10^5$ 提高到了 $1/10^3$。此外，PEG 诱导法的优点是没有种间、属间、科间的特异性或专一性，动植物间的限制也被打破。该法的缺点在于 PEG 对细胞的毒性大，极大地影响了融合后细胞的存活率。这种方法一直沿用至今，即使到了电融合技术已成熟的今天，PEG 诱导法依然以其低廉的试验成本和相对高的融合率被大量应用。

③电脉冲诱导法：该技术产生于 20 世纪 80 年代，目前已成为细胞融合的主要手段之一。该技术融合率高，是 PEG 诱导法融合率的 100 倍。电脉冲诱导法操作简便、快速，对细胞损伤小，可以免去细胞融合后的洗涤操作，可应用于不同的细胞。

(2) 细胞融合新技术。

鉴于细胞融合在生物、医学、药学方面的巨大潜在应用价值，来自物理、电子、生物、医学领域的各国科学家在此领域开展了专项研究。目前，基于微流控芯片的细胞融合技术已成为细胞融合技术研究的重点领域，利用该技术，可以使细胞之间实现可控融合。这势必对未来杂交瘤细胞的制备、克隆技术以及对基因表达的研究等方面产生重大影响，有望为细胞融合技术带来一次新的革命。

(三) 细胞拆合技术与细胞重组技术

细胞拆合(nuclear transplantation)技术是指把完整细胞的细胞质和细胞核用特殊的方法分离开来，或把细胞核从细胞质中吸取出来，或用紫外线等把细胞中的核杀死，然后把分离的同种或异种的细胞核和细胞质重新组合起来，形成一个新的细胞或新的生物个体。细胞拆合技术也已成为一种十分重要的现代生物技术。

细胞重组(cell reconstruction)技术是指细胞工程中将细胞融合技术与细胞核质分离技术结合，即在融合介质的诱导下，将不同细胞来源的细胞器及其组分进行重组，使其重新装配成为具有生物活性的细胞的过程。细胞重组技术为重新构成不同类型的杂种细胞提供了可能，尤其是细胞重组结合基因转移可以人为地使细胞表达新的性状和产生新的产物，因此，细胞重组技术备受瞩目。

细胞重组的方式有三种：①胞质体与完整细胞重组形成胞质杂种；②微细胞与完整细胞重组形成微细胞异核体；③胞质体与核体重组形成重组细胞。

上面提及的胞质体、微细胞、核体均为细胞重组的原料。胞质体是除去细胞核后由膜包裹的无核细胞。植物去核原生质体又称微质体或亚原生质体。微细胞是只有一条或几条染色体和一薄层细胞质，外面包裹一层完整的细胞质膜的核质体。这种只能存活几小时的微细胞，如果用细胞融合的方法将其与完整的体细胞融合，把它的染色体转入受体细胞，可重新组成存活正常的杂交细胞。

胞质体与核体的重组，即核移植，它是利用显微操作技术将一个细胞的细胞核移植到另一个细胞中，或者将两个细胞的细胞核(或细胞质)进行交换，从而可能创造无性杂交新品种的一种技术。细胞核移植技术是克隆的重要基础，也是现代细胞工程领域最活跃的一个研究热点。

(四) 转基因生物反应器

转基因生物反应器(transgenic bioreactor)是指将外源基因转入生物体，利用该工程化的生物体制备外源基因表达的活性物质。这里的生物体充当的其实就是一种载体。转基因生物反应器主要包括细胞水平上的三种转基因生物反应器和个体水平上的两种转基因生物反应器，分别为转基因微生物生物反应器、转基因动物细胞生物反应器、转基因植物细胞生物反应器，以及转基因动物和植物生物反应器。

(1) 转基因微生物生物反应器。

微生物由于结构简单、繁殖迅速、容易培养而成为转基因对象，主要采用遗传背景清楚的

NOTE

大肠杆菌和酵母表达系统，通过高密度发酵培养、分离纯化获得所需要的目的产物。用工程微生物生产的药物属于第一代基因工程药物。

(2) 转基因动物细胞生物反应器。

将外源基因转入动物细胞，从而表达制备相关产品的方法。利用转基因动物细胞生产蛋白药物、疫苗、细胞因子等产品已经成为生物制药的热点。哺乳动物细胞已成为生物药物最重要的表达或生产系统。用工程哺乳动物细胞生产的药物属于第二代基因工程药物。例如，EPO为高度糖基化的蛋白药物，具有相对分子质量大、空间结构复杂的特点，其生产只能使用CHO等哺乳动物细胞表达系统。

(3) 转基因植物细胞生物反应器。

将外源基因转入植物细胞，从而表达制备相关产品的方法。由于植物细胞大规模培养技术限制，目前利用转基因植物细胞大规模生产基因工程产品有一定的难度。

(4) 转基因动、植物生物反应器。

将外源基因转入动、植物个体，从而表达制备相关产品的方法。转基因动、植物生物反应器不仅限于转基因技术，而且还涉及植物组织培养、动物胚胎工程等技术，因此过程复杂。

转基因动物 (transgenic animal)是指在基因组内稳定地整合外源基因，并且外源基因可以稳定地遗传给后代的基因工程动物。利用转基因动物生产人类药用蛋白等是目前世界上转基因动物研究的热点之一。如何将导入的药用蛋白基因控制在某一特定部位，成为利用转基因动物生产药用蛋白的一个关键的技术问题。就药用蛋白而言，最理性的表达场所为乳腺。因为乳腺是一个外分泌器官，乳汁不进入体内循环，因此，不会影响到转基因动物本身的生理代谢反应。同时，从转基因乳汁中获取的目的基因产物，不但产量高、易提纯，而且表达的蛋白质经过充分的修饰加工，具有稳定的生物活性，这也被称为转基因动物乳腺生物反应器。用乳腺表达人类所需的药用蛋白产物的牛、羊等就相当于一座制药工厂，用这种手段生产的药物，被称为第三代基因工程药物。工程细菌、工程动植物细胞培养等均需要较大的车间，特别是后者的培养成本非常高，而转基因动物生物反应器则只需养殖动物即可。例如，2006年全球首个利用转基因动物乳腺生物反应器生产的基因重组药物——ATⅢ获批上市。此外，已经证明利用转基因猪的血液生产具有生物活性的人类血红蛋白是可行的，这被称为转基因动物血液生物反应器。

转基因植物(transgenic plant)是指将外源基因转入植物的细胞或组织中而获得新的遗传性状的植物。1992年，美国Arntzen和Mason率先提出用转基因植物生产疫苗的新思路。此后，国内外相继在烟草、马铃薯、番茄、苜蓿和莴苣中表达了乙型肝炎病毒表面抗原、大肠杆菌热敏毒素B亚基、霍乱毒素B亚基、诺瓦克病毒壳蛋白和狂犬病毒G蛋白等抗原，并利用在植物中表达的抗原进行了动物和人体的免疫试验，这为利用转基因植物生产疫苗奠定了良好基础。目前，已有包括表皮生长因子、人血清白蛋白等在内的几十种药用多肽或蛋白在烟草等植物中成功表达。

四、细胞工程在医药领域中的应用

细胞工程与基因工程一起代表着生物技术最新的发展前沿，在生命科学、农业、医药、食品、环境保护等领域发挥着越来越重要的作用。细胞工程技术在制药领域的应用使得生物制药产业得到了巨大的发展，改变了传统制药领域的生产方式，不只利用微生物进行发酵，还可通过大规模动植物细胞培养，转基因动植物生物反应器生产生物药物。如今，细胞工程技术在制药工业中占据十分重要的地位。据统计，2017年全球销售前十的药物有7个是细胞工程技术产品。细胞工程技术在医药领域的代表性应用举例如下。

（一）疫苗生产

疫苗免疫是最有效的预防感染性疾病的措施之一。疫苗免疫是指利用病毒性制剂、细菌性制剂或类毒素等人工主动免疫制剂，通过作用于机体的免疫防御系统起到免疫应答作用。传统的流感疫苗生产多采用鸡胚培养，但当面临高致病性流感全球大流行、微生物感染、内毒素残余量多等问题时，传统的鸡胚生产方法可能难以满足疫苗市场的需求。随着细胞培养技术的完善，使用细胞培养技术替代鸡胚培养技术生产流感疫苗已经成为趋势。采用哺乳动物细胞培养的病毒疫苗特别适合于工业发展，应用微载体大规模培养细胞生产流感疫苗，使得流感病毒适应传代细胞（如 Vero 细胞），该细胞不仅培养条件要求不高而且遗传性状稳定，对多种病毒的感染敏感，如利用生物反应器进行大规模的病毒繁殖，可实现流感疫苗的规模化生产。例如，有公司利用 1000 L 反应器微载体培养 Vero 细胞生产人用狂犬病疫苗和脊髓灰质炎灭活疫苗。由此可见，利用细胞培养生产疫苗已成为目前疫苗研制的重要应用方向。

（二）单克隆抗体的生产

单克隆抗体（简称单抗）是基于杂交瘤技术生产出的一类特异性强、理化性质单一的单一性抗体。杂交瘤技术是指将骨髓瘤细胞与经特异抗原免疫的动物脾细胞融合得到既能分泌抗体又能在体外长期繁殖的杂交瘤细胞，再经过克隆化培养得到可以分泌单抗的技术。利用杂交瘤技术生产的单抗属于第二代抗体药物。单抗靶向病变组织或细胞表面抗原发挥疗效，已成为较为理想的治疗方法。利用单抗对疾病进行治疗已取得很大的成功。例如，将单抗同药物偶联，偶联物会与病原体或肿瘤的特异性抗原结合并发挥作用。2018 年全球药物销售排名前十的药物中，抗体和抗体融合蛋白药物占据七席。同时，单抗也广泛应用于疾病的诊断，包括鉴定病原体，准确诊断感染性疾病；利用单抗具有在肿瘤部位蓄积的特性，进行肿瘤的诊断和分型；激素类单抗可用于测定体内激素含量，判断内分泌的功能状态。此外，单抗及其制备技术在抗原的分析纯化、抗原表位的定位、蛋白质相互作用位点的确定、特异调节分子的分离和人工抗体及疫苗的制备、多肽药物的研制等生物技术研究的不同领域得到了应用，并对这些领域产生了深远的影响。

近年来，单抗的制备方法发生了改变，利用基因工程构建单抗的表达载体，将其导入宿主细胞中，再用细胞培养技术将宿主细胞大规模培养，使其大量分泌单抗，即基因工程抗体，属于第三代抗体药物。已从鼠源性单抗发展到全人源单抗，可避免发生人抗鼠免疫反应，提高了单抗的功效和安全性。

（三）基因重组糖蛋白药物的表达

哺乳动物细胞已成为生物制药最重要的表达或生产系统。美国 FDA 在 2000 年以后批准的创新生物技术药物中，用酵母表达系统表达的产品有 2 种，用大肠杆菌表达系统表达的产品只有 4 种，而通过动物细胞培养生产的生物技术产品则有 22 种。除两种组织工程产品外，其余都是蛋白类产品，这些蛋白都是相对分子质量大、二硫键多、空间结构复杂的糖蛋白，只有使用 CHO 细胞等哺乳动物细胞表达系统，才可能生产这些蛋白。

（四）利用转基因动物生物反应器生产药用蛋白

转基因动物生物反应器中最主要的生物反应器是乳腺生物反应器，系将目的蛋白的基因置于乳腺特异性调节序列之下，使之在乳腺中表达，然后通过收集乳汁获得有价值的目的蛋白。乳腺生物反应器有以下几个特点：产量高、易提纯、表达产品安全性高、表达产品有生物活性。利用转基因动物技术制药能获得比传统细胞培养高几十倍的效益，一头转基因牛或羊，便是一个天然药用蛋白的制造厂。前面已提到，利用转基因羊乳腺生物反应器表达的人 ATⅢ 已获批上市。我国也成功培育出转染人 α-抗胰蛋白酶基因的转基因山羊，可从其乳汁中分离

提取 α-抗胰蛋白酶。该酶是治疗慢性肺气肿、先天性肺纤维化囊肿等疾病的特效药。

（五）利用植物细胞工程技术生产次生代谢产物

利用细胞悬浮培养、固定化细胞培养和毛状根培养技术设计生物反应器，可以实现植物来源生物产品的规模化生产，包括生产天然药物（人参皂苷、地高辛、紫杉醇、长春碱、紫草宁等）、食品添加剂（花青素、胡萝卜素、甜菊苷等）、生物农药（鱼藤酮、印楝素、除虫菊酯等）和酶制剂（超氧化物歧化酶、木瓜蛋白酶）等。

（六）干细胞工程

干细胞是一类具有自我更新和分化潜能的细胞，包括胚胎干细胞和成体干细胞，存在于早期胚胎、骨髓、脐带、胎盘和部分成体组织中。利用干细胞分化成特定功能性细胞的特性进行移植可以替代体内功能缺失的细胞，具有广阔的临床应用前景。干细胞工程技术，又称为再生医疗技术，是指通过对干细胞进行分离、体外培养、定向诱导甚至基因修饰等过程，在体外培育出全新的、正常的，甚至更年轻的细胞、组织或器官，并最终通过细胞、组织或器官的移植实现对临床疾病的治疗；还可以广泛应用于治疗传统医学方法难以医治的多种疾病，如白血病、阿尔茨海默病、帕金森病、糖尿病、脑卒中和脊髓损伤等。从理论上说，应用干细胞技术能治疗各种疾病，且其与很多传统治疗方法相比具有无可比拟的优点。

（七）动物细胞培养与组织工程

运用细胞工程技术利用人体残余器官的少量正常细胞在体外培育，可获得患者所需要的具有相同功能而又不存在排斥反应的器官，供器官移植。例如，软骨、血管和皮肤都可在实验室培育，肝脏、胰脏、心脏、乳房、手指和耳朵等均可在实验室生长成形。人工皮肤是发展较快的一个领域，体外制造人工皮肤不再是一个技术难题，目前已有数种产品用于临床治疗，如自体软骨、骨、肌腱。应用组织工程技术还可以进行血管化的组织再生，将成骨细胞种植于预制的带血管蒂的生物降解载体上，使它成为一种细胞传送装置，最终在血管蒂旁形成有小梁结构的新生骨组织。

总之，细胞工程在历经百年发展后，进入了规模化产业生产阶段，将在医药、食品、农业、环保及生命科学等领域发挥越来越重要的作用。

第二节　细胞药物的制备

一、细胞药物概述

细胞药物是以细胞为基础的用于疾病治疗的制剂、药物或产品的统称，是继放疗、化疗之后又一种临床有效的治疗手段，可实施个体化治疗。细胞药物已在一些难治性疾病中得到应用，包括心血管系统疾病、消化系统疾病、神经系统疾病、免疫系统疾病和抗衰老应用等。例如，美国 FDA 在 2017 年 8 月批准了第一个 CAR-T 药物上市，它是一种基于基因修饰的自体 T 细胞免疫治疗的药物，用于治疗儿童和年轻成年患者急性淋巴细胞性白血病。

2017 年 12 月 22 日，CFDA 颁布了《细胞治疗产品研究与评价技术指导原则（试行）》（下称《原则》）。《原则》第一次在国内权威定义按照药品管理规范研发的细胞治疗产品，并对细胞治疗产品的风险控制、药学研究、非临床研究和临床研究提出应遵循的一般原则和基本要求。因此，2017 年可称为中国细胞药物的开元之年。

细胞药物制备的质量直接关系到细胞治疗的效果。由于细胞治疗所用细胞是具有生物学效应的，细胞药物的制备技术和应用方案具有多样性、复杂性和特殊性，不像一般生物药物那

样有统一的制作标准。细胞药物的制备过程主要包括供者筛查、供者检测、采集、加工、分离纯化和储存等。

（一）细胞药物的定义

细胞药物，或称细胞治疗产品，系指用于治疗人的疾病，来源、操作和临床试验过程符合伦理要求，按照药品管理相关法规进行研发和注册申报的人体来源的活细胞产品。《原则》中明确表明，输血用的血液成分，已有规定的、未经体外处理的造血干细胞移植，生殖相关细胞，以及由细胞组成的组织、器官类产品，不属于细胞治疗产品。

（二）细胞药物的种类

细胞药物是以不同细胞为基础的用于疾病治疗的制剂、药物或产品的统称，按其生物学特性可分为传统体细胞、免疫细胞以及各种不同的干细胞等，也包括经体外操作过的细胞群，如肝细胞、胰岛细胞、软骨细胞、树突状细胞、细胞因子诱导的杀伤细胞、淋巴因子激活的杀伤细胞、体外加工的骨髓或造血干细胞和体外处理的肿瘤细胞（瘤苗）等。

二、体细胞药物

可用于临床移植治疗的传统体细胞主要有软骨细胞、肝细胞、胰岛细胞、嗅鞘细胞等。这些细胞都已经完成分化，在具体组织器官中起着特定结构作用，并行使一定功能。它们的结构和功能通常比较局限，既不像干细胞那样可以转化为一种或多种其他种类的细胞而具有另外的结构功能作用，也不像免疫细胞那样对机体抵抗疾病具有重要的防御功能，但这类细胞在临床上仍然具有重要的治疗价值。在临床上有过多种体细胞移植的尝试，其中常见的包括软骨细胞移植治疗软骨病变、肝细胞移植治疗肝损害、胰岛细胞移植治疗糖尿病及嗅鞘细胞移植治疗脊髓损伤等。

（一）软骨细胞

关节软骨缺损常见于运动损伤和骨关节炎患者，由外伤、退变、过度使用、磨损或肌肉萎缩等引起，最终将导致膝关节疼痛、畸形、活动障碍等异常表现。由于关节软骨缺乏血管、神经和淋巴组织，关节软骨的再生能力极差，一旦受到损伤或者发生变性，便无法恢复为原来的玻璃软骨状态。随着时间的推移，周围及相对面的软骨也会发生变性。目前的治疗以对乙酰氨基酚、NSAIDs、润滑剂及类固醇激素关节腔注射、软骨保护剂为主，可以帮助患者缓解不适症状，但不能阻止疾病的进展，到疾病终末期进行关节置换手术，用一层金属或生物假体替代软骨，而随之带来的是手术损伤、高昂的费用、术后感觉异常以及植入材料使用寿命的限制等一系列问题。随着软骨组织工程的研究深入，自体软骨细胞移植因取材方便可靠，且移植后无排斥反应，逐渐被广泛应用。

自体软骨细胞移植是基于自体软骨细胞体外扩增后进行回植修复的技术。研究表明，体外培养扩增的软骨细胞能较好地维持其细胞特性，有利于软骨修复，是软骨再生研究中的一个突破性的进展。一项进行了至少 10 年的随访研究证实，自体软骨细胞移植能使 70%的患者获得满意的长期疗效。发展到今天，自体软骨细胞移植术已经进入第三代。

第一代和第二代均为用体外培养的软骨细胞悬液进行移植治疗。1994 年 Brittberge 等首次尝试应用细胞技术修复软骨。其做法是取患者非负重区少量软骨，分离出软骨细胞，然后将其体外扩增培养，再将细胞悬液注射至缺损处以自体骨膜覆盖并严密缝合，此为第一代自体软骨细胞移植术（图 6-1）。它存在骨膜增生、供区受损等缺点而导致应用受限。随后，以胶原膜替代骨膜的第二代自体软骨细胞移植术应运而生。组织学检查发现，第二代自体软骨细胞移植术后，再生软骨多为透明软骨。基于该方法的软骨再生已经被商业化，在欧美地区第二代自体软骨细胞移植术的应用已经有数千例，中长期治疗效果良好。但该方法是在悬液状态下进行细胞移植的，所以存在移植后的细胞流失及向损伤部位分布不均等问题。

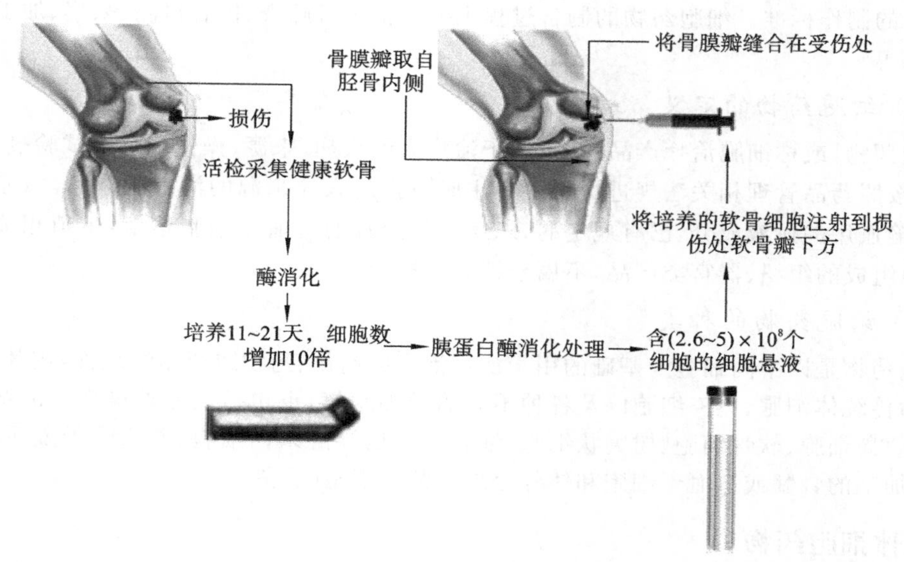

图 6-1　第一代自体软骨细胞移植术

为解决前两代软骨细胞悬液移植中存在的缺陷，第三代自体软骨细胞移植术出现了，即基质诱导的自体软骨细胞移植术（matrix-induced autologous chondrocytes implantation, MACI）。MACI 首次将软骨细胞种植于过渡性支架上，然后将复合细胞的支架植入缺损处，避免了细胞渗漏，同时支架为细胞提供了临时三维生长空间，有利于软骨细胞表型维持和生长。2016 年 12 月，美国 FDA 首次正式批准 MACI 用于临床治疗膝关节软骨损伤，MACI 成为细胞组织工程技术在软骨再生领域的一项重大突破。

MACI 属于利用组织工程技术体外制成关节软骨样组织的移植治疗方法，由 Behrens 等首次提出，系将提取得到的患者自体健康膝关节软骨组织在体外支架（猪胶原蛋白）进行培养，制成治疗产品，用于治疗有症状的全层软骨损伤成年患者。MACI 的操作过程可以简述为，在关节镜下由患者非负重部位（如内侧或外侧髁等）采集 200～400 mg 软骨组织，利用胰蛋白酶、胶原酶进行酶解后获得软骨细胞，随后在 HamF-12 培养基中，添加 15％自身血清以及 1％抗生素进行体外扩增，达到一定数量以后，将软骨细胞种植于猪来源的Ⅰ/Ⅲ型双层胶原膜上，移植时将粗糙面贴近缺损面，然后以生物蛋白胶结合缝合方式进行固定。MACI 种植体上装载有大量的软骨细胞，约为每平方厘米 50 万到 100 万个。植入 MACI 的数量取决于患者软骨损伤的范围大小，最终要保证损伤区域完全覆盖。MACI 的安全性和有效性已通过一项为期两年的临床试验得以证实，显示其比经典微骨折（治疗软骨损伤的另一项外科治疗方法，在损伤部位向骨髓腔钻孔，利用骨髓干细胞的再生特性修复软骨）治疗产生更长期的临床效益，包括膝关节痛在内的术前症状消失。术后关节镜检查显示，大部分病例形成了透明软骨；相对应的关节面未出现变性等变化；移植部位的硬度，术后早期较正常软骨稍柔软，随后硬度逐渐增加，最终与正常软骨的硬度基本相同。MACI 不需要切取骨膜，可避免骨膜相关并发症的发生；手术时间短，切口小，无须缝合，修复率接近 100％。当前，该技术已被引进我国。据统计，我国每年有近 50 万人接受关节镜诊断与治疗，其中近 30％的患者患有软骨损伤。MACI 是支架、种子细胞和生长因子三大要素的有机结合。从软骨细胞生长所依赖的支架材料来看，还有以透明质酸、硫酸软骨素、纤维蛋白等天然材料为主体的新技术，也获准用于临床。新的支架还在不断研发中，以期获得更适合软骨细胞生长、能更好地解决其去分化现象、更匹配的降解速率和优越的过渡期生物力学性能。水凝胶的出现、温控和光敏材料的应用使得关节镜下注射修复关节软骨成为可能，并可缩短手术时间和降低术后并发症的发生率。尽管这些新型

NOTE

材料均有满意的临床疗效，但目前为止尚未有哪种修复材料可以获得健康软骨的所有特性，且均缺乏大样本、中长期的随访结果。在种子细胞来源方面，胚胎干细胞、骨髓间充质干细胞、脐带干细胞等备受关注，无须切开关节取自体软骨获取软骨细胞进行移植是未来发展方向。

（二）表皮成纤维细胞

2007 年 10 月，美国 FDA 批准 Epicel 用于治疗危及生命的严重烧伤。Epicel 主要用于30%及以上体表面积严重烧伤的患者，能够为烧伤患者提供永久的皮肤（替代物）。Epicel 有2～8 个细胞厚度，是由患者自身健康皮肤的表皮组织经培养获得（图 6-2（a））。培养过程中应用了经辐射的鼠 3T3 细胞以促进表皮成纤维细胞的扩增。因此，Epicel 被美国 FDA 视作异源移植系统。此外，培养体系中还有抗生素、牛血清、胰岛素、表皮生长因子、氢化可的松等。

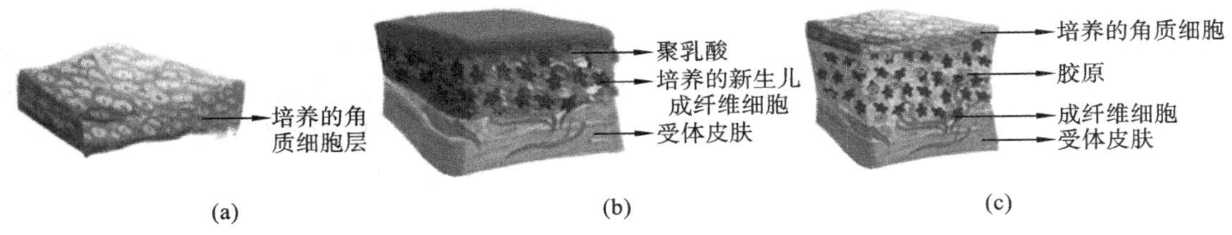

图 6-2 表皮成纤维细胞

（a）由患者自身健康皮肤体外培养获得的表皮组织；（b）从新生儿包皮中获取的成纤维细胞体外培养获得的人工真皮；（c）组织工程复合皮肤

Dermagraft 是一种人工真皮，是从新生儿包皮中获取的成纤维细胞并接种于生物可吸收的聚乳酸支架上，培养 14～17 天获得的。由于成纤维细胞在支架上大量增殖并分泌多种基质蛋白，如胶原蛋白、纤维连接蛋白、生长因子等，便形成由成纤维细胞、细胞外基质和可降解生物材料构成的人工真皮 Dermagraft（图 6-2（b））。其结构更类似于天然真皮，能够减少创面收缩，促进表皮黏附和基底膜分化。Dermagraft 既可用于烧伤创面的治疗，又可用于皮肤慢性溃疡创面的治疗，其安全有效性已由糖尿病慢性足部溃疡的随机对照多中心临床研究所证实。

Apligraf 是目前研究最成熟的既含有表皮层又含有真皮层的组织工程复合皮肤（图 6-2（c））。Apligraf 系采用新生儿包皮的成纤维细胞接种于牛胶原凝胶中形成细胞胶原凝胶，然后接种角质形成细胞进行培养制成，Apligraf 已获美国 FDA 批准用于糖尿病性溃疡和静脉性溃疡等小面积创面的修复。对非感染性神经性糖尿病足部溃疡治疗的多中心临床研究表明，采用 Apligraf 治疗优于采用湿纱布治疗的对照组。应用 Apligraf 治疗静脉性溃疡比传统方法更为经济有效。此外，Apligraf 还可用于治疗大疱性表皮松解症、坏疽性脓皮病、溃疡性结节病等。

三、免疫细胞药物

凡参与免疫应答或与免疫应答有关的细胞称为免疫细胞，主要包括淋巴细胞、树突状细胞、单核细胞、巨噬细胞、粒细胞、肥大细胞及它们的前体细胞等。但在免疫应答过程中起核心作用的是淋巴细胞。肿瘤生物免疫治疗是当今继传统的手术、化疗、放疗之后的第四种肿瘤治疗手段，具有安全性高、副作用小和特异性强的优点。作为新型安全的肿瘤治疗方法，肿瘤生物免疫治疗能清除手术后残留的肿瘤细胞，有效缓解患者放化疗后免疫力的降低，提高生活质量、减少复发机会、延长生存时间，肿瘤生物免疫治疗已成为肿瘤临床综合治疗的重要组成部分，是目前国内外研究的热点之一。2013 年 12 月，美国 *Nature* 杂志将肿瘤免疫治疗列为年度十大科学突破的首位。免疫细胞治疗是指将免疫细胞经过培养、激活等一系列体外操作后回输到患者体内，用于治疗肿瘤或免疫相关疾病。基于适应性免疫应答理论，免疫细胞治疗可

以分为主动免疫细胞治疗和被动免疫细胞治疗两种。主动免疫细胞治疗的代表药物是基于树突状细胞(dendritic cell,DC)荷载抗原的治疗用疫苗,例如美国FDA批准的全球首个用于治疗前列腺癌的疫苗Provenge;被动免疫细胞治疗包括非抗原特异性免疫细胞治疗和抗原特异性免疫细胞治疗。非抗原特异性免疫细胞治疗包括淋巴因子激活的杀伤细胞疗法(lymphokine activated killer,LAK)、细胞因子诱导的杀伤细胞疗法(cytokine induced killer,CIK)和自然杀伤细胞疗法(natural killer)等;抗原特异性免疫细胞治疗包括T细胞受体修饰的T细胞疗法(TCR-T)和嵌合抗原受体T细胞(chimeric antigen receptor T cell,CAR-T)免疫疗法等,其中以CAR-T免疫疗法治疗血液肿瘤的研究最为热门。

(一) CAR-T

1. CAR-T的设计及结构 CAR-T的设计是基于肿瘤特异性识别和T细胞活化的信号转导概念。嵌合抗原受体(chimeric antigen receptor,CAR)是CAR-T的核心部件,赋予T细胞以人类白细胞抗原(human leukocyte antigen,HLA)非依赖的方式识别肿瘤抗原的能力,这使得经过CAR改造的T细胞相较于天然T细胞表面受体TCR能够识别更广泛的目标。CAR的基础设计中包括一个肿瘤相关抗原结合区(通常来源于单克隆抗体抗原结合区域的scFv段),一个胞外铰链区,一个跨膜区和一个胞内信号区。目标抗原的选择对于CAR的特异性、有效性以及基因改造T细胞自身的安全性来讲都是关键的决定性因素。CAR的结构根据研究发展的步骤,已经历了四代(图6-3)。

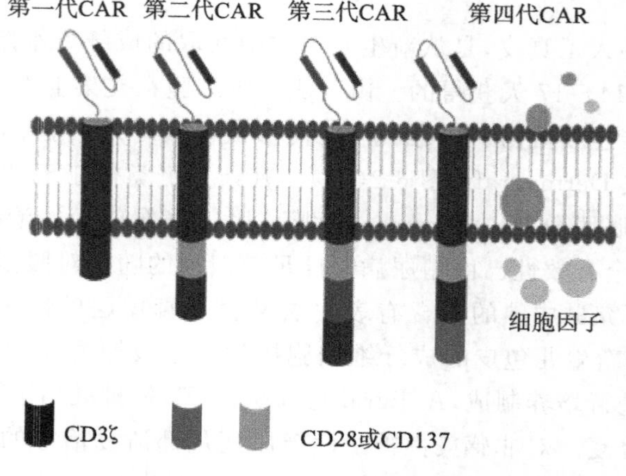

图6-3 四代CAR-T的结构示意图

第一代CAR包括3个组成部分:细胞外可特异性识别并连接肿瘤抗原的结构域、源自抗体的scFv、跨膜结构区和细胞内部提供刺激信号用以活化T细胞的结构域,通常是CD3ζ。第二代CAR在第一代CAR结构基础上连接了一个共刺激信号分子(CD28、CD134或CD137),因此,可使T细胞进一步活化,并获得更长的存活及增殖时间,这弥补了第一代CAR的不足。第三代CAR则是将CD3ζ连接的共刺激信号分子由第二代的一个变为多个,来获得活化更充分的T细胞,这可增强T细胞的增殖能力和裂解肿瘤的能力,并进一步延长T细胞的存活时间。第四代CAR在第三代CAR的基础上引入了细胞因子的表达,因此获得募集免疫细胞的能力。

CAR-T独特的结构和明显的抗癌优势,使其可不通过识别HLA而与肿瘤细胞结合,发挥杀伤作用;这一点与工程化的T细胞受体嵌合型T细胞(T cell receptor-modified T cell,TCR-T)相比优势明显。TCR-T只能识别结合肽的主要组织相容性复合体(major histocompatibility complex,MHC),存在MHC型别的限制性。当肿瘤细胞试图下调MHC的表达来进行免疫逃逸时,并不会影响CAR-T对肿瘤细胞的识别及杀伤作用。CAR-T的另

NOTE

一个优点在于其不仅可结合特定抗原，还可结合碳水化合物、糖蛋白及糖脂。

2. CAR-T 的简要生产程序 抗 CD19 CAR-T 的成功已将 CAR 的治疗推向了工业化。目前，生产面向市场的抗 CD19 CAR-T 的有两家公司，均已通过美国 FDA 审评，分别用于治疗 25 岁以下复发或难治性 B 细胞急性淋巴细胞白血病患者和用于治疗三线及三线治疗失败后的成人特定种类的巨 B 细胞淋巴瘤。

目前，大部分 CAR-T 的生产程序繁杂且价格昂贵。大体流程都是从患者体内采血，把血样运输到生产的 GMP 中心，进行 T 细胞的激活、慢病毒转染以及 T 细胞的扩增、最终制剂生产和质量控制，最后回到医院回输给患者。CAR-T 生产的大体程序(图 6-4)：①使用单采机器采集患者外周血 T 细胞。②活化 T 细胞：活化 T 细胞通常使用抗 CD3 和抗 CD8 的免疫磁珠，也可加入 IL-2 等细胞因子以增强活化效果。③将通过基因工程合成的 CAR 转导入 T 细胞，转导方法可分为病毒转导(腺病毒、慢病毒、逆转录病毒转导)和非病毒转导(电穿孔、基于转座子或基因编辑系统的转导)。④将 CAR-T 置入含有 IL-2 等细胞因子的培养基中培养两周。⑤将 CAR-T 洗涤、浓缩，并进行质检，质检合格后 CAR-T 方可回输给患者。

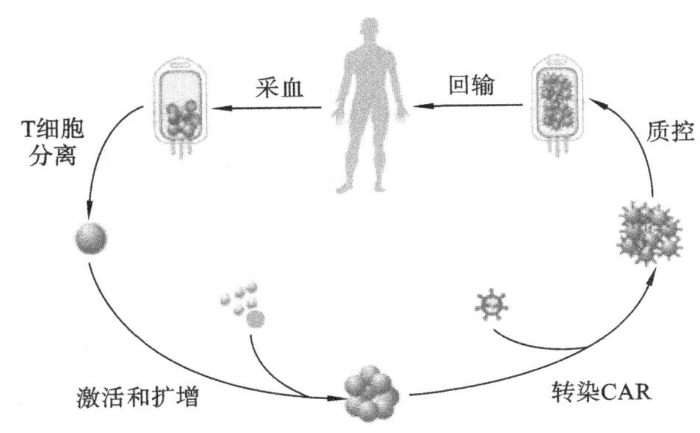

图 6-4 CAR-T 的生产程序

目前我国有二十几家企业已经申报 CAR-T 的临床试验，几乎每家企业的 CAR-T 工艺都有或多或少的不同。虽然过去的 20 年已经形成了大致的工艺框架，但是工艺的细节仍然有很多改进空间。

3. CAR-T 的临床应用 抗 CD19 CAR-T 用于治疗恶性 B 细胞淋巴瘤。恶性 B 细胞淋巴瘤可选的传统治疗方法包括以下几种。①抗 CD20 单抗：该方法可延长患者的生存时间，但不能治愈。②同种异体造血干细胞移植：虽然其是治愈性的治疗方法，但发生致死性不良反应的风险很高，主要为移植物抗宿主病(graft-versus-host disease，GVHD)。GVHD 也是患者发生非复发性死亡的重要原因。因此，CAR-T 免疫疗法是一种更安全的选择。虽然抗 CD19 CAR-T 治疗也存在一定的不良反应，如可导致 B 细胞缺乏，但患者通常可耐受，因此，抗 CD19 CAR-T 对恶性 B 细胞淋巴瘤的治疗是成功的。为评估 CAR-T 免疫疗法在临床中的作用，已经开展了许多临床试验来证明其安全性和有效性。

虽然 CAR-T 免疫疗法在恶性 B 细胞淋巴瘤的临床试验中取得了成功，但其在实体瘤中的应用却遇到了一些困难：①目前缺乏特异性靶向实体瘤的抗原，导致 CAR-T 脱靶；②实体瘤局部的肿瘤微环境有抑制免疫系统的潜能，免疫细胞的活化及作用发挥会受到免疫负性调节因子如免疫卡控点细胞毒 T 细胞相关抗原 4(cytotoxic T lymphocyte-associated antigen 4，CTLA-4)及 PD-1 的抑制；③CAR-T 对实体瘤的浸润深度受疾病状态及肿瘤负荷的影响。部分早期临床试验旨在验证 CAR-T 治疗实体瘤的安全性及有效性。在这些研究中，细胞的回输方式并不局限于静脉回输，还包括瘤内注射和动脉给药。目前，实体瘤 CAR-T 的研究难点

NOTE

在于细胞靶点的选定。因此，实体瘤的 CAR-T 治疗临床试验较少，其中，胃癌靶点主要包括表皮生长因子受体(EGFR)、人表皮生长因子受体 2(HER2)、上皮细胞黏附分子(EpCAM)及癌胚抗原(CEA)(肝样腺癌肝转移)。肝癌的靶点主要包括 EGFR、磷脂酰肌醇蛋白聚糖 3(GPC3)、CEA、EpCAM。

4. CAR-T 免疫疗法的不良反应 尽管 CAR-T 免疫疗法在肿瘤免疫治疗领域展示了巨大的效用，但不能忽视其在治疗过程中严重的不良反应。

(1) 脱靶效应：效应细胞作用于肿瘤细胞以外的正常细胞而产生的不良反应。CAR-T 产生脱靶效应的原因在于 CAR 能结合的抗原并非肿瘤细胞特有，而在正常组织中也有表达。如 CD19 不仅表达于恶性 B 细胞的表面，也表达于正常 B 细胞表面。因此，使用抗 CD19 CAR-T 免疫疗法时，患者很可能发生 B 细胞缺乏症，并继发感染。

(2) 细胞因子风暴：细胞因子风暴是当大量活化 T 细胞回输入患者的循环系统时，体液中多种细胞因子迅速大量产生的现象，是 CAR-T 的致死性不良反应之一。其症状表现为高热、低血压、关节/肌肉疼痛、呼吸困难、凝血障碍甚至器官衰竭等。

(3) 肿瘤裂解综合征：肿瘤裂解综合征与细胞因子风暴具有相似的症状。通常发生于肿瘤负荷较高的患者中，主要症状包括乏力、发热、僵硬、大汗、厌食、恶心、腹泻等。

(4) 其他：除上述 3 种较常见的不良反应外，CAR-T 免疫疗法的不良反应还包括脑水肿和神经毒性等。神经毒性症状包括谵妄、语言障碍、运动障碍、缄默症及癫痫，是另一种发生率较高的不良反应。神经毒性通常出现于抗 CD19 CAR-T 免疫疗法中，可能是因为抗 CD19 抗体可穿过血脑屏障。

5. CAR-T 免疫疗法的安全性 CAR-T 免疫疗法发展至今，虽然疗效显著，但也出现了很多治疗相关的不良反应。因此，如何改造 CAR-T 的设计，使其在增加效应的同时减少不良反应成为新的研究热点。

(1) 肿瘤靶点的优化：①使用新抗原(neoantigen)作为 CAR-T 靶点。新抗原是突变蛋白产生的抗原和致瘤病毒整合进基因组产生的抗原，是肿瘤特异性抗原，在正常组织中不表达，是安全的 CAR-T 靶点。目前，研究较多的突变基因包括 EGFR 和 KRAS，其编码的蛋白分别为 ErbB 受体家族成员和 KRAS 蛋白。②使用癌睾抗原作为 CAR-T 的靶点，癌睾抗原是一类能在多种肿瘤组织中表达，但在睾丸、胎盘及胎儿卵巢以外的正常组织几乎不表达的抗原，是较为安全的肿瘤抗原。

(2) 开关 CAR-T：CAR-T 过度活跃可对患者机体造成严重的毒性。2016 年，Wu 等设想用小分子滴定法来正向调控 T 细胞活性，且 CAR-T 的应答时间可通过添加或去除小分子而被可逆地控制。该团队初步设计了分裂受体，即抗原、抗体结合需要不同多肽的异源二聚化来组装功能性受体复合物，为小分子的控制提供了可能。

(二) DC

DC 是一种高效杀伤活性的异质性细胞群，其在外周血淋巴细胞中的比例为 1%～5%，不具有吞噬能力，但能摄取、加工和呈递抗原，刺激体内的初始型 T 细胞活化，启动机体免疫应答，因而是一种抗原呈递细胞。人体中还有其他的抗原呈递细胞，但 DC 的抗原呈递能力最强。DC 是由美国学者 Steinman 于 1973 年首次在小鼠脾组织中发现的，其因在成熟时伸出许多树突状或伪足状突起而得名。早期对其来源、分化、发育、成熟等缺乏了解，只能从不同的组织中分离 DC，这样获得的细胞数量极少，故极大地限制了对其功能特点的研究。直到 1972 年，Steinman 建立了应用 GM-CSF 从小鼠骨髓中大规模培养制备 DC 的方法，之后又建立并完善了多种培养扩增 DC 的方法，对 DC 的研究才得以深入。20 世纪末美国率先在人体开展 DC 免疫治疗肿瘤的试验，结果令人鼓舞。随后 DC 成了肿瘤生物治疗的明星，也成了全世界

NOTE

与癌症奋斗的科学家们研究的热点。进入 21 世纪，国内外科学家发现 DC 在治疗哮喘等疾病中起到了很重要的作用，并在临床上用于多种肿瘤的生物治疗。DC 疗法的过程是取患者自身的单个核细胞在体外活化、增殖后，再转输入患者体内，诱导机体产生特异性或非特异性的免疫应答，在患者体内发挥抗肿瘤和抗病毒的作用。

（三）CIK 细胞

CIK 细胞是将人外周血单个核细胞在体外模拟人体内环境，用多种细胞因子（如抗 CD3 单克隆抗体、IL-2 和 IFN-γ 等）共同培养一段时间后获得的一群异质细胞。它是一种新型的免疫活性细胞，增殖能力强，细胞毒作用强，具有一定的免疫特性。由于同时表达 CD3 和 CD56 两种膜蛋白分子，又被称为 NK 细胞样 T 细胞，兼具 T 细胞强大的抗肿瘤活性和 NK 细胞的非 MHC 限制性杀肿瘤优点。CIK 细胞能以不同的机制识别肿瘤细胞，通过直接的细胞质颗粒穿透封闭的肿瘤细胞膜进行胞吐，实现对肿瘤细胞的裂解；通过诱导肿瘤细胞凋亡杀伤肿瘤细胞；CIK 细胞还可以分泌 IL-2、IL-6、IFN-γ 等多种抗肿瘤的细胞因子。CIK 细胞回输入机体后可以激活机体免疫系统，提高机体的免疫功能。对于失去手术机会或已复发转移的晚期肿瘤患者，能迅速缓解其临床症状，提高生活质量，延长生存期。大部分运用 CIK 细胞疗法的患者，尤其是放疗、化疗后的患者，可出现消化道症状减轻或消失、皮肤有光泽、黑斑淡化、静脉曲张消失、脱发停止，甚至头发生长或白发变黑等“年轻化”表现，并出现精神状态或体力明显恢复等现象。

（四）LAK 细胞

LAK 细胞不是一个独立的淋巴群或亚群，而是 NK 细胞或 T 细胞体外培养时在高剂量 IL-2 等细胞因子诱导下成为能够杀伤 NK 细胞不敏感肿瘤细胞的杀伤细胞。NK 细胞是骨髓来源的大颗粒淋巴细胞，占人外周血淋巴细胞总数的 5%～10%。NK 细胞能够分泌细胞因子和趋化因子，是机体天然免疫的主要承担者，也是获得性免疫的核心调节细胞，在肿瘤免疫、抗病毒感染及清除非己细胞中发挥重要作用。

四、干细胞药物

干细胞是近年来科学研究领域的一大重要突破，它是一类具有不同分化潜能，并在非分化状态下自我更新的细胞。干细胞治疗是指应用人自体或异体来源的干细胞经体外操作后输入（或植入）人体，用于疾病治疗的过程。这种体外操作包括干细胞的分离、纯化、扩增、修饰，以及干细胞（系）的建立、诱导分化、冻存和冻存后的复苏等过程。

干细胞药物是一类干细胞制剂，通过不同途径将其输入体内后，可以改善身体健康状态或防治各种疾病。干细胞根据来源可分为胚胎干细胞（embryonic stem cell，ESC）、成体干细胞（adult stem cell，ASC）和诱导多能干细胞（induced pluripotent stem cell，iPS）。ESC 来源于囊胚的内细胞团，具有全能性，可分化为体内所有组织细胞类型。ASC 是存在于发育成熟机体器官组织中具有高度自我更新和增殖潜能的未分化细胞，可分化为组成该组织或器官的特定细胞类型。ASC 的主要功能是维持其所在组织的完整性及修复受损组织，其分化潜能相对较弱，只能分化成有限的组织功能细胞。患者自体干细胞由于没有免疫排斥及伦理争议等问题，被更多地应用到临床。国际上已批准多款干细胞药物上市，但数量仍较少，大部分干细胞药物仍处在临床前研究和临床研究阶段。iPS 细胞系通过基因转染技术将某些转录因子导入动物或人的体细胞，使体细胞直接重构为胚胎干细胞样的多潜能细胞。iPS 不仅在细胞形态、生长特性、干细胞标志物表达等方面与 ESC 非常相似，而且在 DNA 甲基化方式、基因表达谱、染色质状态、形成嵌合体动物等方面也与 ESC 几乎完全相同。与经典的胚胎干细胞技术和体细胞核移植技术不同，iPS 技术不使用胚胎或卵细胞，因此没有伦理学问题。而且，利用 iPS

技术可以用患者自己的体细胞制备专用的干细胞，故不会有免疫排斥的问题。随后，又有科学家发现利用病毒将 3 种在细胞发育过程中起重要作用的转录因子导入小鼠胰腺外分泌细胞，后者可以直接转变成干细胞样细胞，而且可以分泌胰岛素，有效降低血糖。这表明利用诱导重新编程技术可以直接获得某一特定组织细胞，而不必先经过 iPS 这一步。目前，iPS 已成功分化为心肌细胞、造血细胞、神经细胞、大脑皮层细胞及牙釉质细胞等细胞系。

（一）胚胎干细胞

人胚胎干细胞（human embryonic stem cell，hESC）是开发干细胞疗法较为理想的干细胞种类，但其研发和审批一直深受伦理因素限制。开发 hESC 药物较早的企业主要有美国的两家公司，其中一家公司建立了未分化 hESC 的规模化扩增技术以及定向诱导 hESC 分化为治疗所需细胞类型的方法，并对这些分化获得的细胞进行冷藏保存，以实现商业化销售，另一家公司已开发出 6 种干细胞药物，这些干细胞药物均是通过不同方法从 hESC 分化而来的，其中用于治疗脊髓损伤的干细胞药物已经进入Ⅰ期临床试验。该干细胞药物是由 hESC 分化获得的少突胶质祖细胞。少突胶质细胞是神经系统中自然存在的细胞类型，具有生成髓磷脂和神经营养因子的作用，这些物质对于神经系统的正常功能都是至关重要的。脊髓损伤后，少突胶质细胞便会减少，从而导致患者瘫痪。2009 年 1 月，美国 FDA 批准该公司开展 hESC 疗法治疗脊髓损伤的临床试验，成为美国首个获批的人类胚胎干细胞疗法。此外，该公司正在研发的胚胎干细胞药物共有 20 多种，其中端粒酶抑制剂可治疗非小细胞肺癌、慢性淋巴细胞性白血病、多发性骨髓瘤、血小板增多症、乳腺肿瘤和其他实体瘤等。

2010 年 3 月，用于治疗少年失明的胚胎干细胞疗法 MA09-hRPE 获得了美国 FDA 授予的孤儿药地位。这种疗法是利用 hESC 来重建视网膜色素上皮细胞，实现对隐性黄斑营养不良的治疗。

（二）骨髓间充质干细胞

Prochymal 是世界首个干细胞治疗药物，它是一种成体干细胞产品，来源于骨髓。2008 年在美国获批上市，主要用于移植物抗宿主病（GVHD）和肠道炎症性疾病克罗恩病；2012 年，获加拿大药监局批准上市，用于治疗儿童 GVHD。

MPC 是自体间充质前体细胞，2010 年 7 月由澳大利亚药物管理局（TGA）批准，主要应用于骨修复。

Hearticellgram-AMI 是来源于患者自身骨髓的间充质干细胞，2011 年 7 月由 KFDA 批准用于治疗急性心肌梗死。这是全球首个利用干细胞制成的治疗急性心肌梗死药，主要的治疗方法是从患者自身骨髓中提取间充质干细胞移植注入冠状动脉。干细胞获准用于急性心肌梗死治疗主要基于 6 年临床试验及干细胞治疗心肌梗死的临床效果。研究发现，干细胞移植 6 个月后，患者左室射血分数提高 6%。

（三）脐血干细胞

Cartistem 是脐带血来源的间充质干细胞，2012 年 1 月被 KFDA 批准用于退行性关节炎和膝关节软骨损伤的治疗。

第三节　利用转基因羊乳腺生物反应器制备人抗凝血酶Ⅲ

乳腺生物反应器的原理是将外源基因置于乳腺特异性调节序列之中，使之在乳腺中表达，然后通过收集乳汁获得具有重要价值的生物活性蛋白。抗凝血酶Ⅲ（antithrombin Ⅲ，ATⅢ）在人体中主要由肝脏合成，是存在于血浆中的一种重要的抗凝血因子，属于丝氨酸蛋白酶抑制

剂。其主要功能是灭活凝血因子，如与凝血因子Ⅹa及Ⅺa结合并抑制其作用，在维持血液生理性凝血与抗凝血平衡中起着重要的作用。血浆中的ATⅢ正常含量为140～200 mg/L，但在一些疾病发生时，患者体内ATⅢ的含量低于正常水平，主要原因：①遗传性抗ATⅢ缺乏症；②获得性ATⅢ缺乏症；③ATⅢ消耗增多等。如多种原因所造成的血液凝固性增高，ATⅢ中和活化的凝血因子，以致消耗增加。需要指出的是，ATⅢ的先天性或后天获得性缺乏症可能导致其他疾病的发生，如导致血栓形成而引起脑血栓或心肌梗死等非常严重的疾病。因此，ATⅢ在临床上有预防和治疗急性、慢性血栓形成的作用，对治疗ATⅢ缺乏症有显著效果。

目前市场上有从人体血浆中直接提取的人ATⅢ注射针剂，也有用细胞作为表达载体在体外合成的重组人ATⅢ(recombinant human antithrombin Ⅲ，rhATⅢ)。2006年世界上第一个利用转基因动物乳腺生物反应器生产的基因工程药用蛋白ATryn通过EMA的上市评估，次年通过美国FDA审评并获准上市。

2008年我国科研人员也成功地利用体细胞克隆技术获得了转有人ATⅢ基因的崂山奶山羊，母羊乳汁中rhATⅢ水平高达3 g/L。下面简要介绍该转基因乳腺生物反应器的构建方法。

一、人ATⅢ基因的获得

根据已公开的人ATⅢ的cDNA顺序(GenBank：X68793)，将从人肝细胞中获得mRNA，转录成cDNA，通过PCR扩增，获得1.4 kb的人ATⅢ基因的cDNA。

将DNA顺序分析正确的ATⅢ质粒进行PCR克隆去除ATⅢ的分泌信号肽部分(碱基序列1～96)，并在引物前加入1个唯一的酶切位点(*Xho* Ⅰ)和一个肠激酶酶切DNA序列。将人ATⅢ基因和Neomycin筛选基因连接到奶山羊β-酪蛋白基因载体上。

二、奶山羊β-酪蛋白基因载体

重组人ATⅢ乳腺生物反应器的基因表达载体由奶山羊β-酪蛋白基因的启动区和PolyA信号所组成，其中人ATⅢ的cDNA序列(表达rhATⅢ的33～462位氨基酸)连接在奶山羊β-酪蛋白基因的第二外显子上，并且在人的ATⅢ基因前段，加一个肠激酶酶切的DNA序列和β-酪蛋白分泌多肽序列(MKVLILACLVALAIAL)。筛选基因(新霉素基因)连接在β-酪蛋白基因的表达框架的PolyA信号之后。表达载体经DNA序列分析，确定其序列、表达框架和元件。

三、奶山羊胎儿成纤维细胞的培养、转化和筛选

从30天至45天胎龄的崂山奶山羊中分离出成纤维细胞，分离出的细胞培养在含有10%胎牛血清和抗生素的DMEM-F12(1∶1)培养基中。细胞系首先进行性别鉴定，选用雄性细胞系进行细胞转化。将1～3 mg ATⅢ转基因载体与转染试剂混合，然后在24孔或6孔细胞培养板上与胎儿成纤维细胞共培养4～6 h，于含500 mg/mL G418的培养基筛选13～15天，选择生长状况好的细胞株，进一步培养，一部分细胞保存待用，另一部分细胞用于制备DNA样品以进行PCR分析。经PCR检测，所有的阳性细胞株均含有ATⅢ转基因。

四、转基因细胞的细胞核移植、分析和转基因克隆后代的扩繁

奶山羊经同期发情和超排处理，获得体内成熟的卵母细胞和寄母羊。阳性转基因细胞在含0.5%胎牛血清的DMEM-F12培养基中饥饿培养2～5天后，在M2中移入去核卵母细胞的卵周隙内，用电刺激的方法将供核细胞与去核卵母细胞融合，体外培养4 h后，用5 μmol/L

离子霉素激活 5 min，再在含有 2 mmol/L 的 6-甲基苯胺嘌呤培养基中培养 5 h。共进行三批转 ATⅢ基因的克隆操作，供核细胞与去核卵母细胞的融合率为 81%～91%。最后，克隆胚胎移入 M16 中培养；第二天，克隆胚胎移入寄母羊输卵管中。寄母羊怀孕，产出 5 只克隆羊，移植胚胎出生率只有 1%～2%。采用 Southern 和 PCR 检测克隆后代的转基因，表明 5 只元代克隆羊均含有 ATⅢ基因。

由于所得到的 5 只克隆羊的转基因拷贝数和转基因整合位点都不一致。因此，5 只转基因克隆羊需要分别与崂山奶山羊种羊交配，获得转人 ATⅢ基因的后代，转基因后代母羊再进行交配、产子，获得转基因乳汁。

DNA 的制备和转基因分析操作方法：将培养的细胞和少量克隆羊的组织转入 DNA 裂解液（含有蛋白酶 K）中，在 55 ℃水浴锅中放置过夜，然后加入两倍的无水乙醇，混匀，离心；用 70%的乙醇洗 DNA 一次，自然干燥，然后加入适量的 TE（TRIS-EDTA）溶液，待 DNA 全部溶解后，放入－20 ℃的冰箱中。加入 *Pst* Ⅰ酶消化 DNA，过夜。然后，取样在 0.8%的琼脂糖凝胶中电泳，再将 DNA 转入纤维膜中，用 ^{32}P 标记探针进行杂交，获得 DNA 的 Southern 图片。用引物对细胞和克隆羊的 DNA 进行 PCR 扩增。获得 PCR 产物后进行凝胶电泳，然后拍照。

五、乳汁样品的预处理

收集含有 ATⅢ基因的奶山羊的乳汁，保存在－20 ℃以下的冰箱中待用。不同时间收集的乳汁样品，放入－4 ℃冰箱或室温中融化，几个样品混合均匀，转入离心管中，低温高速（5000*g*）离心 15 min，取出脱脂奶样品，分装，低温保存。

六、rhATⅢ的相对分子质量检测

乳汁样品中 ATⅢ的相对分子质量的检测是将脱脂的转 ATⅢ基因的乳汁样品、正常对照乳汁样品与血清 ATⅢ标准品电泳 60 min，然后蛋白质胶经过洗涤、固定、考马斯亮蓝 R-250 染色、脱色后观察。根据标准蛋白质相对分子质量和与空白对照比较，计算乳汁样品中 ATⅢ的相对分子质量，约为 60000。其中含有相对分子质量为 2000 的酪蛋白分泌肽，在提纯过程中，可以用肠激酶将这些酪蛋白分泌肽除去，获得与人血清中完全一致的 ATⅢ（58000）。这表明乳腺生物反应器生产的 rhATⅢ也是一个糖蛋白。

七、ELISA 检测 rhATⅢ的含量

以人血清的 ATⅢ为标准品，抗人 ATⅢ抗体为酶标板的包埋抗体，辣根过氧化物酶（HRP）标记的抗人 ATⅢ抗体为检测抗体，用 ELISA 对转 ATⅢ基因的奶山羊乳汁进行检测。两只克隆原代羊子代的乳汁中 rhATⅢ的含量测定结果分别为 0.4 mg/L 和 3 g/L，后者属于高产转基因奶山羊，达到了大规模生产的要求，并且，rhATⅢ的大小与预期一致，是与人体血浆 ATⅢ相似的糖蛋白，这是细菌表达系统所不能达到的。

这里所介绍的我国科研人员构建奶山羊乳腺生物反应器表达 rhATⅢ与美国 GTC 公司制备 rhATⅢ有两点不同：首先，后者制备的是人 ATⅢ原，即含有 ATⅢ的信号肽部分（氨基酸 1～32 位）和成熟功能部分（氨基酸 33～463 位）；其次，我国科研人员是将重组人的 ATⅢ表达载体首先转入体外培养的奶山羊成纤维细胞中，然后用体细胞核移植技术（克隆技术）获得含有人 ATⅢ基因的转基因奶山羊，而 GTC 公司的做法是将重组人 ATⅢ表达载体直接注射到山羊受精卵的原核中，即采用原核注射法获得含有人的 ATⅢ基因的转基因羊，其成本高，周期长。

当前市售 ATⅢ多为以人血浆为原料，提取分离所得，提取 ATⅢ需要大量的血液资源，再者，人血液还有病毒污染的风险。转基因奶山羊乳腺生物反应器为表达 rhATⅢ提供了另一种安全、可靠和经济的来源。

第四节　利用植物细胞工程技术制备紫杉醇

紫杉醇(taxol)是在20世纪60年代早期从太平洋紫杉中分离出来的一种二萜类生物碱(图6-5),是目前用于治疗多种癌症(包括宫颈癌、乳腺癌、肺癌、头颈部癌以及与艾滋病相关的卡波西肉瘤)的较好药物之一。另外,紫杉醇还可用于冠心病的治疗,以减少气囊血管形成术后瘢痕组织的形成;也可制成紫杉醇洗脱支架,可明显降低冠脉介入术后冠状动脉内支架的再狭窄比例。随着可被心血管支架治疗的冠心病病例的增多,紫杉醇的需求可能会大幅增加。

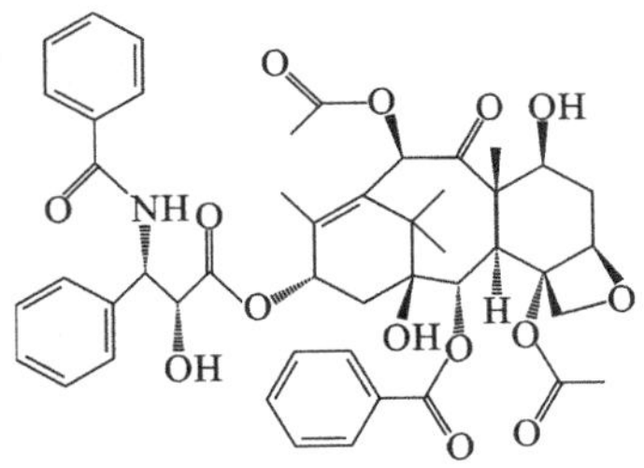

图6-5　紫杉醇的结构式

目前紫杉醇主要从红豆杉树皮中分离提取,但红豆杉种质资源匮乏,且紫杉醇仅占树皮干重的0.069%,已知红豆杉成熟植株中紫杉醇含量为树皮>树叶>树根>树干>种子>芯材。即使以树皮为原料进行提取,每提取1 kg紫杉醇就需要10 t树皮。因此,采用植物细胞工程技术被认为是提高紫杉醇产率、缓解对红豆杉稀缺资源保护的压力、解决紫杉醇药源紧缺的一种最有效方法。下面简要介绍利用红豆杉细胞培养制备紫杉醇的方法。

一、红豆杉愈伤组织的诱导

(一)外植体的选择与处理

用于诱导愈伤组织的外植体很多,如种子、雌配体、根、树皮、形成层、茎段、叶和芽等,一般选择紫杉醇含量高的外植体,如幼茎树皮,以幼茎效果最好。

幼茎外植体的处理方法:取新生的幼茎,清水漂洗后,在超净台上用70%乙醇浸泡0.5～1 min,无菌水冲洗3次,5%次氯酸钠浸泡5～8 min,无菌水清洗3～5次,无菌滤纸吸取材料表面水分,接种在培养基上。

用于愈伤组织诱导和继代培养的培养基有多种,主要是MS、B5、White、SH等培养基。因品种和取材部位不同,所用培养基的种类也不相同。多数研究表明,适合于愈伤组织诱导的培养基为MS、B5,且MS培养基比较适宜愈伤组织的生长。基本培养基中添加的外源激素主要为2,4-D、NAA、KT,浓度分别为1.0～2.0 mg/L、1.0 mg/L、0.1～0.25 mg/L。其中,NAA更有利于愈伤组织的形成。另外,培养基中加入LH(2000 mg/L),可提高愈伤组织的诱导率,添加10%的椰子汁可提高愈伤组织的生长势和诱导率。继代培养时,细胞向培养基中分泌一些酚类化合物,导致细胞褐变和生长缓慢,可在培养基中加入活性炭或聚乙烯吡咯烷酮(PVP)、植酸等,防止褐变发生。

诱导愈伤组织培养基的pH为5.5～6.0,继代培养基的pH为4.8～7.8。如东北红豆杉愈伤组织培养时,pH为7.0左右时愈伤组织生长情况最好,但其次生代谢产物产量却远低于pH 6.0组。光培养条件下,愈伤组织结构紧密,生长较慢,易再分化出芽和根;暗培养下,愈伤组织结构分散,生长较快,但不能分化出芽,较难分化出根,但暗培养的愈伤组织诱导率高于光

NOTE

培养。适合愈伤组织诱导的培养温度为20～26 ℃，继代培养温度为24～26 ℃。

（二）红豆杉悬浮细胞培养

悬浮细胞培养是通过将愈伤组织接种在液体增殖培养基中，在摇床上振荡培养建立起来的。将灭过菌的液体培养基装入250 mL或500 mL三角瓶中，取培养15～20天生长良好的细胞，接种于液体培养基中，置旋转摇床上，在25 ℃、120～130 r/min的条件下培养。如云南红豆杉细胞培养18～21天时，紫杉醇产量达到最大。在细胞悬浮培养过程中形成大小不等的细胞团，细胞团从外向里具有明显的3个区域：①表层细胞，含大量的淀粉颗粒；②中层细胞，由增殖能力旺盛的细胞组成；③中心细胞，该区域出现分化现象。

（三）细胞收集与干燥

离心或过滤收集细胞，用去离子水洗涤2～3次，每次抽干，然后，于30～40 ℃真空干燥，得到红豆杉培养细胞成品。

（四）分离纯化

采用超临界提取，然后用己烷脱脂，氯仿萃取。随后用制备型HPLC方法进行进一步纯化即得。

二、影响悬浮细胞培养与紫杉醇代谢的因素

（一）外植体

云南红豆杉和中国红豆杉茎段形成的愈伤组织，其紫杉醇含量普遍比东北红豆杉和杂种红豆杉高。同种红豆杉单株紫杉醇含量也存在差异，如云南红豆杉的单株差异可达10倍，说明紫杉醇含量存在基因型的差异。

（二）培养基

细胞培养与愈伤组织培养所用的培养基组成基本一致，只是细胞培养为液体培养基。多数采用B5培养基，也有的采用MS培养基。B5培养基对细胞生长较适宜，而MS培养基有利于紫杉醇的产生。悬浮培养中使用的碳源多为蔗糖，细胞正常生长最适的蔗糖浓度为20 g/L，但高浓度的蔗糖可提高次生代谢产物的产量。如B5培养基中加30 g/L蔗糖，在悬浮培养后期，仍因碳源缺乏而限制细胞生长，需补充碳源。氮和磷则基本满足了培养的要求。激素的种类与使用比例对于不同种的红豆杉不同。单独使用低浓度的2,4-D(0.5～1.0 mg/L)更适合紫杉醇的合成，而较高浓度的2,4-D(1.0～2.5 mg/L)则较适合细胞的生长；使用NAA时，紫杉醇的产量变化与使用2,4-D的结果相差不大；而使用IAA时，它比2,4-D更能有效地提高紫杉醇的产量。KT和6-BA单独使用均不能促进细胞生长，但6-BA在缓解褐变上有一定作用。因此，合理使用植物激素对细胞培养十分重要。如中国红豆杉细胞培养中，细胞生长时2,4-D、NAA、6-BA的最适配比为0.23：1：0.62，KT与2,4-D为1：(5～10)，此时紫杉醇含量达较高水平。

（三）培养基中添加前体物和有机附加物

一些氨基酸等小分子物质与紫杉醇的分子结构有关，如苯丙氨酸参与紫杉醇分子侧链的合成，苯甲酸本身即是侧链的一个组成成分。因此，在细胞培养液中加入苯丙氨酸、苯甲酸、苯甲酰甘氨酸和丝氨酸都能显著提高紫杉醇的产量。另外，培养基中加入适当浓度的有机附加物，如椰子汁、水解酪蛋白、水解乳蛋白，可增加细胞的生长量及紫杉醇的含量。

（四）培养基中添加诱导子

植物次生代谢产物的合成具有多条代谢途径，通过改变培养条件，可以定向诱导目的产物

的合成。在植物细胞的培养中引入诱导子，一般可提高次生代谢产物的产量，同时促进产物分泌到培养基中。近十几年来，利用诱导子提高植物培养细胞中目的产物含量一直是国内外研究的热点，研究较多的是真菌诱导子、茉莉酸甲酯诱导子、水杨酸诱导子、铜离子诱导子等。茉莉酸甲酯对培养物中紫杉醇含量的增加具有明显的促进作用，而且对紫杉醇的一系列前体物质及其类似物的含量均有较大影响。水杨酸作为一种重要的细胞信使与植物抗毒素，可以诱导呼吸方式从细胞色素呼吸途径到交替呼吸途径的转变，为植物病理反应提供物质、能量以及信号转导的基础，红豆杉细胞培养时加入水杨酸可诱导紫杉醇的大量合成。Cu^{2+}可强烈地促进一些次生代谢产物的合成，如$CuCl_2$可作为若干次生代谢产物的非生物诱导子。Cu^{2+}诱导处理可能促进细胞内与紫杉醇合成相关的酶的合成，且在细胞指数生长末期诱导效果最佳。如中国红豆杉细胞悬浮培养中添加$CuCl_2$，可促进紫杉醇的形成。真菌诱导子是来源于真菌的一种确定的化学信号，在植物与真菌的相互作用中能够快速高度专一和选择性地诱导植物特定基因的表达，进而活化特定的次生代谢途径，积累特定的目标产物。如南方红豆杉细胞悬浮培养过程中，在细胞指数生长末期加入真菌诱导子（来源于尖孢镰刀菌（*Fusarium arysporum*），主要成分为糖和多肽），能够调控细胞的次生代谢，使次生代谢途径中一些重要的酶被合成或其活力得到提高，一些特定的次生代谢途径，如苯丙烷类代谢途径和萜类代谢途径得到活化，最终导致目标产物紫杉醇产量的明显提高。

（五）接种量

细胞接种量不应低于 2 g/L（干重），细胞生长速率在接种量为 6 g/L 时达最高，此后便开始下降，因此，细胞接种量以 5～8 g/L 为宜。

（六）培养条件

培养基的 pH 在 5～7 时对细胞产量影响不大；黑暗条件下细胞生长速率约为光照条件下的 3 倍，紫杉醇的产量也约为光照下的 3 倍；培养液中气体成分也影响细胞悬浮培养生产紫杉醇的时间和产量，合适的气体组成和比例为氧气：二氧化碳：乙烯为 10：0.5：(5×10^{-4})。

目前，所有见诸于报道的红豆杉植物均可诱导形成愈伤组织，产紫杉醇能力在各品种红豆杉中趋于稳定（1～3 mg/L，相对于 209 g 干树皮的含量），因此通过天然的筛选恐难以实现紫杉醇合成效率的突破。随着对紫杉醇合成代谢调控以及基因工程方面的深入研究，通过基因改良技术，人为控制相关合成途径的表达与调控，可实现紫杉醇的高效率生产。在现有红豆杉细胞系中，实验室级别的悬浮培养条件研究成果十分丰富，而扩大化培养系统方面的研究除了 Srinivansan 对紫杉醇生物合成有过大规模培养研究外，尚无结果较为理想的报道。因此，如何成功完成放大培养，是实现红豆杉细胞培养生产紫杉醇产业化需要克服的困难。在此方面，主要难题包括以下几点：①紫杉醇的低水平表达；②紫杉醇的水溶性低；③长时间培养后，紫杉醇含量会降低；④紫杉醇的胞外释放率低；⑤细胞对剪切力耐受力低；⑥紫杉醇的生产稳定性。只有解决了上述难题，才能实现此途径紫杉醇生产的产业化。

第五节　利用转基因水稻规模化生产重组人血清白蛋白

一、概述

人血清白蛋白（human serum albumin，HSA）是由 585 个氨基酸组成的单链蛋白质，相对分子质量为 66000，分子内有 17 个二硫键，整个分子盘旋为球状，稳定性较好。HSA 由肝脏合成，人体内总量为 300 g 左右，约 40%在血浆交换池中，60%位于血管外（与组织结合，不在

循环内)。HSA 是人血浆中最丰富的蛋白成分,占血浆总蛋白的 60%,每升人血液中约有 40 g,是维持血管和组织之间胶体渗透压的主要成分。HSA 还结合并参与多种脂溶性成分的体内过程,如甾体激素、脂肪酸的体内运输,代谢产物解毒,还可能具有抗氧化和清除自由基的功能。HSA 在临床上的应用广泛,主要包括创伤或烧伤引起的休克、脑水肿造成的颅内压升高、肝硬化及肾病引起的水肿或腹水、低蛋白血症、新生儿高胆红素血症等。目前临床使用的 HSA 都是从人源血浆中提取纯化获得的,来源有限,还存在病毒(特别是人类免疫缺陷病毒和乙肝病毒等)或其他潜在致病因子污染的风险,这都影响 HSA 的广泛和安全应用。HSA 还被用作疫苗或蛋白药物的制剂辅料,也是细胞培养基的添加成分。全球 HSA 的年需求量约 500 t。开发经济适用的重组 HSA(recombinant HSA,rHSA)生产方法,是解决当前 HSA 紧缺问题和保障其安全应用的一个途径。

近年来,已经采用不同的表达系统,进行了 rHSA 的生产研究,包括细菌表达系统、酵母表达系统、转基因动物和转基因植物。转基因植物中,人们利用烟草、马铃薯以及番茄进行了尝试,但 rHSA 的表达都未能达到大规模经济适用的水平。

我国科学家杨代常教授研究组经过多年努力,建立了水稻胚乳表达技术平台,利用水稻(*Oryza sativa*)种子为生物反应器,成功表达了 rHSA(简称为 OsrHSA)。研究表明,OsrHSA 在生理生化性质、生物学功能、免疫原性方面与血浆来源的 HSA 一致,而且,其促进细胞增殖以及治疗大鼠肝硬化的效果与血浆来源的 HSA 相似。现在,OsrHSA 已成功实现了规模化和产业化。OsrHSA 的表达水平达到水稻总可溶性蛋白的 10.58%,产量为 2.75 g/kg。2017 年 OsrHSA 已作为一类新药,获批进行临床试验。

二、OsrHSA 的制备过程

(一) 目的基因的获得与重组载体的构建

目的基因 HSA 是人工合成的,在其 5′端和 3′端分别加上了 *Sch* Ⅰ和 *Xho* Ⅰ酶切位点,并在目的基因的上游添加一段 1241 bp 长的 *Gt13a* 启动子和信号肽序列(GenBank:AP003256)。该序列是从水稻基因组 TP309 中获取的,这样可以充分利用水稻基因密码子的偏好性来有效表达 HSA 基因。

农杆菌双元载体将合成的 HSA 基因用 *Sch* Ⅰ和 *Xho* Ⅰ双酶切,并克隆进经 *Nae* Ⅰ/*Xho* Ⅰ 酶切的质粒 pOsPMP01,得到重组质粒 pOsPMP04。同时,为了构建根瘤农杆菌双元载体,用 *Hind* Ⅲ 和 *Eco*R Ⅰ 双酶切 pOsPMP04,将得到的 2832 bp 的片段克隆进双元载体 pCambia1301,得到的重组载体命名为 pOsPMP0114,并将其导入根瘤农杆菌 EHA105 中。

(二) 农杆菌介导的共转化

将 pOsPMP114 和 pOsPMP2 通过农杆菌介导转化从水稻品种 TP309 中分离得到的愈伤组织。

(三) 共转化的检测

用 PCR 方法鉴定成功转化的愈伤组织。

PCR 程序:94 ℃变性 5 min,随后,进行 94 ℃ 30 s,58 ℃ 30 s 和 72 ℃ 45 s,共 30 个循环。所有 PCR 阳性植株在温室中培育至成熟。

(四) OsrHSA 的定量测定

在提取液(50 mmol/L Tris(pH 8.0),100 mmol/L NaCl)中研磨种子,12000*g* 离心 10 min 取上清液,得到水稻种子蛋白粗提液。其中,蛋白浓度用 BCA 方法测定。HSA 的定量检测用人 HSA ELISA 定量试剂盒,测定流程按试剂盒说明书进行,计算水稻种子中 OsrHSA

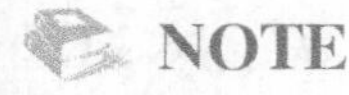

的含量。

（五）从水稻种子中纯化 OsrHSA 的方法

将水稻种子研磨成粉，然后用磷酸盐缓冲液（PBS）（25 mmol/L PB，50 mmol/L NaCl（pH 7.5））在室温下匀浆抽提 1 h，然后，用醋酸调节 pH 至 5.0，沉淀 2 h。粗提物离心（12000*g*，10 min）。大规模纯化时，此步骤可以采用压滤。上清液用 pH 5.0 进样层析柱 Capto-MMC（GE Health）进行纯化，用 PBS（25 mmol/L PB，100 mmol/L NaCl（pH 7.0））进行洗脱。Capto-MMC 是阳离子交换介质，HSA 被吸附在层析介质上，细胞碎片及部分杂质不被吸附，直接流出。收集洗脱液，调节 pH 为 7.5，然后用 Q Sepharose Fast Flow（GE Health）进一步纯化，以 PBS（25 mmol/L PB，50 mmol/L NaCl（pH 7.5））进行洗脱。Q Sepharose Fast Flow 为阴离子交换介质，用于除去抗原类物质、碳水化合物和色素等。含 OsrHSA 的洗脱液再用 Phenyl HP（GE Health）层析纯化，洗脱液为 0.45 mol/L $(NH_4)_2SO_4$。Phenyl HP 是疏水相互作用介质，用于除去非抗原性的碳水化合物（包括戊糖、己糖、低聚糖等）和部分色素。含 OsrHSA 的洗脱液再以 Pellicon（Millipore）进行脱盐和浓缩。整个分离纯化过程约需 48 h。

从水稻种子中纯化 OsrHSA 过程的主要步骤（图 6-6）包括研磨、提取、层析分离、脱盐与浓缩、冻干等过程，需 3 天。

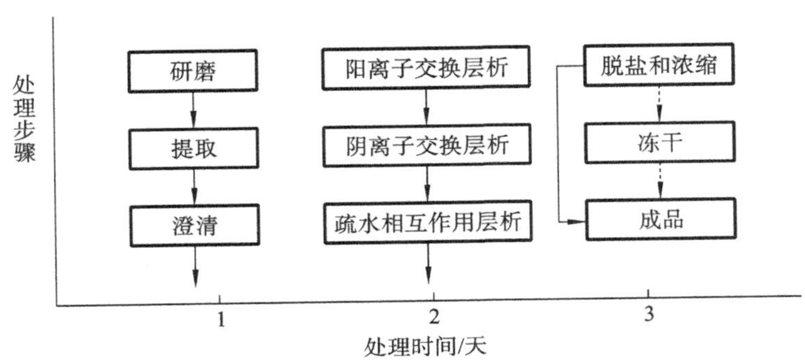

图 6-6 从水稻种子中纯化 OsrHSA 的主要步骤

规模化纯化的收率为 55.75%±3.19%；转基因水稻呈棕色，OsrHSA 的表达量达到 2.75 g/kg。

（六）OsrHSA 的纯度分析

（1）电泳分析：采用 SDS-PAGE 方法。

（2）HPLC 分析：采用 TSK3000 柱对终产品进行分析检测，流动相为 PBS（50 mmol/L PB，0.3% NaCl，pH 6.5），流速为 1 mL/min。

（七）无菌分装

经过上述分离纯化的 OsrHSA 纯度可达 99.9%以上，可进行制剂。采用的剂型为水溶液，将上述提纯的 OsrHSA 进行无菌过滤，分装包装，即得到利用水稻进行基因重组生产的 HSA。利用这种转基因水稻制备的 HSA 与人血浆来源的 HSA 的理化性质、免疫性、体内外有效性均等同，而且，其产量比其他表达体系和同类技术体系均高 10～1000 倍，成本相当于酵母或细菌成本的 2%～10%，相当于动物细胞培养的 0.01%～0.05%，并且在一年内即可获得千克级的 rHSA，无动物源病毒等污染风险，水稻原料生产能耗为酵母的 1/28，二氧化碳和污水零排放。待该技术实现产业化后，可使我国 HSA 紧缺问题得以解决，还能保障其安全应用，将来，待其产业规模不断扩大后，也有望满足全球对 HSA 的需求。

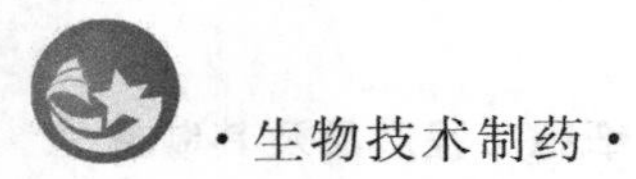

附

缩　略　表

英文全称	中文全称	英文缩写
adult stem cell	成体干细胞	ASC
antithrombin Ⅲ	抗凝血酶Ⅲ	ATⅢ
chimeric antigen receptor	嵌合抗原受体	CAR
chimeric antigen receptor T cell	嵌合抗原受体 T 细胞	CAR-T
cytokine induced killer	细胞因子诱导的杀伤细胞疗法	CIK
cytotoxic T lymphocyte-associated antigen 4	细胞毒 T 细胞相关抗原 4	CTLA-4
dendritic cell	树突状细胞	DC
embryonic stem cell	胚胎干细胞	ESC
epidermal growth factor receptor	表皮生长因子受体	EGFR
erythropoietin	促红细胞生成素	EPO
European Medicines Agency	欧洲药品管理局	EMA
graft-versus-host disease	移植物抗宿主病	GVHD
granulocyte-macrophage colony stimulating factor	粒细胞巨噬细胞集落刺激因子	GM-CSF
human embryonic stem cell	人胚胎干细胞	hESC
human leukocyte antigen	人类白细胞抗原	HLA
human serum albumin	人血清白蛋白	HSA
induced pluripotent stem cell	诱导多能干细胞	iPS
Korea Food and Drug Administration	韩国食品药品监督管理局	KFDA
lymphokine activated killer	淋巴因子激活的杀伤细胞疗法	LAK
major histocompatibility complex	主要组织相容性复合体	MHC
matrix-induced autologous chondrocytes implantation	自体软骨细胞移植术	MACI
natural killer	自然杀伤细胞	NK
non-steroidal anti-inflammatory drugs	非甾体抗炎药	NSAIDs
polyethylene glycol	聚乙二醇	PEG
recombinant human antithrombin Ⅲ	重组人抗凝血酶Ⅲ	rhATⅢ
recombinant human serum albumin	重组人血清白蛋白	rHSA
T cell receptor-gene engineered T cells	T 细胞受体修饰的 T 细胞疗法	TCR-T
Therapeutic Goods Administration	澳大利亚治疗用品管理局	TGA
tissue plasminogen activator	组织型纤溶酶原激活物	tPA

本章小结

细胞工程是指以细胞为对象，以细胞生物学和分子生物学为理论基础，利用工程学原理和手段，按照人们的意愿和设计，在细胞水平上研究、改造生物遗传特性，达到改良品种或产生新

品种的目的，以获得特定的细胞、组织产品或新型物种的一门综合性生物工程技术。细胞工程技术在医药领域有着非常重要的应用，本章选取几个代表性品种进行了介绍。①细胞药物。其中，多种免疫细胞，特别是经过修饰改造的 CAR-T 已成为新兴的肿瘤治疗的手段；软骨细胞已成功用于骨关节炎等退行性病变的治疗；干细胞因具有全能性或多能性以及旺盛的分裂增殖能力，成为细胞药物中非常有前景的一类。通过不同途径将干细胞药物输入体内后，可以改善身体健康状态或防治多种疾病，已有多款干细胞药物上市，还有更多的干细胞药物处于临床研究或临床前研究阶段。②利用转基因技术构建动物乳腺生物反应器和转基因水稻，已经成功用于 ATⅢ和人血清白蛋白的规模化制备，为这两种人血浆来源的生物制品提供了新的获取途径。③利用红豆杉细胞大规模培养制备紫杉醇当前虽尚未成功，但显示出良好的产业化前景，有望成为紫杉醇这种抗肿瘤药物新的药物来源。

能力检测

(1) 在 2000 年以后批准的 28 种创新生物技术药物中，绝大部分(22 种)是利用动物细胞培养生产的，为什么？

(2) 细胞药物主要有哪些类别？每一类别各举一例简述其来源及临床应用。

(3) CAR-T 的 CAR 结构包括哪些部分？其设计的原则是什么？

(4) CAR-T 的设计是基于肿瘤特异性识别和 T 细胞活化的信号转导，如何理解？

(5) 调研利用转基因动物和转基因植物生产制备的生物技术药物品种情况。

推荐阅读文献

[1] 细胞治疗认证委员会. 细胞治疗通用标准[M]. 李一佳，译. 北京：清华大学出版社，2017.

[2] 胡尚连. 植物细胞工程[M]. 北京：科学出版社，2019.

[3] 陈志南. 工程细胞生物学[M]. 北京：科学出版社，2013.

[4] 王佃亮，乐卫东. 生物药物与临床应用[M]. 北京：人民军医出版社，2015.

参考文献

[1] 王佃亮，乐卫东. 生物药物与临床应用[M]. 北京：人民军医出版社，2015.

[2] He Y，Ning T，Xie T，et al. Large-scale production of functional human serum albumin from transgenic rice seeds[J]. Proc Natl Acad Sci USA，2011，108(47)：19078-19083.

[3] 沈云，孟凡岩，刘宝瑞. 嵌合抗原受体 T 细胞疗法的研究进展[J]. 肿瘤综合治疗电子杂志，2018，4(2)：14-19.

[4] 梅兴国. 红豆杉细胞培养生产紫杉醇[M]. 武汉：华中科技大学出版社，2003.

[5] 邹贤刚，袁三平，鲜建，等. 转基因克隆奶山羊大量生产重组人的抗凝血酶Ⅲ蛋白质(rhATⅢ)[J]. 生物工程学报，2008，24(1)：117-123.

[6] 刘建福，胡位荣. 细胞工程[M]. 武汉：华中科技大学出版社，2014.

（崔慧斐）

NOTE

第七章　组织工程产品及其制备

本章 PPT

学习目标

1. 掌握：种子细胞的基本特征与分类；生物支架材料的功能、基本要求与分类；组织构建的层次、方式与生物反应器。
2. 熟悉：组织工程的概念，组织工程皮肤、组织工程软骨和组织工程骨。
3. 了解：组织工程技术发展简史与发展前景。

第一节　组织工程概述

在人类的整个生命过程中，可能会遭受到多种不同疾病或意外创伤的伤害。但是因为患者的个体差异、遗传因素、环境卫生条件和医疗科技水平的限制等多种因素，最终部分疾病或损伤虽然得到临床治愈，却遗留下不同程度的后遗症，造成组织缺损、器官功能不全，影响患者的生活质量。随着现代外科学的诞生及其发展，由于各种原因所导致的组织缺损、器官功能不全，临床上可采用组织移植以及人工材料替代治疗等手段，使患者病损组织、器官得到不同程度的重建、恢复或补偿，最终使得众多患者受益。组织工程学的产生为临床治疗带来了新的希望。

一、组织工程的概念

长期以来，人工组织和器官移植手术使得众多患者受益，但是采用自体组织移植治疗需从自身健康部位切取组织来修复病损组织，给患者增加了新的创伤，并且自体组织来源十分有限，并不是最佳的治疗方法。采用同种异体组织移植或异种组织移植虽然克服了自体组织移植的缺点，但是组织供体来源受限，移植后存在免疫排斥反应，由此引发的并发症不容小觑。此外，异体或异种组织移植还涉及医学伦理学方面的问题，使其尚未能广泛应用于临床。人工材料替代可用于临床治疗组织缺损，但是对于人体复杂的组织器官而言，没有生命活性的人工材料不能与人体组织进行良好整合，不能有效地参与人体正常的新陈代谢活动，起不到良好的修复治疗效果。为了解决人体组织缺损、器官功能不全的修复难题，不少临床医生和相关专业专家合作，不断探索新的治疗途径。在此背景下，组织工程学作为一门新的学科应运而生，并迅速发展起来。

知识链接 7-1

20 世纪 80 年代中期，美国麻省理工学院化学工程师 Robert Samuel Langer 与麻省总医院 Joseph P. Vacanti 医生首先提出了“组织工程学”(tissue engineering)概念，即综合应用工程学和生命科学的基本原理、理论、技术和方法，在体外预先构建一个有生物活性的工程化组织，然后植入人体内，用于组织缺损的修复，替代组织器官的一部分或全部功能。其内涵简单来说就是将活的种子细胞与人工支架材料结合，在生长因子的作用下，构建出有生命活性的工

程化组织，植入人体内后完成组织缺损修复与功能替代。其核心研究内容包括细胞、可供细胞进行生命活动的支架材料以及细胞与支架材料之间的相互作用。

组织工程学作为一门多学科交叉的边缘学科，其由于重大的科学意义、巨大的临床应用前景以及潜在的开发价值，引起了世界各国科学家、企业家以及政府的重视，组织工程已经成为科学研究热门课题，并已取得令人瞩目的阶段性研究成果。

二、组织工程技术发展简史

自 20 世纪 80 年代提出“组织工程学”概念以来，在政府基金、企业资金的支持下，组织工程学在种子细胞、三维支架材料、生物活性因子、组织构建、体内植入等基础方面的研究已取得显著进展，在部分领域已进入临床前研究或产业化阶段。组织工程皮肤和软骨细胞移植治疗关节软骨部分缺损已被美国 FDA 批准上市用于临床。组织工程骨、软骨、肌腱、神经等也有部分临床应用成功的事例报道。随着人类物质、文化生活水平的提高，组织工程学的研究与未来发展将会获得更好的机会，通过组织工程技术再生组织器官以达到替换活体器官的目的，不断造福全人类。

回顾三十年的发展进程，组织工程的发展大致经历了三个阶段。第一阶段，结构组织的组织工程化构建与应用。其标志是 1997 年美国 FDA 批准组织工程皮肤的上市。与此同时，美国、意大利、德国、中国等国家均有组织工程骨、软骨、肌腱等临床应用的初步研究报告。第二阶段，具有复杂功能的器官的组织工程化构建与应用。其标志是 2006 年关于组织工程膀胱临床应用的学术论文的发表，此外，也有关于生物人工肝、生物人工肾、心脏瓣膜、内分泌器官的组织工程化构建研究，其证明多细胞结构的组织工程化器官有可能通过组织工程技术获得成功。第三阶段，组织工程概念融入再生医学的新概念中。其标志是国际组织工程学会与国际再生医学学会合并成为统一的“国际组织工程与再生医学学会”，并于 2007 年 1 月创办了组织工程与再生医学杂志，从此组织工程的内涵更加丰富，研究范围更加广阔，应用领域更加广泛。

在我国，组织工程的发展同样取得了巨大进展。我国是世界上最早采用壳聚糖开发神经移植物的国家之一，也是首先转化这一人工神经研究进入临床的国家。其方法使得科学家们能够控制壳聚糖神经导管的生物降解速率，这一特性对于修复长度、位置和直径各异的神经缺损极其重要。2007 年，由空军军医大学开发的 ActivSkin 成为国家食品药品监督管理总局批准的首个组织工程产品，并使得我国成为世界上继美国之后第二个持有这一人工皮肤技术的国家。2010 年我国开发的一种骨修复支架也获得 SFDA 批准，该材料已在 3 万例患者身上使用，并正推行到世界其他地方。目前，我国组织工程学专家们正致力于开展各种组织工程产品的研发与临床应用研究。

组织工程学的发展伴随着其三大核心基础内容的研究与进步，即种子细胞、支架材料、种子细胞与支架材料之间的相互作用的研究与进步。

（一）种子细胞的研究进展

种子细胞指可以为支架材料提供生命源泉，并能形成组织的功能细胞。作为组织工程的核心基础内容之一，种子细胞需具有易于获得、可体外调控其增殖和分化、不引起免疫排斥反应等特点。依据来源不同，种子细胞可分为自体、同种异体和异种细胞。从细胞种类的角度，种子细胞又可以分为成体组织细胞、成体干细胞、胚胎干细胞、诱导多能干细胞等。

以成骨细胞、软骨细胞、成纤维细胞、肌腱细胞、上皮细胞等构建的结构组织已有临床应用报道，但由于成体组织细胞是终末分化细胞，在很大程度上限制了其在组织工程方面的广泛应用。成体干细胞具有多向分化潜能，目前已经可以从骨髓、外周血、脂肪、神经、肌肉、上皮、肝脏等组织和器官中成功地分离并培养出干细胞，并证明其具有跨胚层分化的生物学特性。其

中骨髓、脂肪、肌肉、上皮及神经干细胞作为组织工程的种子细胞，或以细胞治疗的方式进行了广泛研究，并已有临床应用于骨、软骨组织重建等领域的报道。胚胎干细胞来源于胚胎囊胚的内细胞团，是最早期的未分化细胞，具有无限增殖、自我更新和多向分化的特性。但胚胎干细胞在临床应用过程中存在免疫原性及伦理学问题，限制了它的应用范围。人类诱导多能干细胞是通过对普通体细胞经过多个转录因子重新编程获得的，同样具有增殖快、多向分化潜能的特点，而且避免了临床应用时所面临的伦理障碍，在组织工程修复和再生医学领域显示出良好的应用前景。

（二）支架材料的研究进展

支架材料作为组织工程化组织的最基本构架，起着替代一般组织细胞外基质的作用，因此必须具备良好的生物相容性、适当的力学性能和良好的机械强度、良好的生物稳定性或生物可降解性和良好的间隙供营养和代谢废物扩散等特征。经过30余年的广泛研究，目前组织工程支架材料主要分为有机高分子材料、钙磷类无机材料、高分子与无机材料的复合材料、生物衍生材料以及生物衍生材料与其他材料的复合材料等。天然的生物（衍生）材料（如胶原、珊瑚、壳聚糖等）、脱细胞基质（如骨、小肠黏膜下层等）、合成材料（如聚乳酸类、钙磷类）以及它们的复合材料都有大量研究及临床应用。如多孔羟基磷灰石、磷酸三钙等无机材料生物相容性好，有一定强度，常用作骨组织工程的支架材料；胶原凝胶、脱细胞真皮用于构建组织工程皮肤；纤维蛋白凝胶用作组织工程软骨的支架材料。但是，由于人体结构的复杂性，目前尚不能确定哪一种材料是构建组织工程产品的最佳材料，其相关研究正在进行中。

（三）种子细胞与支架材料之间的相互作用以及生物活性因子的研究进展

在组织工程研究领域中构建成功的工程化组织中，细胞与支架材料之间的黏附是其形成的重要基础。细胞只有与支架材料发生适当的黏附才能进行有效迁移、增殖和分化。已有研究表明，支架材料表面所带电荷量及其湿润度均会直接影响其对细胞的黏附性；材料表面的特定合成聚合物、纤维连接蛋白以及材料的降解性能亦会改变细胞的黏附与迁移。因此，对支架材料进行表面修饰，如加入某些化学基团、改变材料表面的湿润度、在材料表面固定黏附蛋白或者生长因子、支架材料复合细胞外基质，可以提高细胞对材料的黏附性，进而促进细胞的增殖及分化。

在组织修复、器官再生与功能重建中，生物活性因子也发挥了重要作用。比如，骨形态发生蛋白（bone morphogenetic protein，BMP）具有促进骨形成的作用，可诱导干细胞分化为软骨或成骨细胞，用于修复骨缺损，已被美国FDA批准用于临床，取得了较好的临床效果；转化生长因子β（transforming growth factor β，TGF-β）作为一种分泌型的多功能蛋白，可以调节细胞增殖、分化与细胞外基质分泌，参与炎症和组织的修复；成纤维细胞生长因子1（fibroblast growth factor 1，FGF-1）可以诱导血管新生、促进成骨细胞生长并促进神经再生，已获美国FDA批准进入临床试验；肝细胞生长因子（hepatocyte growth factor，HGF）是目前已知生物活性最广泛的生长因子之一，可刺激多种上皮和内皮细胞进行有丝分裂，在肾脏的发育、再生中具有较强的作用。在工程化组织的体外构建以及体内植入过程中，可以通过添加外源性因子、添加具有类生物活性因子作用的药物来达到促进细胞增殖和分化、组织修复与器官再生的作用。

三、组织工程的发展前景

经过广大科学工作者的艰苦努力，近年来组织工程已取得了显著进展。组织工程的发展推动了组织器官移植、细胞治疗、基因治疗、生物活性因子治疗的进步，使组织工程研究进入了“再生医学”的新时代。这一过程也推动了生物技术产业的发展。然而想要完美模拟人体复杂

而精细的组织或器官，组织工程学科面临的挑战是巨大的，需要生物学、临床医学、材料工程学等多学科交叉、有机结合，共同解决组织工程研究领域中的科学问题。尽管如此，组织工程的发展及应用前景仍非常乐观。相信未来随着研究的不断深入与发展，各学科研究人员的有效合作以及科学技术水平的提升，组织工程学将更加趋于完善，有更多的组织工程产品应用于临床治疗，造福更多的患者。

知识链接 7-2

第二节　组织工程基础

组织工程学的目标是应用生命科学与工程学的原理、技术与方法，在体外构建一个有生命的种植体，植入体内后可以起到修复组织缺损、促进器官再生的功能。这一目标的实现，是以组织工程三大核心基础内容——种子细胞、生物支架材料、组织构建的研究为基础的。

一、种子细胞

种子细胞是进行组织工程使用的细胞材料，包括干细胞与体细胞。细胞是组成人体组织器官结构基础、功能与代谢的最基本要素。因此，利用组织工程技术构建有生物活性的工程化组织，以达到修复组织缺损、器官再生的目的，获得足够数量、不引起免疫排斥反应并具有再生活力的种子细胞是开展组织工程研究的前提和必要基础。

（一）种子细胞需具备的基本特征

作为组织构建或器官再生的种子细胞，必须具备一定的条件特征。理想组织工程种子细胞的要求：①临床上易获得，对供体损伤小；②增殖能力强，易于体外培养，可进行大量扩增，以满足构建工程化组织的数量要求；③遗传背景稳定，传代后不发生形态、功能和遗传物质的改变；④纯度高，以具备特定功能的细胞占主导；⑤无免疫排斥反应。

（二）种子细胞的分类

种子细胞依据来源的不同可以分为自体细胞、同种异体细胞和异种细胞。自体细胞是指经过对临床活检或穿刺所获取的组织进行体外分离培养，获得的特定功能细胞。同种异体细胞主要来自胚胎、新生儿和成体组织。异种细胞主要来自鼠、兔、牛等不同物种。临床应用时，同种异体细胞与异种细胞虽然来源广泛，但存在免疫排斥反应，特别是异种细胞可能有携带病原体的潜在风险，不能广泛使用。相较而言，自体细胞取自患者自身组织，不会发生免疫排斥反应，是构建工程化组织的首选种子细胞。但其缺点是临时采集组织、分离培养达到所需的细胞数量级不仅需要时间，并且由于其获得可利用细胞数量的有限性及反复传代后细胞老化等问题，其应用受到了极大限制。同时，其也给患者带来了创伤和痛苦，不适用于自身有免疫缺陷或基因缺陷的患者以及传染病患者。

根据细胞种类的不同，种子细胞又可分为成体组织细胞、胚胎干细胞、成体干细胞等。①成体组织细胞虽已经分化成熟，分裂能力有限，不能广泛用作种子细胞，但仍可应用于组织工程，如内皮细胞、上皮细胞、成纤维细胞、骨细胞、成骨细胞、角质细胞、前脂肪细胞、脂肪细胞、肌腱细胞等。②胚胎干细胞是在胚胎发育早期囊胚内细胞团中未分化的细胞，属于全能干细胞，具有与早期胚胎细胞相似的形态特征和很强的分化能力，可以无限增殖并分化成为全身200多种细胞类型，从而可以进一步形成机体的任何组织或器官。但是由于胚胎干细胞在体外培养时有形成畸胎瘤等的成瘤倾向，会发生自发分化，带有一定的免疫原性，同时由于技术等方面的限制，未能有效地诱导胚胎干细胞向特定细胞类型分化，临床应用还涉及伦理道德方面观念的制约，以上均限制了胚胎干细胞在组织工程中的广泛应用。③成体干细胞是人和动

物成熟组织中存在的具有高度自我更新和多向分化潜能并尚未分化的干细胞，可操作性强，应用广泛。其主要类型有造血干细胞、间充质干细胞、神经干细胞、脂肪干细胞、皮肤干细胞等。

各类成体干细胞具有不同的临床应用价值。造血干细胞又称为多能干细胞，是生成各种血细胞的原始造血细胞，主要存在于骨髓、外周血、脐带血中。CD34是造血干细胞的标志蛋白。由于来源广泛（从骨髓、外周血中均可获取），造血干细胞（尤其是外周血干细胞、脐血干细胞）移植安全性好，在临床应用上备受关注。间充质干细胞是一类具有向骨、软骨、脂肪、肌肉及肌腱等组织分化的潜能的成纤维样细胞，多存在于胎盘、脐带、羊膜、骨髓、脂肪等组织中，尤以骨髓、脂肪中较多。其阳性标志蛋白分子有CD90、CD71及CD44。骨髓间充质干细胞具有向中胚层和神经外胚层来源的多种组织细胞分化的能力，这些细胞包括成肌细胞、肝细胞、成骨细胞、软骨细胞、成纤维细胞、神经胶质细胞、神经元、造血干细胞、基质细胞等。骨髓间充质干细胞具有黏附于塑料培养皿壁的能力，易于在体外分离与培养，体外经过长期连续培养和冷冻保存后仍不改变其分化能力，植入体内后可在多种组织如肺、骨、软骨、皮肤等处定位和分化，并可表现出相应组织细胞的表型。脂肪干细胞是存在于人或动物不同部位脂肪组织中的一种间充质干细胞，具有多向分化潜能。在相应的诱导刺激下，能够分化成具有中胚层组织特殊标志的功能性细胞（脂肪细胞、软骨细胞、骨细胞、肌细胞和血管内皮细胞），也能分化成内胚层细胞（肝细胞和胰腺细胞）以及外胚层细胞（神经元）。因此，脂肪组织可能成为机体最大的成体干细胞库，它能够很容易地从外科切除、脂肪抽吸术中获得并体外分离培养出来，可用于各种骨、软骨、脂肪以及肌肉等组织的修复重建。神经干细胞存在于胚胎和成体脑组织以及外周神经系统中，分别称为中枢神经干细胞和外周神经干细胞。其特征性生物学标志物为神经巢蛋白（也叫神经上皮干细胞蛋白）。而CD133与CD34则为人胎脑神经干细胞的特征性标志物，此外，RNA结合蛋白musashi 1也可以作为神经干细胞的标志物。神经干细胞具有向神经元、星形胶质细胞和少突胶质细胞分化并表现相应形态学和电生理学特征的能力。皮肤干细胞与皮肤极强的修复和再生能力直接相关。目前研究较多的主要有表皮干细胞和毛囊干细胞。皮肤干细胞已经广泛应用于临床治疗过程中，主要用自体移植和异体移植治疗大面积烧伤、严重创伤、整形术后创面覆盖以及慢性溃疡等，已成为利用组织工程技术解决临床治疗中皮源缺乏问题的根本途径。

成体干细胞作为一种介于全能细胞和分化成熟细胞之间的中间体，自我更新能力强，易于体外培养，扩增快，不存在伦理争议，是目前最具临床应用价值的组织工程种子细胞。

二、生物支架材料

组织工程中的生物支架材料是指具有良好的生物相容性，能与活细胞结合并能植入生物体内，起到修复组织或器官再生功能的一类材料，是工程化组织的最基本构架。支架材料作为组织工程研究的人工细胞外基质，为种子细胞的黏附、生长增殖、新陈代谢活动以及细胞外基质分泌活动提供空间场所与结构支持，并进一步引导组织再生。

（一）生物支架材料所具有的功能

（1）维持空间结构，防止周围组织对植入部位的影响。

（2）提供拟修复或替换组织的临时支撑结构。

（3）为细胞提供黏附、增殖、迁移及分化的基质。

（4）作为细胞的递送载体，促进细胞在新组织生长区域的保留和分布。

（5）提供血管化、新组织形成和重塑的空间。

（6）有效提供营养物质、生长因子，血管化和去除代谢废物。

（二）生物支架材料的基本要求

NOTE

（1）良好的生物相容性：生物相容性是评判支架材料优劣的首要条件，决定支架材料能否

得到有效应用。生物支架材料一般采用无毒、无致癌性、不致畸的材料，植入生物体内后对细胞和周围组织无刺激性，不引起溶血、凝血反应，不干扰机体的免疫系统，不引起免疫排斥反应等。

(2) 具有良好的生物可降解性：组织工程的目的是通过支架材料植入体内后替代病变或损伤的组织器官，逐步促进组织的新生与再生。因此，支架材料必须具有可降解性。组织修复再生过程中，降解和新生是同时发生的，因此支架材料的降解速率应与组织新生速率相匹配，同时支架材料降解产物亦必须无毒，对细胞的增殖、分化不产生影响。

(3) 具有与植入部位相适应的力学特性：理想情况下，支架应与植入部位具有一致的力学特性。比如，用作负荷性工程化组织（如软骨、骨、肌腱等）的支架材料，必须具备足够的强度、弹性以及黏性等，以便能更有效地发挥组织功能。

(4) 具有适宜的表面特性，使细胞能黏附、生长、增殖和分化，有利于细胞外基质的形成。

(5) 具有最佳结构性质：合适的孔径、孔隙率有利于细胞的生长迁移、细胞外基质的形成、氧气和营养物质的输送、代谢废物的排出以及血管和神经的生长。细胞的生长迁移与生物支架孔隙关系密切，大于 100 μm 的生物支架孔隙利于细胞生长和迁移。

(6) 具有合适的三维立体结构。

（三）生物支架材料分类

生物支架材料根据构建工程化组织需要的不同，可分为皮肤组织工程材料、骨和软骨组织工程材料、血管组织工程材料、肌腱组织工程材料、角膜组织工程材料等。

按照材料的化学特性不同，生物支架材料可以分为有机高分子材料、无机材料以及复合材料。按照来源不同，生物支架材料又可分为天然材料、合成材料以及生物衍生材料。

(1) 有机高分子材料：按其生物稳定性可分为非生物降解型和可生物降解型两种有机高分子材料。非生物降解型有机高分子材料包括聚乙烯、聚丙烯、聚丙烯酸酯、聚氨酯、聚硅氧烷等。此类材料可长期保持良好的力学性能和化学稳定性，不发生降解、交联或物理磨损等，无毒，可标准化生产，可用于制作人工食管、人造血管、人工瓣膜、工程化肌腱等的支架材料。可生物降解型有机高分子材料的特点是在体内一定时间内不断降解，常用作暂时支架材料，主要包括天然可降解型的胶原、纤维素、透明质酸、壳聚糖等。人工合成的可生物降解型有机高分子材料有聚乳酸、聚羟基丁酸酯、聚羟基乙酸、聚酸酐等；此类材料具有较好的组织相容性，可以有效控制其机械性能、降解率和微结构，易构建高孔隙率三维支架并能按设计要求进行大规模生产。

(2) 无机材料：包括羟基磷灰石、磷酸钙、偏磷酸钙玻璃陶瓷、陶瓷、生物陶瓷、生物玻璃等。此类材料具有较高的压缩强度、耐磨性和化学稳定性，并可在生物体内发生降解，被新生骨组织吸收和替代，是骨组织支架常使用的材料。但此类材料存在多孔体、强度较差、加工困难、形成的支架孔隙率低、脆性大等缺点，临床上常与有机高分子材料复合应用。

(3) 复合材料：为了充分发挥各类材料的优势性能，以获得更合适的生物支架材料，可以将两种或两种以上不同类型的材料优化组合形成复合材料。例如，将聚乳酸（poly(lactic acid)，PLA）与聚羟基乙酸（poly(glycolic acid)，PGA）共聚形成聚乳酸-羟基乙酸共聚物（poly(lactic-co-glycolic acid)，PLGA），其体内降解速率可调控，并具有一定的柔韧性；支架材料表面结合生物活性物质如肝素、酶、激素等，既保留支架材料的力学强度，又赋予材料良好的生物相容性以及一定的生物活性，可达到更好的治疗效果；支架材料还可与细胞复合，如成纤维细胞、内皮细胞、脂肪细胞以及干细胞等，提高支架移植成功率，以达到良好的促进组织修复与再生能力。

(4) 生物衍生材料：经过特殊处理的天然生物组织形成的生物再生医用材料。根据来源

不同，这类材料又分为天然生物衍生材料以及人工提纯生物衍生材料。其中，天然生物衍生材料是将取自同种或异种动物体的组织经过固定、灭菌和消除抗原性等较轻微处理所得到的支架材料，该支架材料可维持组织原有构型。例如经过冻干处理所得的骨片、羊膜、猪皮、肌腱等，经过脱细胞处理获得的皮肤、肌腱、脱钙骨、脱细胞猪小肠黏膜、脱细胞膀胱黏膜下层等。而人工提纯生物衍生材料是对动物组织进行生物化学处理，以拆散原有组织构型，重建新的物理形态。例如再生胶原、弹性蛋白、透明质酸、硫酸软骨素、壳聚糖等蛋白或多糖重新构建所得的膜、海绵体、纤维等新形态。再生胶原可制成胶原膜、海绵和胶原无纺布，用于制作人工皮肤、缝线、人工血管及药物载体等；纤维素则可制成各种医用膜，比如血液透析膜。人工提纯生物衍生材料由于经过处理已失去生命活力，但仍具有类似自然组织的构型与功能，在组织替代与修复中仍然得到了广泛的应用。

脱细胞细胞外基质是一种特殊的天然生物衍生材料，通过物理或化学方式去除生物原组织中的实质细胞而得，主要成分有胶原蛋白、糖蛋白和蛋白多糖，此外还包含各种生物因子和细胞因子，对于调节细胞在材料上的黏附、生长和增殖分化具有重要作用。此类材料生物相容性良好，具有天然的孔隙结构和细胞识别信号，利于细胞黏附、增殖和分化。但缺点在于力学性能差，缺乏足够的物理强度。例如脱细胞猪小肠黏膜下层经去抗原性处理后具有良好的组织相容性以及低免疫性，它含有成纤维细胞生长因子2、转化生长因子β、血管内皮生长因子等多种生物活性因子，可诱导组织再生，在组织工程皮肤、肌性管道、肌腱和软骨等研究与应用上表现出很大的优势。大量研究及临床应用证明脱细胞、去抗原性处理的同种异体或异种骨，在骨组织内有诱导骨再生的作用，作为支架材料构建组织工程骨临床已有多例成功应用的报道。

三、组织构建

组织工程技术大规模临床应用及产业化发展的关键在于在选取合适的种子细胞与生物支架材料的基础上，进一步成功地进行组织构建。组织器官的构建作为组织工程核心内容之一，是一个复杂精细的系统工程。首先需要充分理解和掌握种子细胞、支架材料、生长因子、生物反应器以及彼此之间的相互作用关系，然后根据工程化设计方案进行三维构建。组织器官的结构功能不同、用途不同，最终决定了组织构建时所选取的种子细胞、支架材料以及外源性生长因子的不同，同时组织构建的方式也存在很大的差异。

（一）组织构建的不同层次

根据所构建组织结构与功能的不同，组织构建工作的研究主要从以下两个层次展开：①结构复杂并具有不同代谢功能器官的组织构建研究，如肝脏、肾脏、心脏等复杂器官的组织构建；②结构较为简单，不执行或仅执行简单代谢功能的结构性组织的组织构建研究，如骨、软骨、肌、神经等组织的构建。

（二）组织构建的不同方式

根据种子细胞接种途径与组织形成环境的不同，工程化组织构建主要分为三种方式：①体内构建：种子细胞与生物支架材料复合后植入体内，在体内促进组织形成与生物材料的降解。②体外构建：在体外模拟体内环境，利用生物反应器进行组织器官的构建。③原位组织构建：将生物支架材料植入体内组织缺损部位，利用宿主细胞迁移并黏附于生物支架材料，促进并诱导组织再生。

工程化组织体内构建的优势在于种子细胞与生物支架材料复合体具有良好的孔隙率，植入体内后有利于周围组织液与营养物质的渗入，也有利于血管与神经的新生及长入；但其缺点是细胞外基质成分较少，细胞直接暴露于周围环境，抗感染能力差，细胞存活率较低，组织新生速率与生物支架材料的降解速率不匹配。

NOTE

工程化组织体外构建的关键点在于尽可能模拟需构建组织器官的体内微环境。体内微环境是一个复杂的综合体，要尽可能地模拟组织器官的体内微环境需要综合考虑组织器官的结构功能特性以及周围细胞分泌的生长因子、细胞外基质、细胞间相互作用、局部化学酸碱平衡、物理力学特性等。

（三）生物反应器

生物反应器在工程化组织体外构建中起到了关键作用。组织工程技术中涉及的生物反应器主要有搅拌式生物反应器、灌注式生物反应器和转壁式生物反应器。其中搅拌式生物反应器是指安装有搅拌器和传感器的细胞培养室，可在体外大量培养细胞，并在培养细胞的过程中将营养物质、气体（如 O_2、CO_2）和代谢废物控制在适当水平。灌注式生物反应器则是通过循环灌注培养液，对培养的细胞施加一定的应力刺激，从而增加细胞的活性与功能。以上常规生物反应器所进行的细胞培养是在重力的影响下进行的，细胞将发生沉降，不利于重建组织各组分间形成良好的空间组合及进行优质的三维结构重建。转壁式生物反应器则是利用旋转离心力消除重力的影响，使培养的细胞更接近于体内自然条件下生长的细胞，为功能组织的形成提供了有利条件。但现阶段用于组织工程研究领域的生物反应器还不是很成熟，需要根据组织器官的结构功能及再生机制，进一步研究开发和设计。

迄今为止，只有少数组织可在体外重建，如皮肤（真皮和表皮）、角膜、骨、软骨和血管等。原位组织构建相对而言是不需要依赖体外的细胞培养装置，也就是生物反应器。这种方式是利用组织缺损部位周围多种内源细胞（包括体细胞及成体干细胞）发生定向聚集、迁移、增殖、分化，达到缺损修复以及组织新生的目的。对于某些再生能力较强的组织细胞，如黏膜上皮、骨骼组织等，采用组织原位构建方式具有其特定优势。对于个别解剖结构复杂，含有特殊结构的组织（如耳、鼻、咽喉、胃肠道等）缺损，采用原位组织构建可以极大地降低修复难度，减轻患者的痛苦。

知识链接 7-3

第三节　组织工程产品

作为多学科交叉的前沿研究领域，组织工程经过多年发展，取得了众多积极的进展。为了能够达到更好的临床治疗效果，针对人体许多组织器官均已开展组织工程产品的研究与探索，主要包括对皮肤、血管、软骨、骨、角膜、心脏瓣膜、气管、肌腱、韧带、神经、肌肉、尿道、肠、乳房、肝脏、肾脏、胰脏、心脏、膀胱等组织工程产品的研究。但其中绝大部分仍处于实验室研究探索阶段，只有少数进入临床试验。目前已获批上市的组织工程产品主要是皮肤、软骨产品，其临床应用较多，市场需求量也很大。相信今后将会有越来越多的组织工程产品面世，其临床应用也会越来越广泛，能更好地造福人类。

一、组织工程皮肤

组织工程皮肤作为组织工程领域中研究最早、研究成果和相关产品最丰富的组织，是利用组织工程技术所研制出的类人工复合皮肤或人工真皮，应用于临床人体皮肤的修复治疗，如烧伤、烫伤、美容手术、慢性皮肤溃疡手术等。最早的组织工程皮肤为组织工程表皮，具有移植后愈合快的优点，但由于其移植后易出现瘢痕挛缩等现象，其应用价值有限。美国 FDA 正式批准临床应用的第一种组织工程产品即人造皮肤，欧盟和中国也有类似的产品获批上市。目前其代表产品有 Dermagraft、Apligraft super 等。美国生产的 Dermagraft 是第一代组织工程皮肤，于 1997 年被美国 FDA 批准用于临床。这种产品主要由可降解的支架材料复合成纤维细

胞以及生长因子，经由体外构建的方式研制而成。材料中复合的细胞可分泌细胞外基质蛋白、生长因子，同时不含有天然皮肤具有的部分细胞，如黑色素细胞、内皮细胞等，减轻了移植皮肤后的排斥反应。Dermagraft 具有抗感染力强、抗皱缩以及耐磨等优点。但它缺乏表皮层，因此并不是理想的组织工程皮肤。

1998 年 5 月，美国生产的组织工程皮肤 Apligraft super 被美国 FDA 批准用于临床。此产品选择胶原作为支架材料，在支架材料下层接种新生儿包皮的成纤维细胞，在材料表层接种新生儿包皮的表皮细胞，是一种既含有表皮层又含有真皮层的组织工程复合皮肤，具有与人体皮肤相似的复层结构。但其缺点是缺少汗腺、毛囊和皮脂腺等正常皮肤组织结构。Apligraft super 作为第二代组织工程皮肤，现已实现产业化。

生物反应器的开发应用，使迅速优质地培养出组织工程皮肤成为现实。把人体表皮细胞黏附于生物反应器中的透明薄膜材料上进行培养，每次可再生 0.4 m^2 的组织工程皮肤。已上市的组织工程皮肤主要有三种：①自体或异体培养的表皮片；②由胶原凝胶、海绵、合成膜、透明质酸膜等构成的真皮替代物；③包含表皮、真皮双层结构的人工复合皮肤。

组织工程皮肤虽然已经在临床上得到了广泛的使用，然而，目前仍没有一种理想的组织工程皮肤可以完全满足临床治疗的需求。例如，皮肤创面临床修复最常见的困难是皮肤大面积全层烧伤以及糖尿病顽固性皮肤溃疡，治疗中无法寻得理想的组织工程皮肤用于其创面修复，主要有三个原因：①严重烧伤或溃疡患者的自身表皮干细胞数量不足，无法满足构建大面积组织工程皮肤的需求；②异种或异体来源的表皮干细胞存在免疫排斥反应等问题；③现有组织工程皮肤尚不具有汗腺、皮脂腺等正常的皮肤结构，因而无法重建皮肤的全部生理功能。所以，离真正意义上的人工皮肤还有很大距离。总体而言，随着组织工程技术的不断发展，组织工程皮肤应用于临床治疗具有巨大的发展前景。

二、组织工程软骨

软骨是无血管、无神经、无淋巴的组织，其主要功能是缓冲骨骼传递的负荷，减小震荡应力，避免机体损伤。因为缺乏血管、自身不含祖细胞，人体内的关节软骨一旦受损，通常不太容易自愈再生。

探索构建一种理想的组织工程软骨首先需要选取适宜的种子细胞以及生物支架材料。目前软骨组织工程研究领域涉及的种子细胞主要是软骨细胞以及各种干细胞，比如骨髓间充质干细胞、脂肪干细胞等。生物支架材料有天然来源的，比如胶原、透明质酸、纤维蛋白胶、壳聚糖等，也有人工合成的，如聚己内酯、聚羟基乙酸、聚乳酸、聚乳酸-羟基乙酸共聚物、聚乙烯醇以及纳米仿生材料等。为了更好地促进种子细胞的黏附、增殖与分化，构建工程化软骨时支架材料结构多选用多孔支架、水凝胶、纳米纤维、纳米球/微球等，同时复合众多生长因子，如转化生长因子 β(TGF-β)、胰岛素样生长因子 1(insulin-like growth factor 1，IGF-1)、骨形态发生蛋白(BMP)、白介素-1(interleukin 1，IL-1)等。这些生长因子均已被证实可显著促进组织缺损区域的软骨修复。

随着组织工程技术的发展，组织工程软骨可以植入人体受损的关节部位，使其得以修复再生。美国 FDA 已批准自体关节软骨细胞移植用于修复关节小区软骨缺损。目前组织工程软骨产品主要用于下肢软骨缺损的修复，尤其是自体同源的膝关节修复。

目前，虽然组织工程软骨的体内、体外试验研究以及临床应用均已取得可喜的成果，但离理想的组织工程软骨产品还有可进步的空间，需进一步深入探索。目前利用组织工程技术在组织缺损部位形成的软骨仍为纤维软骨，而非透明软骨。其力学性能还有待加强提升。相信在不久的将来，随着种子细胞来源及培养技术的提高，以及组织工程软骨更符合人体关节软骨天然结构功能的新型支架材料的研制与开发，人们可以构建出更合适的组织工程软骨，使得关

节软骨损伤患者得到更有效的治疗。

三、组织工程骨

由创伤、退变、感染、遗传、肿瘤等多种原因引起的骨骼损伤、缺损是临床骨科面临的难题之一。因此，组织工程骨成为临床治疗的新希望。组织工程骨是继组织工程软骨之后，开展得较早、成果也较丰富的又一种组织工程产品。在基础研究取得初步成果的基础上，已有组织工程骨临床应用的报道。Vacanti 等于 1993 年将小牛骨膜细胞接种于聚羟基乙酸支架并移植到裸鼠体内，形成了新生骨。Crane 等于 1995 年全面提出了骨组织工程研究的概念、方法及其应用前景。Vacanti 等于 1998 年用患者自体骨髓基质干细胞和多孔珊瑚做成的支架材料在体外成功地构建了组织工程骨。这是组织工程骨临床应用的最早尝试。用于骨缺损修复的植骨术，在美国已成为仅次于输血的组织移植技术。

组织工程骨的主要构建方式是将具有成骨潜能的细胞诱导分化、增殖并复合到适宜的支架材料上，或者搭载部分具有成骨作用的生物活性因子，再进一步植入骨缺损部位，以达到促进修复骨缺损的目的。在这一过程中，应用最多的种子细胞有骨膜成骨细胞以及骨髓间充质干细胞、脂肪干细胞等。骨膜成骨细胞的成骨能力很强，骨髓间充质干细胞与脂肪干细胞则取材方便，具有良好的增殖特性，经诱导可向成骨分化。

组织工程骨支架材料大体可分为两类：①天然材料，具有代表性的有胶原、脱钙骨基质、甲壳素等；②人工合成材料，可分为人工合成高分子材料和人工合成无机材料。人工合成高分子材料主要有聚乳酸、聚羟基乙酸等；人工合成无机材料主要有羟基磷灰石和磷酸三钙等。但为了获得更优质的支架材料以及更接近骨组织的天然微晶纳米结构，常将多种材料混合制成具有仿生纳米结构的复合支架材料。

在组织工程骨构建的过程中，尚需利用生物体细胞因子促进细胞的增殖、分化过程，促进血管化进程及成骨细胞黏附、增殖，从而改变细胞产物的合成。所以在组织工程骨的构建过程中常涉及的生长因子有骨形态发生蛋白(BMP)、血管内皮生长因子(vascular endothelial growth factor，VEGF)、血小板衍生生长因子(platelet-derived growth factor，PDGF)、胰岛素样生长因子(IGF)、转化生长因子 β(TGF-β)、碱性成纤维细胞生长因子(basic fibroblast growth factor，bFGF)等。

目前，虽然组织工程骨的基础研究以及临床应用已取得一定的进展，但要真正实现组织工程骨临床应用及产品的产业化，仍面临诸多问题，主要有三个方面的问题：①在骨缺损部位的组织工程骨与宿主整合不理想，易出现分层；②组织工程骨血管化的问题仍需进一步研究解决；③关于大面积骨缺损修复的研究较少，且修复效果不理想。相信不久的将来，随着科学技术的不断进步发展，组织工程骨会具备更好的性能，为最终实现临床应用，减轻患者痛苦做出应有的贡献。

附

缩　略　表

英文全称	中文全称	英文缩写
basic fibroblast growth factor	碱性成纤维细胞生长因子	bFGF
bone morphogenetic protein	骨形态发生蛋白	BMP
fibroblast growth factor 1	成纤维细胞生长因子	FGF-1
hepatocyte growth factor	肝细胞生长因子	HGF

续表

英文全称	中文全称	英文缩写
insulin-like growth factor 1	胰岛素样生长因子	IGF-1
interleukin 1	白介素-1	IL-1
platelet-derived growth factor	血小板衍生生长因子	PDGF
poly(lactic acid)	聚乳酸	PLA
poly(lactic-co-glycolic acid)	聚乳酸-羟基乙酸共聚物	PLGA
poly(glycolic acid)	聚羟基乙酸	PGA
tissue engineering	组织工程学	
transforming growth factor β	转化生长因子 β	TGF-β
vascular endothelial growth factor	血管内皮生长因子	VEGF

本章小结

组织工程学伴随着现代外科学的发展为临床组织移植等治疗提供了可行性。组织工程以种子细胞、生物支架材料、组织构建为基础与核心研究内容。各类成体干细胞具有重要的临床应用价值，生物支架材料是工程化组织的最基本构架，生物反应器在工程化组织体外构建中具有关键作用。组织工程产品市场需求量大，但其中绝大部分仍处于实验室研究阶段，只有少数产品如组织工程皮肤、组织工程软骨与组织工程骨在临床上得到应用，未来需要更多的组织工程产品造福人类。

能力检测

(1) 请使用网络资源查询在组织工程学发展历程中做出重要贡献的科学家及其主要成就。

(2) 试述组织工程三大核心技术研究的主要内容。

(3) 简述成体干细胞的主要类型及其应用前景。

(4) 简述现代组织工程生物反应器的原理。

(5) 查询最新的组织工程产品及其优缺点。

推荐阅读文献

[1] Langer R, Vacanti J. Advances in tissue engineering[J]. J Pediatr Surg, 2016, 51(1): 8-12.

[2] Ransom R C, Carter A C, Salhotra A, et al. Mechanoresponsive stem cells acquire neural crest fate in jaw regeneration[J]. Nature, 2018, 563(7732): 514-521.

[3] Kun X, Bei L, Hao G, et al. Deciduous autologous tooth stem cells regenerate dental pulp after implantation into injured teeth[J]. Sci Transl Med, 2018, 10(455): eaaf3227.

参考文献

[1] 王佃亮. 组织工程的诞生与发展——组织工程连载之一[J]. 中国生物工程杂志, 2014, 34(5): 122-129.

[2] 杨志明. 干细胞、组织工程与再生医学[J]. 中国修复重建外科杂志,2006,20(2):95-97.
[3] 胡宏悖,步子恒,刘忠堂. 组织工程技术治疗骨软骨缺损的研究进展[J]. 转化医学电子杂志,2017,4(12):11-16.
[4] 周思佳,姜文学,尤佳. 骨缺损修复材料:现状与需求和未来[J]. 中国组织工程研究,2018,22(14):2251-2258.
[5] 刘晓南,李刚,何敏,等. 生物材料与组织工程支架研究进展[J]. 工程塑料应用,2018,46(7):133-137.
[6] 李志勇. 细胞工程[M]. 2版. 北京:科学出版社,2010.

(孙要军)

NOTE

第八章 血液制品及其制备

本章 PPT

学习目标

1. 掌握：血液制品的定义与常用术语的含义；人血清白蛋白的制备方法、分类及保存，以及病毒灭活方法；人免疫球蛋白的种类、制备方法、使用及保存，以及病毒灭活方法；凝血因子的种类、制备方法及使用方法等。

2. 熟悉：单采血浆技术、血液制品的管理。

3. 了解：血液的来源与组成；动物血液制品的种类和应用。

第一节 概 述

一、血液的概念及其主要成分的功能

（一）血液的概念

血液由细胞成分（有形成分）和非细胞成分（无形成分）组成。将血液采入装有抗凝成分的容器中，用离心、沉淀等方法将沉淀及上清液分离，得到的沉淀即为细胞成分，上清液（淡黄色液体）即为血浆，含有非细胞成分；如不加抗凝剂，则血液凝固析出的清晰淡黄色液体即为血清。全血和血浆都含有纤维蛋白原，在一定条件下可以凝固，血清不含纤维蛋白原，不能凝固。

血细胞包括红细胞、白细胞和血小板。人体内的血液总量称为血量，是血浆和血细胞的总和，一般正常人血液占体重的 8%～9%，有 5～6 L，其中血细胞占血液总量的 40%～45%，血浆占血液总量的 55%～60%。血浆中溶质占 8%～10%（其中蛋白质占 70%），无机盐约占血浆的 9%，其他为糖、脂及有机物，如肌酐、肌酸、尿酸、氨基酸、酮体和胆红素等，而水占血浆总量的 90% 左右（图 8-1）。

（二）血液主要成分的功能

1. 血浆中的无机物 血浆中主要的阳离子是 Na^+，其浓度大约为 140 mmol/L。其他三种重要的阳离子分别是 K^+（4 mmol/L）、Ca^{2+}（1 mmol/L）和 Mg^{2+}（2 mmol/L）。有 1/3～1/2 的二价阳离子，以与低相对分子质量的阴离子或蛋白质（如白蛋白）所形成的复合物形式存在。

血浆中最丰富的阴离子是 Cl^-，浓度为 102 mmol/L。由 HCO_3^- 和 CO_3^{2-} 组成的缓冲系统，对保持血浆和血细胞的酸碱度稳定起重要作用。正常人血浆中的 HCO_3^- 浓度为 28 mmol/L，从而使血浆的酸碱度保持在 pH 7.4 左右。

2. 血浆中的糖 血液中的葡萄糖水平受激素的调节，保持在较窄的范围内，正常人血浆中葡萄糖的浓度为 3.9～5.8 mmol/L。血浆中其他的糖主要有果糖、半乳糖和甘露糖。这些糖的浓度因膳食的不同而不同。

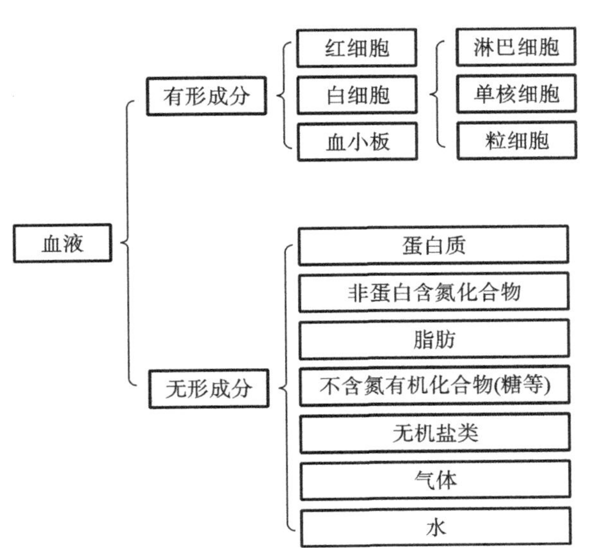

图 8-1 血液的组成成分

血浆中糖类的另外一种存在形式是糖蛋白，糖蛋白中的糖含量为 5%～50%，它与天冬氨酸、丝氨酸及苏氨酸等氨基酸的侧链基团共价结合。除绝大多数凝血因子和多数蛋白酶抑制剂是糖蛋白外，血浆中还有一些功能不明确的 α 糖蛋白和 β 糖蛋白，结果如表 8-1 所示。

表 8-1 血浆中一些功能不明确的 α 糖蛋白和 β 糖蛋白

名称	血浆浓度/(mg/L)	名称	血浆浓度/(mg/L)
α_1 B-糖蛋白	150～300	α_1 T-糖蛋白	50～120
9.5S α_1-糖蛋白	30～80	3.8S α_2-糖蛋白	50～150
锌-α_2-糖蛋白	20～150	α_2 HS-糖蛋白	400～850
8S α_3-糖蛋白	30～50	4S α_2-β_1-糖蛋白	微量
妊娠相关糖蛋白	可变	妊娠特异性 β_1 糖蛋白	可变
β_2-糖蛋白 I	150～300	无唾液酸 β_1-糖蛋白	150～300

3. 血浆中的脂 由于具有疏水性，血浆中的脂通常以与血浆蛋白所形成的复合物形式存在，正常人血浆中的脂含量大约为 5 g/L。

血浆中的脂肪酸只有一小部分是以未酯化的形式存在的，这些脂肪酸大多数和白蛋白结合；而大部分脂肪酸则以复脂即甘油三酯的形式存在于血浆脂蛋白中。脂蛋白中除了甘油三酯外，还有磷脂、胆固醇、胆固醇酯和载脂蛋白(apolipoprotein)。脂蛋白是结构复杂的复合物，内核为中性脂(甘油三酯和胆固醇酯)，外层为载脂蛋白和极性脂。它的组成变化很大，可用电泳或超速离心的方法将其分为乳糜微粒(chylomicrons，CM)、极低密度脂蛋白(very low density lipoprotein，VLDL)、低密度脂蛋白(low density lipoprotein，LDL)、高密度脂蛋白(high density lipoprotein，HDL)和极高密度脂蛋白(very high density lipoprotein，VHDL)等不同的类别，详见表 8-2。

4. 血浆中的主要蛋白质成分 目前已知的血浆蛋白有两百多种(包括血浆中脂蛋白和糖蛋白)，已分离纯化的有百余种，研究较多的有七十余种。血浆蛋白按其功能的不同，可分为白蛋白及其他传输蛋白、免疫球蛋白、凝血和纤维蛋白溶解系统蛋白、补体系统蛋白、蛋白酶抑制剂及其他微量蛋白成分等。

表 8-2　人血浆脂蛋白的分类及主要性质

分类	相对分子质量	密度/(g/mL)	组成占比/(%)		脂质组成/(%)		
			蛋白质	脂质	胆固醇	磷脂	甘油三酯
乳糜微粒	70.4×10^6	<0.94	2	98	3	9	88
极低密度脂蛋白	$(1\sim10)\times10^6$	0.94～1.005	10	90	18	21	61
低密度脂蛋白	$(2.2\sim3.4)\times10^5$	1.006～1.062	25	75	63	30	7
高密度脂蛋白 2	3.6×10^5	1.063～1.124	44	56	47	46	7
高密度脂蛋白 3	1.75×10^5	1.125～1.210	55	45	44	48	8
极高密度脂蛋白	1.15×10^5	>1.210	65	35	44	50	6

二、血浆的采集和储存

（一）单采血浆技术

单采血浆技术的基本采集原理是用一定的方法将人体的血液从静脉采集于盛有抗凝剂的容器中，并使血液与抗凝剂混合防止血液凝固；再经物理方法分离血液有形成分（血细胞）及无形成分（血浆），收集血浆，而将分离的血液有形成分（血细胞）用生理盐水悬浮后或通过其他控制方法再从静脉重新输回供体的过程。

单采血浆技术可分为两类，即传统的人工分离血浆采集法（手工单采血浆）和自动分离血浆仪采集法（机单采血浆）。用来单采血浆的全自动仪器被称为单采血浆机或全自动血浆分离仪。

（1）人工分离血浆采集法。

人工分离血浆采集法是一种经典的血浆采集方法，俗称手工单采血浆。基本过程：①将从人体静脉中采集的血液（全血）装入盛有抗凝剂的血液容器（多连袋）；②用低温离心机及血浆分离夹板等工具分离血浆，得到澄清血浆；③血液有形成分用生理盐水悬浮后通过静脉回输体内。此采集法有单程血浆采集与多程血浆采集之分，但每程采集全血量应控制在 400 mL 以内，以避免人体短期血液离体量大而引发失血反应。若需进行多程血浆采集，应在第一程血浆采集后分离的血液有形成分回输人体后才进行第二程采集。

人工分离血浆采集法的基本技术特点是所需设备相对简单，整个采集过程需要更多的人工干预，因此对采集过程中的基本技术要点的重点把握是至关重要的。人工分离血浆采集法采集成本虽低，但操作及管理要求高，操作人员间技术水平差异大，还存在多方面发生差错及病原体发生交叉感染的危险，因此目前人工分离血浆采集法在我国已被禁止采用。

（2）全自动血浆分离仪采集法。

它是用一种全自动血浆分离仪进行血浆采集的方法，俗称机单采血浆。其基本原理是利用一套完全密闭的管路系统在全自动血浆分离仪中依靠其电源输入系统、血液采集及成分分离系统、液体蠕动泵系统、采集量控制及其他传感监测系统自动完成全血采集、血液抗凝、血浆分离及血液有形成分回输全过程。由于全自动血浆分离仪是采用即时多程交叉血浆采集工作方法，因此回输离体的血液有形成分不需要再用生理盐水配制成悬浮液，完全利用采程中剩余的自体血浆完成回输过程，所以避免了外界物质在血浆采集过程中的介入，整个采集过程更容易控制和安全，采集时间也大大缩短。

全自动血浆分离仪有两种工作原理的机型，分别为重力离心型全自动血浆分离仪与膜分离型全自动血浆分离仪。两者的区别在于前者是利用全自动血浆分离仪中电子控制的离心机来分离血浆及残余血浆，将血液有形成分混匀后回输给献浆者，后者则利用生物膜技术将血液

通过分离装置使血浆透过生物膜而得到分离。一般情况下，由于全自动血浆分离仪能自动控制采集血液的血浆分离量而在血液有形成分回输时不需要用生理盐水进行稀释，但仪器中均有生理盐水的输入端口，必要时可连接上生理盐水，由仪器自动控制生理盐水的进入量。

与人工分离血浆采集法相比，全自动血浆分离仪采集法除了全自动血浆分离仪及配套的一次性密闭采集收集材料价格昂贵外，它解决了人工分离血浆采集法中众多需要依赖经验控制而出现差异性的问题，还大大提高了血浆采集的安全性。全自动血浆分离仪采集法在严格按照操作规程下进行采集时，几乎没有形成交叉感染的可能，但对工作人员的电子化设备操作技能要求有所提高。

（二）原料血浆的储存

1. 原料血浆储存设施与设备

（1）原料血浆储存库：原料血浆储存库的容积应当与原料血浆采集规模相适应，储存温度应在－20 ℃以下。

（2）原料血浆速冻设备：原料血浆速冻设备可选择速冻机或－70 ℃以下低温冰箱，或－35 ℃以下低温速冻冷库。能保证采集后的原料血浆温度在 6 h 内降至－20 ℃以下。

（3）原料血浆储存设施：应配备双路供电设施或安全有效的应急供电设施，并配有自动连续温度记录及温度失控报警装置。

（4）原料血浆储存管理制度：应建立严格的原料血浆储存管理制度，由专人负责，并配有安全设施，保证原料血浆储存库在未被授权的情况下禁止入内。

2. 原料血浆储存

（1）原料血浆储存检查：原料血浆在储存前要做好充分的准备工作，以避免在储存转运的过程中失去原料血浆的追溯链。要检查原料血浆采集袋是否完好，与原料血浆采集袋连接的复检样品管是否完整、有无脱落。检查原料血浆采集袋上的标签是否粘贴牢固、标签信息是否完整。血浆采集交接单应准确核对，确保无误。

（2）原料血浆速冻与包装：原料血浆采集后为避免血浆蛋白变性及部分蛋白质生物活性的损失，要求快速冻结，并进行储存。血浆采集后，应当及时平整放入原料血浆速冻设备内，保证原料血浆在 6 h 内完全冻结。

只有完全冻结的血浆才可包装。原料血浆包装箱应结实、牢固；按血浆编号装箱。包装后的血浆箱号应当按照自然年度 1 月 1 日至 12 月 31 日的顺序编号。血浆装箱后应当及时封口；血浆包装箱应当附有血浆装箱单，装箱单内容至少应包括单采血浆站（公司）名称（或代码）、装箱日期、箱号、血浆类型、血浆编号范围、血浆袋数、装箱人员姓名或工号。血浆冻结和装箱完成后应当及时填写相应的工作记录并由操作人员签名。

原料血浆的储存条件：除另有规定外，冻结的原料血浆应当储存于－20 ℃以下的专用原料血浆储存库。包装好的原料血浆入库时应当及时填写记录，内容至少应包括入库时间、血浆数量、血浆编号范围、操作人员和复核人员签名等。

原料血浆的储存效期：除另有规定外，用于分离人凝血因子Ⅷ的血浆，保存期自血浆采集之日起应不超过 1 年；用于分离其他血液制品的血浆，保存期自血浆采集之日起应不超过 3 年。

原料血浆的储存温度在整个原料血浆储存环节中至关重要。除原料血浆储存设施必须专用、安装超温报警装置并结合定时人工温度检查记录外，温度记录及记录本应当至少保存 10 年。

三、血液制品

血液制品按其组成成分可分为全血、血液有形成分（红细胞、白细胞、血小板）制品、血浆和

血浆蛋白制品。其中，血浆蛋白制品就是从人血浆中分离制备的有临床应用价值的蛋白制品的总称。现已明确，人血浆中含有200多种具独特生物功能的蛋白质。为了充分利用宝贵的血浆资源，现代工业已能对20多种血浆蛋白进行分离纯化，经严格的病毒灭活处理后，将血浆蛋白制成更有利于临床预防和治疗各种疾病的安全性好、有效性高、疗效确切而其他药物无可替代的血液制品。

《中国药典》(2010年版)三部中，血液制品的定义是由健康人的血浆或特异免疫人血浆分离、提纯或由DNA重组技术制成的血浆蛋白组分或血细胞组分制品，如人血清白蛋白、人免疫球蛋白、人凝血因子(天然或重组的)、红细胞浓缩物等，用于诊断、治疗或被动免疫预防。其与较早的《中国生物制品规程》对血液制品的定义相比，增加了用基因工程技术制造的血浆蛋白制剂。《中国药典》(2010年版)对血液制品的定义虽然增加了基因工程产品，同时也包括了血细胞成分制品，但就我国目前的血液制品而言，还是以从人血浆中提纯的血浆蛋白制品为主。针对这种现状，《中国药典》(2015年版)三部中，对血液制品的定义进行了修订，即血液制品(blood products)指源自人类血液或血浆的治疗产品，如人血清白蛋白、人免疫球蛋白、人凝血因子等。因此，一般所述血液制品，主要是指血浆蛋白制品。本章中所述血液制品，实质是指血浆衍生物(plasma derivatives)，不包括血液有形成分制品。

第二节　人血清白蛋白

一、人血清白蛋白的理化、生物学性质和功能

(一) 人血清白蛋白的理化、生物学性质

人血清白蛋白是血浆中含量最高的蛋白。每100 mL血浆含人血清白蛋白3500～5500 mg，约占血浆总蛋白的一半，易大量、高纯度地提取。人血清白蛋白的分子质量为66 kD，分子呈椭圆形，构型较对称，长径与横径比约为4∶1(分子大小3.8 nm×15 nm)，产生的渗透压大而黏度低，是有效的血容量扩张剂。20 ℃时人血清白蛋白单体的沉降系数为4.6×10^{3} Svedberg单位；它的电负性强，在离子强度为0.15 mol/L时，等电点为4.7；电泳时向阳极泳动快，在pH 8.6、离子强度为0.15 mol/L的条件下，电泳迁移率为5.9 Tiselius单位。人血清白蛋白分子是由单条肽链盘曲形成的球状分子，由585个氨基酸组成。人血清白蛋白的结构中包含3个功能区和9个亚功能区，且链内半胱氨酸残基间有17个二硫键交叉连接，维持天然的四级结构，稳定性好。

人血清白蛋白在肝脏内产生，据报道每个肝细胞每秒能合成7000个人血清白蛋白分子，但约需20 min才能穿过内质网。依此计算，每千克体重每天合成人血清白蛋白3 g(静止状态)至9 g(活动状态)。但在正常生理状态下，只有1/3～1/2的肝细胞合成人血清白蛋白，而在失血的状态下可提高2～3倍，故在肝功能正常、营养充足的情况下，人血清白蛋白损失补充很快，一般丧失400 mL血浆，1～2天即可恢复。人血清白蛋白半衰期约20天，其分解代谢部位尚不明确，一般认为主要在单核巨噬细胞和胃肠道中分解代谢，估计后者占总分解率的50%。通常一个70 kg的人，体内大约储有300 g人血清白蛋白，大约40%的人血清白蛋白分布于血管内，其余主要分布在肌肉、皮肤和与内脏组织相联系的血管外空间。不同的血管外储存部位的人血清白蛋白与血管内人血清白蛋白保持着平衡。

(二) 人血清白蛋白的主要生理功能

(1) 维持血液渗透压和体液平衡：人血清白蛋白作为溶质降低了溶液水分子的化学势能，

在保持体液渗透压的平衡中起重要作用。它占血浆总蛋白的60%，却提供血浆总胶体渗透压的80%。1 g人血清白蛋白产生的渗透压相当于20 mL液体血浆或40 mL全血产生的渗透压，可使18 g水保持在血管内。保持组织与血液中的水平衡，主要靠两种调节因素：一是血浆与组织液间的渗透压之差；二是微血管的血压与组织液的静力压之差。渗透压低的一方将水吸入，静力压高的一方将水压出。血液与组织液的渗透压在正常情况下是稳定的，血压也是稳定的。但在微血管的动脉端与静脉端有显著区别，因此总压力在动脉端是血管大于组织，故水由血管流向组织；静脉端总压力是组织大于血管，水由组织流向血管。这种双向运动适合于新陈代谢中的物质交换。某些病理变化可导致低蛋白血症，由于血浆的渗透压过低，不能与组织液保持水平衡，故可发生水肿，进而损害肝脏，大量血浆蛋白迅速流失可引起休克。

(2) 抗休克作用：人血清白蛋白能增加血液的有效循环量，对创伤、手术、烧伤或血浆蛋白迅速流失所引起的休克有明显疗效。

(3) 运输和解毒作用：人血清白蛋白能够结合阳离子，也能结合阴离子，这种结合是可逆的，故能输送性质不同的物质，如脂肪酸、激素、金属离子、酶和药物到全身各处，并能结合有毒物质，运送至解毒器官，然后排出体外。

(4) 20%～25%的人血清白蛋白溶液是高渗溶液，能调节由于胶体渗透压紊乱而引起的机体障碍，如水肿、腹水。

(5) 营养供给组织蛋白和血浆蛋白可以互相转化，在氮代谢障碍时，人血清白蛋白可以作为机体的氮源，为组织提供营养。人血清白蛋白还能促进肝细胞的修复和再生。

二、人血清白蛋白的制备

将人血清白蛋白从人血浆中分离出来曾使用过多种方法，目前主要使用低温乙醇法，少数情况下使用层析法。人血清白蛋白制备方法的比较如图8-2所示。

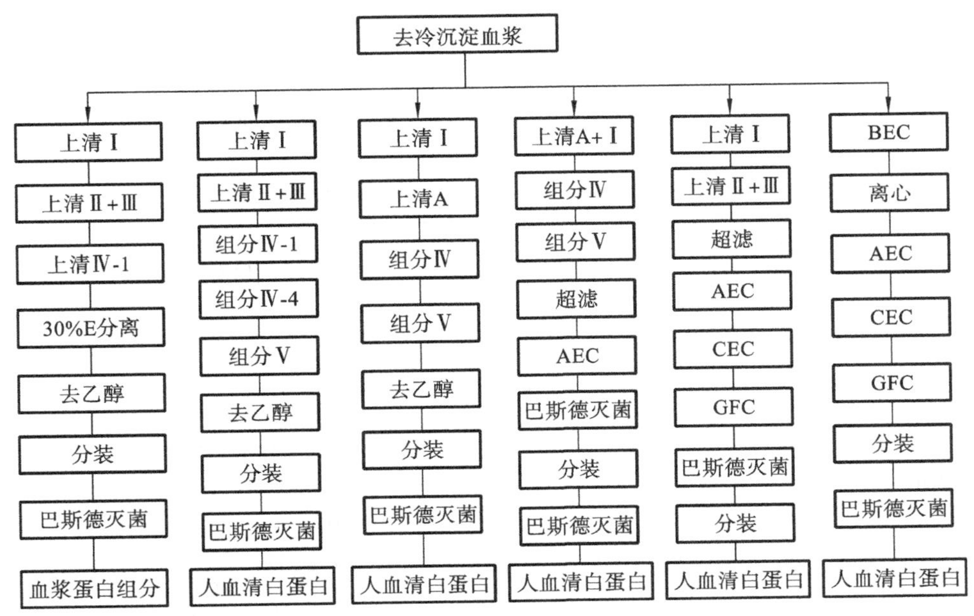

图8-2 人血清白蛋白制备方法的比较

注：图中由左向右6种制备方法分别是Hink法(1957年)、Cohn法(1946年)、Kistler-Nitschmann法(1962年)、Zenalb法(1991年)、CSLAlbumex Process法(1990年)、Bergloff法(1983年)。其中，BEC为缓冲液交换层析；AEC为阴离子交换树脂；CEC为阳离子交换树脂；GFC为凝胶过滤层析。

(一)低温乙醇法制备工艺

1. Cohn 法 血浆蛋白分离纯化的经典方法是由美国的 E. J. Cohn 等开发的 Cohn 低温乙醇工艺，具有重要的历史地位。本方法经过多次改良，其中 1946 年报道的 Cohn 6 法是主要用于分离人血清白蛋白的经典方法。在 Cohn 6 法分离的过程中，主要通过系统地选择低温乙醇法的五因素影响不同蛋白质的溶解度，形成不同的沉淀反应，以获得含有不同蛋白质成分的众多组分(表 8-3)。

表 8-3 Cohn 6 法各组分中血浆蛋白分布情况

组分	蛋白质回收量/(%) (占总蛋白质的百分率)	血浆蛋白种类
Ⅰ	5～10	纤维蛋白、FⅧ、C1q、C1r、C1s、纤维结合蛋白
Ⅱ+Ⅲ	25	IgG、IgA、IgM、FⅡ、FⅥ、FⅨ、FⅩ、α 球蛋白、β 球蛋白、铜蓝蛋白
Ⅳ-1	5～10	α 球蛋白、β 球蛋白、$α_1$ 蛋白酶抑制剂、IgM、ATⅢ、补体成分
Ⅳ-4	5～10	$α_1$ 球蛋白、β 球蛋白、铜蓝蛋白、转铁蛋白、触珠蛋白
Ⅴ	50～60	白蛋白、$α_1$ 球蛋白、β 球蛋白

Cohn 6 法奠定了分离人血清白蛋白和免疫球蛋白的基础，但是该法存在分离步骤较多、分离周期长、白蛋白等蛋白质回收率较低以及加入 53.3% 乙醇溶液使待分离容积较大的问题。这些问题引起了众多致力于规模化分离血浆蛋白的科学工作者的注意，他们在力求简化分离步骤、减小分离容积、提高回收率等方面进行了大量的研究工作，也提出了一些改良方法。例如一种仍在使用的 Cohn 6 法的改良法，其采用组分Ⅰ+Ⅱ+Ⅲ 一步沉淀以减少工艺步骤。

2. Kistler-Nitschmann 法 目前国际上常用的低温乙醇血浆蛋白分离法均是 Cohn 法的改进法，包括两种，即 6+9 法(又称 Cohn-Oncley 法)和 Kistler-Nitschmann 法。国内生产单位亦分别采用这两种方法或它们的改进法。

Kistler-Nitschmann 法制备人血清白蛋白的工艺中，各沉淀反应所生成组分中的蛋白质分布情况如表 8-4 所示，其组分 A、组分 C、组分 GG 和组分 B 分别与 Cohn 6 法的组分Ⅱ+Ⅲ、组分Ⅴ、组分Ⅱ和组分Ⅲ相对应。

表 8-4 Kistler-Nitschmann 法各组分中血浆蛋白的分布情况

组分	蛋白质回收量/(%) (占总蛋白质的百分率)	血浆蛋白种类
B	20	α 球蛋白、β 球蛋白、纤溶酶原、铜蓝蛋白、IgM、FⅡ、FⅦ、FⅨ、FⅩ
C	50	白蛋白、α 球蛋白、β 球蛋白
GG	10	γ 球蛋白、α 球蛋白、β 球蛋白、白蛋白

3. Hink 法 为了一些临床治疗的需要，人们分离制备了一种与血液等渗的被称为血浆蛋白组分(plasma protein fraction，PPF)的制品，它在一定程度上可以替代人血清白蛋白。世界卫生组织规定这种制品中白蛋白成分应占蛋白质总含量的 83% 以上，其他成分包括 α 球蛋白、β 球蛋白和盐分，γ 球蛋白含量必须小于 1%。Hink 等首次描述了大规模分离 PPF 的方法。这一方法取消了沉淀组分Ⅳ-4 的步骤，而将沉淀组分Ⅳ-4 和组分Ⅴ通过一个简单的步骤完成。因此，此方法比人血清白蛋白的分离步骤简单、经济，可获得高回收率。另外，Mealey 等报道了改变 Cohn 6 法的条件制备高稳定的 PPF，获得了较好的回收率。

4. 低温乙醇法/压滤法工艺 在低温乙醇工艺中，固液相分离是非常重要的步骤。此前，对蛋白悬液的分离大多采用低温连续离心法。受流体力学相关因素(如流体加速度、剪切力

NOTE

等）的影响，蛋白质回收率比较低，制品质量欠佳。随后使用压滤技术代替离心机，并对工艺参数进行了相应的调整，可使蛋白质回收率及外观质量得到进一步提升，制品质量也更加稳定。以低温乙醇法作为沉淀技术、以压滤法作为沉淀分离技术的制备方法可简称为低温乙醇法/压滤法工艺。

（二）层析法制备工艺

尽管低温乙醇法已被广泛应用，但其仍然存在产品纯度不够高、操作环境不够友好、乙醇溶剂易燃易爆等诸多缺陷。随着技术的不断进步，离子交换层析、亲和层析、凝胶过滤层析、膜色谱技术被越来越多地用于人血清白蛋白的生产。

层析技术目前已形成一定的规模。含层析法的人血清白蛋白制备工艺包括以下三种：①层析法与乙醇工艺结合；②低温乙醇法结合其他方法后再与层析法结合；③直接自血浆开始，多步层析生产人血清白蛋白。总体而言，层析技术使蛋白质回收率、纯度以及自动化程度提高，也使得人血清白蛋白制品的质量和安全性进一步得到改进。

三、人血清白蛋白的病毒灭活/去除处理

来源于人体血液的血液制品，通常是由成千上万人份血浆的混合物经复杂的工业化纯化而获得，这些产品必须具有最优的质量和安全保障，特别是不得传播病毒。血液制品的生产，通过以下三层安全保护措施来降低病毒传播的风险，提高其安全性。

第一层安全保护措施依赖于针对献血者的精密筛选系统。第二层安全保护措施是基于对血液/血浆中的病毒标志物的系统检测。第三层安全保护措施是生产过程中包含的专门的病毒抑制方法（或病毒灭活/去除方法）。下面介绍人血清白蛋白的病毒灭活/去除处理。

（一）巴氏消毒法

标准的人血清白蛋白病毒灭活处理，仍然是巴氏消毒法。一旦产品已灌装、加塞、加盖、密封并编码，即进行该处理。

对人血清白蛋白进行巴氏消毒的装置应妥善设计和验证，以证明整个巴氏消毒室的热处理的一致性，使每瓶人血清白蛋白经历相同的温度和持续时间。

巴氏消毒柜是关键装置。巴氏消毒柜应能适应生产不同批量和不同蛋白质浓度（4%～5%白蛋白和20%～25%白蛋白）的产品。关键参数是处理温度，它应保持在（60±0.5）℃的范围内。巴氏消毒柜设计的其他关键因素还包括布局。该布局需确保巴氏消毒柜在原位清洗，且清洗完毕柜中无残留水，从而降低微生物污染的可能性。巴氏消毒柜中必须配备一个排气孔，以释放多余的压力。警报应指示出巴氏消毒期间所有的异常状况，比如在消毒期间温度超出预先设置的界限、高水位、冷却水温度异常等。

巴氏消毒柜通常由316 L不锈钢制造，经验证明这种材料可确保温度均匀性。巴氏消毒柜一直用原位清洗（CIP）设施和设备，这些设备能确保尽可能快速地将制品均匀地加热到巴氏消毒温度，并在规定时间内保持该温度，最后在30 min内冷却至40 ℃以下。通常使用经喷嘴循环喷洒的纯净水（PW）作为瓶子的传热介质。喷嘴应放置在合适位置，以确保所有瓶子传热的一致性。与容器箱相对的喷嘴位置必须在设计阶段决定，以确保对所有批量大小瓶子的最佳水喷射接触。

一个典型的用于人血清白蛋白的巴氏消毒柜通常有一个用于D级气体的装料门。柜子可有一套门用于装料和排空，或两套门分别用于装料和排空。巴氏消毒柜必须以一种安全、简单的方式进行装料和排空操作。检修门应配有密封条，以防止当门关闭时漏水。一个能均匀压紧密封条的固定装置是很重要的。检修门应配有安全锁，仅允许授权人员打开或关闭。巴氏消毒时间应认真监控，不仅为了确保有效的病毒灭活，也为了避免人血清白蛋白形成多聚体

NOTE

甚至变性。

（二）有助于病毒安全的其他步骤

研究已证明低温乙醇分离步骤有助于组分分离，并在一定程度上有去除病毒的作用。在一些工艺中，人血清白蛋白在分装之前进行巴氏消毒。这种处理方式的主要目的是沉淀并过滤受热不溶解的蛋白质。通过巴氏消毒能够达到病毒灭活目的，但要防范下游污染的风险。

四、人血清白蛋白的质量控制

（一）血管活性物质问题

原料血浆中可能含有血管活性物质或引起内源性血管活性物质产生或释放的物质。这些血管活性物质也可能在生产过程中形成，从而污染最终产品。为了避免出现此种问题，生产中要注意防止并监测激肽释放酶原激活剂（prekallikrein activator，PKA）的生成。因为人血清白蛋白用于心血管紊乱症患者时，血管活性物质会引起降压反应。

（二）稳定性问题

人血清白蛋白溶液稳定性有以下一些影响因素：原料血浆质量，用陈旧的液体或冻干血浆比用新鲜冷冻血浆制备的人血清白蛋白稳定性差；组分分离的质量，特别是达到的纯度，再沉淀和再加热的次数均影响人血清白蛋白的稳定性，再沉淀和再加热可使人血清白蛋白溶液稳定性降低；储存温度、时间、物理状态和蛋白浓度对人血清白蛋白稳定性均有影响，长期保存于2～8 ℃比保存于32～35 ℃稳定，应避免保存在30 ℃以上。针对热稳定性要求，可加入适当浓度的稳定剂，如辛酸钠或N-乙酰色氨酸，或两种稳定剂的组合。

（三）病毒安全性问题

人血清白蛋白原液加入适宜的稳定剂后，必须在（60±0.5）℃水浴中连续加热至少10 h（巴氏消毒法），以灭活可能残留的污染病毒。巴氏消毒法可在除菌过滤前或除菌过滤分装后24 h内进行。最好的做法是对分装后的终产品进行巴氏消毒，从而使经人血清白蛋白传染病毒的风险降至最低。美国FDA要求即使半成品进行了巴氏消毒，也不允许生产商省去终产品的巴氏消毒处理。几十年临床应用结果表明采用低温乙醇法和巴氏消毒法病毒灭活工艺生产的人血清白蛋白制品，对HIV和肝炎病毒是非常安全的，其病毒灭活条件已很完善，该制品病毒安全性取决于巴氏消毒设施的温度、温度分布均一性和灭活时间是否符合要求。

（四）微生物污染问题

人血清白蛋白半成品经除菌过滤，无菌分装至最终容器，密封防污染。巴氏消毒后于30～32 ℃放置至少14天或20～25 ℃放置至少4周后，逐瓶检查外观，要求不得出现浑浊和微生物污染。对出现浑浊或烟雾状沉淀的应进行无菌检查，不合格者不得再用于生产。

第三节　人免疫球蛋白

抗体（antibody，Ab）是介导体液免疫的重要效应分子，主要存在于血清等体液中，通过与相应抗原特异性结合，发挥体液免疫功能。19世纪后期，Von Behring等发现白喉或破伤风毒素免疫动物后可产生抗毒素（antitoxin）类物质。1937年，Tiselius等用电泳方法将血清蛋白分为白蛋白及α_1球蛋白、α_2球蛋白和γ球蛋白等成分，并发现抗体活性主要存在于γ区，故相当长一段时间里，抗体又被称为γ球蛋白（丙种球蛋白）。1968年和1972年世界卫生组织和国际免疫学会先后决定，将具有抗体活性或化学结构与抗体相似的球蛋白统一命名为免疫球

蛋白(immunoglobulin,Ig)。

一、免疫球蛋白的性质和功能

(一)免疫球蛋白的功能

1. 免疫球蛋白V区的功能 免疫球蛋白V区能识别并特异性结合抗原,它与抗原结合后,在体内可结合病原微生物及其产物,具有中和毒素、阻断病原微生物入侵、清除病原微生物等功能。B细胞表面的IgM和IgD等免疫球蛋白构成B细胞的抗原识别受体,能特异性识别抗原分子,在体外可发生各种抗原抗体结合反应,有利于抗原或抗体的检测和功能的判断。

2. 免疫球蛋白C区的功能

(1)激活补体:IgG1、IgG2和IgG3及IgM与相应抗原结合后,可因构型改变而使其CH2和CH3内的补体结合位点暴露,从而通过经典途径激活补体系统,产生多种效应功能。其中IgM、IgG1和IgG3激活补体系统的能力较强,IgG2较弱。IgA、IgE和IgG4本身难以激活补体,但形成聚合物后,可通过旁路途径激活补体系统。通常,IgD不能激活补体。

(2)结合Fc受体:IgG、IgA和IgE可通过Fc段与表面具有相应受体的细胞结合,产生不同的生物学作用。①调理作用(opsonization),指IgG(IgG1或IgG3)的Fc段与中性粒细胞、巨噬细胞上的Fc受体结合,可以增强吞噬细胞的吞噬作用。②抗体依赖细胞介导的细胞毒作用(antibody-dependent cell-mediated cytotoxicity,ADCC),指具有杀伤活性的NK细胞,通过其表面表达的Fc受体识别包被于靶抗原(如细菌或肿瘤细胞)上抗体的Fc段,直接杀伤靶细胞。③介导Ⅰ型超敏反应。IgE为亲细胞抗体,可通过其Fc段与肥大细胞和嗜碱性粒细胞表面的高亲和力IgE Fc受体结合,并使其致敏。若相同过敏原再次进入机体与致敏靶细胞表面特异性IgE结合,即可以促使这些细胞合成和释放活性物质,引起Ⅰ型超敏反应。

(3)穿过胎盘和黏膜:在人类中,IgG是唯一能通过胎盘的免疫球蛋白,IgG可选择性地与胎盘母体的滋养层细胞表达的一种IgG输送蛋白结合,从而转移至滋养层细胞内,并主动进入胎儿血液循环中。IgG穿过胎盘的作用是一种重要的自然被动免疫机制,对于新生儿抗感染等具有重要意义。另外,分泌型IgA可通过呼吸道和消化道的黏膜,是黏膜免疫的主要因素。此外,免疫球蛋白对免疫应答有调节作用。

(二)各类免疫球蛋白的特性及功能

各类免疫球蛋白的主要理化性质和生物学功能见表8-5。

表8-5 人免疫球蛋白的主要理化性质和生物学功能

性质	IgM	IgD	IgG	IgA	IgE
相对分子质量	950000	184000	150000	160000	190000
亚类数	2	无	4	2	无
重链	μ	Δ	γ	α	ε
C区结构域数	4	3	3	3	4
辅助成分	J	无	无	J. SP	无
糖基化修饰率/(%)	10	9	3	7	13
主要存在形式	五聚体	单体	单体	单体/二聚体	单体
开始合成时间	胚胎后期	任何时间	生后3个月	生后4～6个月	较晚
合成率/(mg/(kg·d))	7	0.4	33	65	0.016
占血液免疫球蛋白的比例/(%)	5～10	0.3	75～85	10～15	0.02

NOTE

续表

性质	IgM	IgD	IgG	IgA	IgE
血清含量/(mg/mL)	0.7～1.7	0.03	9.5～12.5	1.5～2.6	0.0003
半衰期/天	10	3	23	6	2.5
结合抗原价	5	2	2	2,4	2
溶细菌作用	+	?	+	+	?
抗革兰阳性菌感染	+	+	+++	+	?
抗革兰阴性菌感染	++++	?	++	+	?
抗病毒	+	?	++	++	?
抗寄生虫	−	?	+	+	+?
胎盘转运	−	−	+	−	−
结合嗜碱性粒细胞	−	−	−	−	+
结合吞噬细胞	−	−	+	+	−
结合肥大细胞	−	−	−	−	+
结合 SPA	−	−	+	−	−
介导 ADCC	−	−	+	−	−
经典途径补体激活	+	−	+	−	−
旁路途径补体激活	−	+	IgG4+	IgA1+	−
其他作用	初次应答 早期预防	B 细胞标志	二次应答 抗感染	黏膜免疫	Ⅰ型超敏反应 抗寄生虫

二、人免疫球蛋白的制备

（一）低温乙醇法制备工艺

(1) Cohn 9 法：人免疫球蛋白制备的经典方法是低温乙醇法。1949 年报道的 Cohn 9 法，又称 Oncley 法，它以 Cohn 6 法的组分Ⅱ＋Ⅲ为起始原料，经一系列沉淀反应步骤，得到组分Ⅱ。Cohn 9 法分离过程中也是通过系统地改变低温乙醇法的五因素，影响不同类蛋白质的溶解度，最终分离制备人免疫球蛋白。

(2) Kistler-Nitschmann 法：Kistler-Nitschmann 法制备人免疫球蛋白的起始原料为组分 A，相当于 Cohn 6 法的组分Ⅱ＋Ⅲ。

(3) 低温乙醇法/压滤法工艺：在低温乙醇法/压滤法工艺中，已使用压滤技术代替离心机，并对工艺参数进行了相应的调整，使蛋白质回收率及外观质量得到进一步提升，制品质量也更加稳定。以低温乙醇法作为沉淀技术、以压滤法作为沉淀分离技术的制备方法可简称为低温乙醇法/压滤法工艺。

（二）层析法制备工艺

Suomela 等描述了小规模离子交换层析分离免疫球蛋白的方法：经预处理的血浆被引入平衡过的 DEAE-Sepharose CL-6B 柱，免疫球蛋白不被吸附，而白蛋白和 α 球蛋白、β 球蛋白被吸附；流出的免疫球蛋白溶液通过第二柱 Lysine-Spharose 4B 吸附去除纤溶酶原；再将第二柱的流出液调 pH 至 5.8 后加入 SP-Spharose 4B 柱，使免疫球蛋白吸附在柱上，再使用 pH 11 的甘氨酸溶液从第三柱上洗脱免疫球蛋白。此方法分离免疫球蛋白的纯度近 100%，IgG 聚合体含量较低。

Gebauer 等在制备人免疫球蛋白时，采用有机溶剂/表面活性剂法(S/D 法)灭活脂包膜病毒。为了去除有机溶剂(S)和表面活性剂(D)，进一步引入了离子交换层析。在离子交换层析过程中，免疫球蛋白结合于 Q-Sepharose FF，而有机溶剂/表面活性剂随平衡液流出，然后通过增加洗涤液的离子强度将免疫球蛋白洗出。所得免疫球蛋白中有机溶剂的含量小于 2 μg/mL，去污剂的含量小于 10 μg/mL。

(三) 辛酸沉淀法/层析法制备工艺

以下简要介绍 Habeed 等于 1984 年发表的一种辛酸沉淀结合层析技术分离纯化免疫球蛋白的方法。

(1) 原料血浆用 2 倍量的 0.06 mol/L 醋酸盐缓冲液稀释，再用 1 mol/L 的醋酸溶液调节 pH 至 4.8。室温下缓慢加入辛酸，继续搅拌 20 min。然后用 1 mol/L 的氢氧化钠溶液调节 pH 至溶液变澄清。用 0.015 mol/L 醋酸钠溶液(pH 5.7) 透析 3 次，然后加入 DEAE-纤维素，于 4 ℃搅拌 3 h，过滤。

(2) 将过滤收集的层析凝胶装柱，用 0.015 mol/L 醋酸钠溶液(pH 5.7) 预洗，再用含有 0.2 mol/L NaCl 的 0.0175 mol/L 磷酸盐缓冲液(pH 6.2) 洗脱。

(3) 洗脱液浓缩，再用 0.005 mol/L 的磷酸盐缓冲液(pH 6.2) 透析 3 次，得到免疫球蛋白粗品(为了提高病毒安全性，此处可用 S/D 法处理)。

(4) 粗品上 DEAE-纤维素柱，用 0.005 mol/L 磷酸盐缓冲液(pH 6.2) 平衡，再用含有0.5 mol/L NaCl 的 0.0175 mol/L 磷酸盐缓冲液(pH 6.2) 进行梯度洗脱。

(5) 洗脱液用 0.01 mol/L 碳酸钠溶液透析 3 次，然后冻干，得免疫球蛋白。

三、人免疫球蛋白的病毒灭活/去除处理

人免疫球蛋白的病毒灭活处理有相对多的选择方案。部分原因是免疫球蛋白在较宽范围 pH(包括低 pH)稳定，这就使 pH 4 孵放病毒灭活或 pH 小于 6.0 的辛酸处理成为可能。作为人免疫球蛋白的特定病毒灭活处理，pH 4 孵放和辛酸处理的详情请参见相关参考书。

人免疫球蛋白可采用的其他病毒灭活处理是 S/D 法。病毒灭活处理通常是在初步纯化或纯化后的免疫球蛋白组分中进行。当使用 S/D 法处理时，该步骤通常在阳离子交换层析步骤之前进行。该阳离子交换层析步骤能够吸附免疫球蛋白，清除流动相中的 S/D。该阳离子交换步骤也能用于去除杂蛋白，比如 IgA 或 IgM。

使用 15～35 nm 膜孔径的纳米膜过滤是一种用于增加该产品病毒安全性的常用方法。适用于人免疫球蛋白的特定病毒灭活/去除处理组合，包括 S/D 法、纳米膜过滤和低 pH 孵放。

四、免疫球蛋白制品

(一) 丙种球蛋白

肌内注射用人免疫球蛋白(IMIG)，国内早期亦称丙种球蛋白，如标签上无特殊注明者均属此种。它是从上千人份混合血浆中提纯制得的，含有多种抗体，针对常见的抗原，包括巨细胞病毒、甲型肝炎病毒、乙型肝炎病毒、麻疹病毒、百日咳杆菌、白喉毒素、破伤风毒素等。而不同抗体的含量则因不同批号而异。国内一般应用 10 g/dL 免疫球蛋白。这种制品主要含有 IgG(具有抗病毒、抗细菌和抗毒素作用的抗体)，而 IgA 和 IgM 的含量甚微，正常肌内注射用人免疫球蛋白只能供肌内注射，禁止静脉注射。

(二) 特异性人免疫球蛋白(HIG)

特异性人免疫球蛋白是从预先用相应的抗原免疫或超免疫健康人后，或者通过筛选含有大量特异性抗体的人中采集的，用含有高效价的特异性抗体血浆制备的，故比正常的免疫球蛋

白的特异性抗体含量高，对某些疾病的治疗要优于正常的免疫球蛋白。特异性人免疫球蛋白的主要用途见表 8-6。

表 8-6　特异性人免疫球蛋白的主要用途

制品	缩写名称	主要用途
乙型肝炎人免疫球蛋白	HBIG	预防乙型肝炎
狂犬病人免疫球蛋白	RIG	预防狂犬病
破伤风人免疫球蛋白	TIG	预防或治疗破伤风
Rh0(D)人免疫球蛋白	RhIG	预防 Rh 溶血病
水痘-带状疱疹人免疫球蛋白	VZJG	预防或减轻水痘病毒感染
巨细胞病毒人免疫球蛋白	CMVJG	预防或治疗巨细胞病毒感染

五、人免疫球蛋白制品的储存

人免疫球蛋白从制备之日起在 2～8 ℃储存 3 年。冷冻可进一步使 IgG 聚合，大多数的肌内注射用免疫球蛋白以液体剂型供临床使用，而静脉注射用免疫球蛋白有液体剂型，也有冻干剂型。已证实，制品中存在的微量纤溶酶可导致 IgG 发生裂解，半衰期缩短，造成临床疗效不理想。因为在全血浆中即使有微量的纤溶酶，也很快被天然存在的抑制剂所灭活，所以 IgG 中的碎片仅在分离后发生。另有试验证实，2～4.5 年内每年免疫球蛋白的抗体滴度减少率为 8%左右。

第四节　凝血因子

一、凝血因子的理化、生物学性质和功能

凝血因子是参与血液凝固过程的各种蛋白组分。它的生理作用是在血管受损时被激活，和血小板粘连在一起并且堵塞血管上的漏口。这个过程被称为凝血。整个凝血过程大致可分为两个阶段，凝血酶原的激活及凝胶状纤维蛋白的形成。为统一命名，世界卫生组织按其被发现的先后次序用罗马数字编号，有凝血因子Ⅰ、Ⅱ、Ⅲ、Ⅳ、Ⅴ、Ⅶ、Ⅷ、Ⅸ、Ⅹ、Ⅺ、Ⅻ、ⅩⅢ等，凝血因子ⅩⅢ之后被发现的凝血因子，经过多年验证，被认为对凝血功能无决定性的影响，不再列入凝血因子的编号。凝血因子Ⅵ事实上是活化的凝血因子Ⅴ，因此已经取消凝血因子Ⅵ的命名。凝血因子的主要理化和生物学性质详见表 8-7。

表 8-7　凝血因子的主要理化和生物学性质

凝血因子	同义名词	相对分子质量	氨基酸残基数	基因长度/kb	基因的染色体定位	血浆浓度/(mg/L)	半衰期/h	功能
Ⅰ	纤维蛋白原	34000	2964	50	4q26～28	2000～4000	90	结构蛋白
Ⅱ	凝血酶原	72000	579	21	11p11～q12	150～200	60	蛋白酶原
Ⅲ	组织因子	45000	263	12.4	1p21～22	0	—	辅因子
Ⅴ	易变因子	330000	2196	80	1q21～25	5～10	12～15	辅因子
Ⅶ	稳定因子	50000	406	12.8	13q34	0.5～2	6～8	蛋白酶原
Ⅷ	抗血友病球蛋白	330000	2332	186	Xq28	0.1	8～12	辅因子

NOTE

续表

凝血因子	同义名词	相对分子质量	氨基酸残基数	基因长度/kb	基因的染色体定位	血浆浓度/(mg/L)	半衰期/h	功能
Ⅸ	血浆凝血活酶成分	56000	415	34	Xq27.1	3～4	12～24	蛋白酶原
Ⅹ	Stuart-Prower 因子	59000	448	22	13q34～ter	6～8	48～72	蛋白酶原
Ⅺ	血浆凝血活酶前质	160000	1214	23	4q35	4～6	48～84	蛋白酶原
Ⅻ	接触因子	80000	596	11.9	5q33～ter	2.9	48～52	蛋白酶原
ⅩⅢ	纤维蛋白稳定因子	320000	2744		6p24～25(a) 1q31～32.1(b)	25	72～120	转谷氨酰胺酶原

二、凝血因子的制备

凝血因子类制品的制备是由它们的结构和在血浆蛋白组成中的含量决定的。与白蛋白、球蛋白比较,各凝血因子均表现出较差的结构稳定性,而且在血浆中的含量较低。这就要求选择比较温和而且分离效率较高的纯化方法。因此,在这类浆源蛋白制品的制备中,层析法广泛地用作关键的纯化方法。限于篇幅,本节根据国内外现状重点介绍常规层析法制备工艺,也提及免疫亲和层析法制备工艺,以人凝血因子Ⅷ为例。

人凝血因子Ⅷ是从人血浆分离出来的、以凝血因子Ⅷ(FⅧ)为主要药物成分的血浆蛋白制品。凝血因子Ⅷ纯度是人凝血因子Ⅷ制备中的一个重要指标。在不同文献中,对其纯度高低的判断不同。在本节中,将 1 IU/mg ≤比活<10 IU/mg 的制品称作低纯制品,将 10 IU/mg≤比活<50 IU/mg 的制品称作中纯制品,将 50 IU/mg≤比活<100 IU/mg 的制品称作高纯制品,将比活≥100 IU/mg 的制品称作超高纯制品。

一个高品质的人凝血因子Ⅷ,不仅应当有高的纯度,也应当有最少化的不利杂质。由于多种凝血因子与凝血因子Ⅷ在理化性质上的相近性,人凝血因子Ⅷ的制备尤其要关注杂蛋白中某些凝血因子(例如 Fg)的共存程度。此外,在血浆采集、储运和凝血因子Ⅷ生产过程中,均可能产生凝血因子的激活和目标蛋白凝血因子Ⅷ的凝血活性失活。通常,在关键生产环节、半成品和成品中均要针对性地监测这类反应。检出失活的方法有检验活性抗原比(Ⅷ c/Ⅷ:Ag)。检出激活的方法较多,例如检验可疑的激活凝血因子(例如 Th)、蛋白酶等。

从人血浆直接分离凝血因子Ⅷ的研究很多。但目前主要的生产工艺仍是以人血浆冷沉淀为原材料制备人凝血因子Ⅷ。尽管以冷沉淀为原材料,但血浆的采集、储运对人凝血因子Ⅷ的制备具有特别重要的意义。例如,在一般制备过程中,对血浆进行某些处理(例如加入肝素钠等)有助于提高回收率。人凝血因子Ⅷ的制备中,可供选择的纯化方法较多,其主要机制包括沉淀分离(例如甘氨酸沉淀)、无机盐吸附分离(例如氢氧化铝吸附)、离子交换层析分离、亲和层析分离等。选择适当的制备方法,是获得高回收率及高品质产品的保证。

(一) 沉淀法

沉淀法是制备人凝血因子Ⅷ的最早和最简单的方法。在实际生产中,PEG(聚乙二醇)沉淀法、甘氨酸沉淀法、酸沉淀法是使用较多的方法。

基于沉淀法的人凝血因子Ⅷ,均为低纯或中纯制品,含有较多的纤维蛋白原、纤维结合蛋白、IgM 和 IgG 等杂蛋白,凝血因子Ⅷ含量不到总蛋白的 1%。杂蛋白含量过高,有可能导致一系列免疫异常或过敏反应的发生。尽管沉淀法有简单、快速、经济的优点,由于其纯化效率较低,且与 S/D 法病毒灭活处理的相容性较差,作为一种独立的制备方法现在已越来越没有吸引力。

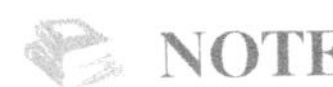

（二）离子交换层析法

常规的离子交换层析法纯化效率较高，且与 S/D 法病毒灭活处理的相容性较好，是目前工业上使用较多的一种人凝血因子Ⅷ制备方法。

上述工艺主要包括以下步骤：

(1) 取冷沉淀。

(2) 冷沉淀抽提液的处理：制备冷沉淀抽提液，进行氢氧化铝吸附，离心分离，对上清液进行 S/D 法处理。

(3) 层析纯化：将 S/D 法处理后的上清液上 DEAE-Fractogel TSK 650M 柱，再经平衡液(0.1 mol/L NaCl 溶液)平衡、洗涤液(0.15 mol/L NaCl 溶液)洗涤、洗脱液(0.25 mol/L NaCl 溶液)洗脱。

(4) 后处理：0.25 mol/L NaCl 溶液洗脱组分经超滤脱盐和浓缩后，进行配制和除菌过滤，再分装和冻干，即获得冻干人凝血因子Ⅷ。

为了进一步改进制品的病毒安全性，可在后处理中增加纳米膜过滤法或(和)干热法步骤。

（三）免疫亲和层析法

随着单克隆抗体技术的发展，免疫亲和层析法在人凝血因子Ⅷ制品的制备中得到了工业应用。该方法可以分为两类。

(1) 一次层析法：将 vWF 的 McAb(单克隆抗体)偶联至凝胶亲和层析柱。将冷沉淀溶解液上柱分离。在洗出杂蛋白后，用高浓度 Ca^{2+} 将凝血因子Ⅷ洗脱。

(2) 两次层析法：将凝血因子Ⅷ：c 的 McAb 偶联至凝胶亲和层析柱。将冷沉淀溶解液上柱分离。在洗出杂蛋白后，洗脱含凝血因子Ⅷ的组分。该组分进一步经离子交换层析，除去可能混杂的 McAb，从而制得高比活性人凝血因子Ⅷ。

在亲和层析过程中，难免有抗体从亲和柱上释出，因而亲和柱使用寿命不长。此外，存在鼠 IgG 污染的风险。

三、凝血因子病毒灭活/去除处理

（一）有机溶剂/去污剂法(S/D 法)处理

凝血因子制品(凝血因子Ⅷ、PCC、凝血因子Ⅸ、凝血因子Ⅻ等)的核心病毒灭活，通常采用 S/D 法处理。由于去除 S、D 的需要，S/D 法处理应该在生产过程中进行，而不是对最终产品进行的。

凝血因子Ⅷ的 S/D 法处理通常针对低纯组分(例如冷沉淀)。常见工艺如下：以 3 或 4 倍体积缓冲液(三异丙基乙磺胺或枸橼酸盐缓冲液)或注射用水溶解冷沉淀，再用氢氧化铝做预纯化处理以部分除去其他凝血因子，继而用离心法分离。上清液用 1 μm 或 0.45 μm 过滤器进行过滤以除去粒子，再进行 S/D 法处理。S/D 组合通常是 0.3% TNBP 与 1%吐温 80 或 1% Triton X-100。S/D 法处理温度通常接近 25 ℃，处理时间为 1～6 h。一般经过几分钟处理就能灭活 4 个数量级以上的脂包膜病毒。在 S/D 法处理后，蛋白溶液可能会通过层析法(例如能吸附凝血因子Ⅷ的 DEAE 阴离子交换柱)纯化，S、D 在流动相中分离出去。要有效除去 S、D，对层析柱进行充分洗涤非常重要。通常用 10 倍柱体积以上的平衡液进行洗涤。对于凝血因子Ⅷ和假性血管性血友病因子(vWF)可通过增加缓冲液中的离子强度(氯化钠含量)进行洗脱。TNBP 的残留量应低于 10 μg/g，吐温 80 的残留量应低于 100 μg/g。

应在特殊设计的容器里进行 S/D 法处理。它们通常用 316 L 不锈钢材质制成。容器应完全封闭，并配备适当的搅拌装置和控温装置。这类容器通常具有卫生光洁的内表面、冲洗装置阀门、用于添加 S/D 和取样(例如，用于控制 pH 的取样)的清洁入口、用于相关过程中监测

(比如测量温度)的检测口。容器应该无“死点”,比如误差范围之外的温度区域,或不均匀混合的区域。温度监测设备应在处理全程提供连续、准确、永久的温度记录。

(二) 巴氏消毒处理

凝血因子的核心病毒灭活处理也包括巴氏消毒处理。对凝血因子Ⅷ/vWF的巴氏消毒,需要加入高浓度的稳定剂,如糖类(如蔗糖)、多元醇类(如山梨醇或甘露醇)和(或)氨基酸类(如赖氨酸和精氨酸)。由于需要去除这些稳定剂,该处理是在生产过程中进行的,而不是对最终产品进行的。在60 ℃热处理10 h后,通常用超滤法除去这些稳定剂。已证明对含有凝血因子Ⅸ和凝血因子Ⅻ溶液进行巴氏消毒是较困难的,因为热处理可能造成活性的巨大损失,因此这些产品的病毒灭活首选S/D法处理。

巴氏消毒处理也应在特殊设计的容器(巴氏消毒柜)里进行。

(三) 纳米膜过滤或干热处理

经过核心病毒灭活处理(例如S/D法处理或巴氏消毒处理)的产品,可通过纳米膜过滤或100 ℃干热处理30 min进行第二步病毒灭活/去除处理。

考虑到其除去小型病毒(包括人细小病毒B_{19})的能力,只要可行,15～19 nm纳米膜过滤是较好的选择。这种选择的另一个好处是对蛋白质结构影响不大,从而限制了产生新抗原的风险。新抗原可能使患者产生抗凝血因子抗体。15～19 nm纳米膜过滤已成功应用于人凝血因子Ⅸ、人凝血因子Ⅺ、人凝血因子Ⅷ等制品,特别是当这些制品被高度纯化并且有接近1 g/L的总蛋白含量时。高纯度vWF只能用35 nm孔径膜进行纳米膜过滤,因其几百万道尔顿的高分子多聚体很难通过更小孔径的纳米膜滤器。在大多数情况下,纳米膜过滤是对最终纯化蛋白组分进行过滤,之后及时进行除菌过滤、无菌灌装及冷冻干燥,从而避免下游病毒污染的风险。

干热处理是备用的第二步病毒灭活处理,可与S/D法处理组合。但是,它对人细小病毒B_{19}的灭活作用有限。此外,人凝血因子Ⅷ和人凝血因子Ⅸ制品通常会损失15%～20%的活性。其优势是对无菌灌装后的产品进行处理,避免了下游病毒污染的风险。

四、凝血因子制品

(一) 人凝血因子Ⅷ制品

(1) 中纯度人凝血因子Ⅷ制品:中纯度人凝血因子Ⅷ制品的优点是纯度较高,一般来说,人凝血因子Ⅷ比活性(Ⅷ:c)相当于总蛋白的1%。试验证明,人凝血因子Ⅷ静脉输注后的半衰期为12～18 h。另外,每瓶制品中人凝血因子Ⅷ的单位数是已知的,可准确计算输注剂量,便于患者存放,可在家庭或工作场所自己注射治疗。相对小的体积,使得在大手术后需大剂量输注时不致负荷过重。此外,人凝血因子Ⅷ制品不含血型物质,避免了因抗A、抗B存在而引起潜在的溶血发生。

(2) 高纯度人凝血因子Ⅷ制品:使用单克隆抗体亲和层析法制备人凝血因子Ⅷ,其比活性为3000 IU/mg左右(往往大于2000 IU/mg),回收率大约为100 IU/kg血浆。即使加入白蛋白作为稳定剂,其纯度仍显著高于其他人凝血因子Ⅷ制品。用这种制品治疗一组患者时间长达24个月之久,临床疗效、生物半衰期和回收率都相当好。这种高纯度浓缩制品的主要优点是溶解度提高,纤维蛋白原和凝集素含量得到了降低,被认为很少对患者有免疫作用。但是,某些高纯度浓缩制品用于儿童易引起人凝血因子抑制物的形成。

(二) 人抗凝血酶Ⅲ(ATⅢ)制品

人抗凝血酶Ⅲ(ATⅢ)制品主要用于预防和治疗由于先天性ATⅢ缺乏所造成的血栓栓

塞,特别是用在ATⅢ缺乏患者在进行手术或者产科手术等患血栓栓塞高危时期。人ATⅢ制品已被美国FDA批准为治疗此类罕见病的孤儿药。因其价格昂贵,可以结合肝素以及华法林等抗凝药做短期的必要补充治疗。

此外,人ATⅢ制品还可以用来治疗各种获得性的ATⅢ缺乏症,如肝功能不全、肾病综合征或DIC引起的获得性ATⅢ缺乏症患者,其血浆ATⅢ活性小于50%时,应及时输注ATⅢ。治疗时,根据检测的患者体内ATⅢ活性值来确定用量,进行个性化治疗,肝素具有增强抗凝的作用,如在使用肝素的同时输注人ATⅢ制品,需适量减少肝素的用量。

五、凝血因子的储藏

(一) 人凝血因子Ⅷ制品

(1) 比活性高、纯度高的人凝血因子Ⅷ制品的安全性也高。制品的纯度取决于制备方法。采用蛋白沉淀、凝胶渗透色谱法生产的中纯制品,凝血因子Ⅷ比活性一般为1~10 IU/mg;采用亲和层析法生产的高纯制品,凝血因子Ⅷ比活性可达到50~1000 IU/mg;采用单克隆抗体亲和层析法或其他亲和层析法生产的超高纯制品,凝血因子Ⅷ比活性可达3000 IU/mg以上。《中国药典》及《欧洲药典》要求凝血因子Ⅷ制品在加入蛋白质稳定剂之前,凝血因子Ⅷ比活性应不低于1 IU/mg。

(2) 病毒安全性问题:生产工艺要求能灭活和去除脂包膜和非脂包膜病毒,应包括一步或多步病毒灭活和去除步骤,并经验证能有效去除和灭活已知的病原体。如使用病毒灭活剂(如磷酸三丁酯和吐温80),则需验证后续生产工艺能有效去除,其残留量不会影响制品安全性。

(3) 半成品的配制可加入稳定剂类辅料。

(二) 人凝血酶原复合物

(1) 生产工艺要求能灭活和去除脂包膜和非脂包膜病毒,应包括一步或多步病毒灭活和去除步骤,并经验证能有效去除和灭活已知的病原体。如使用病毒灭活剂(如磷酸三丁酯和吐温80),则需验证后续生产工艺能有效去除,其残留量不会影响制品安全性。

(2) 尽可能减少凝血因子的活化(降低潜在凝血活性),使血栓的风险降至最低。

(3) 半成品的配制可加入肝素、抗凝血酶和其他稳定剂类辅料。

(4) 在加入任何蛋白质稳定剂之前,《欧洲药典》要求凝血因子Ⅸ比活性应不低于0.6 IU/mg。

第五节 动物血液制品

动物血液是畜禽屠宰加工过程中的主要副产物,营养价值高,应用前景广阔。美国在动物血液的开发研究上处于世界领先水平,在政策鼓励和法律方面,血液加工也得到政府的大力支持,美国Sigma等蛋白质公司的血液制品产量占全世界产量的30%以上。这些公司一直不断加强对血液制品科技上的投入,目前,已将资源和力量集中在亚硝基血红蛋白、血浆蛋白粉、血红素铁、生物活性肽等产品的研发上,它们是食品添加剂、保健食品、生物制品的重要原料,广泛应用于医药、食品等领域。

中国作为世界第一产肉大国,每年可得动物血液2.3×10^{9} kg以上,这是一个巨大的动物蛋白资源库。但是,我国动物血液的利用率还很低,除小部分用作饲料、食品及提取生化药品外,大部分被废弃,既造成重大的蛋白质资源的浪费,而且还污染环境,危害人类健康。20世纪90年代以来,随着美国公司的产品大量进入中国市场,一些国内研究人员和企业开始研究

NOTE

生产血浆蛋白粉、血红蛋白粉等产品，已形成血液抗凝、血液分散集中等一批重大成果，但尚未突破动物血液中功能性成分制备的关键技术与产业化生产。

一、动物血液中功能性成分的制备研究

（一）血红素铁

血红素铁，又称卟啉铁，是由卟啉和一分子亚铁构成的铁卟啉化合物，分子式为 $C_{34}H_{30}N_4O_4Fe$，相对分子质量为614.48。血红素铁是呈暗紫色的细微针状结晶或黑褐色颗粒、粉末，不溶于水，易氧化，含铁量为1.0%～2.5%，和其他铁强化剂相比，吸收率较高。动物血液中的血红素铁的含量较为丰富，因此从血液中制备血红素铁比较常见。血红素铁的制备方法较多，不同方法间的差异见表8-8。

表8-8 血红素铁的不同制备方法

方法	试剂	毒性	工艺要求	提取效率
冰醋酸法	氯化钠、冰醋酸	无毒	温度稳定	提取量少
丙酮法	醋酸钠、丙酮	有毒	蒸馏	较低
碱性丙酮法	丙酮、碱性试剂	有毒	蒸馏	可工业生产
酶法	蛋白酶	无毒	水解法	提取量多
羧甲基纤维素法	羧甲基纤维素、酸性试剂	无毒		高
醇法	甲醇、乙醇	有毒	低温冷却	一般
选择溶剂法	选择合适的提取溶剂	无毒		较高
表面活性剂法	盐酸、两性表面活性剂	无毒	强酸环境	较低

（二）亚硝基血红蛋白

工艺流程：血液收集→加入抗凝剂→过滤→低温冷冻离心→洗涤→稀释液→均质→加入反应剂→加热搅拌→冷却→离心→洗涤→干燥→包装→成品。

工艺描述：向新鲜猪血中加入一定量的柠檬酸钠溶液抗凝，充分混合，过滤除去杂物。在0～4 ℃下用低温冷冻离心机3000g离心3 min，弃去上清液，用0.9%生理盐水洗涤红细胞，然后在同样的转速下离心一定时间，重复洗涤两次，立即装入储藏罐中于低温（−20 ℃）条件下冷冻储藏。红细胞使用前于0～4 ℃冷库中存放解冻，同时起到冷冻破胞的作用。为使红细胞破胞充分，红细胞中加入一定量的蒸馏水稀释后，用高速分散均质机以11000 r/min的速度破碎红细胞，破碎时间为3 min，过滤后得滤液即为血红蛋白液。在血红蛋白液中加入反应剂，其间间歇搅拌，加热。反应完毕迅速冷却至室温，以设定的转速离心一定时间。弃去上清液，用维生素C溶液洗涤离心所得沉淀物，再次离心，重复洗涤两次，沉淀物即为半干固体亚硝基血红蛋白。

（三）血浆蛋白粉

工艺流程：血液收集→加入抗凝剂→过滤→杀菌→高速离心分离→血浆液→去盐→喷雾干燥→包装→成品。

工艺描述：向新鲜猪血中加入一定量的柠檬酸钠溶液抗凝，与血液充分混合，过滤除去杂物。用高速离心机在0～4 ℃下以设定的速度离心5 min，将猪血分离出血浆液。血浆液在脱盐处理后，经一定时间喷雾干燥后得到血浆蛋白粉。

（四）生物活性肽

生物活性肽是蛋白质中20个天然氨基酸以不同组成和排列方式构成的复杂线性、环形结

NOTE

构的不同肽类的总称，有促进免疫、激素调节、抗菌、抗病毒、降血压、降血脂等作用。黄和平等研究了利用木瓜蛋白酶酶解鳄鱼血蛋白酶解产物的抗氧化特性和对血管紧张素转换酶(angiotensin converting enzyme,ACE)的抑制活性，结果表明鳄鱼血经酶解之后既有良好的亚铁离子螯合能力、还原能力及 ABTS 和 DPPH 自由基清除能力，又表现出良好的 ACE 抑制活性。孙骞等采用 6 种蛋白酶在各自最适反应条件下分别酶解猪血红蛋白 8 h，得出采用 AS1398 中性蛋白酶酶解过程中 2 h 内获得的抗氧化活性肽还原力最高，较猪血红蛋白还原力高 31.8%。Kazue Mito 等通过酶解猪血中的珠蛋白得到了 4 种具有抑制 ACE 活性的多肽，分别为 FQKVVA、FQKVVAG、FQKVVAK、GKKVLQ，它们对 ACE 活性的抑制率(IC_{50})分别为 518 μmol/L、714 μmol/L、211 μmol/L、119 μmol/L。Froidevaux 等从牛血红蛋白的胃蛋白酶水解物中分离鉴定出了一个抗菌肽，氨基酸序列为 VLSAADKGNVKAAWGKVGGHAAE。Piot 等用胃蛋白酶水解牛血红蛋白，分离出两种具有阿片样活性的多肽，它们是 LVV-hemorphin-7(LVVYPWTNRF)及 VVhemorphin-7(VVYPWTNRF)。由于动物血液廉价，容易获取，从动物血液中提取生物活性肽具有明显的优势。

(五) 超氧化物歧化酶(superoxide dismutase,SOD)

SOD 是一种能够催化超氧化物通过歧化反应转化为氧气和过氧化氢的酶，是一种重要的抗氧化剂，在自然界中广泛存在。利用廉价、来源广泛的动物血液制备 SOD，是 20 世纪 90 年代以前最常用的方法。由于这种方法存在交叉感染、其他污染物难以清除和过敏反应等风险，欧盟委员会已于 1999 年发文禁止将动物血液中提取的 SOD 用于人类的健康产业。但因为从动物血液中提取 SOD 成本低、工艺简单，很长时间内无法全面禁止。区炳庆等以鸭血为原料，加草酸钾洗涤，加入溶剂乙醇-氯仿、丙酮提纯后，得到纯度较高的 SOD。刘晓红等以猪血为原料，用铜、锌离子保护 SOD，两种离子的硫酸盐对 SOD 的保护较好。周全法等用 Mccord 方法和热变性法结合，从鹿血红细胞中提取 Cu/Zn-SOD，操作方法简单。周亚迪以新鲜鸭血为原料，通过 55.3 ℃的热变性处理，添加 3.9%硫酸锌，加热 12 min，得到的超氧化物歧化酶比活性为 224.37 IU/mg。

二、动物血液中功能性成分的应用研究

大部分动物血液一直作为废弃物被直接排放到环境中，不但污染了环境，还浪费了宝贵的生物资源。因此，将动物血液进行充分利用，开发血红蛋白和血红素铁等增值深加工产品，既能提高禽畜血液的经济附加值，又能减少环境污染，产生一定的社会效益。

(一) 食品补充剂

缺铁性贫血又称营养性贫血，如何通过食物提高铁的吸收和利用率非常重要。植物中所含的铁，大多以植酸铁、草酸铁等不溶性盐的形式存在，所以难以被人吸收、利用，其吸收率一般在 10%以下。动物血液和肝脏中的铁是以血红素形式存在的，容易被吸收、消化，其吸收率一般为 22%，最高可达 25%。

欧洲食品安全局(European Food Safety Authority)提出将血红素铁作为食品补充剂，因此，从动物血液中提取血红素铁作为营养强化剂添加到食品中以提高铁的吸收和利用一直是一个研究热点，而且相关产品已上市。如日本市场上最常见的血红素铁强化食品有饼干(每块饼干中含 0.5 mg 铁)、糖果(每粒糖果中含 0.7 mg 铁)和面条(每 100 g 面条中添加 100～200 mg 血红素铁)。我国研究和应用比较多的是在酱油、面条、面包、饼干、糕点、米粉等食品中强化血红素铁。其他国家还将血红素铁加在调味料、汤料、饮料、果冻、海带制品等食品中进行强化。可以发现，大多数国家选用谷物和调味料作为血红素铁的载体进行强化，而血红素铁的强化剂量可根据人群对象膳食中铁的供给量标准来确定。

NOTE

（二）食品着色剂

血红蛋白是一种理想的食品着色剂，可代替亚硝酸钠起发色作用，降低食品中亚硝酸根的残留，避免其形成致癌物质亚硝胺。亚硝基血红蛋白色调与亚硝基肌红蛋白一致，能满足人们对肉色的要求。亚硝基血红蛋白在肉制品中的应用，可以从根本上解决肉制品护色这一世界性难题，实现肉制品的低硝化、无硝化，为我国"放心肉工程"提供一种新型食品添加剂。国内外红色素的种类较少，主要有亚硝酸盐、辣椒红色素、玫瑰花红色素等。亚硝基血红蛋白与这些红色素相比，具有以下优势：①原料成本低，竞争力强；②提取纯化或合成成本低，而且提取纯化溶剂没有危害；③着色能力较强；④应用于肉制品，可实现肉制品的低硝化。同时，亚硝基血红蛋白还可作为补铁食品的功能因子，并提供优质蛋白质，替代火腿肠等产品中的大豆蛋白，降低产品生产成本。

（三）蛋白粉

动物血液中人体必需的 8 种氨基酸含量较高，因此，用血液制备的动物蛋白营养价值高，可以缓解我国蛋白资源短缺的困扰。在食品中添加动物血浆蛋白，市场前景更加广阔。动物血液经分离所得血浆，可以加工成血浆蛋白、血浆蛋白粉或脱色血浆蛋白粉。经研究，血浆蛋白完全能替代全能蛋白。目前血浆蛋白已用于食品工业，并日益受到重视。如用面粉和血浆蛋白粉加水按 5：1(质量比)制成的银丝面条，弹性好，色、香、味更优，群众接受率高，更受欢迎。用血浆蛋白制作的烘焙类糕点与用鸡蛋制作出的效果相同。将血浆蛋白粉与水加入午餐肉中，色泽更鲜艳，效果更好。德国和比利时把血浆蛋白粉作为食品黏合剂和乳化剂使用；瑞典、丹麦等国家将血浆蛋白替代大豆蛋白用于肉制品中；保加利亚用血浆蛋白粉来生产加工乳酪；俄罗斯则在饺子馅中加入血浆蛋白。另外，动物血浆蛋白在巧克力糖、饼干等食品中均有所应用。动物血浆蛋白不仅可以提高食品中蛋白质和铁的含量，而且食用安全可靠，工艺简单，有很大的应用价值。

（四）化妆品

SOD 被成功开发的领域是化妆品、牙膏等日化工业领域。世界各国对 SOD 化妆品如此追捧的原因如下：①抗氧化的作用，SOD 能有效防止皮肤衰老，祛斑和抗皱；②抗辐射的作用，SOD 可以防晒；③抗炎，SOD 可防止一些皮肤炎症。在国外的高级化妆品市场，SOD 是常用的护肤功能因子，欧美、日本等国家均在使用。SOD 复合酶美容霜性质平稳，在室温储藏半年仍可维持 SOD 的活性。皱纹、雀斑、粉刺、色素沉淀等肌肤问题通过 SOD 复合酶美容霜均可以有效解决，并且治疗效果好。比较经典的护肤产品包含修饰的 SOD 提取物和辅助材料(包括聚乙烯吡咯烷酮、糖、透明质酸、牛初乳提取物等)，其主要成分是生物分子修饰的 SOD，稳定性高于天然 SOD，对酸、碱的抗性增加，对蛋白酶水解的稳定性增加。经专用液处理后配合其他营养物质和稳定剂，可直接用于皮肤。此外，SOD 提取液还可以用于清除氧自由基。

（五）保健食品

利用动物血液提取、分离和纯化的功效成分较多。表 8-9 是动物血浆蛋白水解物在食品中的应用案例。

表 8-9　动物血浆蛋白水解物的应用

血液种类	应用	作用
猪血	功能食品	食品添加剂
牛血	降压药或抗高血压功能食品	ACE 抑制肽
猪血	降压药或抗高血压功能食品	ACE 抑制肽

NOTE

续表

血液种类	应用	作用
猪血	抗氧化功能食品	治疗肝氧化损伤
鹿血	肽冲剂	提高免疫力、抗氧化、降血压、抗衰老
牛血	化疗功能肽	抗基因损伤、减毒
猪血	功能肽	减毒
猪血	氨基酸补充剂	补充营养
猪血	铁离子补充剂	强化补充铁的吸收

从表 8-9 中可以看出，来源于猪血、牛血和鹿血的血浆蛋白水解物可制作成不同的功能食品、补充剂和配料，表现出提高免疫力、降血压、抗基因损伤等功能。近年来，从动物血液中制备水解蛋白、免疫球蛋白、干扰素等应用于食品工业已成为我国在动物血液资源利用上的一大进步。

三、发展趋势

目前，用动物血液开发功能性成分还存在以下问题：①产品种类少：尽管国内外对动物血液的开发已有了很大的进步，但是市场上的动物血液深加工产品种类还是比较少。②产品纯度低：功能性产品的纯度越高，作用就越强。目前国内外动物血液生物活性肽的纯度较低，活性较低。③生产成本高：利用动物血液提取功能性成分的技术没有突破，导致生产成本居高不下，这也是导致产品价格高的主要原因。

未来，研究人员应致力于突破传统技术限制，利用高新技术生产高科技功能性动物血液制品，尤其是开发高附加值产品，来提高动物血液的利用率，减少环境污染，变废为宝，提高经济效益。

本章小结

源自人类血液或血浆的治疗产品统称为血液制品，如人血清白蛋白、人免疫球蛋白、人凝血因子(天然或重组的)，用于治疗或被动免疫干预。《中国药典》(2015 年版)中血液制品的原料是血液血浆，人血浆中有 92%～93%是水，仅有 7%～8%是蛋白质，血液制品就是从这部分蛋白质中分离提纯制成的。常见的血液制品有人血清白蛋白、人胎盘血白蛋白、静脉注射用人免疫球蛋白、肌内注射用人免疫球蛋白、狂犬病人免疫球蛋白、破伤风人免疫球蛋白、人凝血因子Ⅷ、人凝血酶原复合物、人纤维蛋白原、抗人淋巴细胞免疫球蛋白等制品。在生产工艺方面，国内人血清白蛋白和人血免疫球蛋白类制品全部采用低温乙醇法；20%以上生产单位用压滤法代替离心法进行液固分离，大大提高了制品的产量；病毒灭活/去除处理、储藏方法多样，要根据血液制品本身的特点来选取合适的方法。

能力检测

(1) 简述血液制品的内涵。

(2) 简述人血清白蛋白的制备方法、保存方法。

(3) 简述人免疫球蛋白的制备、灭活方法。

(4) 凝血因子的制备方法是什么？

(5) 简述其他动物血液制品的应用及研究进展。

推荐阅读文献

[1] 侯继锋,张庶民,王军志.世界卫生组织血液制品管理规范及技术指导原则选编[M].北京:军事医学科学出版社,2012.

[2] 王憬惺.血液制品学[M].2 版.北京:人民卫生出版社,2003.

参考文献

[1] 闫文杰,李兴民.动物血液主要功能成分制备及应用研究进展[J].食品研究与开发,2018,39(16):215-219.

[2] 倪道明.血液制品[M].3 版.北京:人民卫生出版社,2013.

[3] 刘通一,刘文芳.世界原料血浆采集及其管理概况 [J].中国输血杂志,2009,22(2):165-167.

[4] 刘通一,刘文芳.世界原料血浆采集及其管理概况(续)[J].中国输血杂志,2009,22(3):245-248.

[5] 徐欢,周美玲,葛琳,等.人血清白蛋白在蛋白多肽类药物长效化中的应用[J].中国生物工程杂志,2019,39(1):82-89.

[6] 余谦,王勇,钱小红,等.一种转基因猪血中重组人血清白蛋白分离纯化新方法[J].分析测试学报,2019,38(5):539-545.

[7] 杜彬荣.药用人血浆蛋白制备的研究进展[J].医药导报,2015,34(1):81-83.

[8] 刘敏亮,杨笃才,阮景文,等.一种新的静注人免疫球蛋白制剂制备工艺的研究[J].中南药学,2015,13(4):376-378.

[9] 王晓峰,张美萍,刘自安,等.不同温度、时间制备新鲜冰冻血浆中各种凝血因子含量研究[J].临床输血与检验,2015,17(2):128-131.

[10] 肖乐宇.冷沉淀凝血因子制备仪制备冷沉淀的质量评价[J].中国输血杂志,2016,29(1):96-97.

[11] 卫乐红,时亚文,陈石良,等.血红素铁的制备及应用研究进展[J].食品与药品,2013,15(5):357-359.

[12] 张晓峰,王海花,潘春梅.100 kg 全价复合生物肽制备的中试研究[J].黑龙江畜牧兽医,2018(8):147-149.

[13] 张志慧,苏秀兰.生物活性肽在医药领域的研究进展[J].中国医药导报,2019,16(10):37-40.

(张 烨 岳 鑫)

第九章　生物技术药物的质量控制、药理毒理研究与注册

本章 PPT

学习目标

1. 掌握：生物技术药物研究与开发的方法、生物技术药物质量控制特点和具体内容。
2. 熟悉：重组蛋白的质量控制要点、生物技术药物非临床研究安全性评价主要内容。
3. 了解：生物技术药物研究与生产的相关法规和技术指南。

第一节　生物技术药物的研究与开发

生物技术药物是指采用DNA重组技术、单克隆抗体技术或其他生物技术并结合物理学、化学等学科的原理和方法，利用生物体、生物组织、细胞、体液等制造的一类用于预防、治疗和诊断相应疾病的生物制品。

1953 年 Watson 和 Crick 提出 DNA 双螺旋结构，开启了分子生物学时代，使遗传学研究深入到分子层次。1973 年，Lederberg 建立了 DNA 重组技术，证明可以在体外对基因进行操作。1975 年英国科学家 Milstein 和 Kohler 发明了单克隆抗体技术。1978 年美国科学家利用大肠杆菌表达出胰岛素，1982 年美国批准全球第一种利用生物基因工程技术生产的人源胰岛素上市，从此生物技术药物迎来了高速发展的时期。1983 年美国生物化学家 Mullis 发明了能够高效复制 DNA 片段的聚合酶链反应(PCR)，该技术可从极其微量的样品中大量生产 DNA 分子，使基因工程又获得了一个新的工具，从而形成了一个以基因工程为核心，以现代细胞工程、发酵工程、酶工程为技术基础的现代生物技术领域。

仅在 21 世纪初期，获批上市的药物就已近 80 种，国外生物技术药物的统计显示，目前生物技术药物主要的应用领域包括用于治疗癌症的单克隆抗体，用于治疗糖尿病、生长激素缺乏症、甲状腺疾病、低血糖等疾病的重组人激素，用于治疗贫血、皮肤病、神经性溃疡等疾病的促红细胞生成素，用于治疗血友病、血小板减少、急性心肌炎等疾病的重组血液因子，此外还有预防甲型肝炎、乙型肝炎的疫苗以及重组干扰素、白介素等。

一、生物技术药物研究与开发的全球化及我国的基本情况

生物技术药物领域是制药行业近年来发展很快的板块之一，2016 年其全球市场规模达到 2020 亿美元，同年我国生物技术药物的市场规模达到 1527 亿元人民币。2017 年，全球处方药市场销售额达到 8100 亿美元，全球最畅销 20 个产品的销售总额为 1349.2 亿美元，占全球处方药销售总额的 16.66%(表 9-1)，其中暂时还没有我国产品。这 20 种药物大多用于癌症、糖尿病、炎性症疾病及 HIV 或 HCV 感染的预防和治疗。各国正在大力发展以知名大学或研究机构为中心的研发核心区，旨在带动企业形成产业群。例如美国圣地亚哥和北卡罗来纳州的

三角公园，日本的筑波和千叶县，法国、瑞士和德国的金三角，以及韩国的大田等都已经形成有一定规模的以生物制药为目的的生物技术产业群。

表 9-1 2017 年全球销售额前 20 的药物

排名	通用名	应用	销售额/亿美元
1	阿达木单抗注射液	自身免疫性疾病和中重度活动性类风湿性关节炎	184.3
2	阿柏西普	视网膜疾病	82.3
3	来那度胺	多发性骨髓瘤	81.9
4	利妥昔单抗	癌症	81.1
5	注射用依那西普	自身免疫性疾病	79.8
6	曲妥珠单抗	乳腺癌和胃癌	75.5
7	阿哌沙班	房颤及深静脉血栓形成	74
8	贝伐珠单抗	晚期结直肠癌、乳腺癌、肺癌、肾癌、宫颈癌、卵巢癌及复发性恶性胶质瘤	72.1
9	注射用英夫利昔单抗	自身免疫性疾病	71.6
10	利伐沙班	降低非瓣膜性房颤患者的卒中及全身性栓塞风险，治疗深静脉血栓形成及肺栓塞，以及降低深静脉血栓形成和肺栓塞的复发风险	65.4
11	西格列汀	2 型糖尿病	59
12	甘精胰岛素	一款较长效的胰岛素类似物	56.5
13	Prevnar 13	13 价肺炎球菌结合疫苗	56
14	纳武单抗	多种适应证，包括黑色素瘤、头颈癌、肺癌、肾癌和血液肿瘤	49.5
15	培非格司亭	在癌症治疗期间用于降低感染的发生率	45.6
16	普瑞巴林	糖尿病周围神经病变相关的神经疼痛、带状疱疹后遗神经痛、纤维组织肌痛及与脊椎损伤相关的疼痛	45.1
17	索非布韦	HCV、HIV 感染	43.7
18	氟替卡松	哮喘治疗和慢性阻塞性肺疾病的维持治疗	43.6
19	富马酸二甲酯	多发性硬化症	42.1
20	优特克单抗	斑块状银屑病	40.1

（一）美国

作为现代生物技术的发源地，大量创新技术源于美国，其在生物技术产业方面有重要的地位。目前，美国拥有世界上约一半的生物技术企业和生物技术专利。美国政府在 1992 年发表的题为《作用中的新兴力量关键技术》的报告提出，软件、微电子、通信、先进制造、材料、传感器和成像技术对企业未来的发展至关重要，而生物技术是对全社会最为重要并可能改变未来的工业和经济的一项关键技术。在 2003 年，美国首先提出“转化医学”的概念，即“从实验室到临床”，旨在填补基础研究到临床应用的空缺。此后，美国高度重视转化医学并催生一系列行动计划，在许多大学建立转化医学中心。2011 年，美国食品药品监督管理局（Food and Drug Administration，FDA）对监管科学的发展与应用更高效地执行了医药产品的评估与批准程序，也增强了对产品使用过程的监控。2015 年，美国提出了“精准医疗计划”，推动了精准医学与个性化医疗的发展。

（二）日本

日本政府提出“生物产业立国”的目标，认为发展生物技术是实现可持续发展的有效途径之一。日本因此出台一系列相关政策鼓励促进生物技术制药的研究，例如：开办生物技术战略会议；颁布生物技术战略大纲以明确战略重点与实施方案；2004 年为生物技术相关专利的审核标准化与国际化出台《知识产权战略大纲》。2016 年世界首个完全批准的干细胞治疗产品 Temcell 在日本上市。近年，日本逐渐重视对监管科学的发展，为科技成果的转化提供了良好基础。

（三）欧洲各国

20 世纪 90 年代，生物技术制药成为欧洲技术发展的重要领域，英国、德国、法国等拥有良好的工业基础、众多跨国公司、良好的投资环境以及高科技平台与人才。欧盟也成立了对应的委员会来协调与促进各国之间生物技术的交流与发展。为指导研发企业进行生物类似药研究，2005 年欧洲药品管理局（European Medicines Agency，EMA）制定了《生物类似物指导原则》，并陆续出台 9 个针对不同品种的生物类似药指导原则。2013 年，EMA 批准了第一个结构与功能复杂的单克隆抗体类生物类似药，对复杂生物类似药的开发与结构研究有重要参考意义。

欧洲各国的生物技术产业模式不尽相同，研究中心的建立主要由政府出资，政府同时会协调研究中心与企业的合作与结合。欧洲投入大量资金推动其生物技术产业发展，同时欧洲各国立法以保障科研人员与企业的合作，并通过一些优惠政策鼓励创新，促进生物技术医药公司等高新企业的发展。

（四）中国

我国自 20 世纪 80 年代开始进行现代生物技术药物的研究，虽然起步稍晚，但发展较为迅速。1992 年我国生产的基因工程药物重组人干扰素 α-1b 上市，之后白介素-2、粒细胞集落刺激因子、促红细胞生成素、生长激素等在 20 世纪 90 年代中期分别获批在国内上市，几乎与欧洲同步。

2001—2017 年，由中国企业自主研发，经国家食品药品监督管理总局批准上市的“中国 1 类”大分子生物药共 23 个（表 9-2）。“十一五”期间，我国生物产业的发展较为迅速，年增长率达到21.6%，总产值从 6000 亿元提升至 16000 亿元。“十二五”期间，新兴产业发展得到政策支持，推动了我国现代生物产业的发展，产业规模年增长率达到 20%以上。截至 2017 年底，中国医药制造企业数量已近 8000 家。但我国的生物制药产业仍然存在一些不足，如产业结构尚不合理，还没有发展出具有国际最高竞争力的企业；生物技术制药平台不够完善，下游技术较薄弱，尤其是纯化处理技术与国际水平尚有差距；创新能力有待提高，缺乏有自主知识产权的原创性产品。

表 9-2　2001 年至 2017 年“中国 1 类”大分子生物药

通用名	靶点	适应证
重组埃博拉病毒病疫苗		埃博拉病毒性疾病
贝那鲁肽	GPL1R	2 型糖尿病
聚乙二醇干扰素 α-2b	INFAR1、INFAR2	丙型肝炎
肠道病毒 71 型灭活疫苗（Vero 细胞）	—	肠道感染
肠道病毒 71 型灭活疫苗（人二倍体细胞）	—	肠道感染
Sabin 株脊髓灰质炎灭活疫苗	—	儿童脊髓灰质炎病毒的预防

续表

通用名	靶点	适应证
康柏西普	VEGFA	黄斑变性
聚乙二醇重组人粒细胞刺激因子	CSF3R	中性粒细胞减少症
重组戊型肝炎疫苗	—	预防戊型肝炎病毒感染
碘美妥昔单抗	HAb18G/CD147	肝细胞癌
重组人尿激酶原	PLG	急性心肌梗死
A 群 C 群两价脑膜炎多糖结合疫苗	—	脑膜炎球菌感染
尼妥珠单抗	EGFR	头颈癌
外用重组人酸性成纤维细胞生长因子		烧伤、溃疡创面
重组葡激酶	PLG	急性心肌梗死
鼠神经生长因子	NGFR	正己烷中毒性周围神经病
鼠神经生长因子	NGFR	神经保护
重组人 5 型腺病毒	p53	鼻咽癌
重组人血管内皮抑制素	NCL、VEGFR、整联蛋白、α5β1	非小细胞肺癌
重组人血小板生成素	TpoR	血小板减少症
重组人脑利钠肽	NPR1、NPR2、NPR3	心力衰竭
外用重组人表皮生长因子衍生物	EGFR	烧伤、溃疡创面
重组牛碱性成纤维细胞生长因子	FGFR1	外伤

（五）我国生物技术药物面临的挑战与技术瓶颈

作为 21 世纪重要产业支柱之一，生物技术药物与人类的健康事业有重要的相关性。而我国尚缺乏对新药或是新型治疗方式的质量标准基础研究，如 CAR-T 等免疫疗法的质量控制研究尚属空白；治疗性生物技术药物的标准品研制滞后，不能满足我国生物技术制药产业日益增长的需求；对于监管科学的发展与发达国家相比有所欠缺，在标准指南的制定、质量及系统化方面尚与发达国家有较大差距；对于新型表达体系以及新型生物反应器所制备的生物技术药物尚缺乏研究与评价经验；对于新型的结构复杂的功能蛋白等尚缺乏先进的分析技术。

目前，新型药物和疫苗等产品已进入市场并产生了较好的经济效益。随着表达、纯化等生产工艺相关的技术以及质检与质控的方法逐渐成熟，生物技术药物将会有更好的发展空间。

二、生物技术药物研究开发与生产注册基本流程

（一）美国 FDA 药物审批过程

美国的药物审批体系在全球来说最为严格。试验性药物从实验室到患者需要 10～15 年的时间。一种新药从实验室研究到临床患者使用的过程平均消耗约 5 亿美元。5000 种进入临床前研究的化合物中，只有 5 种可顺利进入人体试验阶段，而这 5 种中只有 1 种可以获批上市。当一种新药完成实验室研究后，其发展可能经过至多 7 个阶段。

1. 临床前研究 其目的是通过体外试验与动物体内试验，证明其生物活性以及该药物所治疗的疾病，同时需要评价其安全性。

2. 递交临床研究申请 在开始人体临床试验前，研究者必须向美国 FDA 递交临床研究申请，而美国 FDA 会根据临床前研究结果进行评价，以避免临床研究出现不必要的风险。申请内容必须包括以下内容：动物药效与毒理研究结果，从临床前的数据结果分析对人是否安

全;生产工艺,即药物组成、生产商、稳定性以及质量控制等信息,这些参数与信息用于评估制药公司是否具备药品的批量生产能力与质控能力;临床研究方案和研究者,为确保受试者的安全,需要提供尽可能详细的研究方案,同时需要确认临床研究者是否具有相应的资质,是否经检查委员会审查批准,是否符合新药研究的法规。

递交临床研究申请之后,研究者需要等待 30 天,在这期间,美国 FDA 对申请的安全性进行一系列评估,通过后即可启动临床试验。

3. Ⅰ期临床试验 其目的是评估研究药物的安全性,包括安全剂量范围,给药方式,药物分布、代谢、清除等内容。受试者为 20～100 名健康志愿者。

4. Ⅱ期临床试验 其目的是评价药效,在 100～500 名志愿者(患有疾病)中进行对照试验,评价药物的有效性。

5. Ⅲ期临床试验 其目的主要是确定药物的有效性及副作用,在医疗机构的 1000～5000 名患者中进行。

6. 新药的注册(new drug application,NDA)申请 Ⅲ期临床试验结束后,收集所有动物以及人体的相关数据资料进行分析,结合药物怎样作用于人体、药物的制作流程等内容,形成一份详尽的申请资料提交给美国 FDA 评审。NDA 申请提出后 60 天内,美国 FDA 会根据研究是否完整来决定接受或者不接受该申请。

7. 获得批准 美国 FDA 批准 NDA 申请之后,医生就可以开出这种新药的处方。但公司仍需要将周期性的报告提交给美国 FDA。

(二) 快速通道、突破性疗法、加速批准和优先评审

为缩短新药和特需药的上市时间,美国 FDA 根据情况设置了四种加快审批的途径:快速通道、突破性疗法、加速批准和优先评审。

快速通道针对用于治疗严重疾病且能够填补非临床与临床数据的空缺的新药,或是被认定为抗感染用途的新药;突破性疗法是针对治疗严重疾病且初步临床试验数据显示与现有疗法相比能够明显改善临床终点的表现的新药;加速批准是针对一些医疗需求未得到满足的疾病而研究开发的新药;优先评审是针对用于治疗严重疾病,且一旦获批,将对现有疗法的安全性或有效性具有显著改善的新药。

(三) 我国生物技术药物的研发审批过程

我国生物技术药物的研发审批过程与美国类似,也可以大致分为 7 个过程,包括临床前试验、研发中新药申请、Ⅰ期临床试验、Ⅱ期临床试验、Ⅲ期临床试验、新药申请以及获得新药批件(图 9-1)。

三、全球及我国生物技术药物研究开发现状

(一) 基因治疗

美国 FDA 对“基因治疗”的定义为“基于修饰活细胞遗传物质而进行的医学干预”。将外源的正常基因或者有治疗效果的基因导入靶细胞,在基因水平调控细胞中缺陷基因的表达,修补缺陷基因或用正常基因代替缺陷基因等,可用来干预由于基因缺陷所引起的遗传病、免疫缺陷病,以及原癌基因的激活或者抑癌基因的失活导致的肿瘤等疾病。也可以通过干扰或破坏病原微生物的基因表达,从而抑制或杀伤病原微生物来达到治疗或预防目的。

基因治疗的策略可大致分为两类,一类是基因的修正与置换,即对缺陷基因精确地原位修复,不涉及基因组的其他任何改变,其主要的技术手段是将外源正常的基因在特定的部位进行同源重组,从而使缺陷基因在原位特异性修复。另一类是增强基因的表达或者对基因进行失活改造,即通过导入外源基因从而补偿缺陷基因的功能,或特异性封闭某些基因的翻译或转

NOTE

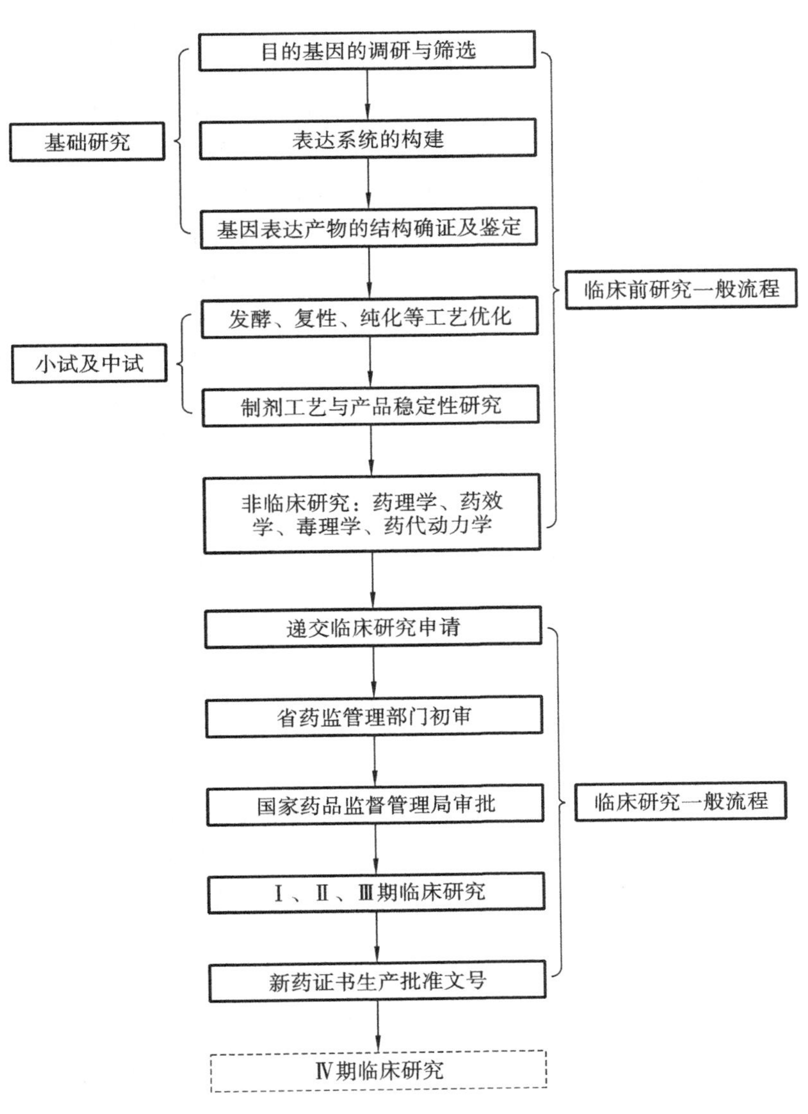

图 9-1　生物技术药物研发审批一般流程

录，以达到抑制某些异常基因表达的目的。

目前全世界已经有 2000 多个基因治疗方案进入临床试验，主要针对癌症、艾滋病、心血管疾病以及多种遗传性疾病。目前主要分为病毒载体基因治疗和非病毒载体类基因治疗。

1. 病毒载体基因治疗　目前常用的病毒载体主要分为 4 种，慢病毒载体(LV)、腺病毒载体(ADV)、腺相关病毒载体(AAV)以及单纯疱疹病毒载体(HSV)。仙台病毒、新城疫病毒以及痘苗病毒等也有作为基因治疗载体的潜力。

慢病毒载体主要用于血液病的治疗，如 β-地中海贫血症的治疗以及 CAR-T 免疫疗法。慢病毒载体也可以与 CRISPR/Cas9 技术相结合来应用于基因编辑，但由于 CRISPR/Cas9 在切割基因后存在载体自连问题，其成药性受到限制。

腺病毒载体的优势是其不整合进入宿主细胞的基因组，所携带的基因能达到较高的表达量；但腺病毒载体的表达时间较短且其病毒载体的免疫原性较强。腺相关病毒是一类单链线状 DNA 缺陷型病毒，不能独立复制，只有在辅助病毒(如腺病毒、单纯疱疹病毒、痘苗病毒)存在时，才能进行复制，否则只能建立溶源性潜伏感染。腺相关病毒主要应用于单基因遗传病的治疗，如血友病、LCA2 型先天性黑蒙症以及脂蛋白酯酶缺乏症等。腺相关病毒外壳无外膜，

NOTE

无致病性，免疫原性弱，结构稳定，在70%的人群中天然感染且外源基因可以长期表达，甚至有一些血清型(如AAV9)具有能够穿过血脑屏障等的特点，但由于其可插入基因片段的容量较小，其应用受到了限制。但腺相关病毒在治疗单基因罕见病中仍然表现出巨大的潜力。

单纯疱疹病毒主要由Ⅰ型单纯疱疹病毒(HSV-1)改造而来，是双链线状DNA病毒。其由于细胞毒性较强且免疫原性强，主要用于实体瘤的治疗，如T-Vec。

2. 非病毒载体类基因治疗 非病毒载体类基因治疗是指不通过病毒载体而以DNA药物、DNA疫苗或反义核酸药物等对活细胞遗传物质进行干预的治疗手段。随着人类基因组图谱的完善以及测序技术的进步，大量的潜在治疗靶点的基因序列被报道，同时核酸的合成与修饰技术的进步则为反义核酸药物提供了良好的发展条件。在2011年，一种编码重组血管内皮因子基因的质粒DNA治疗药物作为第一个非病毒载体基因药物在俄罗斯上市；2016年，一种反义RNA药物被美国FDA批准上市，用于治疗杜氏肌营养不良；同样是在2016年，美国FDA还批准了一种反义寡核苷酸药物用于治疗儿童与成人的脊髓性肌萎缩。

国家药品监督管理局批准了携带编码重组人干细胞生长因子的质粒基因治疗药物进入临床研究，用于治疗肢端缺血。我国在反义寡核苷酸基因治疗药物上也有所突破，以端粒酶hEST2为靶点的反义寡核苷酸抗肿瘤药已经进入临床前研究。

(二) 基因工程抗体

基因工程抗体又称重组抗体，即根据不同目的，采用基于工程的方法在基因水平对免疫球蛋白进行切割、拼接或修饰，并利用细胞表达所产生的新型抗体。基因工程抗体主要包括嵌合抗体、人源化抗体、单链抗体、双特异性抗体等。

1. 嵌合抗体 嵌合抗体是最早制备成功的基因工程抗体，是利用DNA重组技术，将鼠源抗体的V区基因与人源抗体的C区基因拼接为嵌合基因，插入表达载体并转入适当受体细胞表达而成的抗体。这样的抗体既保留了亲本鼠源抗体对抗原的识别与结合能力，又降低了其作为异源抗体的免疫原性。

嵌合抗体构建的简要流程：首先克隆鼠源抗体的可变区，然后将其连接到含有人源抗体恒定区基因表达的载体上，最后转入哺乳动物细胞中进行表达。

2. 人源化抗体 嵌合抗体分子的60%～70%是人源的，但因其重链可变区来源于鼠，仍然有能力引发免疫反应。为了降低抗体的免疫原性，使其得到更好的应用，基于互补性决定区(complementarity determining region，CDR)的移植技术的抗体得到开发。CDR在空间结构上可与抗原表位形成精密的互补结构。因此，抗体可变区的CDR能够直接决定抗体的特异性，而CDR移植技术就是将鼠源抗体的CDR移植至人源抗体可变区，使人源抗体获得鼠源抗体的抗原结合特异性。该类抗体称为改型抗体或人源化抗体，具有鼠源抗体的特异性与人源抗体的功能。

人源化抗体的构建流程：以人源抗体基因序列为骨架，以鼠源抗体的CDR序列置换人源抗体序列。全合成法是将可变区的两条序列分为若干片段且相邻片段有彼此的黏性末端，在此基础上合成所有片段并逐一连接到完整的可变区，再将片段插入质粒，即可用于人源化抗体的表达。定点突变法是将人源抗体的可变基因克隆出来，再根据鼠源抗体中的CDR序列合成对应的突变引物，以点突变的手段将鼠源抗体CDR序列替换人源抗体的CDR序列，将改造的CDR序列插入质粒，即可用于人源化抗体的表达。

3. 单链抗体(single chain Fragment variable，scFv) scFv是利用DNA重组技术将抗体重链可变区和轻链可变区通过长度为15～20个氨基酸的短肽基因序列连接后表达得到的抗体片段。scFv的制备包括scFv的基因表达载体构建与重组scFv的表达，单链抗体的制备关键是得到可变区的基因序列，根据抗体骨架区FR-1与FR-4的碱基组成和顺序分别合成抗体

NOTE

重链可变区和轻链可变区基因的 PCR 引物，扩增得到抗体重链可变区和轻链可变区的基因，之后用限制性内切酶进行酶切连接或用重叠延伸拼接法将两者连接成 scFv 基因并在大肠杆菌中表达。

4. 双特异性抗体(bispecific antibody，BsAb) 双特异性抗体是含有 2 种特异性抗原结合位点的融合抗体。之前对双特异性抗体的研究主要集中于将一个特异的抗原与效应细胞连接起来，例如，一个双特异性抗体能够特异性地识别并结合肿瘤细胞上的抗原，同时它也能识别并结合 T 细胞上的 CD3 抗原。这样，双特异性抗体能在靶细胞(肿瘤细胞)和功能分子(效应细胞)之间架起桥梁，激发具有导向性的免疫反应。最近的一些研究发现，双特异性抗体能同时结合两个疾病相关的靶抗原，其阻滞以及中和作用也都增强了，这在一定程度上解决了单克隆抗体药物单一靶点治疗中可能出现的代偿现象。

5. 基因工程抗体发展趋势 抗体作用的机制比较明确，所以其作为药物开发的优势很明显且成药的概率较高。最新数据显示进入临床研究以及获得国家药品监督管理局批准的抗体药物数量再创新高；全球共有 570 多种抗体药物处于不同的临床研究阶段，其中 62 种处于后期临床研究阶段；抗体药物从Ⅰ期临床试验直至批准上市的成功率较高，根据应用领域的不同，成功率可达到 17%～25%。

(1) 抗体-药物偶联物(antibody drug-conjugate，ADC)。

抗体-药物偶联物是指以共价键连接的方式将具有生物活性的小分子药物连接到单克隆抗体上构建而成的药物。通过此类修饰，抗体-药物偶联物既具有单克隆抗体对抗原特异性结合的能力，也有小分子化合物广泛的生物活性。这一优势使得抗体-药物偶联物成了抗体药物研究的热点。目前全球已有 4 种抗体-药物偶联物产品上市，国内目前并没有抗体-药物偶联物产品上市，但已有多家企业布局，截至 2018 年 8 月，我国已有 18 家企业申请了 16 个抗体-药物偶联物相关产品开展相关临床试验。

(2) 三功能抗体(trifunctional antibody，TriomAb)。

三功能抗体除了有两个不同的抗原结合位点之外，还有完整的 Fc 片段，其两个抗原与双特异性抗体的选择类似。而完整的 Fc 片段可以结合具有 Fc 受体的作用细胞，如单核巨噬细胞、自然杀伤细胞、树突状细胞等作用细胞，与 CD3 介导的 T 细胞一起作用于肿瘤，提高对肿瘤的杀伤力。

(3) 新靶点、结构、表位抗体。

越来越多的新抗体药物进入临床研究，2014 年 9 月美国批准程序性死亡蛋白-1(PD-1)单抗上市，用于治疗不可手术的黑色素瘤。肿瘤微环境中 PD-1 通路持续激活，T 细胞功能被抑制，无法杀伤肿瘤细胞。PD-1 的抗体可以阻断这一通路，部分恢复 T 细胞的功能，使这些细胞能够继续杀伤肿瘤细胞。而抗体药物的作用范围也不仅仅局限于代谢、肿瘤、炎症以及免疫细胞等方面，针对高血脂、骨质疏松、阿尔茨海默病等疾病的抗体药物也在研发当中。

(三) 基因工程疫苗

疫苗传统的概念是指将病原微生物及其代谢产物通过人工减毒等方法制备，用于预防传染病的免疫制剂。基因工程疫苗是指采用基因工程技术，克隆表达保护性抗原基因并将其表达的抗原产物用于疫苗的制备。

1. 疫苗的发展 "疫苗之父"巴斯德运用物理、化学、微生物学等方法，以降低其毒力为目的来处理病原微生物，并以低毒的病原微生物接种到人体，用来预防烈性传染病，这便是疫苗最初的发展历程。卡介苗是减毒活疫苗的实例，科学家将一株牛型结核分枝杆菌在离体培养基中连续培养 200 代以上，历经 13 年得到了减毒的卡介苗。1928 年卡介苗开始在全世界范围广泛使用。20 世纪初期研制的卡介苗、炭疽杆菌疫苗、狂犬病疫苗拯救了无数生命，使得这

些烈性传染病得到了控制。

20 世纪 70 年代开始，分子生物学技术的突破使得疫苗研究得到飞速发展。传统方法难以获得大量以及高纯度的抗原进行研究和生产，而基因重组技术则可以提供充足的试验原料，并且基因重组技术使得病原微生物的研究更加安全。乙肝疫苗的成功是基因重组疫苗重要的一个里程碑，1986 年成功通过基因工程技术制备了乙型肝炎表面抗原，并最终作为乙肝疫苗应用于临床。

21 世纪初，基因组学与蛋白组学的进步使得科学家可以从全基因水平来筛选具有保护性免疫反应的候选抗原。大规模、高通量、自动化以及计算机分析的研究方式能够在短时间内完成大量候选抗原的筛选工作。

2. 疫苗的研究进展

(1) 核酸疫苗。

核酸疫苗的出现与发展在疫苗的发展史上有重要的意义，1991 年 Williams 等发现外源基因输入体内的表达产物可以诱导免疫应答。之后，大量的研究表明在适当的条件下接种 DNA 能够产生细胞免疫与体液免疫，此类 DNA 疫苗在 1994 年被命名为“核酸疫苗”。

(2) 治疗性疫苗。

治疗性疫苗是指针对已感染疾病或已患病的机体，通过注射疫苗以诱导特异性的免疫应答，从而达到治疗或防止疾病恶化的目的。近年来，国外部分针对肿瘤的治疗性疫苗已进入临床研究阶段，而肿瘤治疗性疫苗的来源包括肿瘤细胞自身、肿瘤细胞裂解物、纯化的相关蛋白、合成的蛋白多肽等物质或是含有肿瘤抗原基因的病毒或质粒载体等。例如法国研发的用于治疗非小细胞肺癌的疫苗在Ⅱ期临床试验有着出色的表现，可延长不吸烟或是较少吸烟的患者生存期 2.5 倍左右。

随着生物技术的发展，预计在 21 世纪，联合疫苗、可控缓释疫苗、偶联疫苗、DNA 疫苗、治疗性疫苗等的技术将会有较大的进展。

3. 疫苗研究所面临的困难 禽流感、病毒性肝炎、艾滋病等传染病仍然威胁着人类的健康，而疫苗的研制与改进是人类预防传染病最有效的手段，但疫苗的研制面临着某些疾病的机制尚不明确、疫苗的研发周期长、疫苗产业化需要较大量资金等问题。

（四）重组蛋白

重组蛋白是应用 DNA 重组或 RNA 重组技术获得的蛋白质。随着基因组学与蛋白组学的发展，未来将会有越来越多的功能基因被克隆和表达，相应重组蛋白的种类和数量也会更加丰富。

(1) 目的基因的获得与功能研究。

目的基因可以是新功能基因，或是对已发现的基因进行改造后的基因。而基因功能研究包括对相关的调控基因、编码的蛋白的理化特性的研究以及对相应动物模型的研究。基因可以通过不同的克隆方法以及全合成的方式获得。基于人类基因组计划的结果，对测得的序列进行功能分析也显得尤为重要，通过大量的筛选以及验证后，可确定疾病相关的基因作为研究对象，开发对某种疾病有治疗或者抑制作用的蛋白药物。

(2) 目的基因的鉴定。

在重组蛋白药物的研究中，基因信息与基因功能的资料也较为重要。开发者或研究者需要对所有与目的基因获得相关的原始资料进行保存，例如引物的设计、模板的选取、酶切位点、相关电泳图、载体的选用以及构建的示意图等。此外，还需要将克隆得到的片段与数据库中的参考序列进行同源性比较。

NOTE

(3) 表达载体的筛选与构建。

筛选表达载体的目的在于，在保留目的蛋白的生物活性的同时提高目的蛋白的产量。此外也需要从其复性、纯化等工艺的复杂程度、培养的难度以及成本的高低等多方面综合考虑。

(4) 表达系统。

大肠杆菌表达系统是较为成熟的表达系统，适合表达非糖蛋白以及二级结构较为简单的蛋白质，产物大多是包涵体，需要经过复性。酵母表达系统适用于表达大量蛋白质与部分糖基化蛋白，产物一般分泌到胞外，其主要的优势在于作为真核表达系统，比哺乳动物类细胞表达系统更容易实现高表达。哺乳动物类细胞表达系统适用于表达糖基化蛋白或者空间结构较为复杂的蛋白，可在构建载体时在目的蛋白前端加一段信号肽，产物便能够被运输到胞外。其他表达系统还包括芽孢杆菌、丝状真菌、昆虫细胞、CHO 细胞等，重组蛋白也可以利用转基因动物的乳腺或者植物产生。

(五) 多肽药物

多肽药物可用于对疾病进行预防、治疗和诊断。多肽是指氨基酸通过肽键相互偶联而形成的一类化合物，其本质是蛋白质，常将 10 个以下氨基酸缩合而成的多肽称为寡肽，将相对分子质量不大于 10000 或氨基酸数目不大于 50 的肽链称为多肽，将相对分子质量大于 10000 或氨基酸数目大于 50 的肽链称为蛋白质。自然界中存在大量具有生物活性的多肽，它们参与多种生理过程的调节，涉及分子识别、信号转导、个体发育和细胞分化等过程，被广泛运用于多种疾病的治疗。药用多肽大多源于体内内源性肽或天然多肽，结构清楚且作用机制相对明确，可进行进一步修饰和改造，具有极大的开发潜能。

1. 多肽药物的种类 目前研究和开发较多的多肽药物主要有靶向多肽/穿膜肽、抗肿瘤多肽、抗菌活性肽、抗代谢性疾病多肽、多肽疫苗、细胞因子模拟肽、诊断用多肽等。

(1) 靶向多肽/穿膜肽。

靶向多肽/穿膜肽是目前多肽研究领域的热点，主要指通过噬菌体展示库技术等大规模筛选所获得的在某类细胞特异性聚集或与某种分子特异性结合或特异性穿透磷脂双分子层的一类多肽。靶向多肽/穿膜肽一般不单独成药，而是作为辅助工具与其他多肽药物杂合或与小分子偶联，从而将药物导向作用部位，同时可减弱其毒副作用。

(2) 抗肿瘤多肽。

目前针对抗肿瘤多肽的研究主要集中于筛选可特异性结合与肿瘤发生、发展、增殖和转移密切相关的调控基因/分子的多肽，从而阻断参与肿瘤增殖、转移等关键过程的信号通路，诱导肿瘤细胞凋亡，进而发挥相应的抗肿瘤作用。

(3) 抗菌活性肽。

抗菌活性肽是一类具有抗菌活性的多肽，相对分子质量为 2000～7000，多由 20～60 个氨基酸组成，包括天然抗菌活性肽和人工合成活性肽。抗菌活性肽多具有强碱性、热稳定性以及广谱抗菌等特点。

(4) 抗代谢性疾病多肽。

近年来，代谢性疾病相关多肽研究火热，已发现多种多肽能发挥多种作用，如刺激胰岛素分泌、抑制胰高血糖素分泌、促进瘦素产生和增强骨骼肌功能等，其代表性例子包括普兰林肽和胰高血糖素样肽 1 等，可用于多种代谢性疾病的治疗。

(5) 多肽疫苗。

多肽疫苗是按照病原体抗原基因中已知或预测的某段抗原表位的氨基酸序列，通过化学合成技术制备的疫苗。多肽疫苗通常不存在毒力回升或灭活不全的问题。

(6) 细胞因子模拟肽。

细胞因子模拟肽指通过筛选得到的能与细胞因子受体特异性结合，发挥细胞因子活性的

一类多肽，其序列通常区别于传统细胞因子。

（7）诊断用多肽。

诊断用多肽一般源自致病体或肽库筛选，用于检测体内是否存在病原微生物、寄生虫等的抗体。目前常用的诊断用多肽多针对肝炎病毒、人类免疫缺陷病毒等抗体的检测。

2. 多肽药物目前主要面临的问题

（1）体内不稳定性。

多肽药物进入体内后容易被血浆和胃肠道中的蛋白酶水解成片段肽或氨基酸，同时在体内可产生如吸附、聚集和沉淀等物理变化以及氧化、水解、消旋、糖基化等化学变化，从而降低了多肽药物的半衰期，并影响其活性。

（2）免疫原性。

许多多肽药物是通过人工筛选、合成而得到的，并非在体内天然存在，因此其相对于机体属于外源性物质，能够作为抗原刺激特定的免疫细胞，使免疫细胞活化、增殖、分化，最终产生免疫效应物质抗体和致敏淋巴细胞，使机体产生不良反应，如过敏反应，对机体造成损伤，从而限制了多肽药物等大分子药物的使用。

3. 多肽药物开发策略

（1）化学修饰。

合适的化学修饰方法可增强多肽药物的活性，提高其热稳定性，并帮助抵抗蛋白酶降解，从而延长其半衰期。目前运用最广泛的化学修饰剂为单甲氧基聚乙二醇（m-PEG），其次为多糖类如葡聚糖、聚蔗糖，近年来利用长链脂肪酸或聚烯属羟基化合物对多肽药物进行修饰也是研究热点方向。以研究较为成熟的 PEG 化修饰为例，m-PEG 以共价键方式与多肽连接，对多肽表面的氨基进行修饰，可有效改变药物在体内的分布和药效学特性。PEG 化修饰后多肽的半衰期可延长几倍到几十倍，同时多肽的免疫原性有部分降低，溶解性也有所改善。

（2）基因融合。

基因融合技术可增大多肽药物的相对分子质量，改善其与受体的亲和性。目前针对多肽药物最常采用的基因融合方式为将其与人血清白蛋白（HSA）融合。人血清白蛋白是天然的载脂蛋白，具有较大的相对分子质量（约 66000），无免疫原性且生物相容性较好，半衰期达两周。1990 年，英国便首次将人血清白蛋白与多肽药物相融合以提高多肽药物半衰期，临床数据表明该融合蛋白的体内清除速率降低了近 50 倍。

（3）制剂手段。

剂型的选择、制剂方法的优化等也是多肽药物二次开发常用办法。目前针对多肽药物脂质体的开发较为成熟，已有米伐木肽脂质体、谷胱甘肽脂质体和多种脂质体流感疫苗上市。PLGA 微球是另一种研究较为成熟的缓释载体，负载药物后可实现数天甚至数月的药物持续释放，目前以 PLGA 为载体的药物如艾塞那肽微球、奥曲肽微球、亮丙瑞林微球等多个产品均已上市销售，其市场效应不亚于实体分子。近年来，植入剂型也有了一定的发展，可实现对多肽药物的缓、控释放，且均占据了一定的市场份额。

（六）长效类蛋白药物

除部分抗体药物外，蛋白药物的相对分子质量一般小于 50000，因而肾小球滤过率较高，体内稳定性差，容易被各种酶剪切或降解，造成其血浆半衰期短。为了确保药物疗效，在临床应用中只能通过增加使用频次和加大使用剂量来达到治疗目的，增加了患者的身体负担和经济负担，且容易引发系列不良反应。为了延长蛋白药物的半衰期，长效类蛋白药物应运而生。长效类蛋白药物指通过化学修饰、基因融合或制剂手段等方法对蛋白药物进行改造而得到的一类半衰期较长、免疫原性较低的新型蛋白药物。

1. 化学修饰 目前通过化学修饰对蛋白药物进行长效改造已发展成一种相对成熟的手段，常用的修饰手段主要有聚乙二醇(PEG)化修饰、饱和脂肪酸修饰、聚烯属羟基化合物修饰和多糖类修饰等，其中 PEG 化修饰运用最为广泛。PEG 类修饰剂具有高度的亲水性和水溶性，无毒性，无免疫原性，可在体内自行降解，PEG 以形成共价键的方式与蛋白质表面的氨基进行偶联，可有效改变蛋白药物在体内的分布和药效学特性，如降低其肾脏清除率、免疫原性和抵抗蛋白酶降解等。目前 PEG 化修饰已运用于 40 多种蛋白药物的修饰，如猪血清白蛋白(PSA)、肿瘤坏死因子 α(TNF-α)、白介素-2(IL-2)等，其中数十种已上市销售，如用于治疗类风湿性关节炎和克罗恩病的 PEG-TNF-α 抗体 Fab 段、针对肾病引发贫血的药物 PEG-EPO、治疗肢端肥大的药物 PEG-生长激素拮抗剂等。PEG 化修饰技术虽然成熟，但也暴露出一定的缺点。如 PEG 在体内降解生成的低相对分子质量产物具有潜在的肾脏毒性，同时 PEG 化修饰可能引入杂质，增加了纯化和制剂的生产投入。此外，PEG 化修饰的使用具有一定的局限性，部分蛋白修饰位点不能充分暴露，造成极低的产率，部分蛋白修饰后发生构象变化从而影响其活性。

2. 基因融合技术 基因融合技术主要通过 DNA 重组技术，将效应蛋白和分子伴侣进行基因重组后再进行表达，从而获得全新的重组蛋白。基因融合类蛋白药物主要依靠分子伴侣的长效机制，增加蛋白药物的相对分子质量，降低肾脏的清除率，从而延长蛋白药物的半衰期。相比 PEG 化修饰，通过基因融合技术改造蛋白更加灵活简便，且获得的产物产量较大、纯度更高。此外，基于蛋白作用的构效关系，可将基因融合技术与定点突变技术等结合，对蛋白药物进行更加全面、合理的设计。目前常见的融合蛋白药物有 Fc 融合蛋白和 HSA 融合蛋白两大类。其中，Fc 融合蛋白技术是目前研究最多、发展最快的蛋白融合技术，融合对象涉及配体蛋白、受体结构域和多肽等。Fc 片段属于免疫球蛋白 G 保守区的一部分，由 Hinge、CH2、CH3 组成，包含启动 ADCC、CDC 的功能域及延长其半衰期的 FcRn 结合域。在 pH<7 的内涵体中，抗体与 FcRn 结合，在其介导作用下，抗体回到细胞外于中性条件下与 FcRn 解离，避免了抗体进入细胞后直接从溶酶体降解的风险，从而实现长效的目的。蛋白药物 Fc 融合后可抵抗降解，延长半衰期，目前已有多种 Fc 融合蛋白药物上市销售。

（七）干细胞、免疫细胞和组织工程

1. 干细胞 干细胞(stem cell)是一类具有自我复制能力且具有分化潜能的细胞。原始的未分化的干细胞在一定条件下可以分化成细胞，如心肌细胞、神经细胞、血细胞等。干细胞技术是近年发展起来的高新技术，因干细胞高度的可塑性，其在组织器官移植、细胞治疗、组织工程以及新药筛选等方面的应用，成为生命科学领域研究热点之一。

人体几乎所有组织都存在成体干细胞，如果不加以外界干预，成体干细胞会倾向于分化成该组织的各类细胞，如造血干细胞在体内会分化成不同的血细胞。而在特定的条件下，一种成体干细胞可以分化为其他组织的功能细胞，如造血干细胞可以在特定条件下分化为肝细胞。近年来，干细胞是如何分离纯化成体干细胞以及干细胞“横向分化”的原理已成为研究热点。

我国已有超过 30 年的干细胞研究历史，目前已经有一定的研究基础。造血干细胞、胚胎干细胞、克隆性治疗以及组织干细胞等方面的研究与应用已大量展开，在定向诱导、分化调控、组织干细胞分离等方面取得了一定进展。为更好地促进干细胞的研究并为研究提供指导，国家卫计委、国家食品药品监督管理总局于 2016 年成立专家委员会，并颁布了《干细胞制剂质量控制及临床前研究指导原则(试行)》。

2. 免疫细胞 免疫细胞是指参与免疫应答或与免疫应答相关的细胞，包括淋巴细胞、树突状细胞、单核巨噬细胞、粒细胞、肥大细胞等。免疫细胞可以分为多种，在人体各组织中担任重要角色。

免疫细胞治疗的主要原理是将患者的免疫细胞在体外经过细胞因子或肿瘤相关抗原处理后，经过扩增纯化再回输到机体，以期发挥免疫治疗的作用。有部分研究以肿瘤组织直接制备瘤苗，在某些疑难疾病的治疗中也显示出较好的效果。目前我国已有针对自体免疫活细胞、自体树突状细胞、自体CIK细胞等十余个细胞治疗产品进入临床和申报阶段。

CAR-T免疫疗法是近年发展较为迅速的细胞治疗技术，包括采血、T细胞分离、激活与扩增、感染CAR、质控、回输等步骤。Kymriah和Yescarta是两种嵌合抗原受体CAR-T新药物，分别被美国FDA批准用于治疗3～25岁复发或难治性急性淋巴细胞白血病和非霍奇金淋巴瘤。

3. 组织工程 组织工程这一术语在1987年被美国国家科学基金委员会确定。组织工程学指根据细胞生物和工程学的原理，将具有特定生物活性的组织细胞与生物材料相结合，在体外或体内构建组织和器官，以维持、修复、再生或改善损伤组织和器官功能的一门学科。1991年科学家将软骨细胞与可降解材料相结合并在裸鼠体内形成新的软骨组织；1994年研究者以PGA塑型的载体结合软骨细胞，获得半透明的软骨；1997年，科学家利用半透明软骨在裸鼠的背上制备了人耳形耳廓；2007年，由我国研究人员开发的ActivSkin被国家食品药品监督管理总局批准成为中国首个组织工程学产品，标志着中国成为世界上第二个拥有人工皮肤技术的国家；2010年我国科学家开发的一种骨修复支架获得批准。

第二节 生物技术药物非临床安全性评价

一、非临床安全性评价概述

药物非临床安全性评价是指先于临床试验所进行的毒理学试验，即通过指定的毒理学程序和方法评价药物对机体可能产生的伤害程度（包括机体损伤，疾病或死亡），由此推及至正常使用条件下药物对使用人群的健康是否产生影响。

生物技术药物非临床安全性评价的手段与化学药物基本一致，主要为通过相应的毒理学试验评估药物产生的毒性反应，包括产生毒性反应的最小剂量，严重中毒剂量，最小致死剂量，毒性反应的起始、持续及结束时间，用以判断药物作用剂量和时间与毒性的关系并确定毒性剂量和安全范围等；通过检测药物对血液生化参数、病理生理学指标等的影响，确定药物作用的部位、毒性机制、毒性反应的性质等。简要来说，药物非临床安全性评价的目的如下：通过试验证据确认药物的安全性，作为Ⅰ期临床试验前期支持数据；为临床试验确认药物的安全起始剂量和范围；在药物开发中获得最大的利益与危险性比例；发现潜在或未知的药物毒性、靶器官及可逆性等；通过广泛检测，发现未知的毒性，为临床研究提供新的毒性考量指标。然而，生物技术药物非临床安全性评价的方法和内容与常规化学药物仍存在部分不同，生物技术药物的非临床研究需更多地结合生物药物的特点，针对具体问题进行具体分析，采取个性化的手段来评价其安全性，为该类技术药物的后续临床研究和上市审核提供支撑。

不同类型的生物技术药物具有不同的特点，因此其非临床安全性评价也具有一定的特殊性。限于篇幅，本节主要以多肽药物为例，介绍生物技术药物的临床前研究与安全性评价。非临床安全性评价的主要目的是确定药物在人体内可能的不良反应。鉴于多肽药物有别于传统化学药物，因此基于传统化学药物建立的安全性或毒性试验不一定适用于多肽药物。多肽药物自身及作用受体和相关代谢酶的基因序列存在种属间差异，人源蛋白及多肽药物与其他动物种属间也可能有一定差别，因此对某些模式动物可能没有明显效果。对多肽药物的非临床安全性评价应采取更加灵活的策略，除一般药物的毒性试验外，其他如药代动力学试验、药理

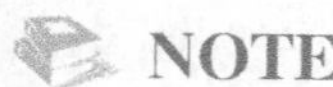

学试验、生理学试验以及致畸和致突变等试验，应根据多肽药物的具体性质，与国家检定机构和药品审评中心共同确定具体的试验项目、方法和判定标准。

二、非临床安全性评价的一般原则

（一）研究方法的特殊性

生物技术药物在结构和生物学性质上存在一定的专一性和多样性，包括种属特异性、多组织亲和性、免疫原性等。因此，针对生物技术药物的常规毒性试验应区别于普通的常规药物，应根据具体情况设计研究内容、研究方法、检验标准等。

（二）样品检测的个性化

应根据具体生物技术制品的设计思路（包括分子结构设计、药物作用受体、药物作用机制、创新性评价等）、质控标准、非临床安全性特点、临床特点（包括临床适应证、临床拟用药剂量、同类型药物前期经验、预期重要不良反应等）和药品注册分类及申报要求、其他相关指导原则等进行具体的分析。

（三）毒理试验的规范化

生物技术药物的相关临床前毒理学试验条件、检测方法等应符合《药物非临床研究质量管理规范》（Good Laboratory Practice，GLP）的要求。但对于不同类型的新药制订千篇一律的试验方法显然是不合适的，试验方法本身也应不断更新和发展，因此 GLP 只是作为一种客观的技术指导原则，并不强求固守其中的试验方法。若能提出更加科学严谨、更适合评价新药安全性的试验方法，其细节并不一定需要完全符合技术指导原则。

（四）生物安全的通用化

待检验药物涉及生物污染问题时，应符合 GB 19489—2008《实验室生物安全通用要求》的规定。该标准规定了实验室生物安全管理和生物安全分级、实验室设施设备的配置、个人防护和实验室安全行为的要求。该标准为生物安全的最低要求，此类实验室同时应符合国家其他相关要求规定。

三、基于生物技术药物生物学特性的安全性评价原则

生物技术药物区别于化学药物，其活性一般较强，具有一定的种属特异性，且可能引起相应的免疫反应，因而对生物技术药物进行安全性评价时需充分考量相关因素。

（一）种属特异性

不同模型动物中多肽药物的作用靶点在结构、介导的信号通路等方面可能存在一定的差异，因而对多肽药物表现出的反应不同。对于此类药物的安全性评价应充分考虑药物作用的种属特异性，采用能反映多肽药物活性的模型动物进行相关安全性研究。

（二）免疫原性

免疫原性指机体针对某种抗原产生特异性的免疫应答，包括体液免疫和细胞免疫。许多生物技术药物，如多肽药物和蛋白药物等相对分子质量往往较大，对于试验动物来说均为异源分子，具有一定的免疫原性，会引起体液免疫和细胞免疫，产生相应的抗体，影响对药物药效学和毒理学参数的判断。因此涉及生物技术药物的安全性评价时，应充分考虑其免疫原性，长期给予试验动物外源多肽、蛋白药物可能导致免疫系统疾病，对药物临床价值的评估造成干扰。同时，若生物技术药物刺激机体产生相应抗体，中和生物技术药物自身的活性，掩盖其生物活性或毒性，则可能造成假阴性试验结果，影响生理毒理学研究的长期进展。因此，对生物技术药物的安全性评价、试验结果分析、临床相关性分析等应充分考虑其免疫原性。

（三）功能多样性

生物技术药物的生物活性较强，通常具有广泛的作用靶点/受体，因而产生多种病理生理效果，包括预期药效和非预期毒性等。相应受体分布在重要生命器官如肝、心、脑等时，可能出现严重的非预期不良反应。例如胰岛素样生长因子（insulin-like growth factor，IGF）具有促进有丝分裂的作用，但其分泌细胞广泛分布在人体肝、肾、肺、心、脑和肠等组织中，因此可能促进肿瘤细胞的增殖，同时可影响中枢神经系统的正常功能。对此类药物进行安全性评价时应注意其作用特点，考虑到非目的作用所带来的影响。

四、药物非临床安全性评价的必要性

20 世纪以来全球药物致死事件频繁发生，间接推动了药物安全性评价的发展。20 世纪 60 年代，“反应停事件”导致欧洲出现了万名海豹肢畸形婴儿；70 年代普拉洛尔在全球范围内引起了超过 100 万例的眼-皮肤黏膜综合征；80 年代非尔氨酯带来了严重的再生障碍性贫血和肝脏毒性；90 年代替马沙星引起大范围的溶血性贫血和肾脏衰竭情况。1980—2001 年间美国 FDA 宣布从美国市场撤回了近 20 种处方药，如舒洛芬、芬氟拉明、特非那定、苯丙醇胺等。据不完全统计，1960—1999 年间，全球有超过 120 种处方药因安全性问题而撤市。频发的药物中毒灾难事件使世界各国政府认识到新药的安全性评价的重要性，各国政府明确了相应的主管机构，并根据新的问题进一步修订和完善了药物安全性评价的规范和准则（我国目前生物技术药物相关主要管理法规和技术指南见表 9-3），旨在为药物提供更加严格的安全性评价。

表 9-3　我国目前生物技术药物相关主要管理法规和技术指南

法规/指南名称	颁布机构	年份
《人用重组 DNA 制品质量控制要点》	CFDA	1992
《生物制品生产企业 GMP 检查指南》	WHO	1994
《生物技术产品/生物制品稳定性试验》	FDA	1995
《DNA 疫苗质量保证指南》	WHO	1997
《生物技术药物的临床前安全性评价》	ICH	1997
《人用鼠源单克隆抗体质量控制要点》	CFDA	1999
《人用药物安全药理学研究指导原则》	ICH	2000
《人用重组 DNA 制品质量控制技术指导原则》	CFDA	2003
《人用单克隆抗体质量控制技术指导原则》	CFDA	2003
《人基因治疗研究和制剂质量控制技术指导原则》	CFDA	2003
《预防用 DNA 疫苗临床前研究技术指导原则》	CFDA	2003
《艾滋病疫苗临床研究技术指导原则》	CFDA	2003
《人用药物免疫毒性研究》	ICH	2005
《预防用疫苗临床前研究技术指导原则》	CFDA	2010
《生物类似药研发与技术评价指导原则（试行）》	CFDA	2015

近年来，随着贸易全球化的不断深入，世界各国在药物研发领域的合作交流日益密切，药品非临床安全性评价也逐渐趋向国际化和统一化。经济合作与发展组织（Organization for Economic Cooperation and Development，OECD）提出了新化合物上市前最低限度的安全性评价项目，旨在统一各国化合物（包括药物）安全性评价方法，使成员国间的评价结果相互流通，按此标准进行的相关毒理学试验可被成员国间相互认可。同时，人用药品注册技术管理国际

协调会也在推动各国共同认同的安全性评价试验方法建设，致力于促进建成全世界认可的国际标准。

五、生物技术药物非临床安全性评价的组成

生物技术药物的非临床安全性评价区别于化学药物，不可和化学类药物同日而论，不可仅依靠对终产物的毒理学评价来判定，而应该从以下四个方面控制产品的安全性。

（一）产品的特征

生物技术药物常涉及较新或较复杂的技术领域，在证明产品质量、安全性和功效时应重点考察产品特征。

（二）生产过程

原料的制备、中间产物的加工和质量控制、加工程序、生产一致性评价、稳定性评价、批签发，包括规格、效价、无菌、纯度、均一性、异常毒性等。

（三）体外试验

完整的生物技术药物非临床安全性评价应将体内试验和体外试验相结合。

（四）体内动物试验

一般使用啮齿类和非啮齿类动物，包括一般安全性试验、神经毒性试验、免疫原性试验、热原试验、生物分布试验、整合试验、药效学试验、毒理学试验（包括急性毒性试验、长期毒性试验、局部药物毒性试验、生物活性评价试验、免疫原性评价试验、生殖毒性试验、遗传毒性试验、致癌试验等）。

六、生物技术药物非临床安全性评价的基本内容

生物技术药物非临床安全性评价的内容主要有急性毒性试验、长期毒性试验、局部药物毒性试验、生物活性评价试验、免疫原性评价试验、遗传毒性试验、生殖毒性试验、致癌试验等，具体内容如下。

（一）急性毒性试验

急性毒性试验是药物安全性评价早期阶段的试验，具体指 24 h 内一次或多次给予试验动物待检测药物后观察一定时间内产生的毒性反应，目的是为其他试验提供剂量参考、鉴别异常毒性、确定药物靶点、推算致死剂量等。良好的急性毒性试验可为Ⅰ期临床试验提供安全的试验剂量参考，同时可提供如药物作用靶点、潜在毒副作用等有价值的信息。

人用药品注册技术管理国际协调会（ICH）认为传统毒性试验存在一定局限性，建议采用至少两种非啮齿类动物或一种非啮齿类动物加一种啮齿类动物的严格设计、单次给药、逐渐增加剂量的耐受性研究。

急性毒性试验检测指标一般包括最小致死剂量、半数致死剂量（medial lethal dosage 50，LD_{50}）、最小毒性反应剂量（observed adverse effect level，OAEL）、最大耐受量（no observed effect level，NOEL）、最大无反应剂量（no observed adverse effect level，NOAEL）等。

（二）长期毒性试验

长期毒性试验，又称慢性毒性试验，指长期给予试验动物低剂量药物，观察其对试验动物所产生的毒性效应。长期毒性试验的目的是确定待测药物的毒性下限，即长期接触该药物可能引起机体损伤的阈值和无作用剂量，为进行该药物的危险性评价与制定安全限量标准提供毒理学依据，如最高允许剂量和每日允许摄入量等。

试验的设计一般应包括恢复期，用以观察毒性的可逆性、潜在的延迟性及反应加剧性。对

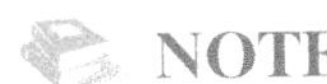

于药理/毒理作用持续时间较长的生物制品，其恢复期应适当延长，直至毒性反应的恢复被证实。长期毒性试验目前已广泛应用于新药的非临床研究之中，但仍然存在如试验动物浪费、不同动物模型间存在差异等问题，相关机构应加快技术的开发革新，攻克技术难题，使试验结果更加符合临床试验的要求并提高动物的利用率。同时，动物与人在遗传背景上的差异可能导致毒性反应的错误评价，从而影响了长期毒性试验的准确性和效率。因此，在评价药物长期毒性效果时，必须更加客观、科学、合理地评价试验结果。

（三）局部药物毒性试验

局部药物毒性试验，又称局部药物耐受试验，指针对药物的刺激性和局部耐受性所进行的研究，旨在评估药物经注射或滴注时对身体局部的短期危害。对于局部或肠胃外给药途径等类型的药物，局部药物毒性试验是必不可少的一类非临床安全性评价内容，其具体的试验内容包括以下几种。

（1）皮肤刺激性试验，指药物经皮肤给药后，在皮肤上产生的局部炎症病变，包括可逆性炎症病变和不可逆性组织损伤。皮肤刺激性试验观察内容为动物皮肤接触受试药物后是否出现局部反应，如红肿、渗出、充血、腐烂等。

（2）血管刺激性试验，指受试药物经静脉、动脉或肌内注射给予动物后，观察动物血管的炎症反应情况。

（3）眼部刺激性试验，指受试药物经眼部给药后，在动物眼球表面产生的可逆性炎症反应或不可逆性组织损伤。眼部刺激性试验的目的是评价受试药物对哺乳动物眼部的刺激/腐蚀作用及程度。

（4）肌肉刺激性试验，指受试药物经静脉、动脉或肌内注射给药后，给药部位如动物肌肉部位的炎症反应情况。

（5）溶血试验，指给予受试药物后，观察短时间内是否会引起动物体内溶血和红细胞凝集等反应。

（四）生物活性评价试验

生物活性评价是对生物活性药物进行效价评测的过程，分为体内评价和体外评价，此评价可衡量药物的功能性，评估药物的效价，为后期研究提供直观的统计数据。生物活性评价是生物技术药物重要的质控标准，活性测定必须采用国际通用方法，同时需要利用相关国家/国际标准品进行结果校正，最后应由制定单位或国际单位对药物活性进行评判。

生物活性评价的内容包括活性物质间的结合及其所介导的系列活性反应，合理设计的评测方法能估计生物分子和活性分子的对应关系，包括配体-受体结合、信号转导过程和目的生物学效应等。根据待测药物的性质和活性特点等，可将药物的生物活性测定分为体外测定法、体内测定法、免疫活性测定法和酶促反应测定法等。

（五）免疫原性评价试验

药物的免疫原性是药物刺激机体产生体液免疫和细胞免疫而形成特异性抗体或致敏淋巴细胞的过程。免疫原性的评价是生物技术药物申请临床试验和注册的重要内容，对于药物的研究和开发具有重要的意义。根据我国目前的指导原则，对具有免疫原性的生物技术药物的比对试验，应尽可能采用与参照样相似的技术和方法。对于部分具有多种免疫原性的药物，应该分别进行相关活性的比对研究试验，设置相似的评价方法。

免疫原性的评价内容主要包括抗体出现时间、抗体滴度及其动态变化、抗体中和活性、补体激活情况、致敏淋巴细胞形成与否、免疫复合物出现情况、同期药效/毒性变化过程、临床意义分析。其中抗体的检测应建立科学的方法，并对方法学进行验证，尽量排除血清样品中杂质的干扰，以免造成假阳性的结果。在免疫原性评价的试验中，检验出抗体的产生不可单独作为

终止非临床安全性试验或改变试验期限的依据，除非多数动物中免疫反应的产生消除了生物技术药物自身的作用。若抗体的产生不影响药物的生物活性，且不带来相应毒副作用，可根据相关数据合理解释非临床安全性试验。

在动物中进行的免疫原性试验推及至人体具有一定的局限性，药物即使在动物中诱导了相应抗体的产生，仍不一定在人体内引起相关的免疫反应。例如，重组蛋白药物极少在人体内引起严重的过敏反应，因此对蛋白药物呈阳性的豚鼠过敏试验结果不能完全预测人体反应。但若待检测生物制品对试验动物和人体均为外源性物质时，豚鼠等动物的免疫原性试验结果对预测人体临床过敏反应仍具有一定意义。

（六）遗传毒性试验

药物的遗传毒性试验是指通过体内和体外的相关试验检测受试药物对基因表达、染色体结构和数量的变化和对DNA/染色体毒性作用的影响，旨在预测药物的遗传毒性，控制药物的潜在遗传毒性对人体的伤害。国际环境诱变剂和致癌剂防护委员会（International Commission for Protection against Environment Mutagens and Carcinogens，ICPEMC）在1983年发文阐明了五种遗传毒性指标：DNA损伤与修复、基因突变、DNA断裂、非整倍体和多倍体的出现、DNA重组和染色体结构异常。根据其规定，在上述五种遗传毒性检测中，任意一项呈现阴性结果的为非遗传毒性物质，获得阳性结果的为遗传毒性物质。但由于技术限制，目前没有任何一类单独试验可同时检测上述五种遗传毒性。近年来，一些用于检测药物遗传毒性的体外试验方法逐渐出现，目前比较成熟的检测方法超过200种，其中应用较多的检测方法主要有单细胞凝胶电泳试验、姐妹染色单体交换试验、DNA修复合成试验、原噬菌体诱导试验、SOS显色试验、鼠伤寒沙门菌回复突变试验等。

遗传毒性试验应符合相应原则：应通过试验组合，涵盖多种遗传毒性指标的检测；应将体内试验和体外试验相结合，其中体内试验需考虑遗传毒性作用相关内部因素，如机体对药物的吸收、分布、代谢和排泄等；试验方法对遗传毒性的预测需具有灵敏度和特异性，且准确度有一定保障。

（七）生殖毒性试验

生殖毒性试验是指通过相关试验评价药物对哺乳动物（首选啮齿类）生殖功能、胚胎发育功能和胎儿/婴儿早期发育的影响，是药物非临床安全性评价的重要内容。其研究内容包括受试药物对生殖细胞增殖、受精卵形成、胚胎形成、妊娠、分娩和哺乳过程的影响及其评价，主要通过致畸试验等生殖毒性试验评估受试药物的生殖毒性。药物的生殖毒性具体的表现包括发育生物体死亡，指受精卵未经发育即死亡，胚胎未着床即死亡或生长发育到一定阶段死亡；胎儿生长发育迟缓；胎儿器官、免疫、生长发育等功能的缺失；胚胎异常，分为畸形和变异。我国现行《药品注册管理办法》中规定，针对育龄人群的药物，应对其生殖毒性特点进行评估，必要时还需要提供生殖毒性研究资料。2006年我国发布的《药物生殖毒性研究技术指导原则》中详细阐述了关于生殖毒性研究的总体考虑、试验内容、结果分析与评价及阶段性要求等。2016年8月发布的《关于在新药非临床研究评价中参考使用ICH M3指导原则的专家共识意见》中，明确了生殖毒性的阶段性数据要求，对申请临床试验和上市申请新药的生殖毒性的阶段性数据要求达成共识，与ICH M3中的内容基本保持一致。这一系列法规的颁布实施，表明了生殖毒性试验的重要意义，同时也标志着生殖毒性试验在国内的规范化和流程化。

药物生殖毒性试验需观察其对动物成年期和从受孕到幼仔性成熟的发育各阶段的影响，从而更加完整地评价药物的速发和迟发效应。其观察应持续一个完整的生命周期，即从母代的受孕至其下一代受孕的时间周期。生命周期可划分为以下六个阶段：交配前到受孕（主要检测成年雄性和雌性生殖功能、配子的发育和成熟、交配行为、受精等）；受孕到胚胎着床（主要

检测成年雌性生殖功能、着床前发育、着床等)；从着床到硬腭闭合(主要检测成年雌性生殖功能、胚胎发育、主要器官形成等)；从硬腭闭合到妊娠终止(主要检测成年雌性生殖功能、胎儿发育和生长、器官发育和生长等)；从胎儿出生到脱离母乳(主要检查成年雌性生殖功能、幼仔对宫外生活的适应性、离乳前发育和生长等)；胎儿离乳至性成熟(主要检测胎儿离乳后发育和生长、独立生活的适应能力、达到性成熟的情况等)。

(八) 致癌试验

药物致癌试验指在试验动物寿命范围内，给予其一次或多次受试药物，测定其潜在良性/恶性肿瘤的试验，其目的为评价药物潜在的致癌性质，为新药的开发提供完整翔实的临床前数据。根据试验持续时间的长短，致癌试验一般可分为短期快速筛查试验和长期致癌试验等，其中短期快速筛查试验包括致突变试验、DNA 修复合成试验和哺乳动物细胞体外转化试验等；长期致癌试验多在哺乳动物中进行，多采用小鼠和大鼠等啮齿类动物，完整的哺乳动物长期致癌试验结果更加真实可靠，但费用较高且持续时间较长。

ICH 目前提出的致癌试验基本方案主要分为两种：第一种方案为长期啮齿类动物致癌试验和另一项体内致癌试验相结合，包括短期或中期啮齿类动物体内试验系统，能提供致癌终点的体内模型、P53+/−缺损模型(模拟肿瘤产生)、Tg、AC 模型(反映已知人类致癌阳性物)等模型、XpA 缺损(模拟基因稳定性异常)等转基因小鼠模型等；第二种方案为利用两种啮齿类动物所进行的长期致癌试验。

七、生物技术药物非临床安全性评价的 GLP 要求

(一) 对研制方和国家管理人员的要求

许多国家及国际组织的指导原则提出，在进行生物技术药物的安全性评价时，研究方应尽早与国家管理相关人员和机构联系，面对出现的新问题协作交流，利用过去的经验和现有知识寻找解决办法，达成解决问题的共识。针对具体问题具体分析，制订适当的安全性评价研究方法和标准。例如美国 FDA 在新药临床注册(Investigational New Drug，IND)之前，研究方应与美国 FDA/生物制剂审评和研究中心(CBER)的新药申请预备会议(Pre-IND)共同讨论和制订临床前研究方案。

(二) 对临床前毒理学试验的要求

应当在具有 GLP 资质的研究机构及符合 GLP 的条件下完成相关试验。当部分试验不完全符合 GLP 规范时，应说明理由并判断其对整体试验的影响。试验中应尽可能应用已被证实有效的或标准化的试验方法，同时尽可能对一些全新的检验方法进行标准化和证实，使其符合 GLP 要求。

(三) 对供试品的要求

在符合 GLP 的毒理学研究中，应该尽早应用代表临床批号和拟临床应用剂型，在 GMP 条件下生产能描述其全部特征(物理-化学特性、生物学特性、活性、免疫原性、纯度和杂质)的供试品，若开发商自己不具备 GMP 生产条件，可以借用其他具备 GMP 生产条件的厂家生产供试品；若不能在 GMP 条件下生产供试品，实验室生产应该按 GLP 要求进行，其产品生产质量控制与临床应用产品需具有可比性，并通过批签发考核。

(四) 试验人员培训

对于某些生物技术药物，要进行特殊专业及生物安全培训。例如针对腺病毒载体的基因治疗产品，要对试验人员进行生物安全培训，以及腺病毒相关的全面知识和检测方法培训，动物群养时要防止交叉感染。

（五）试验动物要求

对于安全性试验所用的动物，应该符合保护试验动物的国家和国际法规，符合生物安全性要求，符合 GLP 要求。

第三节 生物技术药物临床试验安全性评价

生物技术药物的临床试验安全性评价是指在患者/健康志愿者体内进行的相关药物系统性研究，旨在证实受试药物的药效、不良反应及其在体内的吸收、分布、代谢、排泄和毒性等情况。药物上市前的临床试验是对药物安全性和有效性的确认，从而为新药注册上市提供临床依据。无论是化学药物还是生物技术药物，其临床试验安全性评价都必须严格遵守《药物临床试验质量管理规范》(Good Clinical Practice，GCP)，根据药品上市前不良反应监测(adverse drugs reactions monitoring，ADRM)的特点对新药进行相应安全性评价，其质量控制和管理办法必须遵守《药物临床试验质量管理规范》《药品注册管理办法》《中华人民共和国药品管理法》等。新药的临床试验必须遵循《世界医学大会赫尔辛基宣言》等中的各种规定。如果临床试验涉及多国间的合作，则还需符合不同国家的相关法规、科学伦理问题等，这均是临床试验的基本原则。我国的 GCP 条例自 2003 年实施，要求所有进行临床试验的药物都要参照 GCP 标准执行。对于生物技术药物的临床试验安全性评价应做到精准可控，需严格遵守 GCP 中相关质控标准：所有试验人员严格按照既定的试验方案和各项标准操作规程(standard operating procedure，SOP)进行操作；定期验证试验系统与校准仪器设备；数据的记录要及时、直接、准确、清楚；经常检查数据记录的准确性和完整性；数据的统计处理应采用经典可靠的统计软件，在临床试验中特别强调试验记录的质量控制。

在药物的临床试验安全性评价过程中，相关机构应最大限度地降低试验风险，严格保护受试者的生命安全和有效权益，包括受试者能否得到有效的治疗，是否会受到毒副作用的侵害，以及安慰剂使用的合理性等。为了确保药物临床试验安全性评价的正常进行，同时最大限度地保护受试者的生命安全，风险评估(risk assessment)则显得尤为重要。风险评估指发现和确定药物相关风险的性质、发生频率和伤害程度，贯穿药物开发的整个阶段，从产品的早期发现，经过上市前研发各个阶段直至新药获批上市。药物的临床试验安全性评价实际上也属于风险评估的范畴，通过相应试验对受试药物的药效和毒理作用进行研究，可规避药物给患者带来的潜在伤害。任何一类新药的风险评估均包括数量和质量两个方面。数量是指安全性数据库的规模；质量是指临床试验安全性评价开展情况，具体包括试验设计与实施、结果分析、不良事件报告、归类、判断、分析总结等过程的质量。

生物技术药物的临床试验包括Ⅰ、Ⅱ、Ⅲ、Ⅳ期临床试验，其中Ⅰ期临床试验在正常人体内进行，主要目的为评价生物技术药物在正常人群中的安全性和耐受性，同时确定药物在体内的吸收、分布、代谢和排泄情况。Ⅰ期临床试验的样本数量为 30～50 例；Ⅱ期临床试验一般在 100～200 例患者中初步验证生物技术药物的药效，通过随机试验和对照试验评价受试药物针对目的适应证的疗效及其安全性，同时为后续临床试验初步确定给药剂量和给药方案；Ⅲ期临床试验的规模一般较大(病例数大于 500 例)，目的是在更大范围内验证受试药物的安全性和有效性，同时进一步探索药物剂量与疗效的关系，研究药物对更广泛人群、疾病的不同阶段是否有一定的效果，同时研究合并用药的可能性；Ⅳ期临床试验一般在新药投入生产以后进行，又被称为上市后临床试验或上市后药物监察(post-marketing surveillance，PMS)，其目的是对已在临床广泛使用的新药进行社会性考察，着重监察其不良反应并对其安全性进行跟踪监察，

同时进一步考察药物对患者经济情况和生活质量的影响。Ⅳ期临床试验的观察例数一般不超过 200 例，一般不需要对照组别，但需在多家医院进行，同时应注意对长期疗效、禁忌证、不良反应和使用注意事项等进行再次评估，以便及时发现潜在的长期不良反应。

近年来，美国 FDA 和欧盟指南中针对药物临床试验中需要特殊关注的安全性问题提出了一定的要求，目前规定，澄清相关严重不良反应是新药申请的重要内容之一，具体内容：药物相关的心脏 QTc 间期延长；药物相关的肾脏毒性；药物相关的肝脏毒性；药物相关的骨髓毒性；药物-药物相互作用；药物代谢的多样性问题。

在临床研究中，若相应临床计划正确实施，则可以发现新药是否具有上述特殊性。虽然美国 FDA 认为在所有的新药申请审批过程中均要解决上述问题，但妥善解决这些问题并不一定要获得额外的数据或开展额外的试验。但对于心脏 QTc 间期延长一类的问题，一般需要进行指定的临床前和临床研究。上述药物的潜在不良反应多与生物技术药物相关，因而进行生物技术药物的新药申报时需重点关注。此外，对于细胞因子、重组蛋白和抗体药物以及其他基于细胞、组织和基因治疗的生物技术药物，应当根据其性质，对额外的问题进行评价，具体问题包括以下 3 个方面。

(1) 对免疫原性、中和抗体形成的发生率和后果、与结合抗体形成有关的潜在不良事件/不良反应的可能性进行评价。

(2) 用于基因治疗的生物技术药物，应注意其在非靶向细胞间的转染和感染性传播，以及用于持续转染的产品的遗传稳定性。

(3) 对于涉及细胞治疗的生物技术药物，需特别注意其在非靶向细胞中的分布、迁移，并对此进行不良反应/不良事件的评估，长时间使用此类药物可能带来如细胞死亡等类型的毒副作用。

总体来说，判断一个药物是否安全有效，需通过对风险/获益的综合评价来确定，患者获益与风险比例最大化的研发思路应该贯穿药物研发上市的整个生命周期。

第四节　生物技术药物的质量控制

近年来，生物技术药物在部分临床疾病中表现亮眼，显示了巨大的潜能。生物技术药物与传统药物存在许多不同之处，其来源是活细胞，有效成分往往存在相对分子质量较大且结构复杂、稳定性相对较差、同时具备复杂性和易变性的特点。因此，为保证生物技术药物的质量、安全性和有效性，有必要对生物技术药物进行全面的质量检测和控制。

一、生物技术药物质量控制特点

生物技术药物大多为具有生物活性的蛋白质、核酸等，稳定性相对较差，具有易变性。因此其质量控制需要应用免疫学、生物分析技术、物理、化学等多种检测方法，检测包括生物活性在内的多个生物学指标，进行综合评定。生物技术药物的生物活性与其序列和空间结构存在密切的关系。与传统化学药物相比，生物技术药物的质量控制存在以下几个特点。

（一）结构确认的不完全性

生物技术药物多为重组蛋白或多肽，且可能存在一些特定的修饰、相对分子质量大、结构多样、可变性强，通过单纯的物理化学手段不能完全确认其化学结构，因此需要借助其他方法，确认其结构和功能是否符合标准。

（二）质量控制的过程性

生物技术药物的结构易受环境影响，生产过程中任何环节的改变都可能影响其质量、有效

性和安全性，而且其分离纯化工艺相对复杂，因此生物技术药物的质量控制体系应贯穿其研发、生产、纯化、运输、使用等全部过程，采用多种手段进行全面、实时的质量监测。

（三）生物活性检测的重要性

生物技术药物的生物活性与其毒性和药效均有相关性，其稳定性研究和药效研究的重点应是生物活性的测定。鉴于生物技术药物常常存在结构确认的不完全性问题，生物活性检测可以反映生物技术药物的关键结构是否被破坏，对于生物技术药物生产各阶段的工艺合理性和评价质量控制都非常重要，也有助于确定非临床药理、毒理、药代试验方案中的药物剂量。

二、生物技术药物质量标准的研究内容

方法学研究是生物技术药物质量控制研究的基础，标准物质是生物技术药物质量控制的标尺，质量控制检测方法和相关标准物质是生物技术药物质量标准的两个重要的技术支撑点，完善的质量标准是保证生物技术药物安全性和有效性的必要条件。目前，我国参考世界卫生组织（WHO）、人用药品注册技术管理国际协调会（ICH）和美国 FDA 的相关指南和药典，依据现有法规、技术指南，结合我国国情，针对不同研究阶段的目标产品的不同特性及生产工艺，制定了符合生物技术药物特点的药物质量标准、检测方法和标准物质，形成了一套质量控制体系。实际工作中的执行与研究有助于不断完善生物技术药物的质量标准。

生物技术药物质量标准的研究内容主要包括以下五项：研究生物技术药物产品的均一性；研究建立生物技术药物产品生物活性或者免疫活性的测定方法；研究建立生物技术药物产品的国家标准品或参考品；研究建立生物技术药物目标产品生产相关杂质限量分析方法和标准；在以上研究的基础上制定出保证生物技术药物产品安全、有效并与 WHO 标准相一致的质量标准和药物分析方法。

三、生产过程工艺控制

生物技术药物的开发与生产中，药物生产工艺参数的研究与确认、生产过程的质量控制方法和体系等是决定生物技术药物质量的主要环节。本部分以重组蛋白药物为例，介绍生物技术药物生产过程的工艺控制和《药品生产质量管理规范》（Good Manufacture Practice，GMP）对生物技术药物的生产和质量管理的要求。

（一）原材料的控制

重组工程细胞株的构建流程包括表达质粒的构建、细胞池的筛选与评估、原始细胞库的建立、主细胞库的建立以及工作细胞库的建立等（图 9-2）。

1. 目的基因、表达载体和宿主细胞 应当明确目的基因的来源、设计、优化依据、核苷酸序列、克隆方法和鉴定结果，所有对于目的基因的改造都应说明其对产品结构、功能的影响，从而确保蛋白质的正确编码。生产所用的表达载体应有明确的名称、来源、结构和遗传特性，包括其抗生素抗性标记、启动子、增强子、限制性内切酶图谱、复制位点等。对于重组表达载体，应明确其构建、克隆筛选方法、酶切鉴定结果、插入基因和表达载体两侧控制区的核苷酸序列测序结果等。

生产所选用的宿主细胞需明确其名称、来源、培养特性、生物学特性（包括基因型和表型）、传代历史（包括驯化过程）、检定结果等，并明确是否曾引入过外源基因序列，若有则需进行安全性评估。导入重组表达载体后，应当明确宿主细胞是否具有遗传稳定性（载体是整合到宿主细胞染色体还是处于非整合状态），具有遗传稳定性的宿主细胞中产生的重组蛋白一般不发生突变，不存在潜在的对患者有害的蛋白质性质变化。此外，对于目前认知有限的特殊载体或宿主细胞，应对其应用于人体的安全性和使用优势进行说明。

NOTE

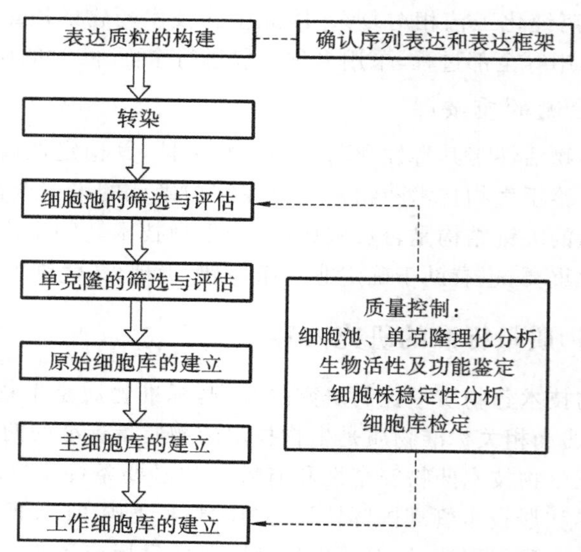

图 9-2　生产用重组工程细胞株的构建流程

2. 蛋白质的正确表达与重组工程细胞的筛选鉴定　应明确重组表达载体引入宿主细胞的操作过程和方法，评估引入基因后的重组表达载体的表达调控状态、表达产物残留及对产品安全性和有效性的潜在影响，确定生产过程中目标重组蛋白在宿主细胞中表达的方式和水平。为了验证蛋白质的正确表达，可以分析相关的 mRNA 序列、采用 Northern 分析（针对转录产物）或 Southern 分析（基于总 DNA）等从核酸角度确认蛋白质的氨基酸序列，或通过高效液相色谱分析、肽图分析等从蛋白质角度分析重组蛋白的结构和翻译后修饰等情况。

重组工程细胞的筛选需有明确的筛选原理、条件和标准，包括所采用的筛选标记、特定培养条件等，且必须明确重组表达载体在宿主细胞内是否整合到染色体，并通过合适的方法检测其拷贝数和表达产物。通常情况下，符合筛选标准的候选细胞为多个，但用于建立种子库的细胞株应是确定的单一克隆。从筛选重组工程细胞单克隆到扩大培养的全过程中，应当进行充分的基因序列分析，以保证产品结构的正确和稳定性。

3. 生产种子的质量控制　为了保证生产的可持续性和产品质量的稳定，种子库的建立、检定和遗传稳定性研究是十分必要的。原始重组工程细胞经克隆筛选后，形成均一的细胞群体，经过检定后，便可作为种子库。目前国际上公认且较为普遍的管理方式为两级库管理，即先建立主细胞库（master cell bank，MCB），再建立工作细胞库（work cell bank，WCB）。在种子库的建立过程中，同一实验室的工作区内不得同时操作两种不同的细胞，同一工作人员也不得同时操作两种不同的细胞，并采取多种适宜的预防措施，避免细胞的污染（包括微生物污染和其他类型细胞的交叉污染）。

种子库建立后，应至少对 MCB 和生产终末细胞进行一次全面的检定，且每次从 MCB 中建立一个 WCB 时，均应按规定进行检定，检定项目包括细胞鉴定（种属来源、同一性、是否存在与其他细胞的交叉污染）、目的基因和表达载体序列分析、目的产物表达情况、致瘤性、内源因子和外源因子的检查等。应当详细记录种子材料的来源、生产方式、保存和预计使用寿命，记录储存复苏条件和经传不同代次下重组表达载体和宿主细胞的遗传稳定性证据。对于大肠杆菌和酵母表达系统，可以主要叙述种子的特异表型特征，进行质粒丢失率、表达载体酶切鉴定、目的基因测序及蛋白质表达水平等检定项目。若在研发阶段，则建议增加酵母的主要生化指标和遗传标记等检定项目；对于高等真核细胞体系，其稳定性研究的检定项目一般包括细胞自身稳定性（形态、生长、代谢、遗传特征等）、目的基因及表达载体序列分析、基因拷贝数、目的

产物表达水平和功能分析、致瘤性、内源病毒因子检测等。种子批不应含有感染性外源因子(支原体、真菌、病毒等),也不应含有可能的致癌因子。但有些细胞株含有内源病毒(如逆转录病毒)且不易除去,对于确知含有内源病毒的细胞,需增加有针对性的灭活/去除病毒的工艺环节和病毒清除效果的检测环节,最大限度地避免病毒污染终产物,保证其安全性。

(二)培养过程的控制

成功构建工程细胞后,需进一步进行发酵培养等工艺的研究。应根据前期优化研究的结果,确定合适的培养基、发酵模式、规模,明确工艺参数(包括温度、pH、搅拌速度、溶氧、通气等)及其确定依据,明确培养周期、最高细胞倍增代次和内控要求(包括细胞密度、存活率、诱导表达条件、微生物污染的检测等)等,明确培养生长浓度和产量恒定性方面的数据,规定连续培养时间和检定时间点,并确定废弃一批培养物的指标。

生产周期结束时,应当检测重组宿主细胞和载体的稳定性及产物特性。在培养过程中,需提供用于生产的材料和方法的详细资料、重组工程细胞/载体的稳定性遗传证据、培养罐中有无微生物污染的监测报告、培养物生长条件一致性及产量恒定性相关的数据资料、长期培养后所表达的分子的完整性检测等资料。每批培养的产量的变化应当保持在规定范围内,微生物污染的检测应贯穿培养到收获的全过程。

(三)纯化工艺过程的控制

纯化工艺的质量控制必须保证尽量去除污染病毒、污染核酸、热原物质、来自宿主细胞或培养基的残余蛋白质、其他杂质及纯化过程中可能带入的有害物质。应详细记录收获、分离和纯化的方法,明确纯化分离的原理和主要控制参数,比如对于层析柱纯化,应明确纯化介质的类型、填料载量、流速、柱高、缓冲液、洗脱液等主要参数和相应的内控要求。

发酵培养过程中,常常会引入许多杂质,包括微量核酸、残留的生长因子或蛋白质、残留内毒素、可能的病毒等。例如单克隆抗体的制备过程中,可能会污染外源的异种免疫球蛋白,若不检测并去除,会影响到抗体的效价。因此设计纯化工艺时,应考虑包括去除这些杂质的环节,并有相应的监测验证方案。对于真核细胞表达的重组产品,还需提供病毒去除/灭活工艺的验证资料,以防这种病毒污染可能造成的临床不良后果。在纯化过程中,缓冲液可能会引入杂质或有毒物质,因此其原料和组成必须认真选择;纯化方法中的层析法所用到的多种化学试剂可能成为最终产品中的杂质,因此必须针对该项进行检测,以确保有害化学试剂或可能影响蛋白质生物活性的化学试剂从产品中去除。

(四)制剂过程的控制

药物必须制成合适的剂型才能用于临床,生物技术药物的制剂应符合《中国药典》(2015年版)制剂通则的有关要求。生物技术药物具有多样、复杂和易变的特性,其制剂的选择和制备过程中尤其需要注意保护产品的生物活性及避免污染。

生物技术药物产品剂型以冻干粉针剂和液体针剂(包括水溶液、混悬液和乳液等)为主,前者稳定性较好而成本较高,后者相对简单易得,但对保护剂的要求比较高。由于生物技术药物在常温或者低温等情况下稳定性较差,冻干粉针剂仍然是生物技术药物注射剂型的首选。对于生物技术药物冻干粉针剂,特别需要监测产品的生物活性、溶解度和无菌程度。同时,由于冻干工艺对药效的影响因素较多,生物技术药物的冻干应引入过程分析控制技术,严格按照《生物制品分装和冻干规程》的规定进行。对于经过稳定性研究,已验证良好稳定性的生物技术药物,可以采用液体剂型。

此外,也可通过优化处方(如改静脉给药为皮下给药等)来优化相应生物技术药物的治疗效果,对于特殊处方试剂,除需要考虑到生物利用度等药效问题并提供相关比较分析外,也需要确定严格的工艺标准,并提供相关的安全性资料。

（五）药品生产质量管理规范

1962年美国FDA提出GMP，美国政府将其立法，旨在避免未被检测到的药品生产过程中的交叉污染危害大众健康。1969年，WHO制定并公布了GMP，标志着GMP走向世界。从此，许多国家的政府根据本国国情和药品生产及质量管理的特殊要求，陆续制定或修订了本国的GMP，以保障消费者权益，提升本国药品的竞争力。1988年，我国第一部GMP面世，并不断进行修订、补充和规范。

由于生物技术药物的生产、质量控制和使用方法都与传统化学药物和中药有不同的特殊要求，WHO于1992年公布了《生物制品生产质量管理规范》，其使用范围包括疫苗、抗原、激素、细胞因子、酶、人全血及其血浆衍生物、免疫球蛋白（包括单克隆抗体）、发酵制品（包括重组DNA制品）及体内体外诊断试剂等。该管理规范的基本原则和要求与先前的GMP一致，主要针对生物技术药物在使用范围、原则、人员、厂房和设备、动物设施及管理、生产、标签、批加工记录和分发记录、质量保证和质量控制这九个部分进行了相应的规定和补充。我国于2011年发布了无菌药品、原料药、生物制品、血液制品及中药制剂五个附录，作为我国GMP（2010年）的配套文件，到2017年，我国又发布、施行了专门的生化药品附录。我国现行的GMP（2010年）从质量管理、机构与人员、厂房与设施、设备、物料与产品、确认与验证、文件管理、生产管理、质量控制与质量保证、委托生产与委托检验、产品发运与召回等方面，结合总则与附则，对药品的生产和质量控制（包括生物技术药物的特殊项目）制定了详细的具体要求和规定。作为药品生产管理和质量控制的基本要求，GMP旨在最大限度地降低药品生产过程中污染、交叉污染、混淆、差错等风险，以确保持续稳定地生产出符合预定用途和注册要求的药品。

硬件上，生物技术药物厂房需注重防止交叉污染，除洁净级别达到要求外，厂房的布局也必须合理，保证正确的通风换气；生产区与质量控制区分开，生物检定、微生物、放射性同位素实验室应彼此分开，实验动物房与其他区域严格分开，处理活性物体直至完成灭活处理的设备应专用，以人血或血浆衍生物为原料的生产设备和装置应专用，专用的容器应贴标签、灭菌后使用，处理活性物体的场所使用的设备和工具都应预备可靠的预防措施。软件上，从事生物技术药物制造的技术人员和质量控制人员应有生物技术相关学科（细菌学、病毒学、化学、医学、免疫学、生物统计学等）的基础知识和实践经验，从事无菌操作的人员应严格遵守工作规定，无关人员不得进入无菌区，若必须进入，则应严格按照规定更换专门的灭菌衣/鞋；为了保证安全性，所有参与生产、维修、检验和实验动物房管理的工作人员应定期体检，并接种合适的疫苗，若存在任何免疫异常的情况（如咳嗽、腹泻、感染等），应及时报告，必要时调离岗位。生物技术药物的每个生产和检测环节都应当严格遵守规范，做好记录留存工作。GMP在不断发展，在执行过程中，人们对GMP的认识和理解也会逐步增强，随着生物技术药物的发展，相关的指南与管理法规都将更加严谨、完善。

除了GMP之外，国家药品监督管理局还出台了若干法规和技术指南，同时也与国际接轨，向国际公认的药物质量管理指南和规定看齐，从各方面对生物技术药物产品的研究、开发、生产、使用过程中的质量控制、安全性、有效性进行了规范化要求。

四、生物技术药物产品质量控制

生物技术药物是蛋白质、核酸类药物，往往来源于活的生物体，结构比较复杂，在生产过程中涉及生物材料和生物学过程，存在固有的易变性，容易受到各种理化条件等的影响，而且相对而言，其生产过程中所使用的生物活性测定方法比物理化学测定方法的变异性大，加之方法学和检测灵敏度的限制，某些杂质在检定时可能检查不出来。因此，不仅在生产过程中需进行严格的质量管理，对于最终目标产品的质量控制也十分必要。

(一) 生物技术药物的产品质量控制要点

1. 生物活性测定 生物技术药物与传统化学药物不同，仅用物理化学方法检测无法完全反映其特性，因此需要一种或多种生物活性测定方法，来监测生物技术药物生产的各个阶段及最终产品的质量控制环节。生物活性测定就是测定生物活性物质效价的过程，由于生物技术药物的化学本质主要是多肽、蛋白质等，其活性主要由产品的氨基酸序列和空间结构决定，可以利用其特定的生物活性建立专门的效价测定体系，从而保证产品的药效。

生物活性测定可在体内或体外进行，最好能反映与临床潜在应用相关的信息，如动物模型上的生物活性测定与临床疗效的相关性较强。由于临床前试验的疗效和安全性可能不等同于临床试验结果，生物活性测定方法不是一定要与临床适应证直接相关，在实际生产工作中，可以采用经过方法学验证可行的实用的替代方法（简单替代复杂、体外替代体内、理化实验替代细胞培养等），但也要保证测定的准确性和不同批次产品之间的一致性。生物活性测定的方法必须采用国际通用的方法，用国际或国家标准品对测定结果进行校正，并以国际单位或指定单位标示，其测定结果必须进行统计学分析，说明与测定相关的不确定因素，在实际测定过程中，应尽量将与测定效价相关的误差降到最低。

生物活性检测与免疫活性检测的比较见表 9-4。

表 9-4 生物活性检测与免疫活性检测的比较

比较项目	生物活性检测	免疫活性检测
原理	产品特定生物活性	产品与其抗体（单抗或多抗）的特异性结合能力
结果显示方式	生物活性	含量
灵敏度	一般较高	一般较低（有可能高）
特异性	低（有交叉反应）	高
周期	长	短
重复性	较差	较好
受试验条件影响	大	小
制品的相互干扰	有	无

2. 蛋白质纯度和含量的测定 重组蛋白药物检测的两个重要指标为蛋白质纯度检查和蛋白质含量的测定。

蛋白质纯度检查必须用两种或两种以上不同原理的方法测定，通常为非还原型 SDS-聚丙烯酰胺凝胶电泳（SDS-PAGE）和高效液相色谱法（HPLC），测定时应根据不同产品特点设定标准。剂量较小（如微克级）的产品（如细胞因子）的纯度检查通常在原液中进行，而剂量较大（毫克级或更高）的抗体类产品则需要对成品和原液都进行检测。一般重组蛋白药物的纯度应达到 95%以上，某些药物的纯度需达到 99%甚至更高。以下是部分蛋白质纯度测定方法的比较（表 9-5）。

表 9-5 几种重组蛋白纯度检定方法的比较

比较项目	HPLC	SDS-PAGE、聚丙烯酰胺等电聚焦电泳	毛细管电泳
分离机制	极性、非极性分配，分子大小，电荷等	电荷、等电点	电荷等
分析所需时间	10～120 min	几小时	10～30 min

续表

比较项目	HPLC	SDS-PAGE、聚丙烯酰胺等电聚焦电泳	毛细管电泳
分辨力	好	好	好
样品体积	10～50 μL	1～50 μL	1～50 nL
灵敏度范围	纳克级到微克级	纳克级到微克级	皮克级
定量准确性	++	+	+++
析出方式	紫外、荧光、折射、电化学、放射性	染色(可见、荧光)、银染、放射自显影	同 HPLC
仪器价格	中到高	低	中到高
日常消耗	低	高	低
自动化	中到高	低	中到高
人力操作	低	高	低
制备级	中	中	微量级制备
收集样品	可以	可以	较困难

蛋白质含量测定主要用于原液比活性计算和成品规格的控制，准确测定蛋白质含量对于产品分装、比活性计算、残留杂质的控制等均有着重要意义。根据蛋白质的理化性质，有不同的含量测定方法可供选择，常用蛋白质含量测定方法的比较见表 9-6。

表 9-6　常用蛋白质含量测定方法的比较

方法	所需蛋白质的浓度	破坏蛋白质与否	蛋白质变化情况	技术复杂性
双缩脲法	0.5～5 mg/mL	是	少	简单、快速
Lowry 法	0.05～5 mg/mL	是	中等	显色慢、试剂多
凯氏定氮法	0.05～3 mg/mL	是	少	干扰、复杂、慢
紫外吸收光谱(280 nm)	0.05～2 mg/mL	否	大	简单、快速、干扰物质多
染料结合法	0.01～0.05 mg/mL	是	中等	简单、快速
荧光法	0.001～0.01 mg/mL	否	中等	较易

3. 理化性质的鉴定分析　理化性质的鉴定包括特异性鉴别试验、相对分子质量测定、等电点测定、肽图分析、吸收光谱、氨基酸组成分析、N 端氨基酸测序、蛋白质二硫键分析等。

(1) 特异性鉴别试验。

特异性鉴别试验的原理在于蛋白质的抗原性，根据抗原抗体特异性反应，可以建立免疫印迹、免疫斑点、ELISA 等多种免疫学方法，若免疫电泳中出现两条及以上区带，可采用免疫印迹进一步鉴定。此外，抗体中和试验可以用于鉴别原液和成品，如干扰素具有抗病毒活性，若加入干扰素中和抗体，则其失去抗病毒活性，从而可以简便地检出干扰素。

(2) 相对分子质量测定。

相对分子质量测定的常用方法包括还原型 SDS-PAGE 和质谱法。还原型 SDS-PAGE 中，蛋白质在还原型 SDS 和 β-巯基乙醇存在的条件下形成表面带大量负电荷的杆状分子，大大降低分子形态和电荷对电泳中蛋白迁移率的影响，从而可以简便、快速、直观地测定蛋白质相对分子质量。但该方法有一定的最适测定范围，对相对分子质量大于 10000 的蛋白质的测定误差可能达到 10%以上，对小蛋白或多肽的测定误差则更大。因此，在实际应用中，可用还

原型 SDS-PAGE 测定大部分重组蛋白的相对分子质量，但对于小分子蛋白和多肽（如人表皮生长因子、重组水蛭素等）应采用质谱法测定其相对分子质量。质谱法测定相对分子质量准确、快速、重复性好、测定范围广，但成本较为昂贵。在某些生物技术药物的质量控制中，先采用质谱法对参比品进行准确的相对分子质量测定，但在样品的批放行检定中，采用 SDS-PAGE 证明供试品与参比品一致，从而结合了两种方法的优点。

（3）等电点测定。

等电点测定是基于重组蛋白药物的等电点往往不均一的特性而设立的检测项目，这可能与蛋白质的构型改变、N 端有无甲硫氨酸等情况有关，但是在生产过程中，批次之间的电泳结果应一致，从而反映其生产工艺的稳定性。等电点聚焦电泳法是常用的检测方法之一，成本较低。其原理为在两性电解质存在下，电泳胶形成一个 pH 梯度，蛋白质根据其等电点不同进行分离，到达等电点 pH 位置上即停止泳动，形成主区带。对于一些不易染色的蛋白（如重组人表皮生长因子等），可采用更加灵敏的毛细管电泳替代等电聚焦电泳法检定。

（4）肽图分析。

肽图分析指的是利用多种蛋白质定位裂解的手段和方法（如溴化氰化学裂解和胰蛋白酶裂解），将蛋白质断裂成固定大小的多个肽段，通过各种分离手段（如反相 HPLC、质谱法等）分离并检测，从而对蛋白质一级结构做出较为精确的判断。在不能快速便捷地得到蛋白质一级结构的情况下，肽图分析能说明待测蛋白质与标准物质之间是否一致，是蛋白质类生物技术药物结构验证的重要手段，同时，同种产品批次之间的肽图的一致性也是工艺稳定性的验证指标。

（5）吸收光谱。

吸收光谱是基于某种重组蛋白有固定的最大吸收波长这一特性设立的检测项目。检测方法为以生理盐水为对照，在 200～350 nm 波长范围内对待检测样品的溶液进行扫描。由于测定方法存在误差，一般需要确定一个标准范围。同种产品不同批次之间的紫外吸收光谱应一致。但有的重组产品（如重组人脑利钠肽）的一级结构不含芳香族氨基酸，在 280 nm 处没有最大吸收峰，则不用做紫外吸收光谱检测。

（6）氨基酸组成分析。

氨基酸组成分析一般用微量氨基酸自动分析仪进行，通常先水解蛋白质（色氨酸用碱水解，其余氨基酸用酸水解），经自动进样后，通过柱前衍生法或柱后反应法分析氨基酸，并得出定量分析报告。待测样品的结果应与标准品一致，这一项目在试生产的头三批或工艺改变时应当进行。

（7）N 端氨基酸测序。

N 端氨基酸测序的基本原理为 Edman 化学降解法，一般要求至少鉴定 N 端 15 个氨基酸。对于单抗类生物技术药物，其第一骨架区可能相同，因此 Edman 技术很可能不能鉴别两个不同的单抗，例如 VEGF 单抗和抗 HER2 单抗不可通过 Edman 测序法进行有效鉴别。实际上，由于可以通过肽图等其他异质性分析方法对单抗进行有效鉴别，很多单抗类生物技术药物的质量标准中已不包含 N 端氨基酸测序。

（8）蛋白质二硫键分析。

蛋白质的二硫键与其生物活性密切相关，测定方法主要有简化的巯基试剂（DTNB）分光光度法等。一些生物技术药物的常规检定项目并不包含二硫键的分析，但在质量研究中，仍应该尽可能地分析清楚。对于二硫键比较多且复杂的产品，可结合比活性等其他检测项目，综合进行有效的质量控制。

4. 残余杂质检测 残余杂质可能影响生物技术药物的生物活性而导致疗效下降，可能具有毒性而引起安全问题，也在一定程度上反映了生产工艺的稳定性，因此，有必要对产品的残余杂质进行检查。

残余杂质可以分为与产品相关的杂质和外来污染物两大类。与产品相关的杂质包括突变物、异构体、二聚体和多聚体、错误修饰物、错误裂解物或降解产物等，它们有可能被认为是活性成分，但也应监测，并规定允许的限度；更常见的杂质来源于外来污染物，包括热原、微生物污染、培养基中的成分、细胞成分（DNA、蛋白质等细胞组分）、生产和纯化过程带入的物质（如纯化亲和时所用的抗体、其他有机试剂等）。

在 WHO 有关规定和我国相关指南中，生物技术药物的原液和成品检定应当至少列入外源残留蛋白质、外源 DNA 等检测项目，同时，也建议对内毒素进行检测。测定残留蛋白质杂质的方法主要为双抗体夹心 ELISA，测定内毒素时需采用固定厂家的鲎试剂盒和国家内毒素标准品。宿主细胞的 DNA 残留是重组产品中特有的潜在致癌物质，一般采用 qPCR 法进行检测，要求 DNA 残留限量在每一剂量中应小于 100 pg。对于生产及纯化过程中带入的杂质，其限度规定应参考 ICH 对杂质的规定，原则上应有毒理学资料的支持。对于具有自我复制繁殖能力的烈性致病源污染，应采用生物学、生物化学、分子生物学、免疫学等方法进行多重检测，以保证产品安全性。总而言之，通过清除或者限制抑制杂质的含量，可以避免残留杂质所带来的特殊风险；建立标准化的操作流程，也有助于保证检测结果的可靠性和准确性。

5. 安全性及其他检测项目

（1）无菌试验。

无菌试验按照《中国药典》（2015 年版）进行，注射用制品的菌检项目包括平皿法和滤膜法；口服或外用制剂的菌检项目包括需氧菌、厌氧菌、霉菌和支原体。随着微生物学技术的发展，制药领域还引入了一些快速微生物检测技术，开展快速微生物检测为有效期短的生物技术药物（如体细胞治疗产品、基因治疗产品等）检测提供了便利。

（2）热原试验。

热原试验一般按《中国药典》（2015 年版）进行，采用家兔法，向每只家兔耳缘静脉注射人用最大量的 3 倍量药物，要求每只家兔体温升高不得超过 0.6 ℃，3 只的总和不得超过 1.6 ℃。但对于生物活性高的细胞因子产品，可以考虑用内毒素检测替代家兔法。目前国际上已开展新型体外热原检测法（细胞法）的研究，用不同来源的单核细胞（如新鲜或冻存的人外周血单核细胞等）模拟人体，将其分别与热原标准品、待测产品进行孵育，通过检测热原的分泌量来反映生物技术药物的致热活性和热原污染情况。

（3）异常毒性试验。

异常毒性试验按照《中国药典》（2015 年版）进行，目的在于检查生产工艺是否带入含有目标产品以外的有毒物质。常用小鼠和豚鼠进行异常毒性试验，且需要根据药品的生物学特性来确定注射量和注射途径。大多数重组产品本身已具有很强的生物活性，注射量过大有可能直接导致毒性反应。

（4）水分、装量、pH 和外观检测。

水分、装量、pH 和外观检测也可用于产品质量控制。生物技术药物的常见剂型为冻干粉针剂和液体针剂，两种剂型都应按《中国药典》（2015 年版）进行 pH 检测；目前，常用 Fischer 法测定冻干粉针剂的水分，要求水分含量不得超过 3.0%，而液体针剂的生物技术药物应设置装量试验。对于生物技术药物，可能存在特殊外观（如抗体或病毒载体的基因治疗载体），需根据产品特性来设置判断标准。

（二）基因工程疫苗质量控制标准示例

由于基因工程疫苗与传统疫苗相比，具有安全性好、生产规模大的特点，且对于无法进行细胞培养的病原体具有更加明显的优势，因此被越来越多地应用于疫苗的研发和生产之中。已上市药物的代表之一就是乙型肝炎疫苗。病毒样颗粒（VLP）疫苗特有的一项质量控制检测

项目是效力试验，通过体外或体内利用表位清晰的中和性单抗与病毒颗粒的关键中和表位进行反应，可检测不同批次疫苗的有效性。同时，VLP的直径一般为纳米级，可以利用动态光散射(DLS)等方式测定VLP的大小，并追踪产品的一致性。乙型肝炎疫苗的质量标准见表9-7。

表9-7 重组(CHO细胞)乙型肝炎疫苗的质量标准

检测项目	检测方法	规定标准
原液		
蛋白质含量	Lowry法	100～200 μg/mL
特异蛋白质等	SDS-PAGE	应有23 kD、27 kD的蛋白质条带
纯度	HPLC	纯度≥95.0%
牛血清白蛋白残留量	ELISA	≤50 ng(单剂量)
CHO细胞DNA残留量	固相斑点杂交法	≤10 pg(单剂量)
CHO细胞蛋白质残留量	ELISA	≤总蛋白质含量的0.05%
无菌检查	直接接种培养法	无菌生长
支原体检查	接种培养法	无支原体生长
成品		
鉴别试验	ELISA	应为HBsAg
外观	浊度法	应为乳白色混悬液体，可因沉淀而分层，易摇散，不应有摇不散的块状物
pH	电位法	5.5～6.8
铝含量	氢氧化铝测定法	≤0.43 mg/mL
硫柳汞含量	滴定法	≤100 μg/mL

(三)基因治疗药物质量控制标准示例

基因治疗药物通常指的是以脂质体、病毒、质粒DNA为载体，将核酸片段或基因序列导入人体细胞来达到治疗目的的药物。根据载体的不同和所引入基因的不同，基因治疗药物的质量控制重点和分析方法会存在较大差异。以溶瘤痘苗病毒为例，其质量标准见表9-8。

表9-8 溶瘤痘苗病毒JX-594的质量标准

检测项目	检测方法	规定标准
外观	目视法	应为白色或类白色，透明至乳状液体
不溶性微粒	光阻法	10 μm及10 μm以上的微粒不得超过3000粒/瓶；25 μm及25 μm以上的微粒不得超过30粒/瓶
装量	滴定法	每瓶≥2.0 mL
pH	电位法	7.1～8.1
渗透压摩尔浓度	冰点下降法	320～420 mOsm/kg
蔗糖含量	ELISA	8.0%～11.0%
感染滴度	噬斑法	8.3～9.1 log pfu/mL
病毒基因组	Q-PCR法	9.8～10.7 log VG/mL
病毒基因组/感染滴度		13～135 VG/pfu
GM-CSF生物活性	TF-1细胞法	50～200 GCU
GM-CSF含量	ELISA	每孔≥15 pg

NOTE

续表

检测项目	检测方法	规定标准
β-半乳糖苷酶活性	酶测定法	50～200 rBU
选择性溶瘤活性	细胞毒性法	50～250 OnU
鉴别试验	Q-PCR 法	应为阳性
细菌内毒素	凝胶限量法	＜30 EU/mL
无菌试验	薄膜过滤法	应无菌生长
异常毒性试验	豚鼠、小鼠法	动物健存，体重增加，无异常反应
热稳定性试验	噬斑法	感染滴度＜1.0 log pfu/mL

（四）单克隆抗体类药物质量控制标准示例

抗体相对分子质量较大，结构比较复杂，往往采用哺乳动物细胞表达体系制备，通常含有翻译后修饰，属于质量控制难度相对较大的生物技术药物。对于单克隆抗体的质量控制，需考虑多方法多角度地全面检测包括生物活性、结合活性、序列结构正确性、理化性质、修饰情况、纯度、杂质等在内的许多项目。对于近年来不断涌现的单克隆抗体类药物，需在药典规定的基础上，结合其自身属性建立相适应的质量控制方法和质量标准。几种不同的单克隆抗体类药物的质量标准见表 9-9 至表 9-11。

表 9-9　鼠源性单克隆抗体的质量标准

检测项目	检测方法	规定标准
原液		
蛋白质含量	Lowry 法或其他适宜方法	应在标示值的±10%之内
活性	ELISA 或其他特异性方法	应与参比品比较，效价在 80%～120%
SDS-PAGE 纯度	还原性 SDS-PAGE	免疫球蛋白（重链和轻链）含量应≥95%
	非还原性 SDS-PAGE	应与参比品一致
HPLC 纯度	SEC-HPLC	≥95%
等电点	水平等电聚焦电泳	应与参比品一致或在规定的范围内
其他杂质残留	ELISA 或其他方法	应符合规定
组织交叉反应性	免疫组化法	应符合规定
成品		
外观	肉眼检查	液体制剂应为接近无色微带乳光的澄清液体，不应含有异物或浑浊不散的沉淀；冻干制品的外观应整洁，不可有可见的缺陷，加注射用水后应能完全溶解，不应出现不溶性颗粒物
水分（冻干制品）	Fischer 试验	≤3.0%
pH	电位法	应符合规定
蛋白质含量	Lowry 法或其他方法测定	应在标示值的±10%之内
活性	ELISA 或其他特异性方法	应与参比品比较，效价在 80%～120%
HPLC 纯度	SEC-HPLC	≥95%
异常毒素（豚鼠）	豚鼠试验	应符合规定
异常毒性（小鼠）	小鼠试验	应符合规定

NOTE

表 9-10 人源化/嵌合单克隆抗体的质量标准

检测项目	检测方法	规定标准
原液		
蛋白质含量	紫外法或其他适宜方法	应在标示值的±10%之内
生物活性	动物体内或体外细胞学方法	应与参比品比较，效价在80%～120%
结合活性	ELISA或其他方法	应与参比品比较，效价在80%～120%
HPLC纯度	SEC-HPLC	≥95%
SDS-PAGE纯度	还原性SDS-PAGE	免疫球蛋白(重链和轻链)含量应≥95%
	非还原性SDS-PAGE	应符合相应的规定
等电点	水平等电聚焦电泳	应与参比品一致或在规定的范围内
相对分子质量	还原性SDS-PAGE	重链(HC)应为45000～60000
		轻链(LC)应为22000～28000
肽图	RP-HPLC	应与参比品一致
宿主细胞DNA残留量	DNA分子杂交法	<100 pg(单剂量)
宿主细胞蛋白质残留量	ELISA	≤0.01%
蛋白质A残留量	ELISA	≤0.01%
N端氨基酸序列(重链、轻链)	蛋白质测序仪	应符合理论序列(N端15个)
其他杂质残留	ELISA或其他方法	应符合规定
成品		
外观	肉眼检查	液体制剂应为接近无色微带乳光的澄清液体，不应含有异物或浑浊不散的沉淀；冻干制品的外观应整洁，不可有可见的缺陷，加注射用水后应能完全溶解，不应出现不溶性颗粒物
装量	《中国药典》(2015年版)所列方法	应符合规定
水分(冻干制品)	Fischer试验	≤3.0%
pH	电位法	应符合规定
蛋白质含量	紫外法或其他方法	应在标示值的±10%之内
生物活性	动物体内或体外细胞学方法	应与参比品比较，效价在80%～120%
结合活性	ELISA或其他方法	应与参比品比较，效价在80%～120%
无菌试验	直接接种法	应无菌生长
异常毒素(豚鼠)	豚鼠试验	应符合规定
异常毒性(小鼠)	小鼠试验	应符合规定
热原检查	家兔法	应符合规定
细菌内毒素	鲎试验法	应符合规定

NOTE

表 9-11　尼妥珠单抗质量标准

检测项目	检测方法	规定标准
原液		
pH	电位法	6.5～7.5
相对结合活性	流式细胞术法	应为标准品的 80%～150%
蛋白质含量	紫外分光光度法	≥4.8 mg/mL
纯度和杂质	CE-SDS 还原电泳	重链＋轻链含量≥90.0%，非糖基化重链(NGHC)含量≤5.0%
纯度和杂质	CE-SDS 非还原电泳	≥92.0%
纯度和杂质	弱阳离子色谱法	图谱应与对照品的一致
纯度和杂质	分子排阻色谱法	≥95.0%
外源 DNA 残留量	固相斑点杂交法	每瓶≤100 pg
宿主细胞蛋白质残留量	ELISA	≤0.01%
蛋白质 A 残留量	ELISA	≤0.001%
细菌内毒素	鲎试验法	≤1 EU/mg
等电点	等电聚焦电泳	图谱应与对照品的一致
肽图	胰蛋白酶裂解，RP-HPLC 法	图谱应与对照品的一致
N 端氨基酸序列	Edman 降解法	轻　链：Asp-Ile-Gln-Met-Thr-Gln-Ser-Pro-Ser-Ser-Leu-Ser-Ala-Ser-Val； 重链：(p)Gln-Val-Gln-Leu-Gln-Gln-Ser-Gly-Ala-Glu-Val-Lys-Lys-Pro-Gly
成品		
等电点	等电聚焦电泳	图谱应与对照品的一致
相对结合活性	流式细胞术法	应为标准品的 60%～140%
外观	直接观察法	无色澄明液体，可带轻微乳光
澄清度	直接观察法/浊度仪法	溶液应澄清。如显浑浊，与 2 号浊度标准液(《中国药典》(2015 年版)通则 0902)比较，不得更浓
可见异物	灯检法	符合规定
不溶性微粒	光阻法	10 μm 及 10 μm 以上的微粒不得超过 6000 粒/瓶；25 μm 及 25 μm 以上的微粒不得超过 600 粒/瓶
装量	滴定法	每瓶≥10 mL
pH	电位法	6.5～7.5
渗透压摩尔浓度	冰点下降法	240～360 mOmol/kg
纯度和杂质	SEC-HPLC	≥95.0%
纯度和杂质	IEC-HPLC	图谱与参比品的一致
纯度和杂质	CE-SDS 还原电泳	重链＋轻链含量≥90.0%，非糖基化重链(NGHC)含量≤5.0%
纯度和杂质	CE-SDS 非还原电泳	≥92.0%

续表

检测项目	检测方法	规定标准
聚山梨酯 80 含量	HPLC	0.1～0.3 mg/mL
生物活性	H292 细胞增殖抑制法	生物活性应不低于标准品的 50%
蛋白质含量	紫外分光光度法	4.6～5.5 mg/mL
无菌试验	薄膜过滤法	符合规定
细菌内毒素	动态浊度法	≤1 EU/mg
异常毒性试验	小鼠法和豚鼠法	无明显异常反应，动物健存，体重增加

（五）基因工程药物质量控制标准示例

保证药物安全性和有效性是进行基因工程药物产品质量控制的主要目的。基因工程药物不同于一般的化学药物，它来源于活细胞，具有复杂的分子结构，涉及细菌发酵、细胞培养等生物学过程以及分离纯化等复杂的下游处理过程。基因工程药物具有固有的易变性和不确定性，因此质量控制对于基因工程药物来说至关重要。以重组人胰岛素为例，其原料与制剂的质量标准见表 9-12。

表 9-12　重组人胰岛素原料与制剂的质量标准

检测项目	检测方法	规定标准
性状（定性）	目测和显微镜下晶形观察	白色或类白色的结晶性粉末（原料），无色澄明液体（重组人胰岛素注射液），白色或类白色的混悬液，振荡后应能均匀分散。在显微镜下观察，晶体呈棒状，且绝大多数晶体不得小于 1 μm、不得大于 60 μm，无聚合体存在（精蛋白重组人胰岛素注射液）
鉴别（定性）	①反相 HPLC 法	供试品主峰的保留时间应与重组人胰岛素对照品主峰的保留时间一致
	②肽图谱法	供试品的肽图谱应与对照品的肽图谱一致（原料）
	③防腐剂鉴别	供试品溶液中苯酚或间甲酚峰的保留时间应与对照品溶液中的苯酚或间甲酚峰的保留时间一致（制剂）
检查（重在定量）		
有关物质	有关物质检查方法（《中国药典》（2015 年版）二部）	含 A21 脱氨人胰岛素≤1.5%（原料）或≤2.0%（制剂） 其他杂质峰面积之和≤2.0%（原料）或≤6.0%（制剂）
高分子蛋白质	高分子蛋白质检查方法（《中国药典》（2015 年版）二部）	≤1.0%（原料），≤2.0%（重组人胰岛素注射液），≤3.0%（精蛋白重组人胰岛素注射液）
锌	锌含量测定法	≤1.0%（原料），10～40 μg/100 IU（制剂）
干燥失重	《中国药典》（2015 年版）四部通则 0831	≤10.0%（原料）

NOTE

续表

检测项目	检测方法	规定标准
炽灼残渣	《中国药典》(2015年版)四部通则0841	≤2.0%(原料)
细菌内毒素	《中国药典》(2015年版)四部通则1143	≤10 EU/mg(原料),<80 EU/100 IU(制剂)
无菌	《中国药典》(2015年版)四部通则1101	应符合规定(制剂)
微生物限度	《中国药典》(2015年版)四部通则1105	应符合规定(原料)
菌体蛋白质残留量	酶联免疫分析法(《中国药典》(2015年版)四部通则3413)	≤10 ng/mg
外源DNA残留量	《中国药典》(2015年版)四部通则3408	≤10 ng(每1剂量原料)
生物活性	胰岛素生物测定法(《中国药典》(2015年版)四部通则1211)	应符合规定
上清液胰岛素	含量测定方法	≤2.5%(制剂N)
可溶性胰岛素	含量测定方法	应为25.0%~35.0%(制剂30R)
pH	《中国药典》(2015年版)四部通则0631	应为6.9~7.8(制剂)
可见异物	《中国药典》(2015年版)四部通则0904	应符合规定(制剂)
注射液的装量	《中国药典》(2015年版)四部通则0942	应符合规定(制剂)
苯酚和间甲酚(如果用苯酚和间甲酚作为防腐剂)	苯酚和间甲酚含量测定(《中国药典》(2015年版)二部)	应为标示量的80.0%~110.0%(制剂)
含量	含量测定(《中国药典》(2015年版)二部)	按干燥品计算,含重组人胰岛素应为标示量的95.0%~105.0%(原料)或90.0%~110.0%(制剂)

(六)免疫细胞治疗制品质量控制参数考虑

随着生命科学技术的发展,人们已能够通过生物工程方法和/或体外扩增、基因改造、特殊培养获取具有特定功能的细胞,用于特异性增强免疫、杀伤肿瘤、促进组织器官再生等。近年来细胞治疗已成为生物技术药物研发热点,其中CAR-T治疗也为一些重大疾病或难治疾病提供了新的方法和思路。然而,细胞制剂的评价较为复杂,且有一定的特殊性,我国目前尚无完整成熟的质量控制规定。CAR-T治疗属于临床个性化治疗,但美国FDA与CFDA均已明确这类产品应按照药品注册处理。因此,为了保证CAR-T治疗的质量、有效性、安全性,需要参考国内外生物技术药物相关的法规和指导原则,从不同层次综合考虑,来形成对CAR-T治疗制品的合适的质量控制方法和质量标准(表9-13)。

表 9-13　CAR-T 治疗制品质量控制参数考虑

工艺阶段	质量控制考虑要素
第一阶段：含有外源基因的载体物质的制备	1. 生产用原材料：如血清、胰蛋白酶、培养液、培养及纯化介质、病毒保存液及其他试剂。 2. 逆转录病毒载体：稳定产毒细胞库建立及质控、产毒工艺建立及验证（包括病毒培养工艺及纯化工艺）、工艺过程控制、病毒库建立及质量控制、病毒保存及病毒稳定性。 3. 慢病毒载体：菌种库及质控、质粒制备工艺及验证、质粒库及稳定性、细胞库及质控、慢病毒制备工艺及验证（包括纯化工艺及保存工艺）、工艺过程控制、慢病毒库及质控、慢病毒稳定性
第二阶段：供体外周血单核细胞采集和 T 细胞活化	1. 原材料：如 T 细胞分选试剂、T 细胞活化试剂（抗 CD3/CD28 单抗磁珠或其他活化试剂）、培养液及添加因子。 2. 供体筛选及检查，包括患者肿瘤靶点的分析。 3. 单核细胞质控、T 细胞分离工艺及验证、T 细胞活化工艺及验证、活化 T 细胞的质控
第三阶段：T 细胞转导、扩增、收集以及制剂	1. 原材料及辅料：无血清培养液、转导用试剂、添加因子（IL-2、IL-15、IL-7）、培养系统、细胞保存液（冻存液、保护液）、辅料、内包材等。 2. T 细胞转导工艺及验证、T 细胞扩增工艺及验证、工艺过程控制参数。 3. CAR-T 质控及放行、CAR-T 稳定性（使用条件的保存稳定性、冻存稳定性、运输稳定性）

五、稳定性研究

药品的稳定性是药品有效性和安全性的重要评价指标，稳定性研究贯穿于整个药品研发阶段，是支持药品上市及上市后研究的重要内容，是产品保存条件和有效期设定的依据，也是产品质量标准制定的基础。与常见的稳定性研究一样，生物技术药物的稳定性研究的目的是了解药品原液或制剂成品在各种环境影响因素下的质量变化情况，建立药品储存条件、复验期和有效期；同时，稳定性研究还可以考察产品生产工艺、制剂处方、包装材料选择等方面的合理性。

生物技术药物的一般结构与性质比较复杂，稳定性较差，对环境温度、光照、机械剪切、离子浓度、光照、氧化等环境因素比较敏感，产品内在质量易发生变化却不易被检测到。因此，必须综合地评价其一致性、纯度、分子构型和生物活性等方面的变化情况，以制订严格的保存条件。目前我国生物技术药物的稳定性研究仍存在诸多问题，如考察批次少、对不同规格包装的产品不分别考察、考察条件单一、检测指标少等。这些问题导致了对储存条件的规定不全面、用以确定有效期的依据不充分等种种欠缺之处，且很难在后续工作中弥补，因此需要进一步严谨设计稳定性研究方案，并严格地坚持按规范执行。生物技术药物的稳定性研究与评价应当遵循《生物制品稳定性研究技术指导原则（试行）》，并应符合国家药品管理相关规定。

稳定性研究一般包括长期稳定性研究、加速稳定性研究和强制条件试验研究。长期稳定性研究在实际储存条件下开展，是真实时间和真实温度的稳定性研究，可以作为确定产品保存条件和有效期的主要依据，所采用的方法应与产品放行检测所用的方法一致；加速稳定性研究往往在高于实际储存温度的条件下开展，强制条件试验研究则是在影响较为剧烈的条件（如高温、酸碱、反复冻融、光照、振动、氧化等）下进行，这两者可以用于了解生物技术药物产品在短期偏离保存条件和极端情况下的稳定性情况，有助于验证长期稳定性研究的结果及阐明原料药和制剂的降解情况，从而为保存条件和有效期的确定提供支持性依据，其检测方法应根据研

究目的和样品的特点进行合理选择。生物技术药物的特殊性决定了其稳定性研究也应该遵循个体化的原则，应当根据生物活性物质的结构特点及药物辅料、制剂类型等多种因素对稳定性的影响，设计稳定性研究方案；同时需要注意的是，加速试验不能替代真实储存条件下的常规试验。

开展稳定性研究前，需要建立稳定性研究的整体方案，考虑方案时应包括研究样品、研究条件、研究时间、运输研究、研究结果分析等方面。稳定性研究的样品包括原液、中间品、半成品和成品等各个阶段的产品，尽管所检测项目有所不同，但都应当包含生物活性、纯度和含量分析等内容，样品批次数量应至少为三批，各阶段样品的生产工艺与质量应具有代表性；同时，研究条件的确定应充分考虑各种影响因素（包括温度、湿度、光照、反复冻融、振动、氧化、酸碱等相关条件），具体条件的设置可以参考 ICH 关于生物技术药物稳定性和药品稳定性研究的指导原则。对于制剂纯度和组分适当且确定的药物，可以主要针对影响化学反应速度和具体制剂的因素来设计稳定性方案，但如果待检测生物技术药物的结构复杂或结构研究不清晰，且采用了新的辅料或剂型，建议进行全面的分析和检定。原则上，浓度不一致的多规格产品均应该按照指导要求分别开展稳定性研究；根据检测样品的代表性，可以合理地设计方案，选择合适的检测频度和部分代表性检测项目，但是总体方案应当完整。目前，没有某种单一的稳定性试验或者参数能够完全代表生物技术药物的稳定性特征，因此其评价需要采用物理、化学、生物学等方法，从多项目角度综合评价。检测项目应考虑生物技术药物的特点，包括产品敏感的且可能反映产品质量、安全性和/或有效性的考察项目，如生物活性、纯度、含量、理化性质、外观、杂质、无菌检查、pH 等，其中生物活性是重点研究项目；同时也应当设立涉及剂型特点的考察项目，比如考察注射用无菌粉末的水分含量变化，考察装量变化对液体剂型药物的影响等，还应考虑包装容器和密封系统对样品的潜在不良影响。生物技术药物通常要求冷链保存和运输，在设计稳定性研究考察项目时，应通过模拟运输时的最差条件（包括运输距离、振动频率和幅度、脱离冷链等），验证产品在拟定运输保存条件下的稳定性，并评价产品短暂脱离拟定保存条件时的质量变化，并据此制定冷链运输产品在脱离冷链的温度、次数、总时间等方面的相应要求。

设计稳定性研究方案时，还需要考虑各个环节样品储存的累计保存时间对产品稳定性的影响，因此必须考虑时间点的设定。长期稳定性研究的时间点原则上设定为第一年内每隔三个月检测一次，第二年内每隔六个月检测一次，第三年开始每年检测一次。若有效期为一年或一年以内，则长期稳定性研究应为前三个月每月检测一次，以后每三个月检测一次。同时，基于初步的稳定性研究结果，可以有针对性地调整检测时间，如在产品变化剧烈的时间段进行更密集的检测。原则上，加速稳定性研究和强制条件研究应观察到产品不合格为止，长期稳定性研究应尽可能做到产品不合格为止。在年度检测时间点时，产品应该尽可能进行全面的检定。

为了保证稳定性研究结果的真实性和可靠性，稳定性研究的检验方法应当经过方法学的验证，具有足够的专属性、准确性、精密度、灵敏度等，比如对于敏感的检测项目，以蛋白质纯度为例，可采用分子大小异质性分析方法、电荷异质性分析方法、氧化性/疏水性为基础的分析方法等从多个角度进行检定；对于储藏过程中脱氢、磺酰化、氧化、降解或聚合等造成的药物的分子变化，可选用电泳、高分辨率高效液相色谱、肽图分析等方法综合检测。另外，稳定性研究所使用的仪器也应当经过严格检查和校验，并监测仪器状态；模拟实际使用情况时，尤其对于存在多次使用（注射器多次插入抽出等）、特殊环境（如高原低压、海洋高盐雾等）使用、需要配制或稀释等特殊使用情况的产品，应当充分考虑使用、存放方式和条件对稳定性的影响，并设计相应的检测项目，从而更好地评估实际使用时产品的稳定性。稳定性研究结果的分析应当建立在合理的结果评判方法和可接受的验收标准上，同时开展研究的不同批次的结果应当具有

较好的一致性。

六、生物类似药的研究与开发

生物类似药指的是在质量、安全性和有效性上与已获批注册的参考药物具有相似性的治疗用的生物制品，其研发有助于降低价格、提高生物技术药物的可及性，更好地满足公众对生物技术药物的需求。目前，生物技术药物已经在一些疾病的治疗中显示出明显优势，随着原研生物技术药物的专利到期及生物技术的发展，基于原研药的质量、有效性和安全性的生物类似药的研发已被全球多国政府重视，并纷纷制定了相关的指南。

为了在保证科学性的前提下合理地减少产品开发的技术要求，节约时间和经济成本，在生物类似药的仿制中占领先机，国家食品药品监督管理总局于 2015 年发布了《生物类似药研发与评价技术指导原则（试行）》，确定了生物类似药的监管框架，也勾勒出生物类似药研发与评价的决策图（图 9-3）。在质量控制方面，该指导原则规定应采用先进的敏感的技术方法，对产品进行质量特性（包括理化特性、生物活性、纯度和杂质、免疫学特性）分析，建立合适的质量标准，并开展稳定性研究。

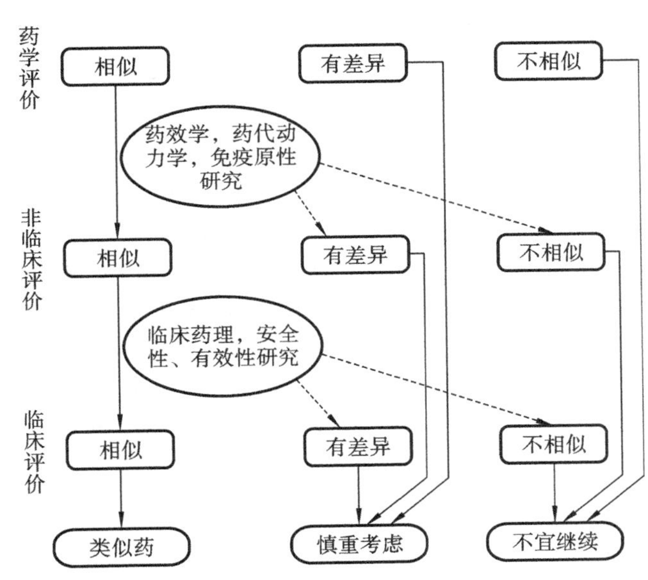

图 9-3　生物类似药研发与评价的决策图

生物类似药的研发与评价的基本原则为以下四条。

1. 比对原则　研发过程中所进行的比对试验以证明参照药的相似性为主，证明候选药的质量、安全性和有效性。每个阶段的每一个比对试验均应与参照药同时进行，并采取相似的评价方法和标准。

2. 逐步递进原则　研发中可采用逐步递进的顺序，分阶段证明候选药和参照药的相似性，并根据比对试验的研究结果对后续比对试验内容进行设计。若前一阶段比对试验结果存在不确定性因素，后续阶段中必须选择敏感的技术方法，有针对性地进行检测和评价。

3. 一致性原则　比对试验所用的样品应当保持前后的一致性，候选药应当为生产工艺确定后生产的产品或其活性成分，对不同批次或者工艺、规模和产地等发生改变的候选药，应当评估这些变化因素对产品质量的影响，必要时需要重新进行比对研究。

4. 相似性评价原则　如果全面的药学比对试验研究显示候选药与参照药相似，并在非临床阶段进一步证明其相似，后续的临床试验可以考虑仅开展临床药理学比对试验；如果不能证明充分相似，则需要开展具有针对性的研究或临床安全性、有效性研究，通过有针对性的敏感

NOTE

的技术和方法，确定其相似性。

进行生物类似药的评价时，应采用最先进的、敏感的技术和方法，且首先应当考虑采用与参照药一致的方法，来评价生物类似药的一些重要参数，包括生物活性、纯度、杂质等。选择生产表达体系、制剂处方、规格包装时，也应该尽可能与参照药一致，若不一致，应有充足的理由。生物类似药的质量相似性研究分析应贯穿整个研发评价过程，根据药物自身特点，结合多种方法，对生物类似药和参照药开展全面、充分的特征鉴定研究，以尽可能将检测不到的可能影响临床活性的差异的出现概率降到最低。

本章小结

本章主要介绍了生物技术药物研究与开发、非临床安全性评价、临床试验安全性评价以及质量控制四个方面的内容。

生物技术药物非临床安全性评价的手段与化学药物基本一致，但是生物技术药物与常规化学药物存在部分不同，需更多地结合生物技术药物的特点，针对具体问题进行具体分析，采取个性化的手段来评价其安全性，为该类技术药物的后续临床研究和上市审核提供支撑。

生物技术药物的临床试验安全性评价是指在患者/健康志愿者体内进行的相关药物系统性研究，旨在证实受试药物的药效、不良反应及其在体内的吸收、分布、代谢、排泄和毒性等情况。药物上市前的临床试验是对药物安全性和有效性的确认，从而为新药注册上市提供临床依据。生物技术药物的临床试验包括Ⅰ、Ⅱ、Ⅲ、Ⅳ期临床试验。

生物技术药物质量标准的研究内容主要包括五项内容：研究生物技术药物产品的均一性；研究建立生物技术药物产品生物活性或者免疫活性的测定方法；研究建立生物技术药物产品的国家标准品或参考品；研究建立生物技术药物目标产品生产相关杂质限量分析方法和标准；在以上研究的基础上制定出保证生物技术药物产品安全、有效并与 WHO 标准相一致的质量标准和药物分析方法。本章以重组蛋白药物为例，介绍了生物技术药物生产过程的工艺控制。本章还以多种生物技术药物作为示例详细介绍了生物技术药物产品的质量控制。

能力检测

(1) 简述生物技术药物研究开发的基本情况，面临的挑战与技术瓶颈。

(2) 基因工程抗体有哪些发展趋势?

(3) 简述生物技术药物安全性评价的检测内容。

(4) 分析生物技术药物非临床安全性评价的特殊性。

(5) 简述生物技术药物质量控制的特点。

(6) 简述生物技术药物质量标准研究的主要内容。

(7) 简述生物技术药物生物活性测定的意义和方法。

(8) 蛋白质含量测定和纯度分析的方法有哪些?

(9) 简述生物技术药物稳定性评价的意义和检测项目。

参考文献

[1] 国家药典委员会. 中华人民共和国药典(2015 年版)[S]. 北京：中国医药科技出版社，2015.

[2] 王军志. 生物技术药物安全性评价[M]. 北京：人民卫生出版社，2008.

[3]　王军志.生物技术药物研究开发和质量控制[M].3版.北京:科学出版社,2018.
[4]　姚文兵.生物技术制药概论[M].3版.北京:中国医药科技出版社,2015.
[5]　王凤山,邹全明.生物技术制药[M].3版.北京:人民卫生出版社,2016.

（黄　昆）

NOTE